Fertigungsmesstechnik

Michael Marxer · Carlo Bach · Claus P. Keferstein

Fertigungsmesstechnik

Alles zu Messunsicherheit, konventioneller
Messtechnik und Multisensorik

10., vollständig überarbeitete und erweiterte Auflage

Michael Marxer
Institut für Mikrotechnik und Photonik (IMP),
Kompetenzzentrum Produktionsmesstechnik,
OST Ostschweizer Fachhochschule
Buchs, Schweiz

Carlo Bach
Institut für Mikrotechnik und Photonik (IMP),
Kompetenzbereich Machine Vision, OST
Ostschweizer Fachhochschule
Buchs, Schweiz

Claus P. Keferstein
Werdenberg, St. Gallen, Schweiz

ISBN 978-3-658-34167-1   ISBN 978-3-658-34168-8   (eBook)
https://doi.org/10.1007/978-3-658-34168-8

Die Deutsche Nationalbibliothek verzeichnet diese Publikation in der Deutschen Nationalbibliografie;
detaillierte bibliografische Daten sind im Internet über http://dnb.d-nb.de abrufbar.

Lektorat: Thomas Zipsner Unter Mitarbeit von Alexander Schöch
Springer Vieweg ist ein Imprint der eingetragenen Gesellschaft Springer Fachmedien Wiesbaden GmbH und ist
ein Teil von Springer Nature.
Die Anschrift der Gesellschaft ist: Abraham-Lincoln-Str. 46, 65189 Wiesbaden, Germany

Vorwort

Dieses Lehrbuch, das jetzt in seiner 10. Auflage erscheint, hat schon eine lange Tradition. Es entstand aus der Vorlesung „Fertigungsmesstechnik" von Prof. h. c. Dr.-Ing. Wolfgang Dutschke an der Universität und an der Berufsakademie in Stuttgart. Es wird seit vielen Jahren an einer ganzen Reihe von Hochschulen in Deutschland, der Schweiz und Österreich verwendet. Das bewusst knapp gehaltene Buch ist heute nicht nur ein verlässlicher Begleiter bei der Ingenieur-, sondern auch bei der betrieblichen Ausbildung. Das Buch vermittelt die Grundlagen der Fertigungsmesstechnik und gibt einen Überblick über wichtige Verfahren und Geräte. Es ist als Lehrbuch für den Praktiker gedacht und verzichtet deshalb weitgehend auf theoretische Betrachtungen und spezielle Verfahren. Ein ausführliches Sachwortverzeichnis dient der Verwendung als Nachschlagewerk. Das Literaturverzeichnis konzentriert sich auf weiterführende Literatur. Besonderer Wert wird auf ein aktuelles Verzeichnis von Normen und Richtlinien gelegt, um dem Leser eine effiziente Vertiefung zu ermöglichen.Dieses Lehrbuch, das jetzt in seiner 10. Auflage erscheint, hat schon eine lange Tradition. Es entstand aus der Vorlesung „Fertigungsmesstechnik" von Prof. h. c. Dr.-Ing. Wolfgang Dutschke an der Universität und an der Berufsakademie in Stuttgart. Es wird seit vielen Jahren an einer ganzen Reihe von Hochschulen in Deutschland, der Schweiz und Österreich verwendet. Das bewusst knapp gehaltene Buch ist heute nicht nur ein verlässlicher Begleiter bei der Ingenieur-, sondern auch bei der betrieblichen Ausbildung. Das Buch vermittelt die Grundlagen der Fertigungsmesstechnik und gibt einen Überblick über wichtige Verfahren und Geräte. Es ist als Lehrbuch für den Praktiker gedacht und verzichtet deshalb weitgehend auf theoretische Betrachtungen und spezielle Verfahren. Ein ausführliches Sachwortverzeichnis dient der Verwendung als Nachschlagewerk. Das Literaturverzeichnis konzentriert sich auf weiterführende Literatur. Besonderer Wert wird auf ein aktuelles Verzeichnis von Normen und Richtlinien gelegt, um dem Leser eine effiziente Vertiefung zu ermöglichen.

Die 10. Auflage erscheint mit optimierter Struktur sowie neuen und erweiterten Inhalten. Der bewährte Aufbau des Buches wurde beibehalten. Die Autoren haben jedoch zahlreiche Anregungen von den Lesenden aufgenommen und bedanken sich für die konstruktiven Rückmeldungen.

Ganz besonderer Dank gilt Prof. h. c. Dr.-Ing. Wolfgang Dutschke. Er hat dieses Buch 1990 ins Leben gerufen und die Inhalte mit großem Engagement weiterentwickelt. Als Hochschullehrer konnte er Claus P. Keferstein schon als Student die Faszination der Messtechnik vermitteln. Mit der 7. Auflage hat sich Prof. h. c. Dr.-Ing. Wolfgang Dutschke aus der Überarbeitung zurückgezogen. Die Autoren wünschen Prof. Dutschke alles Gute. Dank gebührt auch Herrn Ph. D. Alexander Schöch. Seine fachlichen Beiträge haben maßgeblich zu dieser Neuauflage beigetragen.

Prof. Dr.-Ing. Claus P. Keferstein hat die Faszination der Fertigungsmesstechnik weitergegeben und seit der 6. Auflage führen das Autorenteam Michael Marxer, Carlo Bach und Claus P. Keferstein die Entwicklung des Buches weiter und passen dieses kontinuierlich den aktuellen Entwicklungen an.

Die Autoren danken nicht zuletzt dem Lektorat Maschinenbau des Springer Vieweg Verlag, Herrn Thomas Zipsner und Frau Ellen Klabunde für die jahrelange und vertrauensvolle Zusammenarbeit und das gemeinsame Bemühen, den Verkaufspreis des Buches „studierendenfreundlich" zu halten.

Die Autoren freuen sich auch künftig auf weitere Fragen, Anregungen und Kritiken zur Struktur, zum Text und den Bildern.

Buchs, Schweiz   Prof. Dr.-Ing. Michael Marxer
12. April 2021   Prof. Dr. Carlo Bach
                                                                                 Prof. Dr.-Ing. Claus P. Keferstein

Farbkonzept der Bilder

Um die Lesbarkeit und Verständlichkeit der Bilder zu erhöhen, wurden folgende Vereinbarungen getroffen:

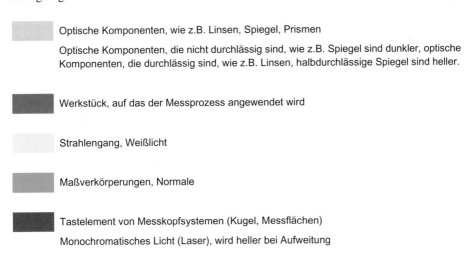

Optische Komponenten, wie z.B. Linsen, Spiegel, Prismen

Optische Komponenten, die nicht durchlässig sind, wie z.B. Spiegel sind dunkler, optische Komponenten, die durchlässig sind, wie z.B. Linsen, halbdurchlässige Spiegel sind heller.

Werkstück, auf das der Messprozess angewendet wird

Strahlengang, Weißlicht

Maßverkörperungen, Normale

Tastelement von Messkopfsystemen (Kugel, Messflächen)

Monochromatisches Licht (Laser), wird heller bei Aufweitung

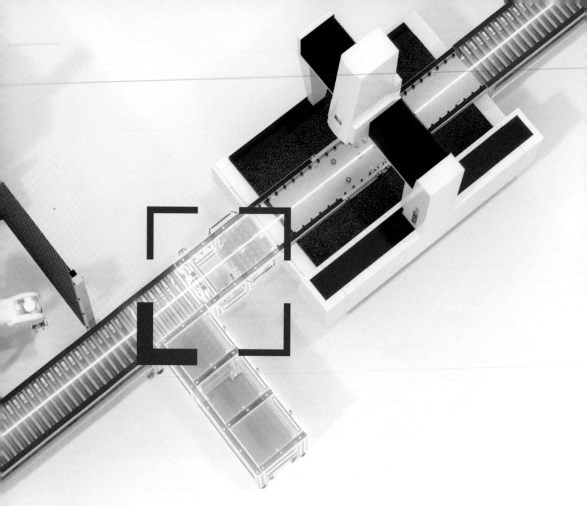

Setzen Sie die volle Effizienz Ihres Prozesses frei

Inhaltsverzeichnis

Abkürzungsverzeichnis

α	Temperaturausdehnungskoeffizient
A/D	Analog/Digital
AFH	Adaptive Frequency-Hopping
AKF	Autokollimationsfernrohr
ANOVA	Analysis of variance (Varianzanalyse)
AQL	Acceptable quality level (Annehmbare Qualitätsgrenzlage)
ARM	Average and Range Method (Mittelwert-Spannweiten-Methode)
BGV	Vorschrift für Sicherheit und Gesundheit in Deutschland (früher VBG)
CAD	Computer-aided design (computergestützte Konstruktion)
CCD	Charge-coupled device (Ladungskoppelndes Bauteil)
CFK	Kohlefaserverstärkter Kunststoff
CGPM	Conference Generale des Poids et Mesures, Paris
CIRP	Internationale Forschungsgemeinschaft für Produktionssysteme
CLDATA	Cutter Location Data
CMOS	Complementary metal oxide semiconductor
CMTrain	Name des Vereins „Training for Coordinate Metrology"
CNC	Computerized numerical control
CT	Computertomografie
DAkkS	Deutsche Akkreditierungsstelle
DC Motor	Direct current motor (Gleichstrommotor)
DGQ	Deutsche Gesellschaft für Qualität
DIN	Deutsches Institut für Normung
DMD	Digital Micromirror Device
DMIS	Dimensional Measuring Interface Standard
DSP	Digitaler Signalprozessor
EAL	European Cooperation for Accreditation of Laboratories
EFQM	European Foundation for Quality Management
EN	Europäische Norm
FMEA	Failure Modes and Effects Analysis (Fehler Möglichkeits und Einfluss Analyse)

FMT	Fertigungsmesstechnik
FOV	Field Of View
GPS	Geometrische Produktspezifikation
GPS	Globales Positionsbestimmungssystem (Global Positioning System)
GUM	Guide to the expression of uncertainty in Measurement
IEEE	Institute of Electrical and Electronics Engineers
IGES	Initial Graphics Exchange Specification
IoT	Internet of Things
IR	Industrieroboter
ISO	International Organization for Standardization
ITU	International Telecommunication Union
ITU-R	Radiocommunication Bureau (Teil der ITU, früher: CCIR)
I++DME	Interface ++ Dimensional Measurement Equipment
KMG	Koordinatenmessgerät
KMT	Koordinatenmesstechnik
LAN	Local area network (Lokales Computernetzwerk)
LED	Light-emitting diode (Licht aussendende Diode)
LSC	Least square circle (Ausgleichskreis nach Gauss)
LTS	Lasertriangulationssensor
MCC	Minimum circumscribed circle (kleinster umschreibender Kreis)
METAS	Eidgenössisches Institut für Metrologie, NMI der Schweiz
MPE	Maximum permissible error
MPEp	Maximum permissible error (höchstzulässige Antastabweichung)
MSA	Measuring System Analyse
MTBF	Mean time between failure
NA	Numerische Apertur
NC	Numerical Control
NMI	Nationales Metrologie Institut
OCR	Optical character recognition (optische Zeichenerkennung)
OEG	Obere EingriffsGrenze
OGW	Oberer GrenzWert
OSIS	Optical Sensor Interface Standard
OTG	Obere Toleranzgrenze
OVE/ÖVE	Österreichischer Verband für Elektrotechnik
PC	Personal computer
PTB	Physikalisch Technische Bundesanstalt, NMI Deutschland
QFD	Quality Function Deployment
QRK	Qualitätsregelkarten
R&R	Reproducability & Repeatability (Kenngrösse zur Beurteilung der Messgerätefähigkeit)
RMS	Root Mean Square (Quadratischer Mittenrauhert)
SAQ	Swiss Association for Quality

SAS	Swiss Accreditation Service/Schweizerische Akkrediterungsstelle
SCS	Swiss Calibration Service
SI	System International (Internationales Einheiten System)
SN	Schweizer Industrienorm
SPC	Statistical process control
SPS	Speicher Programmierbare Steuerung
STEP	Standard For The Exchange Of Product Model Data
SW	Software
TQM	Total Quality Management
U	Erweiterte Messunsicherheit
UEG	Untere EingriffsGrenze
UGW	Unterer GrenzWert
UTG	Untere Toleranzgrenze
USB	Universal Serial Bus, Datenschnittstelle
VDA	Verband Deutscher Automobilhersteller
VDAFS	Verband Deutscher Automobilhersteller Flächenschnittstelle
VDE	Verein Deutscher Elektrotechniker
VDI	Verein Deutscher Ingenieure
VDMA	Verband Deutscher Maschinen- und Anlagenbau
VGA	Video Graphics Array
VIM	International vocabulary of basic and general terms in metrology
WECC	Western European Calibration Cooperation
WLAN	Wireless-Local area Network

Einführung

1

> **Trailer**
>
> Der Begriff **Fertigungsmesstechnik** (FMT) steht für alle im Zusammenhang mit dem Messen und Prüfen verbundenen Tätigkeiten industriell hergestellter Produkte [1]. Dieses Lehrbuch konzentriert sich dabei auf die Basiseinheit „Meter" im weitesten Sinn.
>
> Dies schließt die **Prüfung von Größenmaßen,** wie auch **Form, Richtung, Ort und Lauf sowie Oberflächenprüfungen und Defekterkennung** ein. Es wird der ganze Mess- und Prüfprozess praxisgerecht behandelt. Dies umfasst die messtechnischen Grundlagen, Normale, Rückführung, Messunsicherheit, die Prüfplanung, die Prüfdatenerfassung bzw. fähige Messverfahren/Prüfprozesse und die Prüfdatenauswertung sowie das Prüfmittelmanagement.
>
> Die **FMT ist ein unverzichtbarer Teil eines modernen Qualitätsmanagements** und löst Aufgaben während des gesamten Produktlebenszyklus. Dabei steht die Unterstützung beherrschter Entwicklungs- und Produktionsprozesse im Vordergrund.

1.1 Übersicht und Struktur des Buches

In Kap. 1 „**Einführung**" wird die FMT und der Inhalt des Buches abgegrenzt, auf die Bedeutung der FMT innerhalb der Entwicklung der Produktionstechnik hingewiesen und der enge Zusammenhang zwischen der Entwicklung der Fertigungsmesstechnik und des Qualitätsmanagements beschrieben.

In Kap. 2 „**Grundlagen der Fertigungsmesstechnik**" werden wichtige Grundbegriffe der Fertigungsmesstechnik erklärt und eine Einführung in die Themen **Normenstruktur** und **SI – Einheiten** gegeben. Besonders das Verständnis für die ISO-

© Springer Fachmedien Wiesbaden GmbH, ein Teil von Springer Nature 2021
M. Marxer et al., *Fertigungsmesstechnik*, https://doi.org/10.1007/978-3-658-34168-8_1

Normenstruktur „**Geometrische Produktspezifikation**" (GPS) ist für das Zurechtfinden in den ISO-Normen wichtig. Für detailliertere Informationen wird auf weiterführende Literatur verwiesen.

Ein weiterer Schwerpunkt stellt die Thematik messtechnische Rückführung und Messunsicherheit dar, auf den in Kap. 3 eingegangen wird. Beim Thema **Messunsicherheit** (U) werden die Grundgedanken des „Leitfaden zur Angabe der Unsicherheit beim Messen" [2], auch kurz „GUM" genannt, eingeführt. Darauf aufbauend werden praxisgerechte Methoden zur Messunsicherheitsabschätzung erläutert. Ferner werden die wichtigsten Ursachen für Messunsicherheits-Komponenten eingeführt.

Das Kap. 4 widmet sich den Verfahren der **Koordinatenmesstechnik** und behandelt neben taktiler Koordinatenmesstechnik ebenso optische Verfahren und Kombinationen daraus, was zur Multisensor-Koordinatenmesstechnik führt. Ferner wird auf die Anwendung der Computertomographie in der Messtechnik eingegangen.

In Kap. 5 wird auf die Ermittlung von **Form, Richtung, Ort und Lauf** eingegangen. Diese Eigenschaften eines Werkstücks, die früher vielfach mit den Begriffen „Form und Lage" zusammengefasst wurden, werden nach der Normenentwicklung in der Geometrischen Produktspezifikation (GPS) unter **Geometrischen Toleranzen** zusammengefasst.

Die **Oberflächen- und Konturmesstechnik** wird in Kap. 6 behandelt. Hierbei wird der Spezifikation von Rauheit erläutert und die Erfassung und normgerechte Auswertung von Oberflächenkenngrößen diskutiert.

Messungen werden in einer bestimmten Umgebung durchgeführt. In Kap. 7 werden **Messräume** vorgestellt und erläutert, welche Eigenschaften von Messräumen spezifiziert werden sollen. Anhand dieser Spezifikationen werden Messräume in Güteklassen eingeteilt, die hier vorgestellt werden. In diesem Kapitel werden praxisorientierte Hinweise zur Auslegung und zur Ausstattung von Messräumen gegeben.

In Kap. 8 „**Messmittel und Lehren für Werkstatt und Produktion**" wird eine Übersicht über Messmittel und Lehren für Werkstatt und Produktion gegeben und die Möglichkeiten von Messvorrichtungen diskutiert. Es werden Prinzipien zu Messungen direkt in der Fertigung eingeführt und Verfahren zur Überwachung von Werkzeugmaschinen aufgezeigt.

Das Thema In-Prozess Messtechnik gewinnt in vielen Bereichen an Bedeutung. Dazu werden in Kap. 9 Messstrategien und Konzepte vorgestellt, mit denen die Informationsgewinnung zu geometrischen Merkmalen im Fertigungsprozess oder nahe am Fertigungsprozess erfolgen kann.

In Kap. 10 wird das Thema „**Sichtprüfung und deren Automatisierung**" vorgestellt. Typische Tätigkeiten werden definiert. Es wird gezeigt, wie die Sichtprüfung durch den Menschen stattfindet und wie viele Aufgaben automatisiert werden können. Dazu wird der Aufbau von Bildakquisitionssystemen und die Struktur von Auswerteprogrammen beschrieben. Insbesondere wird auf Klassifikationsverfahren eingegangen, die Methoden des maschinellen Lernens.

Make manufacturing smarter

Vernetzte Lösungen für Ihre Fertigungsprozesse

Als weltweit führender Anbieter von Sensor-, Software- und autonomen Lösungen nutzen wir Daten, um die Effizienz, Produktivität und Qualität für Anwendungen in der industriellen Fertigung und in den Bereichen Infrastruktur, Sicherheit und Mobilität zu steigern. Mit unseren Technologien gestalten wir zunehmend stärker vernetzte und autonome Ökosysteme im urbanen Umfeld und in der Fertigung und sorgen so für Skalierbarkeit und Nachhaltigkeit in der Zukunft.

Der Geschäftsbereich Manufacturing Intelligence von Hexagon nutzt Daten aus Design und Engineering, Fertigung und Messtechnik als Basis für Lösungen zur Optimierung von Fertigungsprozessen.

| Weitere Informationen unter **hexagonmi.com**

 HEXAGON

Das Thema **„Statistische Prozessregelung (SPC)"** wird in dieser Auflage in einem eigenen Kap. 11 vorgestellt. In diesem Kapitel werden weit verbreitete Qualitätsfähigkeitskennzahlen zur Beurteilung von Fertigungsprozessen eingeführt. Daneben wird der Ablauf zur Ermittlung von Prozessfähigkeiten erläutert und gebräuchliche Werkzeuge werden eingeführt.

Das neu strukturierte Kap. 12 **„Optische Sensoren"** bietet eine Übersicht über berührungslos arbeitende Sensoren, die in der Regel auf einer Bewegungsplattform als Ergänzung zu einem taktilen Sensor oder als Ergänzung dazu eingesetzt werden. In diesem Kapitel wurde neu die Lichtfeldkamera integriert.

In Kap. 13 werden optische Messsysteme vorgestellt, die als Stand-Alone Geräte eingesetzt werden können. Die Spanne der vorgestellten Messsysteme reicht von flächenhaft arbeitenden Oberflächenmessgeräten für die Erfassung von Mikrostrukturen bis zu Lasertracker-Messsystemen zur Messung von Großbauteilen.

Das Kap. 14 **„Prüfplanung, beherrschte Prüfprozesse"** beschäftigt sich mit der **Prüfplanung,** das heißt mit der Auswahl sowie dem Betrieb des am besten geeigneten Prüfmittels für eine bestimmte Messaufgabe. Es ist ein Kapitel, welches Vorgehensweisen erläutert, wie das in den vorangegangenen Kapiteln erarbeitete Wissen in der Praxis angewandt wird. Dies beinhaltet die Ermittlung der **Prüfmittel-** und **Prüfprozessfähigkeit** sowie das **Prüfmittelmanagement** bzw. **Kalibrierwesen.** Der Schritt von der Angabe der Messunsicherheit für eine bestimmte Messaufgabe zu Aussagen über die Fähigkeit eines Messmittels, einen Produktionsprozess zu überwachen, hat sowohl für das Verständnis der Fertigungsmesstechnik als auch für eine wirtschaftliche Auslegung des gesamten Wertschöpfungsprozesses große Bedeutung.

Industrie 4.0 und Internet of Things ist in aller Munde und eröffnet neue Möglichkeiten für die Entwicklung und Fertigung von Produkten. In Kap. 15 werden die Auswirkungen der immer stärker fortschreitenden **Digitalisierung** diskutiert und die Konsequenzen der digitalen Prozesse auf die FMT aufgezeigt. Die schnelle, flexible und sichere Informationsbereitstellung in Fertigungsprozessen mithilfe der FMT gewinnt vor diesem Hintergrund an Bedeutung.

Im Kap. 16 werden wichtige Begriffe und Definitionen gesammelt erklärt. Dies soll zum Verständnis beitragen und eine Hilfestellung zum Nachschlagen bieten.

Im Abschnitt **„Literatur, Normen und Links"** befinden sich Literaturhinweise zu weiterführenden Lehrbüchern und Nachschlagwerken, die einen umfangreichen Überblick über die ganze Breite des Maschinenbaus mit Bezug zur Fertigungsmesstechnik geben [1, 3–5]. Ferner Literatur zu angrenzenden Spezialgebieten, die in diesem Buch nicht behandelt werden können. Ein Beispiel ist Literatur zur Statistischen Tolerierung [6]. Hier geht es darum, mit statistischen Methoden den Konflikt zwischen Funktionsfähigkeit (enge Tolerierung) und Herstellbarkeit (grobe Tolerierung) zu lösen. Weitere, immer wichtigere Themen sind die Prozessfähigkeit [7] und Managementsysteme [8]. Weiterführende Literatur zu Spezialgebieten wie z. B. der Messunsicherheit werden in den entsprechenden Kapiteln des Buches zitiert. Im **Normenverzeichnis** stehen ISO-Normen im Vordergrund.

1.2 Entwicklung der Fertigungsmesstechnik

1.2.1 Basiseinheit „Meter"

Schon ca. im Jahr 4000 vor Christus und im Mittelalter hatte die Basisgröße „Länge" eine große Bedeutung. So wurde die Größe von Stoffen in Bezug zu Längenmaßen wichtiger Persönlichkeiten, wie z. B. der Fußlänge, Ellenlänge der Herrscher, gesetzt. Diese Definitionen waren nicht eindeutig und führten z. B. zu Problemen beim Handel über die Einflusssphäre einzelner Herrscher hinweg. Im Mittelalter wurden mehrere Vorschläge zur Vereinheitlichung der Längeneinheit gemacht. Während der Französischen Revolution trat der Vorschlag in den Mittelpunkt, die Längeneinheit in Relation zum Erdumfang zu setzen. Aufgrund entsprechender geodätischer Messungen wurde im Jahre 1799 der erste **Urmeter in Paris** hergestellt. Im Jahre 1870 waren 22 Staaten der Meterkonvention beigetreten und verhalfen dem metrischen System zu seiner weltweiten Anerkennung. Im Laufe der Jahre wurde das Urmeter immer wieder verbessert. Die Striche auf dem Urmeter erreichten im Jahre 1960 eine Fertigungsstreubreite von $\pm\,0{,}2\ \mu m$.

Die Industrialisierung, Miniaturisierung und weltweite Arbeitsteilung führten zu immer höheren Ansprüchen an die Fertigungsmesstechnik. Messunsicherheitsangaben und die **Rückführbarkeit** der Messergebnisse über Ländergrenzen hinweg wurde für den Unternehmenserfolg immer entscheidender. Deshalb wurde der Urmeter über mehrere Optimierungsschritte durch Definitionen des Meters abgelöst, die eine geringere Messunsicherheit realisieren ließen. Seit dem Jahre 1983 basiert die Meter-Definition auf einer Laufzeitdefinition. Die relative Unsicherheit der Meterrealisierung liegt heute bei ca. $2{,}5 \times 10^{-11}$. Diese relative Unsicherheit entspricht, bezogen auf den Erdumfang, einer Unsicherheit von ca. 1 mm.

▶ Seit dem Jahre 1983 gilt weltweit die Laufzeitdefinition, die besagt, dass ein Meter die Strecke ist, die Licht im Vakuum während der Dauer von 1/299 792 458 s durchläuft.

1.2.2 Messgerätetechnik

Zu Beginn des Industriezeitalters wurde die Produktion mit **Lehren** und einfachen Messgeräten (Kap. 8) überwacht (Abb. 1.1). Ab den 1920er Jahren kamen Präzisionsmessgeräte wie z. B. **Komparatoren** (Abschn. 4.1) und optische Messgeräte hinzu. Diese wurden manuell in Messräumen (Abschn. 7) betrieben. Ferner konnte sich die **pneumatische Messtechnik** (Abschn. 8.7) als schnelle Präzisionsmesstechnik außerhalb

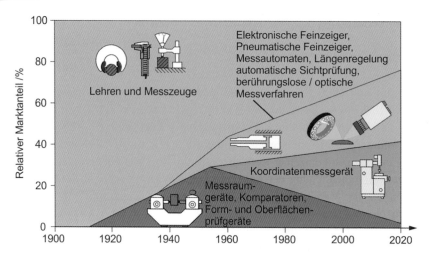

Abb. 1.1 Entwicklung der wirtschaftlichen Bedeutung verschiedener Messverfahren

des Messraums etablieren. Sowohl die optische Messtechnik mit Mikroskopen und Profilprojektoren (Abschn. 13.4) als auch die pneumatische Messtechnik verloren in den 1960er Jahren durch die neuen Möglichkeiten der Elektronik und Mikroprozessortechnik an Bedeutung.

Es entstanden elektronische Messautomaten (Abschn. 9.4), Längenregelungen (Abschn. 9.6), berührend arbeitende Koordinatenmessgeräte (Abschn. 4.5) und Oberflächenmessgeräte (Abschn. 6.5) die, mit moderner Steuerungstechnik ausgerüstet, vollautomatisch messen konnten. Der Kostendruck und die neuen Möglichkeiten der Telekommunikationstechnik (Lichtleitertechnik und Optoelektronik) führten zu einer Renaissance der optischen Mess- und Prüftechnik (Kap. 13), die mithilfe der Lasertechnik und Bildverarbeitung nun ebenfalls automatisch und wesentlich schneller arbeiten können. Die heutige Situation bei den eingeführten Messverfahren und Messgeräten in der FMT ist geprägt von weiteren Verbesserungen im Zusammenhang mit immer leistungsfähigeren Rechnern, die es erlauben, immer rechenintensivere Verfahren einzusetzen bzw. diese Messgeräte auch in der Produktion zu nutzen, da der Produktionstakt nicht mehr beeinträchtigt wird. Ferner unterstützt der Megatrend Mikro- und Nanotechnologie die Entwicklung immer kleinerer Messsensoren für neue Anwendungen. Hierbei stehen die optischen und optoelektronischen Sensoren im Vordergrund.

▶   Der Einsatz der optischen Messverfahren und der Lasermesstechnik bietet
     viele Vorteile, fordert jedoch auch eine intensive Schulung in diesen neuen
     Technologien, um die Vorteile uneingeschränkt nutzen zu können.

1.3 Fertigungsmesstechnik innerhalb des Produktlebenszyklus

1.3.1 Austauschbau und Arbeitsteilung

Die Rolle der FMT innerhalb des Qualitätsmanagements [9, 10] war seit dem 19. Jahrhundert einem enormen Wandel unterworfen. Zu Beginn der Industrialisierung stand die Umsetzung des **Taylorismus** im Vordergrund. Durch die Aufteilung der zur Herstellung eines Massenproduktes notwendigen Arbeitsschritte in leicht überschaubare Einzelaufgaben konnten enorme Produktivitätsfortschritte erreicht werden. Von der Werkstattfertigung, bei der ein Mitarbeiter hintereinander mehrere Arbeitsschritte durchführt (horizontale Arbeitsteilung), war man zur vertikalen Arbeitsteilung übergegangen, bei der ein Mitarbeiter nur eine bestimmte Teilaufgabe löst und das Werkstück für den nächsten Arbeitsschritt an einen Kollegen weitergibt. Noch heute ist der Taylorismus ein **Grundpfeiler des Wohlstandes der Industriegesellschaften,** wobei die „Globalisierung" als ein weiterer Schritt zur konsequenten Umsetzung dieser Idee angesehen werden kann.

Dies hat große Auswirkungen auch auf die FMT. Die früher übliche Art der Paarung von Passteilen, bei der die Werkstücke gemeinsam gefertigt und durch Auswahl oder Nacharbeit für die Paarung geeignete Teile zusammengestellt wurden **(Auswahlpaarung),** war nicht mehr möglich. Es entwickelte sich der **Austauschbau,** für dessen internationale, einheitliche Umsetzung im Laufe der Zeit erst die Voraussetzungen geschaffen werden mussten (Abb. 1.2).

Die Hauptaufgabe der FMT bestand darin, die Qualität der Ausführung jeder Teilaufgabe innerhalb der Produktion im Sinne einer Gut/Schlecht – Entscheidung zu prüfen und zu verhindern, dass Werkstücke, die nicht der Spezifikation entsprachen, zum nächsten Arbeitsschritt weitergeleitet wurden bzw. zum Kunden gelangten. Dies wurde mit umfangreichen Wareneingangsprüfungen, Prüfungen während der Fertigung an Halbfertigprodukten und Warenendprüfungen sichergestellt. Im Zuge eines verschärften Wettbewerbs und wenn das Unternehmen von der Qualität der Zulieferer bzw. der eigenen Produktionsprozesse überzeugt war, wurde auf eine **100 %-Prüfung** verzichtet

Maß-System (SI)	mit einheitlichen Maßeinheiten, Maßdefinition, Maßbildungsreihen, Vorzugsmaßen
Toleranz-System (ISO)	mit Definitionen, Toleranztafeln, Auswahlreihen für Vorzugstoleranzen
Passungs-System (ISO)	mit Definitionen von Passungen und Toleranzen, Einheitswelle, Einheitsbohrung, Vorzugspassungen
Prüf-System (ISO)	mit Definitionen der Prüfmerkmale, Prüfmethoden, Lehrensystem (ISO), Prüfgrenzen, Messunsicherheit - Vorgehen (GUM)

Abb. 1.2 Voraussetzungen für den Austauschbau

und **Stichprobenprüfungen** eingeführt. Die Abteilung „Produktion" war für die Menge der fertigen Teile verantwortlich, die strikt getrennte Abteilung „Qualitätssicherung" war für die Qualität der Teile verantwortlich.

1.3.2   Total Quality Management (TQM)

Im Altertum und Mittelalter, vor der Industrialisierung, war die Längenmesstechnik von Interesse (Abb. 1.3). Erst der **Taylorismus** mit der damit verbundenen Arbeitsteilung forderte mehr organisatorische Maßnahmen. Es entstanden erste technische Standards als Vorläufer der Normung. Mitte des 20. Jahrhunderts wurde der Begriff der Qualität über den Kunden definiert und einer der Pioniere des TQM (Juran) [11] sprach von der Gebrauchsfähigkeit (fit for use) der Produkte. Es entstanden die ersten „Systemnormen" (ISO 9000 ff.) und der Begriff „Qualität" umfasste das ganze Unternehmen, nicht nur die Produktion bzw. das Produkt. Heute ist TQM eine allgemeine Managementaufgabe im Verantwortungsbereich des Top-Managements. Sie beinhaltet auch das Umwelt- und Sicherheitsmanagement (integriertes Management) und stützt sich auf alle Mitarbeiter (interne Kunden/Lieferantenbeziehungen) und auch auf die externen Kunden/ Lieferantenbeziehungen. Hierbei steht der langfristige Geschäftserfolg, die Zufriedenheit der internen und externen Kunden im Mittelpunkt, wobei die Umwelt oder auch die Gesellschaft mitberücksichtigt werden. Für die FMT hat dies die Konsequenz, dass sie nicht nur die Produktion unterstützen muss, sondern auch den gesamten Produktlebenszyklus unterstützt. Im **Demingkreis** mit seinen Elementen: „Plan, Do, Check, Act" steht bzgl. FMT „Plan" für die prüfplanerischen Tätigkeiten, „Do" für das Ausführen von Messungen, „Check" für das Vergleichen von Messresultaten mit Spezifikationen und „Act" für die Festlegung von Konsequenzen aus diesen Vergleichen.

Im Rahmen der Entwicklung der Idee des TQM hat man erkannt, dass die Qualität, die Kosten und die Lieferzeit eines Produktes teilweise gegenläufig und eng miteinander verbunden sind [11]. Kann man großen Aufwand betreiben und hat man für die Entwicklung und Produktion viel Zeit (time to market), ist ein qualitativ hochwertiges Produkt zu erwarten. Es ist jedoch viel schwieriger, dieses qualitativ hochwertige Produkt unter hohem Kosten- und Zeitdruck zu entwickeln, zu fertigen und auf den Markt zu bringen. Es entstand der Gedanke der **wertschöpfenden Prozesse,** die sich von der ersten Produktidee bis zum fertigen Produkt beim Kunden erstrecken und die als Ganzes zu optimieren sind. Diese Erkenntnis hatte auch wesentliche Auswirkungen auf die FMT. **Vorbeugende Maßnahmen der FMT rückten ins Zentrum der Überlegungen.**

Die **Prüfplanung** beginnt nicht erst, wenn die Entwicklung abgeschlossen ist, sondern schon im Vorfeld der Designphase, spätestens parallel zur Entwicklung. Schon in dieser frühen Phase der Produktentstehung sollen die Risiken bei der Produktion erkannt und die Machbarkeit und der Aufwand für spätere Herstellung und Prüfungen abgeschätzt werden.

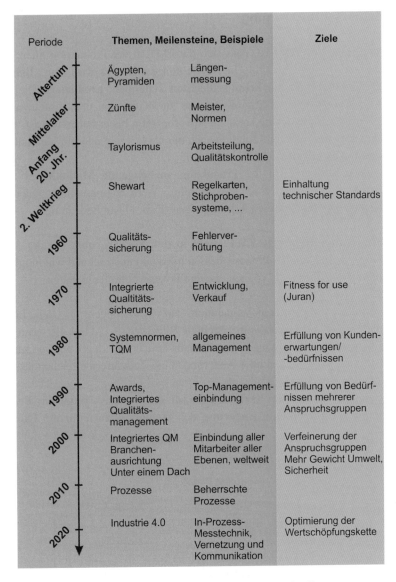

Periode	Themen, Meilensteine, Beispiele		Ziele
Altertum	Ägypten, Pyramiden	Längen-messung	
Mittelalter	Zünfte	Meister, Normen	
Anfang 20. Jhr.	Taylorismus	Arbeitsteilung, Qualitätskontrolle	
2. Weltkrieg	Shewart	Regelkarten, Stichproben-systeme, ...	Einhaltung technischer Standards
1960	Qualitäts-sicherung	Fehlerver-hütung	
1970	Integrierte Qualtitäts-sicherung	Entwicklung, Verkauf	Fitness for use (Juran)
1980	Systemnormen, TQM	allgemeines Management	Erfüllung von Kunden-erwartungen/ -bedürfnissen
1990	Awards, Integriertes Qualitäts-management	Top-Management-einbindung	Erfüllung von Bedürf-nissen mehrerer Anspruchsgruppen
2000	Integriertes QM Branchen-ausrichtung Unter einem Dach	Einbindung aller Mitarbeiter aller Ebenen, weltweit	Verfeinerung der Anspruchsgruppen Mehr Gewicht Umwelt, Sicherheit
2010	Prozesse	Beherrschte Prozesse	
2020	Industrie 4.0	In-Prozess-Messtechnik, Vernetzung und Kommunikation	Optimierung der Wertschöpfungskette

Abb. 1.3 Entwicklung der Fertigungsmesstechnik im Rahmen des Qualitätsmanagements

▶   Obwohl die **Entwicklung** eines Produktes häufig nur einen Bruchteil der späteren Produktionskosten beträgt, hat der Entwickler eine **große Kosten-verantwortung** innerhalb der **Wertschöpfungskette**. Dies hat auch zur Folge, dass er Wissen bezüglich der FMT benötigt und frühzeitig mit dem FMT-Spezialisten zusammenarbeiten muss.

1.3.3   Beherrschte Fertigung

Eine weitere Folge des TQM ist, dass sich die FMT in der Produktion nicht mehr auf das Messen und Aussortieren schlechter Teile konzentriert. Es wird eine „**Beherrschte Fertigung**" angestrebt, die gar **keine schlechten Teile** mehr **produziert.** Die FMT hat vorrangig die Aufgabe, den Fertigungsprozess zu analysieren und zusammen mit der Produktion und der Entwicklung so lange zu verbessern, bis er beherrscht ist, kein Ausschuss mehr produziert wird und folglich auch nur noch wenig oder im Idealfall gar **kein Messaufwand** mehr erforderlich ist.

Es gewinnen also auch in der Produktion **vorbeugende Maßnahmen** wie z. B. **Fähigkeitsuntersuchungen** von Messmitteln, Werkzeugmaschinen oder ganzer Produktionsprozesse mit mehreren Arbeitsgängen (Kap. 11) an Bedeutung.

▶   Die **fertigungsorientierte FMT rückt in den Vordergrund,** mit der man
     so nahe wie möglich am Prozess messen möchte, um so schnell wie möglich
     Regelkreise aufbauen zu können, die den Prozess optimieren helfen.

Wenn sich die Verbesserungsmaßnahmen auf Änderungen in der Produktion beschränken, spricht man auch vom „**kleinen Regelkreis**" (Abb. 1.4); wenn sich das Ziel einer beherrschten Fertigung nur mit Maßnahmen außerhalb der Fertigung, z. B. durch konstruktive Änderungen oder Änderungen bei Zulieferern erreichen lässt, spricht man vom **großen Regelkreis** (Abb. 1.4).

Diese neuen Gedanken des QM haben dazu geführt, dass heute die **Produktion** sowohl für die **termingerechte Lieferung** der **Menge** als auch für die **Qualität** der

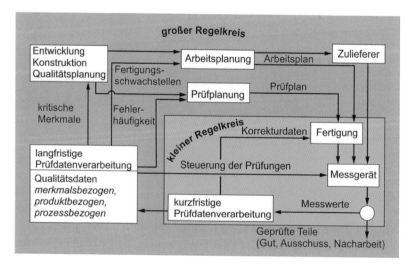

Abb. 1.4 FMT im großen und kleinen Regelkreis

Teile verantwortlich ist. Der Werker prüft seine Werkstücke eigenverantwortlich (**Selbstprüfung**), zentrale FMT-Abteilungen sind fachlich, beratend tätig und sorgen für einheitliche Vorgehensweisen über mehrere Abteilungen oder Standorte hinweg.

Literatur

1. Pfeifer, T., Schmitt, R.: Fertigungsmesstechnik, 3. Aufl. Oldenbourg, München (2010)
2. DIN V ENV 13005, 1999–06, Leitfaden zur Angabe der Unsicherheit beim Messen; *Guide to the expression of uncertainty in measurement GUM*
3. Dillinger, J., et al.: Fachkunde Metall, 57. Aufl. Europa Lehrmittel, Haan-Gruiten (2013)
4. Fischer, U., et al.: Tabellenbuch Metall, 45. Aufl. Europa Lehrmittel, Haan-Gruiten (2014)
5. Grote, K.H.: Feldhusen, J: Dubel Taschenbuch für den Maschinenbau, 24. Aufl. Springer-Verlag, Berlin (2014)
6. Klein, B.: Prozessorientierte Statistische Tolerierung, 6. Aufl. Expert, Renningen (2019)
7. Jahn, W., Braun, L.: Praxisleitfaden Qualität, Prozessoptimierung mit multivarianter Statistik in 150 Beispielen, 1. Aufl. Hanser , München (2006)
8. Leonhard, K.-W.; Naumann, P.: Managementsysteme – Begriffe, Ihr Weg zu klarer Kommunikation. 9. Auflage. Frankfurt, DGQ 11–04 (2009)
9. Pfeifer, T., Schmitt, R.: Qualitätsmanagement. Strategien, Methoden, Techniken, 5. Aufl. Hanser, München (2015)
10. Linß, G.: Qualitätsmanagement für Ingenieure, 3. Aufl. Hanser, München (2011)
11. Seghezzi, H.D., et al.: Integriertes Qualitätsmanagement, 4. Aufl. Hanser, München (2013)

Grundlagen der Fertigungsmesstechnik

2

> ▶ **Trailer**
>
> Das Kapitel Grundlagen der Fertigungsmesstechnik beinhaltet einen Überblick über **Grundbegriffe** und **Definitionen** (Abschn. 2.1) in der Fertigungsmesstechnik. Ferner werden wichtige Grundprinzipien und Regeln zur Spezifikation erläutert. In einem weiteren Abschnitt wird auf das Internationale Einheitensystem (SI) mit Fokus auf die Basiseinheit „Meter" eingegangen.
>
> Der Schwerpunkt dieses Kapitels liegt auf der **messtechnischen Rückführung** und einer Einführung zu den dazu nötigen **Normalen.** Die **Kalibrierkette** und die Rolle der **Kalibrierstellen** in der Kalibrierkette wird erläutert (Abschn. 2.2).
>
> Für die Auslegung von Messgeräten gibt es eine Reihe von **Konstruktionsprinzipien,** bei deren Berücksichtigung die Leistungsfähigkeit von Messgeräten gesteigert werden können.

2.1 Grundbegriffe, Definitionen

Messen und **Prüfen** sind seit Menschengedenken Tätigkeiten des täglichen Lebens. Sie dienen Wissenschaft und Forschung, Handwerk und Industrie, sind bei Naturbeobachtungen unverzichtbar und Grundlage für die globale Zusammenarbeit. Einheitliche Grundlagen, Normen und Regelwerke bilden die Basis für diese Zusammenarbeit.

© Springer Fachmedien Wiesbaden GmbH, ein Teil von Springer Nature 2021
M. Marxer et al., *Fertigungsmesstechnik*, https://doi.org/10.1007/978-3-658-34168-8_2

2.1.1   Entstehung von Normen

▶ Normen und Richtlinien haben den Zweck, den Stand der Technik zu beschreiben. Sie unterstützen damit die Sicherheit und die Qualität von Produkten und Dienstleistungen und sind Grundlage des internationalen Austauschbaus und Handels.

Um über die Landesgrenzen hinweg einheitliche Normen zu definieren, die von den Nationalstaaten akzeptiert werden können, wurden EN- und ISO-Normen geschaffen. Werden diese von den Nationalstaaten akzeptiert, heißen sie z. B. DIN EN ISO.... oder DIN ISO.... Gibt es z. B. keine Akzeptanz in Deutschland, so gibt es zwar eine ISO-Norm aber keine DIN ISO-Norm. Die in der Schweiz übernommenen Normen werden sinngemäß zu SN EN ISO und in Österreich ergeben sich daraus OE EN ISO-Normen.

Neben Normen gibt es nationale Richtlinien. Diese werden entweder zur Erläuterung von ISO-Normen in Form von Anwendungsrichtlinien oder im Vorfeld von nationalen und internationalen Normenprojekten erarbeitet, um einen einheitlichen nationalen Standpunkt zu dokumentieren. In Deutschland befassen sich der VDI und der VDE sowie die DGQ in seinen Gremien mit derartigen Richtlinien. Diese Gremien arbeiten dabei sehr eng mit DIN zusammen. Beide Institutionen pflegen einen intensiven Informationsaustausch.

Normen und Richtlinien unterscheiden Entwürfe und verabschiedete Dokumente. Bei den Normen sind Entwürfe mit einem „V" (Vornorm) gekennzeichnet, die VDI-Richtlinienentwürfe mit einem „E" (Entwurf). Entwürfe werden von den jeweiligen Gremien verfasst und als solche veröffentlicht. Man kann innerhalb einer bestimmten Frist (3 Monate bis 1 Jahr) gegen diese Entwürfe Einspruch erheben. Die Einsprüche werden vom Gremium beraten und entschieden. Ein halbes bis ein Jahr nach Ablauf der Einspruchsfrist wird die Norm/Richtlinie in ihrer endgültigen Fassung veröffentlicht. Die Dokumente werden im Intervall von fünf Jahren überprüft und bei Bedarf überarbeitet (Bezugsquelle: www.beuth.de).

Die Wichtigkeit und der Nutzen der Arbeiten an Normen und Richtlinien werden häufig unterschätzt. Die Arbeit in den Gremien ist ehrenamtlich. Die Mitarbeiter werden aufgrund ihrer Fachkompetenz in die entsprechenden Ausschüsse gewählt und sind in ihren Entscheidungen unabhängig. Dennoch werden sie von ihren Arbeitgebern für diese Tätigkeit freigestellt, die auch für die Arbeitszeit und die Reisekosten aufkommen.

▶ Durch die Involvierung von Mitarbeitern in Normen- und Richtliniengremien profitiert der Arbeitgeber davon, rechtzeitig über anstehende neue oder veränderte Normen oder Richtlinien informiert zu werden und im Ausschuss die Möglichkeit auf die Arbeiten Einfluss nehmen zu können.

Dieser Vorzug wird oft unterschätzt und führt dazu, dass Unternehmen aus Gründen der Kosteneinsparung seine Mitarbeiter aus den Gremien abberufen, was für sie später zu großen wirtschaftlichen Nachteilen führen kann.

2.1.2   Geometrische Produktspezifikation (GPS)

Die Grundlagen für die Fertigungsmesstechnik sind in einer großen Anzahl von Normen und Richtlinien enthalten. In der Vergangenheit arbeiteten verschiedene nationale und internationale Gremien an Normen und Richtlinien im Bereich Produktspezifikation und Verifikation. Dies führte über die Jahre zu lückenhafter und teilweise nicht konsistenter bzw. überlappender Normung.

Mit dem Ziel, ein einheitliches, vollständiges, widerspruchsfreies und aktuelles Normenwerk zu schaffen, wurde im Jahre 1992 ein Technisches Komitee (ISO/TC 213-Dimensional and geometrical product specifications and verification) innerhalb der ISO damit beauftragt, ein Matrix-Modell zur Geometrischen Produktspezifikation (GPS), das „GPS-Matrix-Modell" zu entwickeln [1].

Die ISO-GPS-Matrix besteht aus Kategorien und Kettengliedern.

Bis heute gibt es **neun Kategorien von geometrischen Merkmalen** von „Größenmaß" bis „Oberflächenunvollkommenheiten". Jede dieser Kategorien kann weiter in Ketten unterteilt werden, wo dies erforderlich ist. Ein Beispiel stellt die Unterteilung der Kategorie „Größenmaß" dar, welche unterteilt werden kann in Größenmaß für:

- Zylinder,
- Kegel
- Kugeln.

Ferner wird zwischen sieben **Kettengliedern** unterschieden, die mit **Buchstaben A bis G** bezeichnet werden (Abb. 2.1). In Vorgängerdokumenten der Norm [1] wurden die Kettenglieder mit den Zahlen 1 bis 6 bezeichnet. In diesen Kettengliedern sind die allgemeinen Normen zusammengefasst, die zur Beschreibung einer geometrischen Eigenschaft hinsichtlich Spezifikation oder Verifikation benötigt werden. In der ISO-GPS-Matrix stellt jedes Kettenglied eine Spalte der Matrix dar.

Seit dem Jahre 2015 sind im **Kettenglied D** Verweise auf Normen, welche sich mit **der Übereinstimmung bzw. der Nicht-Übereinstimmung von Spezifikationen** befassen.

Zur Erläuterung der GPS-Matrix wurde in Abb. 2.2 diese Matrix beispielhaft für die Eigenschaft „Oberflächenbeschaffenheit: Profil" auszugsweise mit Normenverweisen allgemeiner ISO-GPS-Normen befüllt.

	Kettenglieder						
	A	B	C	D	E	F	G
	Symbole und Angaben	Anforderungen an Geometrieelemente	Merkmale von Geometrieelementen	Übereinstimmung und Nicht-Übereinstimmung	Messung	Messgeräte	Kalibrierung
Größenmaß							
Abstand							
Form							
Richtung							
Ort							
Lauf							
Oberflächenbeschaffenheit: Profil							
Oberflächenbeschaffenheit: Fläche							
Oberflächenunvollkommenheit							

Abb. 2.1   Geometrische Produktspezifikation (GPS), ISO-GPS-Matrix

	Kettenglieder						
	A	B	C	D	E	F	G
	Symbole und Angaben	Anforderungen an Geometrieelemente	Merkmale von Geometrieelementen	Übereinstimmung und Nicht-Übereinstimmung	Messung	Messgeräte	Kalibrierung
Oberflächenbeschaffenheit: Profil	ISO 1302	ISO 4287	ISO 4288	ISO 4288	ISO 4288	ISO 3274	ISO 5436-1
		ISO 12085	ISO 12085	ISO 14253-1	ISO 12085	ISO/TR 14253-6	ISO 5436-2
		ISO 13565-1	ISO 13565-1	ISO 14253-2	ISO/TR 14253-6	ISO 14406	ISO 12179
		ISO 13565-2	ISO/TS 14253-4	ISO 14253-3	ISO/TR 16015	ISO 14978	ISO 14978
		ISO 13565-3	ISO/TS 16610-1	ISO/TS 14253-4	...	ISO/TR 16015	ISO/TR 16015
		...	ISO/TS 16610-20	ISO/TR 14253-6		ISO/TS 16610-1	ISO 25178-70
			ISO 16610-21	...		ISO/TS 16610-20	ISO 25178-71
			ISO/TS 16610-22			ISO 16610-21	...
			...			...	

Abb. 2.2   ISO-GPS-Matrix mit Normenverweisen der Eigenschaft „Oberflächenbeschaffenheit: Profil"

Physikalische Größe	SI-Einheit	SI-Einheitenzeichen
1 Länge	Meter	m
2 Masse	Kilogramm	kg
3 Zeit	Sekunde	s
4 Thermodynamische Temperatur	Kelvin	K
5 Elektrische Stromstärke	Ampere	A
6 Stoffmenge	Mol	mol
7 Lichtstärke	Candela	cd

Abb. 2.3 Internationale Basiseinheiten (SI-Basiseinheiten)

2.1.3 Maßtoleranzen, Spezifikationen

In der Fertigungsmesstechnik ist gewöhnlich das Werkstück der Gegenstand einer messtechnischen Betrachtung. Dabei kann es sich um ein Einzelteil, eine Baugruppe oder um eine ganze Maschine handeln. Entscheidend ist stets die Qualität. Sie kann als Grad der Annäherung der Werkstückeigenschaften an Vorgaben definiert werden.

Zur Beschreibung eines Werkstücks mit seinen Merkmalen und Toleranzen dient die technische Zeichnung. Sie soll alle die Funktion beeinflussenden Maße mit Toleranzangaben enthalten. Die Größe der Toleranz ergibt sich einerseits aus der geforderten Funktion, andererseits auch aus den Möglichkeiten einer wirtschaftlichen Fertigung und Prüfung. Das in der Konstruktionszeichnung vorgegebene Nennmaß kann nur angenähert realisiert werden. Jedes Maß eines Werkstücks weicht mehr oder minder vom Nennmaß ab, die Fertigung kann die durch die Zeichnung festgelegte Nenngestalt nur angenähert erzeugen.

Dem Nennmaß in der Zeichnung steht das Istmaß am Werkstück gegenüber. Der Unterschied zwischen Nenn- und Istmaß wird als **Maßabweichung** oder kurz **Abweichung** bezeichnet. Die zulässige Abweichung ist das **Abmaß**. Abmaße werden vom Konstrukteur/Entwickler so festgelegt, dass die Funktion mit Sicherheit gewährleistet ist. Die **Toleranz** eines Maßes wird durch zwei zulässige Abweichungen beschrieben, durch das untere A_u und durch das obere Abmaß A_o. Die Vorzeichen der Abmaße beschreiben die Position gegenüber dem Nennmaß. Durch Addition von Nennmaß und unterem Abmaß ergibt sich das **Mindestmaß** (untere Toleranzgrenze). Entsprechend ist das **Höchstmaß** die Summe aus Nennmaß und oberem Abmaß (obere Toleranzgrenze).

2.1.4 SI Einheitensystem

Für das Messen gelten zwei Grundvoraussetzungen: Die zu messende Größe und das Bezugsnormal müssen eindeutig definiert sein. Durch den Bezug auf das Internationale Einheitensystem (SI) und auf festgelegte Merkmale, Messverfahren und Normale sowie bei Beachtung technischer Regelwerke sind diese Voraussetzungen erfüllt.

Im Internationalen Einheitensystem (SI-Einheitensystem) sind die sieben Basisein-heiten definiert (siehe Abb. 2.3). Seit dem Jahr 2019 sind alle sieben Basiseinheiten von Naturkonstanten abgeleitet. Seit diesem Zeitpunkt (20. Mai 2019) ist keine der Basisein-heiten mehr von einem verkörperten Artefakt (wie es früher z. B. beim Urkilogramm der Fall war) abhängig.

2.2   Messtechnische Rückführung

Eine Maßverkörperung ist die Grundlage jeder Messung. Jede Messung basiert direkt oder indirekt auf einem Vergleich mit einer Maßverkörperung. Die Maßverkörperung hat deshalb entscheidenden Einfluss auf die Messunsicherheit der Messung.

2.2.1   Normale und Kalibrierkette

Jedes Messergebnis muss auf ein nationales Normal rückführbar sein. Wie kann dieser Forderung nachgekommen werden und welche nationalen und internationalen Institutionen unterstützen diesen Prozess?

Das Kalibrierwesen hat die Aufgabe, die Qualität der Messeinrichtungen oder von Normalen zu prüfen, es leistet einen wichtigen Beitrag zum Funktionieren der inter-nationalen Arbeitsteilung. Zur Kalibrierung von Messeinrichtungen und Normalen wurden „**Kalibrierdienste**“ aufgebaut, die mit Hilfe einer angeschlossenen **Kalibrier-kette** für **rückführbare Messungen** sorgen (Abb. 2.4).

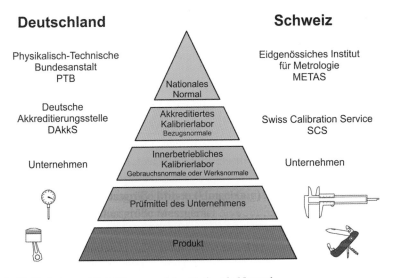

Abb. 2.4 Kalibrierkette, Rückführung auf das Nationale Normal

Jedes Land verfügt über eine Organisation, die seine Nationalen Normale bereitstellt. Das **Nationale Normal** ist in einem Land durch offiziellen Beschluss als Basis zur Festlegung des Merkmalswertes aller anderen Normale der betreffenden Größe anerkannt. Die Messunsicherheit der Nationalen Normale ist besonders klein. Das Nationale Metrologie Institut (NMI) heißt z. B. in Deutschland Physikalisch-Technische Bundesanstalt (**PTB**) und in der Schweiz Eidgenössisches Institut für Metrologie (**METAS**).

Die internationale Anerkennung dieser Organisationen erfolgt über den Zusammenschluss aller nationaler Organisationen in Westeuropa in der WECC (Western European Calibration Cooperation). Verweise zu weiteren wichtigen nationalen und internationalen Institutionen finden sich in Abschn. 17.2. Nationale Organisationen überwachen in ihren Ländern die „Kalibrierstellen". In Deutschland ist dafür die Deutsche Akkreditierungsstelle (DAkkS), in der Schweiz der Swiss Accreditation Service (SAS) zuständig.

▶ Die Kalibrierstellen weisen in der Akkreditierung gegenüber diesen nationalen Organisationen nach, dass sie die fachliche Kompetenz aufweisen, bestimmte genau definierte Kalibrieraufgaben wahrzunehmen und sie diese Tätigkeiten auf international vergleichbarem Niveau erbringen. Dazu werden von den Überwachungsstellen das Managementsystem von Kalibrierstellen sowie die Kompetenz des Personals überprüft.

Kalibrierlaboratorien sind flächendeckend in den Ländern verteilt und bieten der Industrie die Möglichkeit, rückgeführte und international anerkannte Kalibrierungen durchführen zu lassen. Die akkreditierten Kalibrierlaboratorien sind strengen Auflagen und Überwachungen unterworfen. Darin liegt die Sicherheit, dass die ausgeführten Kalibrierungen/Messungen dem Stand der Technik entsprechen und die internationale Anerkennung verdienen.

▶ **Rückführbarkeit** bedeutet, dass jede Messung an einem Werkstück über eine oder mehrere Kalibrierungen innerhalb der Kalibrierkette auf ein Nationales Normal rückgeführt werden kann.

In der Regel sind die akkreditierten Kalibrierlaboratorien für Kalibrierung von Bezugsnormalen und die Unternehmen für die Kalibrierung von Gebrauchsnormalen, Messmittel, Lehren und Messungen an den Werkstücken zuständig.

Da bei jeder Kalibrierung nach dem Fehlerfortpflanzungsgesetz die Messunsicherheit größer wird, sollte die Kalibrierkette bei der Rückführung möglichst kurz sein. So sind für Handmessmittel für geringere Genauigkeitsanforderungen drei, für ein KMG zwei und für ein Laserinterferometer nur eine Kalibrierstufe bis zum Nationalen Normal sinnvoll (Abb. 2.5).

An Prüfscheine/Kalibrierzertifikate akkreditierter Kalibrierlaboratorien werden bestimmte Mindestanforderungen gestellt [2]. Unter anderem müssen aus dem Zertifikat die Herkunft der Messung, das Messverfahren und die Messunsicherheit klar ersichtlich

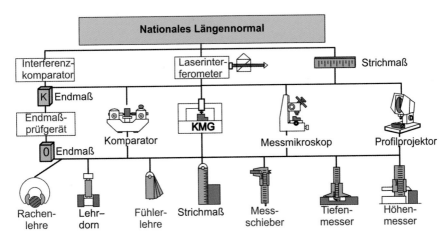

Abb. 2.5 Kalibrierketten für Messgeräte mit unterschiedlichen Genauigkeitsanforderungen

sein. Ferner ist zu gewährleisten, dass der Kalibriergegenstand eindeutig identifizierbar ist.

Um das Vertrauen in die Messungen der akkreditierten Kalibrierlaboratorien und der nationalen Organisationen international sicher zu stellen, werden Vergleichsmessungen, sogenannte Ringmessungen durchgeführt. Die durchführenden Organisationen, z. B. die PTB in Deutschland oder das METAS in der Schweiz, messen ein Endmaß mit höchster Genauigkeit und schicken dieses Endmaß dann an alle akkreditierten Kalibrierlaboratorien des Landes. Diese kennen den von PTB/METAS ermittelten Messwert nicht und müssen ihrerseits das Endmaß messen und dessen Länge mit einer Messunsicherheitsangabe bekannt geben.

Nachdem alle Kalibrierlaboratorien die Messungen durchgeführt und die Messergebnisse an PTB/METAS mitgeteilt und das Endmaß zurückgeschickt haben, wird das Endmaß von PTB/METAS noch einmal gemessen, um die Sicherheit der Messkette noch einmal zu erhöhen. Die Messergebnisse werden den Kalibrierlaboratorien dann mitgeteilt und können in anonymisierter Form veröffentlicht werden (Abb. 2.6). Kalibrierlaboratorien, deren Messergebnisse nicht vertrauenswürdig sind, werden ermahnt, mit befristeten Auflagen versehen und können ihre Akkreditierung verlieren.

2.2.2 Normale

Stellvertretend für die Vielzahl von Normalen in der Fertigungsmesstechnik soll an dieser Stelle das weitverbreitete und universell einsetzbare Normal „Parallelendmaß" behandelt werden.

Das Parallelendmaß nach DIN ISO 3650 verkörpert die Länge durch den Abstand der beiden zueinander parallelen Messflächen (Endflächen). Die Definition für das

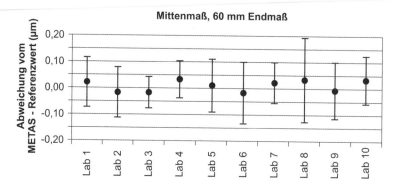

Abb. 2.6 Swiss Calibration Service, Vergleichsmessungen, Endmaß 60 mm, Abweichung vom Referenzwert mit Angabe der erweiterten Messunsicherheit

Parallelendmaß lautet: Die Länge eines Parallelendmaßes ist der senkrechte Abstand der einen Messfläche von einer Anschubplatte, die an die zweite Messfläche angeschoben wird. Diese Definition wurde mit Rücksicht auf den Interferenz-Komparator geschaffen, mit dem die Länge eines Parallelendmaßes auf der Basis der interferentiellen Fundamentalmessung mit sehr kleiner Messunsicherheit ermittelt werden kann. Auf diese Definition beziehen sich auch die Kenngrößen in Abb. 2.7. Abb. 2.8 zeigt die

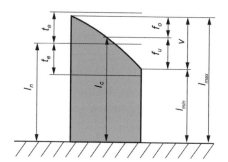

f_u: Abweichung unten
f_o: Abweichung oben
v : Abweichungsspanne
$(f_o + f_u)$
l_n : Nennmaß
t_e : Grenzabmaße vom
     Nennmaß an beliebiger
     Stelle
l_c : Mittenmaß (Istmaß)

Abb. 2.7 Parallelendmaß, Definitionen und Begriffe

Nennmaß l_n in mm		zulässige Abweichungen in µm für Kalibrier- (K) bzw. Toleranzklassen (0, 1, 2)							
		K		0		1		2	
		t_e	t_v	t_e	t_v	t_e	t_v	t_e	t_v
≥ 0,5 ...... ≤ 10		±0,20	0,05	±0,12	0,10	±0,20	0,16	±0,45	0,30
> 10 ...... ≤ 25		±0,30	0,05	±0,14	0,10	±0,30	0,16	±0,60	0,30
> 25 ...... ≤ 50		±0,40	0,06	±0,20	0,10	±0,40	0,18	±0,80	0,30
> 50 ...... ≤ 75		±0,50	0,06	±0,25	0,12	±0,50	0,18	±1,00	0,35
> 75 ...... ≤ 100		±0,60	0,07	±0,30	0,12	±0,60	0,20	±1,20	0,35
> 100 ...... ≤ 150		±0,80	0,08	±0,40	0,14	±0,80	0,20	±1,60	0,40

Abb. 2.8 Klassen und Toleranzen für Parallelendmaße (alle Materialien)

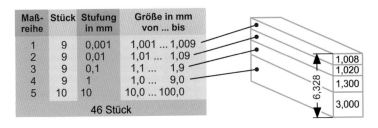

Maß-reihe	Stück	Stufung in mm	Größe in mm von ... bis
1	9	0,001	1,001 ... 1,009
2	9	0,01	1,01 ... 1,09
3	9	0,1	1,1 ... 1,9
4	9	1	1,0 ... 9,0
5	10	10	10,0 ... 100,0
46 Stück			

Abb. 2.9 Maßbildungsreihen für Parallelendmaße

zulässige Grenzabweichung t_e für das Nennmaß l_n an beliebiger Stelle und die Toleranz t_v für die Abweichungsspanne v. Das Mittenmaß l_c ist die Länge des Parallelendmaßes in der Mitte der freien Messfläche mit den Abweichungen f_o und f_u.

Diese quaderförmigen Parallelendmaße gibt es für Längen von 0,5 mm bis 3000 mm. Sie bestehen aus einem formstabilen Werkstoff, der verschleißfest sein sollte und möglichst wenig altern und korrodieren soll. Zur Maßübertragung dienen die hochwertig bearbeiteten Endflächen (Messflächen), die eine kleine Parallelitätsabweichung (Abschn. 5.3) und geringe Welligkeit und Rauheit haben sollen, sowie möglichst frei von Oberflächenunvollkommenheiten sein sollten. Solche Endflächen erlauben ein Anschieben oder Ansprengen, wenn sie frei sind von Verunreinigungen (Späne, Staubpartikel, Fettreste, Flüssigkeiten). Unter dieser Voraussetzung lassen sich mehrere Parallelendmaße zu einer Maßkombination miteinander verbinden.

Abb. 2.9 zeigt, wie aus nur 46 einzelnen Parallelendmaßen ein beliebiges Maß im Bereich von 4 mm bis 9 mm, in 1 μm Abstufungen, erzeugt werden kann. Die Begrenzung auf 4 mm ergibt sich aus der Tatsache, dass Parallelendmaße kleiner als 1 mm schwieriger zu fertigen, zu kalibrieren und auch handzuhaben sind. Die Maßbildungsreihen 1, 2 und 3 für Stufungen von 0,001 mm, 0,01 mm und 0,1 mm bauen daher auf dem 1 mm-Endmaß auf.

Die zulässigen Abweichungen für Parallelendmaße sind abhängig vom Genauigkeitsgrad und der Länge des Nennmaßes. Der Genauigkeitsgrad richtet sich nach dem Verwendungszweck. Mit wachsender Länge des Parallelendmaßes werden die zulässigen Werte für Maß- und Formabweichung größer. Je länger ein Parallelendmaß ist, umso größer ist der Einfluss der Temperatur, auch wenn Hersteller und Kalibrierlaboratorien unter klimatisierten Bedingungen arbeiten. Parallelendmaße sind mit kleinen Abweichungen herstellbar und lassen sich auf der Basis der Unterschiedsmessung mit kleinen Messabweichungen kalibrieren. Für die Unterschiedsmessung gibt es Endmaßmessgeräte, mit denen jeweils zwei Parallelendmaße des gleichen Nennmaßes miteinander verglichen werden. Eines der beiden Parallelendmaße ist das Normal-Endmaß mit bekannten Abweichungen, das andere ist das zu kalibrierende Prüfendmaß. Mit diesen Endmaßmessgeräten werden definierte Punkte angetastet und aus diesen Maß- und Formabweichungen ermittelt.

Abb. 2.10 Preisrelationen
von Parallelendmaßen
verschiedener Ausführungen

Klasse Werkstoff	K	0	1	2
Stahl	3,9	1,6	1,3	1,0
Hartmetall	3,8	2,3	2,0	1,9
Keramik	3,7	3,0	2,7	2,3

Faktoren für die Preise eines 46 - teiligen Endmaßsatzes
mit der Stufung 0,001mm, 0,01 mm, 0,1mm, 1mm und 10mm

Stahl, Toleranzklasse 2 "entspricht" 1,0 und kostet ca. 700 ... 1200 €.

Stand: 2014

Die Frage der Wahl des Parallelendmaß-Werkstoffes ist nicht nur von der Einsatzart abhängig, sie hat auch Einfluss auf die Messunsicherheit beim Kalibrieren und auf die Herstellkosten (Abb. 2.10). Dabei ist zu beachten, dass sich die Ausdehnungskoeffizienten der verschiedenen Parallelendmaß-Werkstoffe stark unterscheiden können und in der Regel nicht genau bekannt sind.

▶ Die Tatsache, dass sich Parallelendmaße bei Gebrauch abnutzen und durch Alterungsprozesse wachsen oder schwinden können, macht es erforderlich, Parallelendmaße von Zeit zu Zeit zu kalibrieren.

Kürzere Endmaße (bis 100 mm) werden auf Endmaßmessgeräten gemäß Abb. 2.11 in vertikaler Lage gemessen, längere auf Komparatoren in horizontaler Lage.

Wie Abb. 2.8 zeigt, sind die Maß- und Formtoleranzen von Endmaßen unter 100 mm so klein, dass vom Endmaßmessgerät eine Messunsicherheit in der Größenordnung von 0,02 µm verlangt wird. Das stellt extreme Anforderungen an die Messbedingungen, insbesondere an die Temperatur des Messraumes. Temperaturunterschiede zwischen Prüf- und Normal-Endmaß dürfen 0,02 °C nicht überschreiten. Bei einem 100-mm-Stahlendmaß ist bei einem Temperaturunterschied von 0,1 °C die temperaturbedingte Abweichung schon größer als die Messunsicherheit für das Mittenmaß.

Die beiden Größen Mittenmaß und Abweichungsspanne werden in einem Messverfahren bestimmt, das Unterschiedsmessung heißt. Es beruht auf dem Vergleich von zwei Endmaßen des gleichen Nennmaßes. Das Mittenmaß des zu prüfenden Endmaßes (Prüfendmaß) wird mit dem Mittenmaß eines Normal-Endmaßes verglichen. Das Ergeb-

Abb. 2.11 Endmaßmessgerät

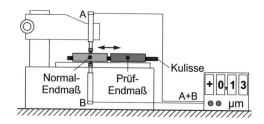

nis ist die Mittenmaßabweichung, die mit t_e zu vergleichen ist (Abb. 2.8). Auf dem in Abb. 2.11 dargestellten Endmaßmessgerät werden beide Messflächen durch je einen Messgrößenaufnehmer, die in einer Flucht liegen, gegensinnig angetastet.

Die Unterschiedsmessung erfordert eine große Zahl von kalibrierten Normal-Endmaßen (z. B. 122 Stück), weil Normal- und Prüfendmaß die gleiche Länge haben müssen, denn die Messbereiche der in Abb. 2.11 mit A und B bezeichneten Induktivtaster sind aufgrund der hohen Auflösung nur sehr klein. Die Signale der beiden Messtaster werden addiert (Summenschaltung).

Wenn der obere Induktivtaster A durch einen digitalen Messtaster höchster Auflösung oder durch einen laserinterferometrischen Messtaster mit größerem Messbereich ersetzt wird, können mit einem Normal-Endmaß auch verschieden große Prüfendmaße kalibriert werden. Der Normal-Endmaßsatz könnte dann aus nur etwa 15 Maßen bestehen. Prüf- und Kalibrierendmaße sollten stets aus dem gleichen Werkstoff sein.

Häufig wird nur das Mittenmaß gemessen. Wenn die Parallelitätsabweichung zu bestimmen ist, wird das Prüfendmaß zusätzlich in der Nähe der vier Eckpunkte gemessen und daraus die Abweichungsspanne berechnet. Die Abweichungsspanne ergibt sich aus den größten Abständen der vier Eckpunkte gegenüber dem Mittenmaß: $v = f_0 - f_u$. Das Normal-Endmaß wird für diese Messung nicht benötigt.

In den Kalibrierlaboratorien der Ämter zur Sicherung der nationalen Normale werden zum Kalibrieren von Parallelendmaßen Interferenzkomparatoren mit zwei frequenzstabilisierten Lasern eingesetzt. Sie beruhen auf dem von A. Michelson entwickelten Verfahren (Abschn. 13.2), anstelle der visuellen Betrachtung des Interferenzbildes übernimmt eine automatische Bildverarbeitung die Auswertung. Die Abweichungsgrenzen liegen typisch bei $f_G = (0{,}02 + 0{,}2 \cdot L)\ \mu m$, L in m.

2.3 Konstruktionsprinzipien

Sowohl bei der Entwicklung/Konstruktion von messtechnischen Komponenten als auch beim Betrieb von Messgeräten und der Lagerung von messtechnischen Komponenten und Werkstücken spielen die Freiheitsgrade des Körpers und das Abbeprinzip (Abschn. 4.1) eine wichtige Rolle. Richtig verstanden und angewandt können wesentlich höhere Genauigkeiten ohne großen Mehraufwand erzielt werden.

Freiheitsgrade
Die Bewegungsmöglichkeiten eines starren Körpers im Raum, auch **Freiheitsgrade** genannt, haben ganz allgemein in der Technik und besonders in der Fertigungsmesstechnik eine große Bedeutung.

Ein starrer Körper hat sechs Freiheitsgrade. Er kann drei translatorische Bewegungen in x, y, z und drei rotatorische Bewegungen um die translatorischen Achsen ausführen (Abb. 2.12). Beispielhaft sei dies an einem Quader erläutert. Für die Fixierung

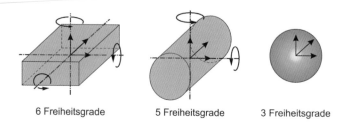

6 Freiheitsgrade   5 Freiheitsgrade   3 Freiheitsgrade

Abb. 2.12 Freiheitsgrade von Körpern

eines Quaders im Raum werden sechs Auflagepunkte benötigt. Wird der Körper mit weniger Punkten fixiert, so ist er statisch unbestimmt gelagert, d. h. er kann sich noch eingeschränkt bewegen. Bei Fixierung mit mehr als sechs Punkten ist er statisch über-bestimmt gelagert und es können z. B. Kräfte auftreten, die den Quader verformen. Dies kann in der Praxis dazu führen, dass Messergebnisse verfälscht werden.

Analoges gilt für weitere Geometrieelemente, die in der Fertigungsmesstechnik wichtig sind. Ein Zylinder hat fünf Freiheitsgrade und eine Kugel hat drei Freiheitsgrade. Diese Tatsache hat unter anderem Auswirkungen auf die konstruktive Gestaltung von Komponenten und Messgeräten schon in der Entwicklungsphase. Hartgesteinsplatten (quaderförmig) werden z. B. als selbstständige Messplatten oder als Gerätebasis von KMG (Abschn. 4.3) verwendet. Diese Platten sollen nur an drei Punkten auf der Unter-seite (schwimmend) gelagert werden, um Verspannungen z. B. durch Wärmedehnung zu vermeiden und ihre Funktion, eine möglichst ebene Oberseite, über lange Zeit und unter unterschiedlichsten Umgebungsbedingungen zu gewährleisten.

Aber auch bei der Fixierung von Werkstücken in einem Messgerät muss dem Mess-techniker das Thema Freiheitsgrade geläufig sein. Auf der einen Seite sollen die Werk-stücke gut fixiert werden, um Bewegungen während der Messung zu vermeiden, auf der anderen Seite müssen Deformationen des Werkstücks vermieden werden.

Das im Jahre 1893 von Ernst Abbe formulierte und nach ihm benannte Prinzip **„Abbeprinzip"** oder **„Abbesches Komparatorprinzip"** zur Anordnung von zu erfassendem Merkmal und der dazu genutzten Maßverkörperung stellt einen wichtigen Grundsatz dar. Bei dessen Beachtung können Messabweichungen, die sich aufgrund von Führungsabweichungen ergeben, verringert werden. Dieser Grundsatz ist beim Design von Messgeräten aber auch in der Planung von Messstrategien (z. B. beim Aufbau einer Messvorrichtung) nützlich und sollte berücksichtigt werden.

▶   Das **Abbesche Komparatorprinzip** besagt, dass Längenmessgeräte
      so aufgebaut sein sollten, dass das zu erfassende Merkmal und die
      Maßverkörperung fluchtend angeordnet sein sollen (Abb. 2.13, links).

Bei der Nichteinhaltung des Abbeschen Komparatorprinzips treten aufgrund von Führungsabweichungen Kippfehler auf (Abb. 2.13, rechts), die umso größer sind, je

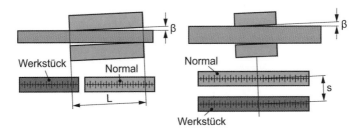

Abb. 2.13 Abbesches Komparatorprinzip

größer der Abstand (Abb. 2.13, „s") ist und desto größer der Kippwinkel (Abb. 2.13, „β") aufgrund der Führungsabweichung ist.

Das Komparatorprinzip ist eine Idealforderung, die bei einigen Messmitteln der Werkstatt (z. B. Bügelmessschraube) realisiert wird. Bei anderen Messgeräten, wie z. B. bei einem Koordinatenmessgerät, lässt sich das Prinzip, von wenigen Ausnahmen abgesehen, nicht im gesamten Messvolumen an allen Achsen einhalten.

Literatur

1. DIN EN ISO 14638, 2015–12, Geometrische Produktspezifikation (GPS) – Matrix-Modell
2. DIN EN ISO/IEC 17025, 2018–03, Allgemeine Anforderungen an die Kompetenz von Prüf- und Kalibrierlaboratorien

Messunsicherheit und deren Ursachen

3

▶ **Trailer**

Das Kapitel Messunsicherheit und deren Ursachen geht auf die **Bedeutung der Messunsicherheit** ein und erläutert, wie die Messunsicherheit bei **Entscheidungen,** ob eine **Spezifikation** eingehalten ist oder verletzt wird, berücksichtigt werden muss und wie dies erfolgen soll. Dabei spielt die korrekte und **vollständige Angabe von Messergebnissen** inklusive der Messunsicherheit eine zentrale Rolle.

Ein Schwerpunkt in diesem Kapitel stellt der Abschnitt zu den **Ursachen der Messunsicherheit** und deren Ermittlung dar. In diesem Zusammenhang wird an einem einfachen Beispiel Schritt für Schritt aufgezeigt, wie die Abschätzung der Messunsicherheit erfolgt und wie die einzelnen Komponenten, die zur Messunsicherheit beitragen, kombiniert werden.

In diesem Kapitel wird eine **Methode zur Messunsicherheitsabschätzung** vorgestellt, die für Handrechnungen in der Praxis verwendet werden kann und es werden komplexere Methoden vorgestellt, mit denen sich auch komplexere Zusammenhänge für Messunsicherheitsabschätzungen, wie sie in der 3-D-Koordinatenmesstechnik vorliegen, behandeln lassen.

Die Messunsicherheit hat große wirtschaftliche Bedeutung für die ganze Wertschöpfungskette. Kleine Messunsicherheiten führen häufig zu hohen Prüfkosten, können jedoch bei großer Fertigungsstreuung auch die Rückweisung von Werkstücken durch den Kunden verhindern.

Die Ermittlung der Messunsicherheit erfolgt über experimentelle Verfahren (Messreihen) oder mittels anderer Methoden. In diesen Verfahren werden die Ursachen für Teilmessunsicherheiten identifiziert und quantifiziert, in einem Messunsicherheitsbudget zusammengefasst bzw. über eine Modellbildung die Messunsicherheit des Gesamtsystems ermittelt.

© Springer Fachmedien Wiesbaden GmbH, ein Teil von Springer Nature 2021
M. Marxer et al., *Fertigungsmesstechnik*, https://doi.org/10.1007/978-3-658-34168-8_3

Zur Verringerung der Messunsicherheit können systematische Anteile der Messunsicherheit als „Korrektion" ausgewiesen und rechnerisch kompensiert werden. Ferner können Mehrfachmessungen die Messunsicherheit reduzieren. Die Messunsicherheit ist immer messaufgabenspezifisch. Die Messunsicherheitsangabe charakterisiert die Unsicherheit beim Messen eines bestimmten Merkmals unter definierten Bedingungen. Zu beachten ist deshalb, dass die Angabe von Leistungsparametern eines Messgeräts, z. B. eine Angabe zur Linearität eines Messschiebers oder die maximal zulässige Anzeigeabweichung bei Längenmessungen, für ein Koordinatenmessgerät nicht mit der Messunsicherheit gleichgesetzt werden kann.

Zu den Bedingungen, die für die Ermittlung des Messunsicherheitsbudgets berücksichtigt werden sollen, gehören u. a. das Messgerät, die verwendete Maßverkörperung, die Umgebungsbedingungen und der Bediener.

▶　　Ein Messresultat besteht aus einem Messwert mit Maßeinheit und einer Aussage zur Messunsicherheit sowie der Angabe, wie das Messresultat entstanden ist.

3.1　Bedeutung der Messunsicherheit, Entscheidungsregeln

Die Kenntnis der Messunsicherheit ist Voraussetzung für die Vergleichbarkeit und Akzeptanz von Messergebnissen. Entscheidungen, die auf der Grundlage von Messergebnissen zu treffen sind, können ohne Kenntnis der Messunsicherheit nicht fundiert durchgeführt werden.

Um die Vergleichbarkeit von Messergebnissen gewährleisten zu können, sind einheitliche Vorgehensweisen bei deren Bestimmung notwendig. Hieraus sind Richtlinien entstanden, die die Vorgehensweise bei der Bestimmung und der Angabe der Messunsicherheit regeln. Als international anerkannter Standard sei hier der „Guide to the Expression of Uncertainty in Measurement (GUM)" bzw. die deutsche Fassung, der „Leitfaden zur Angabe der Unsicherheit beim Messen" [1] genannt. Dieser Leitfaden beschreibt in umfassender Form die Vorgehensweisen beim Bestimmen der Messunsicherheit und legt fest, dass die Angabe einer Unsicherheit zusammen mit dem Schätzwert für die Messgröße ein elementarer Bestandteil eines Messergebnisses ist.

Besondere Bedeutung kommt der Messunsicherheit bei der Auslegung und Überwachung von Fertigungs- und Messprozessen zu. Unnötig genaue Messprozesse treiben die Prüfkosten in die Höhe, ein Messprozess mit hoher Messunsicherheit erhöht die Fehlerkosten. Ein sinnvolles Verhältnis der Größen Toleranz, Fertigungsstreubreite und Messunsicherheit ist Voraussetzung für eine wirtschaftliche Fertigung.

Jedes Merkmal eines Werkstücks wird durch ein Maß und eine Toleranz spezifiziert. Soll diese Spezifikation überprüft werden, muss die Messunsicherheit, mit der überprüft wird, bekannt sein. Die Messunsicherheit reduziert die Toleranz, in der sich der Messwert befinden muss, um sicher zu stellen, dass das Merkmal der Spezifikation entspricht.

▶ Es muss sichergestellt werden, dass Werkstücke ihre Funktion erfüllen
   können. Deshalb ist es erforderlich, Merkmale zu spezifizieren und Toleranzgrenzen festzulegen.

Die an den erforderlichen Merkmalen ermittelten Messwerte müssen innerhalb der vereinbarten Toleranzgrenzen liegen. Messwerte sind jedoch immer mit einer Unsicherheit
behaftet. Zwischen Kunden und Lieferanten muss deshalb eine Vereinbarung getroffen
werden, damit eine gemeinsame Basis über die Erfüllung einer Spezifikation vorliegt.
   Zur Beurteilung der Einhaltung von Spezifikationen aufgrund unsicherer Messergebnisse wurde eine internationale Norm erstellt [2]. In dieser Norm ist festgelegt, welche Kriterien für die Übereinstimmung bzw. Nicht-Übereinstimmung eines
Merkmals mit den Spezifikationsgrenzen anzuwenden sind. Welche Voraussetzungen für
die Erfüllung der Spezifikation erfüllt werden müssen, ist in Abb. 3.1 dargestellt.

▶ Die **Messunsicherheit** ist ein dem Messergebnis zugeordneter Parameter,
   der die Streuung der Werte kennzeichnet, die vernünftigerweise dem Messwert zugeordnet werden [2].

Hier sind die Grundlagen für die Festlegung zur Erfüllung der Spezifikationen aus der
Sicht des Lieferanten dargestellt. Die Toleranz legt denjenigen Bereich fest, in dem die
Messgröße Y liegen muss, um die Spezifikation zu erfüllen. Dies gilt jedoch nur, wenn
das Messresultat mit keiner Unsicherheit behaftet ist, was in der Praxis nicht möglich ist. Um sicherzustellen, dass die Spezifikation trotz der Messunsicherheit, mit der
die Messgröße behaftet ist, erfüllt werden kann, muss die Toleranz um den unsicheren
Bereich eingeschränkt werden.
   Das Resultat dieser Einschränkung ist der Übereinstimmungsbereich. Der Toleranz-
bereich muss auf beiden Seiten um die Messunsicherheit eingeschränkt werden, d. h. der

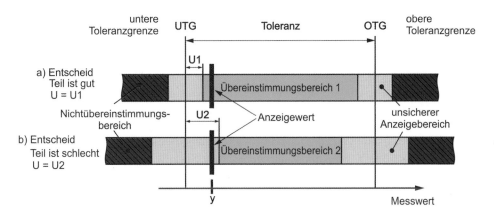

Abb. 3.1 Zusammenhang von Spezifikationsgrenze, Messunsicherheit und Übereinstimmungs-
bereichen

Übereinstimmungsbereich ergibt sich aus der um den doppelten Betrag der Messunsicherheit verkleinerten Toleranz. Die Folge aus dieser Regelung ist, dass der Übereinstimmungsbereich umso stärker eingeschränkt werden muss, je größer die Unsicherheit des Messergebnisses ist. Dies bedeutet, dass bei einer größeren Messunsicherheit die zulässige Fertigungsstreubreite immer stärker eingeschränkt werden muss, um immer noch Teile zu produzieren, welche den Spezifikationen genügen. Bei diesen Überlegungen spielen wirtschaftliche Gesichtspunkte eine wichtige Rolle.

Aus diesem Zusammenhang wird deutlich, weshalb ein Messresultat ohne eine zugeordnete Messunsicherheitsangabe nicht brauchbar ist. Die scharfen Trennlinien (UTG und OTG) aus der Designphase werden zu Unsicherheitsbereichen. Die ermittelte Unsicherheit muss in der Praxis berücksichtigt werden, wenn die Erfüllung einer Spezifikation nachgewiesen werden soll.

Die Spezifikationsgrenzen (UTG und OTG) sind festgelegte unveränderliche Größen. Die Messunsicherheit hingegen ist eine variable Größe, die von einer Vielzahl von Bedingungen abhängt und beeinflusst werden kann. Weil die Bereiche der Nichtübereinstimmung und Übereinstimmung von den beiden Größen Spezifikationsgrenzen und Messunsicherheit abhängen, sind auch diese Bereiche variabel. In Abhängigkeit des Wertes für die Messunsicherheit kann die Spezifikation erfüllt werden oder auch nicht (Abb. 3.1).

▶   Je nach der resultierenden Messunsicherheit ergibt sich ein unterschiedlicher Übereinstimmungsbereich.

Der in Abb. 3.1 dargestellte Zusammenhang hat große wirtschaftliche Konsequenzen. Es ist im einzelnen Fall abzuwägen, ob es wirtschaftlich sinnvoller ist, Werkstücke, welche die Spezifikation unter Verwendung eines genaueren Messprozesses erfüllen würden, zu entsorgen oder aber ein genaueres, in der Regel teureres Messverfahren zu wählen und dadurch die Teile eventuell als „Gut" deklarieren zu können.

▶   Die „Goldene Regel der Messtechnik", nach der das Verhältnis von Messunsicherheit zu Toleranz 10 % nicht überschreiten sollte, ist ein erster Anhaltspunkt, um die Eignung eines Messprozesses für eine bestimmte Anwendung zu beurteilen.

Regel für Übereinstimmung

Die Größe des Übereinstimmungsbereichs hängt also direkt zusammen mit der vorgegebenen Spezifikation und der tatsächlichen Messunsicherheit. Der angegebene Messwert der Messgröße Y wird mit y angegeben. Die Spezifikation für das Merkmal ist erfüllt, wenn gilt

$$UTG + U \leq y \leq OTG - U \tag{3.1}$$

Regel für Nichtübereinstimmung

Sinngemäß gilt auch die Regel für die Nichtübereinstimmung. Der Abnehmer eines Werkstücks muss seinerseits die Nichtübereinstimmung des Merkmals mit der Spezifikation nachweisen, indem dieser die Spezifikationsgrenze um seine Messunsicherheit erweitert. Also gilt entweder Gl. 3.2 oder Gl. 3.3.

$$y < UTG - U \tag{3.2}$$

$$y > OTG + U \tag{3.3}$$

Sowohl für die Regel der Übereinstimmung als auch für die Regel der Nichtübereinstimmung gilt der Grundsatz, dass sich die Messunsicherheit immer gegen den Beweisführenden auswirkt (Abb. 3.1). Weiter ist es üblich, dass der Hersteller von Werkstücken den Übereinstimmungsnachweis mit der Spezifikation für alle gelieferten Werkstücke erbringt.

3.2 Ursachen für Messunsicherheit

▶   Das Ziel, den tatsächlich existierenden realen Wert einer Messgröße (den wahren Wert) zu finden, kann infolge der vielfältigen Einflüsse bei Messungen grundsätzlich nicht erreicht werden, denn es treten stets Messabweichungen auf.

Es wird zwischen zufälliger und systematischer Messabweichung unterschieden.

Die zufällige Messabweichung ist nicht beeinflussbar; sie kann bei einer Wiederholmessreihe durch mathematisch-statistische Methoden abgeschätzt werden. Die systematische Messabweichung setzt sich additiv aus bekannten und unbekannten Anteilen zusammen. Bekannte systematische Messabweichungen sollen wenn möglich korrigiert werden.

Unbekannte systematische Messabweichungen werden wie zufällige Messabweichungen behandelt. Systematische Messabweichungen werden im Wesentlichen durch Unvollkommenheiten des Werkstücks, des Messverfahrens, der Messkette und ihren Elementen sowie Umgebungseinflüssen hervorgerufen. Zur Ermittlung der Messunsicherheit müssen alle am Messprozess beteiligten Komponenten berücksichtigt werden (Abb. 3.2).

Die Ermittlung messunsicherheitsrelevanter Daten setzt große Erfahrung und Wissen um die Zusammenhänge zwischen den Einflussgrößen und deren Auswirkung auf die Messunsicherheit voraus.

Die in Abb. 3.2 dargestellten Einflüsse sollen eine Hilfestellung und Anregung zur Ermittlung von individuellen Einflüssen sein und bei der Erfassung der Einflusskomponenten helfen.

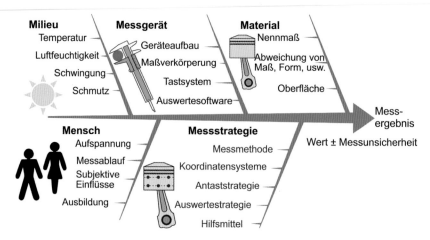

Abb. 3.2 Ursachen für die Messunsicherheit, Ishikawa-Diagramm

3.2.1 Einflussgröße Milieu (Umgebung)

Die **Temperatur** kann auf Messungen Einfluss haben, z. B. durch Temperatur-
abweichung von der Referenztemperatur (20 °C) sowie durch Temperaturschwankungen
(Änderungen der Temperatur während der Messungen).

Die Temperaturänderung kann sich z. B. auf die Längenausdehnung der am Messprozess beteiligten Komponenten auswirken. Die Längenausdehnung wird ermittelt durch:

$$\Delta L = L_0 \cdot \alpha \cdot \Delta t \tag{3.4}$$

Nach Gl. 3.4 beträgt die Längenänderung ΔL eines Werkstücks aus Stahl (Grau-
guss) (Abb. 3.3) mit einer Ausgangslänge von $L_0 = 100\,mm$ bei einer Temperaturänderung Δt von 1 °C und einem Längenausdehnungskoeffizienten α ca. 1 µm. Dies
hat zur Folge, dass nicht nur eine unterschiedliche Temperatur von Werkstücken und
Normalen bei deren Vergleich, sondern auch eine Abweichung von der Referenztemperatur eine unterschiedliche Längenänderung und somit eine Unsicherheit
bewirken kann.

Die in Abb. 3.3 angegebenen Längenausdehnungskoeffizienten sind Richtwerte für
einen Temperaturbereich von 0 bis 40 °C. Die Temperaturausdehnungskoeffizienten sind
von der Zusammensetzung des Werkstoffs und von der Temperatur abhängig.

Werden   die   Temperaturen   gemessen   und   sind   die   Temperaturausdehnungskoeffizienten bekannt, dann lassen sich die temperaturbedingten Längen-
änderungen berechnen und durch eine entsprechende Korrektion im Messergebnis
berücksichtigen. Hierbei sind die Unsicherheiten in der Temperaturmessung, der
Abschätzung der Ausdehnungskoeffizienten und der Temperaturverteilung in den

Werkstoff	Längenaus- dehnungs- koeffizient α in $10^{-6} \cdot K^{-1}$	Werkstoff	Längenaus- dehnungs- koeffizient α in $10^{-6} \cdot K^{-1}$
Aluminium, rein	24	Kupfer	17
Bronze CuSn 6	17,5	Leichtmetall-Leg.	21 ... 24
Glas	3...8	Messing CuZn37	18,5
Glaskeramik (Zerod.)	0 ... 0.05	Stahl, Grauguss	10
Hartgestein (Granit)	8	Stahl, rostfrei	16
Hartmetall	5 ... 7	Stahl, unlegiert	11,5
Keramik (Zirkonoxid)	9,5	Titan	8,2
Kunststoff (Duroplast)	10 ... 80	Zink	27,0
Kunststoff (Thermoplast)	70 ...150	Zinn	23,0

Abb. 3.3 Längenausdehnungskoeffizienten von Werkstoffen im Vergleich

beteiligten Komponenten zu berücksichtigen. Die temperaturbedingte Längenänderung wird unter folgenden Bedingungen vernachlässigbar klein:

- Ausdehnungskoeffizienten sind sehr klein (z. B. bei Werkstücken oder Normalen aus Quarz, Invar oder Zerodur).
- Ausdehnungskoeffizienten und Temperaturen von Werkstück und Normal sind nahezu identisch (z. B. Messgeräte mit Stahlmaßstab, Werkstücke aus Stahl).
- Werkstück und Normal haben annähernd die Bezugstemperatur (durch Messungen in einem klimatisierten Raum nach Temperierung der Werkstücke über mehrere Stunden).

Bei der Beurteilung des Temperatureinflusses ist zu beachten, dass während einer Messung Temperaturänderungen eintreten und dass die Temperaturverläufe von Werkstück und Normal unterschiedlich sein können. Dies kann besonders bei länger dauernden Messreihen eine Drift der Messwerte zur Folge haben.

Die **Luftfeuchte** hat Einfluss auf den Brechungsindex der Luft. Werden optische Messgeräte, z. B. Interferometer (Abschn. 13.2) verwendet, so kann eine Änderung der Luftfeuchte eine Veränderung des Messergebnisses bewirken.

Schwingungen werden verursacht von der Umgebung oder vom Messgerät selbst. Seismische Schwingungen lassen sich durch große Massen (Fundamente) und schwingungsdämpfende Maßnahmen zu einem Teil reduzieren.

Verschmutzungen können Maß-, Form- und Lageabweichungen vortäuschen. Werkstücke sollten grundsätzlich vor Messungen sehr sorgfältig gereinigt werden. Besonders gravierend ist der Einfluss von verunreinigten Werkstücken, wenn berührungslose Messverfahren eingesetzt werden, da z. B. Staubpartikel nicht „weggeschoben" werden. Es werden deshalb spezielle Auswertealgorithmen eingesetzt, die Fremdpartikel erkennen und ausfiltern.

3.2.2 Einflussgröße Messgerät

Der **Geräteaufbau** bei vielen Messgeräten zur Messung geometrischer Größen ist so gestaltet, dass zur Messung ein Element (Längenaufnehmer, Messbolzen, Messpinole, Messschlitten) längs einer Führung verschoben wird, die mit Spiel und Reibung behaftet ist.

Bei Messgeräten mit nicht selbstständiger Maßverkörperung (Abschn. 2.2) können Führungsungenauigkeiten großen Einfluss auf Messabweichungen haben. Das für eine leichtgängige Bewegung erforderliche Spiel hat Kippungen in der Führung zur Folge. Je nach der Anordnung von Maßverkörperung und Messstrecke am Werkstück wirken sich solche Kippungen unterschiedlich stark aus.

Der Geräteaufbau hat entscheidenden Einfluss auf die **Deformation** des Messgeräts während der Messung aufgrund von Tastkräften, Durchbiegung durch Eigengewicht oder auch Durchbiegung durch das Gewicht von Werkstücken.

Die Unsicherheit der zur Messung verwendeten **Maßverkörperung** ist bei der Unsicherheitsanalyse zu berücksichtigen. Typische Einflüsse von Maßverkörperungen sind Auflösungs- und Teilungsabweichungen der Maßverkörperung.

Tastsysteme können z. B. durch Unvollkommenheit der Tastelemente in die Unsicherheitsbetrachtung von Messungen eingehen. Die an taktilen Messwertaufnehmern verwendeten Tastelemente können geometrisch unvollkommen sein bzw. unterliegen einem Verschleiß. Besonders bei den in der Massenfertigung eingesetzten Mehrstellenmessgeräten und Prüfautomaten unterliegen die Messeinsätze einer Abnutzung, die zu einer Verschiebung der Antastpunkte führen kann. Bei der in Abb. 3.4 rechts gezeigten Anordnung zur Messung des Durchmessers von zylindrischen Teilen ist die Messfläche einseitig abgenutzt.

Wird als Einstellnormal für die Messung ein Parallelendmaß eingesetzt, so ergibt sich aus der Formabweichung des Messtasters eine Messabweichung. In diesem Fall sollte kein Parallelendmaß, sondern ein kugel- oder zylinderförmiges Normal verwendet werden.

▶   Das Normal soll dem Werkstück mit dem zu erfassenden Merkmal in allen Eigenschaften so ähnlich wie möglich sein.

Die **Auswertesoftware,** die die ermittelten Messdaten auswertet, kann durch unvollkommene Algorithmen Auswirkungen auf Messresultate und -unsicherheiten haben. Um

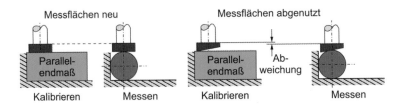

Abb. 3.4 Unterschiedliche Geometrie von Werkstück und Normal

diese Einflüsse zu analysieren, werden Musterdatensätze mit zertifizierten Eingangs- und Ergebnisdaten eingesetzt. Die Ergebnisdaten beider Systeme können auf diese Weise verglichen werden.

3.2.3 Einflussgröße Material (Werkstück)

Das **Material** hat durch seine Eigenschaften wie Dichte, Elastizität, Temperaturausdehnungskoeffizient, Härte u. v. m. Einfluss auf die Messunsicherheit. Verformungen entstehen am Werkstück aufgrund des Eigengewichtes, von Spann- und Messkräften und durch einseitige Erwärmung. Neben der **Größe** (Masse) des Werkstücks kommt der Unterstützung durch die Werkstückhalterung eine besondere Bedeutung zu. Durch geeignete Aufnahmen und eine günstige Wahl der Auflagepunkte lassen sich die Durchbiegungen klein halten. Abweichung von **Größenmaßen oder Form, Richtung, Ort und Lauf** kann zur Folge haben, dass die Messpunktlage nicht repräsentativ für die Werkstückoberfläche ist. Oberflächenunvollkommenheiten, wie z. B. Materialaufwürfe am Werkstück, können für eine ungünstige Auflage verantwortlich sein.

Die **Oberflächenbeschaffenheit** des Werkstücks kann sowohl bei berührenden aber auch bei berührungslosen Messverfahren eine Rolle spielen. Hierbei ist der Reflexionseigenschaft bei berührungslosen Verfahren besonderes Augenmerk zu schenken. Bei der Oberflächenbeschaffenheit ist auf eine geeignete Paarung von Tastelementen (Tastkugeldurchmesser oder Tastspitzengeometrie) in Abhängigkeit zu der vorhandenen oder zu erwartenden Welligkeit oder Rauheit am Werkstück zu achten, um die Auswirkung unerwünschter mechanischer Filterwirkung auf das Messresultat möglichst gering zu halten [3].

Abplattungen am Werkstück und an der Tastspitze sind elastische Verformungen, die nach Hertz berechnet werden. Sie richten sich nach der Messkraft und nach der Geometrie des Werkstücks und der Tastspitze (z. B. Ebene, Zylinder, Kugel). Für die Abplattung a (Abb. 3.5) einer Paarung Kugel-Ebene aus Stahl gilt Gl. 3.5.

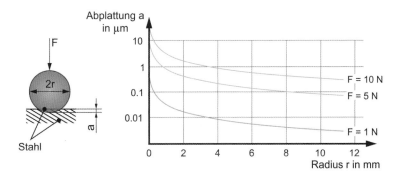

Abb. 3.5 Abplattung der Kombination Kugel-Ebene bei Berührung

$$a = \sqrt[3]{\frac{2{,}25 \cdot \left(1 - v^2\right)^2 \cdot F^2}{E^2 \cdot r}} \tag{3.5}$$

Mit a: Abplattung in mm, F: Messkraft in N, r: Radius der Tastkugel in mm, v: Quer-kontraktionszahl und E: Elastizitätsmodul in N/mm². Bei unterschiedlichen Materialien wird das Elastizitätsmodul E aus dem Elastizitätsmodul E_1 von Material 1 und E_2 von Material 2 nach Gl. 3.6 berechnet.

$$E = \frac{2 \cdot E_1 \cdot E_2}{E_1 + E_2} \tag{3.6}$$

Beim Messen von dünnwandigen Teilen kann die Deformation aufgrund der Messkraft und infolge des Eigengewichtes beträchtlich sein. Auch die Dimension des Werkstücks kann einen Einfluss auf die Messunsicherheit bewirken, weil bei größeren Werkstücken der erforderliche Verfahrweg des Messgeräts Linearitätsabweichungen verursachen kann. Für große Werkstücke können ausladende Tastsysteme und -konfigurationen notwendig sein, was ebenfalls zu einer Erhöhung der Unsicherheit führen kann.

3.2.4   Einflussgröße Mensch (Anwender)

Der Anwender, Messtechniker oder Fertigungstechniker hat bei der Selbstprüfung häufig den größten Einfluss auf die Messunsicherheit. Bei vielen Messungen ist der Mensch ein Teil des Messkreises. Eine wichtige Voraussetzung für sichere Messresultate ist die korrekte Interpretation der Messaufgabe. Eine entscheidende Rolle bei der Reduktion der Einflüsse spielt die Ausbildung des Anwenders.

Großen Einfluss auf die Genauigkeit einer Messung hat der Anwender bereits durch die Wahl der **Aufspannung.** Werkstücke mit einem großen Verhältnis von Länge/Quer-schnitt (z. B. Endmaße mit Nennmaßen über 100 mm) sollen für Messungen so unterstützt werden, dass sie sich aufgrund ihres Eigengewichts möglichst wenig verbiegen (Abb. 3.6).

Die Unterstützung an den Enden ist der ungünstigste Fall, die kleinste Durchbiegung entsteht, wenn die Unterstützungspunkte von den Enden im Abstand von ca. 22 % der

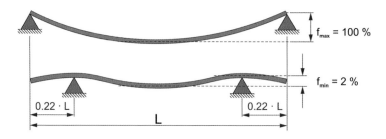

Abb. 3.6 Einfluss der Unterstützung eines Endmaßes auf dessen Durchbiegung

Gesamtlänge liegen (Besselsche Punkte). Diese Punkte sind bei Endmaßen von über 100 mm Nennmaß und bei Linealen häufig durch eine Gravur gekennzeichnet.

Mit der Festlegung des **Messablaufs** bestimmt der Anwender, in welcher Reihenfolge eine Messung durchgeführt wird. Durch eine geschickte Wahl des Messablaufs kann das Messergebnis positiv beeinflusst werden.

Darüber hinaus können **subjektive Einflüsse** wie Ablese- und Übertragungsfehler auftreten. Eine sorgfältige und der Messaufgabe angepasste Arbeitsweise kann nur durch Schulung und entsprechende Erfahrung vermittelt und gewährleistet werden. Eine Objektivierung der Messung mit Hilfseinrichtungen und anderen Maßnahmen (Kap. 10, Abschn. 10.3) kann eine Reduktion der Einflüsse bewirken.

3.2.5 Einflussgröße Messstrategie

Die Messstrategie beinhaltet Festlegungen zur Auswahl der Messmittel, der Hilfseinrichtungen und der Art der Messung.

Die Anzahl und Verteilung der Messpunkte (Abb. 3.7) bestimmt, wie repräsentativ die Messpunkte für die Abbildung der Werkstückoberfläche sind. Dabei ist neben einer genügend hohen Anzahl von Antastpunkten ein besonderes Augenmerk auf eine möglichst gute Verteilung der Antastpunkte auf der Werkstückoberfläche bzw. auf die Geometrieelemente zu legen. Dies kann einen entscheidenden Einfluss auf die Messunsicherheit haben.

Die **Verwendung von Hilfsmitteln,** z. B. Aufspanneinrichtungen, Beleuchtung, Positioniereinrichtungen, können die Messunsicherheit beeinflussen und bei geschickter Wahl von Hilfsmitteln unterstützen, die Messunsicherheit zu verringern.

Das **Messverfahren** legt das **Messprinzip** und die **Methode** für eine Messung fest. Hierbei bestimmt das Messprinzip die verwendete physikalische Grundlage, z. B. optische Messung nach dem Triangulationsverfahren (Abschn. 12.2). Die Methode legt die Vorgehensweise bei der Messung fest, z. B. ob relativ oder absolut gemessen wird.

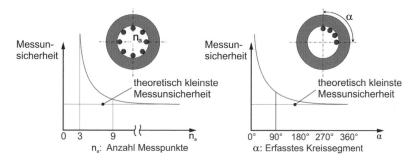

Abb. 3.7 Abhängigkeit der Messunsicherheit von Anzahl und Verteilung von Messpunkten am Beispiel der Messung eines Bohrungsdurchmessers

Die **Auswertestrategie** legt das für die Auswertung verwendete Assoziationsverfahren fest. Die Wahl der geeigneten Auswertestrategie ist ein wesentliches Kriterium für das Ermitteln funktionsgerechter Messresultate. Diese Wahl kann einen entscheidenden Einfluss auf die Messunsicherheit haben. In der Auswertestrategie wird ebenfalls festgelegt, ob eine Reihe von Messpunkten gefiltert wird und mit welchen Filterparametern dies geschieht.

3.3 Methoden zur Abschätzung der Messunsicherheit

Es existiert eine Vielzahl von Methoden und Hilfsmittel zur Abschätzung der Messunsicherheit, die z. B. auf der Grundlage der Richtlinie „Leitfaden zur Angabe der Unsicherheit beim Messen" [1] das Ziel verfolgen, vergleichbare Vorgehensweisen zur Abschätzung der Messunsicherheit zu beschreiben.

Dabei werden in einzelnen Ansätzen besondere Bedürfnisse spezifischer Messprozesse wie z. B. der Koordinatenmesstechnik berücksichtigt [4–6] an anderer Stelle werden allgemeingültige Ansätze für einfachere Messprozesse wie z. B. Messunsicherheitsabschätzungen für Handmessmittel beschrieben [7]. An dieser Stelle sollen die grundlegenden Gedanken, die der Abschätzung der Messunsicherheit zugrunde liegen, angeschnitten werden und mit einem vereinfachten Beispiel illustriert werden.

3.3.1 Grundlagen

Die Einflüsse auf das Messresultat bestehen aus einer Vielzahl von Komponenten und können unterschieden werden in:

- **Systematische Abweichungen und**
- **Zufällige Abweichungen**

Bekannte systematische Abweichungen sind hinsichtlich Größe und Vorzeichen konstant und bestimmbar. Um eine systematische Abweichung feststellen zu können, ist ein Normal mit bekanntem **richtigem Wert** erforderlich. Die Berichtigung des Messwerts um die bekannte systematische Messabweichung durch die **Korrektion K** führt zum **berichtigten Wert** (Abb. 3.8). Wenn systematische Abweichungen bekannt sind, sollten sie grundsätzlich zur Korrektion verwendet werden.

Unbekannte systematische Abweichungen sind Abweichungen, von denen weder ihre absolute Größe, noch ihr Vorzeichen bekannt ist. Unbekannte systematische Abweichungen haben immer denselben Betrag, denn sie sind systematisch. Abweichungen dieser Art können durch Mittelwertbildung nicht verkleinert werden.

Zufällige Abweichungen werden verursacht durch nicht erkennbare (oder nicht erkannte) und nicht beeinflussbare sowie nicht vermeidbare Änderungen des Mess-

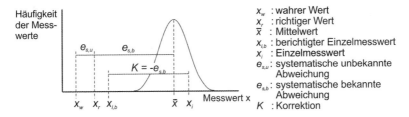

Abb. 3.8 Zusammenhang zwischen Messwert, wahrem, richtigem und berichtigtem Wert

prozesses. Sie führen zu Streuungen der Einzelmesswerte bei wiederholten Messungen. Diese Streuungen sind unregelmäßig in ihrer Größe und im Vorzeichen.

3.3.2   Ermittlung der Messunsicherheit

Die Messunsicherheit wird in der Form von $\pm$ Abweichung(en) vom Messwert angegeben, d. h. als symmetrisches Werteintervall um den Messwert. Der hierfür benötigte Kennwert setzt sich aus verschiedenen Unsicherheitsbeiträgen zusammen. Es gibt unterschiedliche Ansätze zur Ermittlung der einzelnen Unsicherheitsbeiträge. Diese werden entweder durch die Auswertung von Messreihen ermittelt oder es werden andere Verfahren verwendet. Andere Verfahren können z. B. die Informationsbeschaffung von Unsicherheitsbeiträgen aus Angaben in Kalibrierzertifikaten, aus Handbüchern oder auch Schätzungen und darauf basierende Berechnungen sein.

Die internationale Norm „Guide to the Expression of Uncertainty in Measurement (GUM)" [1] beschreibt sehr umfassend und in allgemeingültiger Form eine Methode zur Bestimmung der Messunsicherheit. Stark vereinfacht dargestellt, umfasst das Vorgehen zur Messunsicherheitsabschätzung folgende Schritte:

- **Auflistung aller relevanten Einflussgrößen**
- **Modellbildung**
- **Bestimmung des Einflusses der einzelnen relevanten Einflussgrößen**
- **Zusammenfassung der Einflüsse zur kombinierten Standardmessunsicherheit**
- **Angabe der Messunsicherheit**

Die **Auflistung aller relevanten Einflussgrößen** kann nach dem in Abschn. 3.2 beschriebenen Ishikawa-Diagramm erfolgen. Sind die Einflussgrößen zusammengetragen und existieren entsprechende Kenntnisse über die Größe der Einflüsse, empfiehlt es sich, zur Minimierung des Aufwands bei der Messunsicherheitsabschätzung eine Auswahl der wichtigsten Kenngrößen zu treffen und diese zu bearbeiten.

Die **Modellbildung** ist ein wesentlicher Bestandteil der Messunsicherheitsabschätzung und zugleich der Schritt, welcher eine große Erfahrung voraussetzt.

Hier wird durch ein mathematisches Modell der Zusammenhang zwischen einzelnen Einflussgrößen und der Messunsicherheit der Messgröße dargestellt. In diesem Modell sind die physikalischen Zusammenhänge, basierend auf dem angewendeten Messprozess, abgebildet.

Für jede relevante Einflussgröße muss die Standardmessunsicherheit u bestimmt werden. Zur **Bestimmung der einzelnen Einflussgrößen** beschreibt [1] die folgenden zwei Vorgehensweisen, abhängig von den zur Verfügung stehenden Daten:

- **Typ A** – Methode zur Ermittlung der Standardmessunsicherheit durch statistische Analyse von Messreihen und
- **Typ B** – Methode zur Ermittlung der Standardmessunsicherheit mit anderen Verfahren.

Typ A – Methode zur Ermittlung der Standardmessunsicherheit durch statistische Analyse von Messreihen.

Die Methode Typ A wird angewendet, wenn zur Bestimmung der Standardmessunsicherheit Messwerte zur Verfügung stehen und diese statistisch analysiert werden können. Aus der Menge von n unabhängigen Messwerten, der Stichprobe, wird die Standardmessunsicherheit u bestimmt. Bei dieser Vorgehensweise müssen die Anzahl der zur Verfügung stehenden Messwerte sowie die Art der vorliegenden Verteilung der Stichprobe berücksichtigt werden. Die Vorgehensweise ist beispielhaft im Folgenden in Situation 1 und 2 beschrieben.

Situation 1: Es liegt eine große Anzahl von Messwerten n > 20 mit Normalverteilung vor.

Die Standardmessunsicherheit u kann bei Vorliegen einer Normalverteilung und einer großen Anzahl von Messwerten n für die Messreihe (n > 200, mindestens n > 20) mit guter Näherung gleich der Standardabweichung s gesetzt werden (Gl. 3.7). Zur Untersuchung auf Vorliegen einer Normalverteilung werden statistische Tests verwendet, an dieser Stelle wird auf weiterführende Literatur verwiesen [8].

$$u = s \tag{3.7}$$

Der so erhaltene Wert für die Standardmessunsicherheit u sagt aus, dass für jeden **einzelnen** Messwert, der nach derselben Methode ermittelt werden wird, die berechnete Standardmessunsicherheit u zu erwarten ist.

Situation 2: Es liegt eine kleinere Anzahl von Messwerten n < 20 und eine Normalverteilung vor.

Gl. 3.7 gilt nur für eine große Anzahl von Messwerten, eine große Stichprobe. Aus wirtschaftlichen Gründen kann es in einigen Fällen nicht möglich oder sinnvoll sein, eine umfangreiche Messreihe durchzuführen, um auf eine große Stichprobe zu kommen.

Je kleiner die Anzahl Messwerte n für die Messreihe ist, desto unsicherer werden die daraus ermittelten statistischen Kenngrößen, wie im vorliegenden Fall die Standardabweichung s. Um diesem Umstand Rechnung zu tragen, wird die aus der kleineren Stichprobe erhaltene Standardabweichung mit einem Faktor multipliziert, dem t-Faktor (Abb. 3.9). Die Multiplikation (Gl. 3.8) der Standardabweichung s mit dem Faktor t ergibt die Standardmessunsicherheit u, welche anschließend für das Messunsicherheitsbudget berücksichtigt werden kann. Dabei ist k der Erweiterungsfaktor, der im Faktor t (Abb. 3.9) bereits berücksichtigt wurde. Um basierend auf der Standardabweichung s die Standardmessunsicherheit u zu erhalten, ist der Faktor k nach (Gl. 3.8) zu berücksichtigen.

$$u = s \cdot \frac{t(k)}{k} \tag{3.8}$$

Typ B – Methode zur Ermittlung der Standardmessunsicherheit mit anderen Verfahren.

Die Ermittlungsmethode Typ B wird angewendet, wenn keine Messreihen zur Bestimmung der Standardmessunsicherheit vorliegen. Dies ist dann der Fall, wenn z. B. Werte aus einem Kalibrierschein als (Höchst- oder Mindestwert) in eine Standardmessunsicherheit umgewandelt werden sollen.

Nachfolgend werden zwei Fälle beschrieben, bei denen die Standardmessunsicherheit u ermittelt wird. In Fall 1 sind die Grenzwerte der Werte bekannt oder diese werden so abgeschätzt. In Fall 2 sind die Grenzwerte der möglichen Werte bekannt oder abgeschätzt und es wird zusätzlich angenommen, dass sich eine Häufung der Messwerte in der Nähe des Mittelwertes ergibt.

Fall 1

Für eine zu berücksichtigende Einflusskomponente sind nur Grenzen bekannt. Die obere Grenze wird mit x_{max}, die untere mit x_{min} bezeichnet. Die Wahrscheinlichkeit, mit der sich diese Einflusskomponente in diesen Grenzen bewegt, wird als gleichmäßig verteilt angenommen. Somit liegt eine **Rechteckverteilung** vor. Das heißt, die Wahrscheinlichkeit P des Auftretens eines Messwertes y ist für jeden Wert zwischen den Grenzen x_{max} und x_{min} gleich hoch. Diese Verteilungsform ist in Abb. 3.10 dargestellt.

Anzahl n Einzelwerte	2	3	4	5	6	8	10	20	50	100	125	200	**>200**
t-Faktor (k=2)	12,71	4,30	3,18	2,78	2,57	2,36	2,26	2,09	2,01	1,98	1,98	1,97	**1,96**

Abb. 3.9 Korrekturfaktor t für die Behandlung von Stichproben mit einer kleinen Anzahl von Einzelmesswerten für k = 2

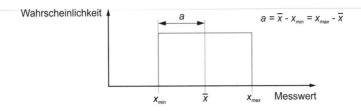

Abb. 3.10 Parameter bei Rechteckverteilung

Der Mittelwert einer rechteckverteilten Größe wird gemäß Gl. 3.9 bestimmt:

$$\bar{x} = \frac{x_{max} + x_{min}}{2} \tag{3.9}$$

Die Standardmessunsicherheit u einer rechteckverteilten Größe wird gemäß Gl. 3.10 bestimmt:

$$u = \frac{a}{\sqrt{3}} \cong 0{,}6 \cdot a \tag{3.10}$$

Fall 2

Kann aus der Analyse vorliegender Daten oder sonstigen Kenntnissen die Aussage gemacht werden, dass die Messwerte eher beim Mittelwert als an den Grenzen liegen, kann eine **Dreieckverteilung** angenommen werden (Abb. 3.11). Der Mittelwert wird entsprechend Gl. 3.9 berechnet.

Die Standardmessunsicherheit einer Dreieckverteilung wird gemäß Gl. 3.11 berechnet:

$$u = \frac{a}{\sqrt{6}} \cong 0{,}4 \cdot a \tag{3.11}$$

Nach den beschriebenen Vorgehensweisen werden für alle im Modell berücksichtigten Einzelkomponenten die Standardmessunsicherheiten bestimmt und deren Einfluss durch das zugrunde gelegte Modell in der Einheit der anzugebenden Messgröße ermittelt.

Sind alle Unsicherheiten der Einzelkomponenten bestimmt, so ist der nächste Schritt die Zusammenfassung der Einzelkomponenten zur kombinierten Standardmessunsicherheit u_c.

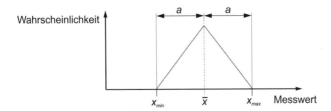

Abb. 3.11 Parameter bei Dreieckverteilung

Die Einzelkomponenten werden zur kombinierten Standardmessunsicherheit zusammengefasst, indem das Abweichungsfortpflanzungsgesetz nach Gauß (Gl. 3.12) angewandt wird.

Dieses Gesetz darf angewandt werden, wenn die einzelnen Komponenten voneinander unabhängig sind, d. h. sie dürfen sich nicht gegenseitig beeinflussen.

$$u_c = \sqrt{\sum_{i=1}^{n} u_i^2} \qquad (3.12)$$

Die kombinierte Standardmessunsicherheit u_c wird mit dem Erweiterungsfaktor k multipliziert, um die **erweiterte Messunsicherheit U** zu erhalten (Gl. 3.13).

Der Faktor k wird in Abhängigkeit mit dem gewünschten Grad des Vertrauens (1 − α) festgelegt. Wird eine Überdeckungswahrscheinlichkeit von 95 % gefordert, so beträgt der Faktor k = 2.

$$U = k \cdot u_c \qquad (3.13)$$

Der Grad des Vertrauens beschreibt die Wahrscheinlichkeit, mit der der angegebene Messwert innerhalb der durch die Messunsicherheit angegebenen Grenzen liegt. Beispiel: Wird das Merkmal M1 wie folgt angegeben: M1 = (23,14 ± 0,03) mm, k = 2, so bedeutet dies, dass die erweiterte Messunsicherheit U aus der kombinierten Standardmessunsicherheit u_c = 0,015 mm mit dem Erweiterungsfaktor k = 2 ermittelt wurde. Dies entspricht einem Grad des Vertrauens (1 − α) von etwa 95 %, dass der wahre Messwert innerhalb folgender Grenzen liegt:

- **Untere Grenze: (23,14 − 0,03) mm = 23,11 mm**
- **Obere Grenze: (23,14 + 0,03) mm = 23,17 mm**

Ist ein Grad des Vertrauens (1 − α) von 99,7 % gefordert, so ist der Erweiterungsfaktor k = 3 gemäß Abb. 3.12 und das Messergebnis ergibt sich wie folgt:

$$M1 = (23,14 \pm U)mm = (23,14 \pm k \cdot u_c)mm = (23,14 \pm 3 \cdot 0,015)mm$$

$$= (23,14 \pm 0,05)mm, \ k = 3.$$

Grad des Vertrauens (1-α) in %	Erweiterungs- faktor k
68,27	1,000
90,00	1,645
95,00	1,960
95,45	2,000
99,00	2,576
99,73	3,000

Abb. 3.12 Erweiterungsfaktoren k in Abhängigkeit des gewünschten Grades des Vertrauens (1 − α)

3.4   Korrekte Angabe von Messergebnissen

Die korrekte Angabe eines Messergebnisses setzt sich zusammen aus:

- **Merkmalsbezeichnung (z. B. M1)**
- **Messresultat (Zahlenwert, die Stellenanzahl soll nicht größer als die mögliche**
- **Angabe der Messunsicherheit sein)**
- **Erweiterte Messunsicherheit (in derselben Einheit wie das Messresultat)**
- **Erweiterungsfaktor (als Maß für den gewählten Vertrauensbereich, z. B. k = 2)**
- **Informationen darüber, wie das Messergebnis zustande gekommen ist (Messstrategiebeschreibung)**

Als eine mögliche, korrekte Form der Angabe für Messergebnisse wird vorgeschlagen, die Form $M1 = (130{,}041 \pm 0{,}007)$ mm, $k = 2$ zu verwenden.

Dabei beträgt der Zahlenwert der Größe M1 130,041 mm mit einer erweiterten Messunsicherheit (U) von 0,007 mm. Ferner wird der Erweiterungsfaktor für die Messunsicherheits-Angabe $k = 2$ angegeben. Dies bedeutet, dass von einem Vertrauensbereich, in dem das Messresultat liegt, von ca. 95 % ausgegangen werden kann [1].

3.5   Maßnahmen zur Verringerung der Messunsicherheit

Die Verwendung genauerer Messverfahren, die Korrektur von bekannten systematischen Messabweichungen und Mehrfachmessungen dienen der Reduktion der Messunsicherheit.

Bekannte systematische Abweichungen sollen korrigiert werden. Unbekannte systematische Abweichungen können nicht korrigiert werden und stellen damit einen Anteil der Messunsicherheit dar.

Der Einfluss von zufälligen Abweichungen von Messungen können durch Mittelwertbildung verringert werden. Der Mittelwert einer Stichprobe wird nach Gl. 3.14 berechnet.

$$\bar{x} = \frac{1}{n} \sum_{i=1}^{n} x_i \tag{3.14}$$

Nach Gl. 3.15 gilt, dass die Streuung eines Mittelwertes um die Wurzel aus der Anzahl Messungen n kleiner ist als die Streuung des Einzelwertes.

$$s_{\text{Mittelwert}} = \frac{s_{\text{Einzelwert}}}{\sqrt{n}} \tag{3.15}$$

Diese Beziehung erlaubt es nun, in Abhängigkeit der vorliegenden Anzahl von Messwerten, die zufälligen Abweichungen zu reduzieren, indem Wiederholungsmessungen durchgeführt werden.

3.6 Abschätzung der Messunsicherheit, Vorgehensweise

In der Praxis werden häufig die Messunsicherheitskomponenten der kombinierten Standardmessunsicherheit u_c in Anteile, die das Normal, das Messverfahren und das zu messende Werkstück verursachen, aufgeteilt. Die Standardmessunsicherheit wird dann wie folgt berechnet:

$$u_c = \sqrt{u_{Normal}^2 + u_{Verfahren}^2 + u_{Werkstück}^2} \qquad (3.16)$$

Die Unsicherheitskomponente für das verwendete Normal kann z. B. aus einem Kalibrierschein entnommen werden. Weitere Unsicherheitskomponenten, verursacht vom verwendeten Messprozess, wie z. B. Wiederholpräzision der Messungen, sind ebenfalls zu berücksichtigen. Als dritte wichtige Komponente wird die Berücksichtigung des Werkstück-Einflusses vorgeschlagen. Hierbei können z. B. Formabweichungen oder Einflüsse durch Oberflächeneigenschaften des Werkstücks beispielhafte Einflussgrößen sein.

Eine weitere Vorgehensweise und Alternative zu GUM wird unter der Bezeichnung **Prozedur zum Unsicherheits-Management** [9] beschrieben. Hierbei handelt es sich um eine vereinfachte Vorgehensweise, die mit den in GUM beschriebenen Verfahren jedoch konform ist. Die Grundidee dieser Norm ist die Durchführung in einem iterativen Ansatz zur Messunsicherheitsabschätzung, mit der diese unter Einhaltung von Abbruchkriterien nur so genau wie nötig durchgeführt wird. Damit kann der Aufwand dieser Abschätzung in wirtschaftlich sinnvollen Grenzen gehalten werden.

3.7 Abschätzung der Messunsicherheit, Beispiel

3.7.1 Aufgabenstellung

Das Merkmal Länge (A1) eines Werkstücks soll ermittelt werden. Das Ergebnis der Messung soll zusammen mit der Messunsicherheit angegeben werden.

Gegeben
- Nennmaß: $A1_{Nenn} = 100$ mm
- Temperatur während der Messung: $T = (21 \pm 1)\,°C$
- Kalibrierte Länge des Normals: $M1_{Kalibriert} = (100{,}002 \pm 0{,}007)$ mm, $k = 2$
- Anzeige bei der Messung des Merkmals $A1_{angezeigt} = 100{,}002$ mm

Gesucht
- Merkmal A1

3.7.2   Ermittlung und Kompensation systematischer Abweichungen

Zur Ermittlung systematischer Abweichungen wird ein kalibriertes Normal verwendet, dessen Merkmal mit Länge $M1_{Kalibriert} = (100{,}002 \pm 0{,}007)$ mm, $k = 2$ beträgt.

Das Normal wird $n = 50$-mal unter Wiederholbedingungen gemessen. Aus diesen Messwerten werden der Mittelwert $M1_{Mittelwert} = 100{,}005$ mm und die Standardabweichung $s_{M1} = 0{,}001$ mm ermittelt. Die bekannte systematische Abweichung $(e_{s,b})$ des Messverfahrens berechnet sich wie folgt:

$$e_{s,b} = M1_{Mittelwert} - M1_{Kalibriert} \tag{3.17}$$

Gemäß Gl. 3.17 ergibt sich für die bekannte systematische Abweichung 0,003 mm. Dies bedeutet, dass mit diesem Messverfahren systematisch um 0,003 mm zu groß gemessen wird. Dieser Wert wird als bekannte systematische Messabweichung bei späteren Messungen kompensiert.

Ermittlung der Messunsicherheit

Aus der Vielzahl von Einflussgrößen auf die Messunsicherheit sollen hier beispielhaft folgende Einflussgrößen berücksichtigt und deren Standardmessunsicherheiten ermittelt werden:

- Normal u_{Normal}
- Wiederholpräzision u_{WP}
- Temperatureinfluss u_{Temp}

Einfluss des Normals

Die Standardmessunsicherheit des Normals (u_{Normal}) berechnet sich aus den Angaben im Kalibrierschein wie folgt:

$$u_{Normal} = \frac{U}{k} = \frac{0{,}007\,\text{mm}}{2} = 0{,}0035\,\text{mm} \tag{3.18}$$

3.7.3   Einfluss der Wiederholpräzision

Zur Ermittlung der Standardmessunsicherheit der Wiederholpräzision (u_{WP}) wurden $n = 50$ Messungen am Normal durchgeführt. Hieraus ergab sich eine Standardabweichung von $s_{M1} = 0{,}001$ mm. Durch die große Anzahl an Messungen kann die Standardmessunsicherheit gleich der Standardabweichung gesetzt werden (Gl. 3.19).

$$u_{WP} = s = 0{,}001\,\text{mm} \tag{3.19}$$

3.7.4 Temperatureinfluss

Die Messung des Werkstücks wird bei einer Temperatur von $T = (21 \pm 1)\,°C$ durchgeführt. Hier liegt somit ein Offset zur Referenztemperatur von $T_{Referenz} = 20\,°C$ sowie eine Unsicherheit in der Temperaturkonstanz von $\pm 1\,°C$ vor. Eine Möglichkeit beide Effekte zu berücksichtigen ist es, die Unsicherheitsspanne ausgehend von Temperaturabweichungen $T = (21 \pm 2)\,°C$ festzulegen. Unter Berücksichtigung der Temperaturverteilung in den Grenzen $a = 2\,°C$ ergibt sich gemäß der Gl. 3.20 eine Grenze a für die Längenabweichung von $a_{Temp} = 0{,}0024\,mm$:

$$a_{Temp} = 100\,mm \cdot 12 \cdot 10^{-6}K^{-1} \cdot 2K = 0{,}0024\,mm \tag{3.20}$$

Liegen keine Informationen über die Art der Verteilung vor, so empfiehlt es sich, eine Rechteckverteilung anzunehmen. Unter Verwendung einer Rechteckverteilung ergibt sich nach Gl. 3.10 eine Standardmessunsicherheit hervorgerufen durch die Temperatureinflüsse von

$$u_{Temp} = \frac{a}{\sqrt{3}} = \frac{0{,}0024\,mm}{\sqrt{3}} = 0{,}0014\,mm \tag{3.21}$$

3.7.5 Kombinierte Standardmessunsicherheit und erweiterte Messunsicherheit

Die kombinierte Standardmessunsicherheit berechnet sich nach Gl. 3.22 und beträgt $u_c = 0{,}0039\,mm$.

$$u_c = \sqrt{u_{Normal}^2 + u_{WP}^2 + u_{Temp}^2} \tag{3.22}$$

$$u_c = \sqrt{(0{,}0035\,mm)^2 + (0{,}001\,mm)^2 + (0{,}0014\,mm)^2} = 0{,}0039\,mm \tag{3.23}$$

Die erweiterte Messunsicherheit U mit dem Erweiterungsfaktor k für ein Vertrauensniveau von ca. 95 % beträgt somit nach Gl. 3.24:

$$U = k \cdot u_c = 2 \cdot 0{,}0039\,mm = 0{,}0078\,mm \tag{3.24}$$

Das Ergebnis der Messung wird somit wie folgt angegeben:

$$A1 = (99{,}999 \pm 0{,}008)\,mm, \quad k = 2 \tag{3.25}$$

Die Messunsicherheitsangabe in Gl. 3.25 wurde gegenüber der Angabe in Gl. 3.24 aufgerundet, die Angabe liegt somit „auf der sicheren Seite". Für eine tiefergehende Betrachtung der Zusammenhänge zur Berechnung der Messunsicherheit sei auf weiterführende Literatur verwiesen [4–7, 10, 11].

3.8   Messunsicherheitsabschätzung durch Messunsicherheitsbilanzen

Eine Möglichkeit zur aufgabenspezifischen Messunsicherheitsabschätzung für KMG wird in der Richtlinie VDI/VDE 2617 Blatt 11 beschrieben [11]. Mit dieser Methode wird eine Messunsicherheitsbilanz in tabellarischer Form unter Zuhilfenahme von z. B. Tabellenkalkulationsprogrammen aufgestellt.

In dieser Messunsicherheitsbilanz werden die nach der genannten Richtlinie vorgeschlagenen wesentlichen Einflussgrößen berücksichtigt.

Die wichtigsten Einflussgrößen sind nach [11]:

- Werkstückoberfläche
- Taster und Tastersysteme
- Geometrieabweichungen des KMG
- Temperatur

Wie in den einführenden Abschnitten an einem einfachen Beispiel dargestellt, muss zur Abschätzung der Messunsicherheit eine Modellgleichung erstellt werden. Dieser Prozess ist für komplexe Systeme wie dies ein KMG darstellt sehr aufwendig und in vielen Fällen deshalb nicht praktikabel. Die angeführte Richtlinie schlägt deshalb eine solche verallgemeinerte Modellgleichung vor, die in der Praxis angewendet werden kann.

Die Informationen, die zur Befüllung des Modells nötig sind, werden nach dieser Methode neben der Auswertung von konkreten Messungen am zu untersuchendem Werkstück, aus Angaben der Messgerätehersteller, aus Normen und Richtlinien, Erfahrungswerten, der Fachliteratur, Publikationen und anderen Quellen erhoben.

In der folgenden Abbildung sind beispielhafte Informationen angeführt, wie sie zur Berechnung der Messunsicherheit verwendet werden können. Es ist ersichtlich, dass die Messunsicherheit für den Durchmesser eines Zylinders durchgeführt wird, der ein Nennmaß von 30 mm aufweist und über einen Winkelbereich von 360° erfasst wird. Für das KMG, das für diese Messung verwendet wurde, wird eine maximale zulässige Längenmessabweichung $E_{0,\mathrm{MPE}}$ von (0,5 + L/700) µm angegeben (Abb. 3.13).

Diese Informationen werden nach vorgegebenen bzw. wählbaren Wahrscheinlichkeitsdichteverteilungen zu Standardunsicherheiten umgerechnet. Aus der Kombination der Standardunsicherheiten wird unter Berücksichtigung eines Erweiterungsfaktors die aufgabenspezifische Messunsicherheit ermittelt.

In der folgenden Abbildung ist das Ergebnis einer exemplarischen Unsicherheitsabschätzung dargestellt. In diesem Beispiel hat der Unsicherheitsbeitrag basierend auf der Streuung der Messwerte am Werkstück (D_{WE}) mit Abstand den größten Einfluss. Der Einfluss beim Einmessen des Tasters (D_{T}) einen dagegen um Faktor 10 kleineren Einfluss. Die Kalibrierunsicherheit der verwendeten Referenzkugel (D_{C}) trägt mit einer

Messbedingungen:

Element	6	Auswahl: 4 Kreis, 5 Halbkugel, 6 Zylinder
$D =$	30	Nennmaß des Durchmessers
$\phi =$	360	Winkelbereich der Messpunkte am Umfang (Standard 360°)
$A =$	0.5	Konstanter Anteil A des Grenzwertes $E_{0,MPE}$ der Längenmessabweichungen
$K =$	700	Faktor K des Grenzwertes der Längenmessabweichungen $E_{0,MPE} = (A + L/K)\ \mu m$
$U_C =$	0.2	Kalibrierunsicherheit des Kugelnormal-Durchmessers (µm)
$\alpha_M =$	8	Ausdehnungskoeffizient der KMG-Maßstäbe (10^{-6}/K)
$t_M =$	20	Mittlere Temperatur der Maßstäbe (°C)
$\delta t_M =$	0.5	Maximale Abweichung von der mittleren Temperatur (K)
$\alpha_W =$	24	Ausdehnungskoeffizient des Werkstücks (10^{-6}/K)
$t_W =$	20	Mittlere Temperatur des Werkstücks (°C)
$\delta t_W =$	0.5	Maximale Abweichung von der mittleren Temperatur (K)
Temperatur	0	Temperaturbedingte Längenmessabweichung korrigiert: 0 nein, 1 ja

Abb. 3.13 Messunsicherheitsbilanz nach VDI/VDE 2617 Blatt 11-Messbedingungen

Standardunsicherheit von 0,1 µm zur kombinierten Standardunsicherheit bei. Weitere zwei Einflussgrößen stellen die abgeschätzte Längenabweichung der Maßstäbe ΔL_{tM} und des Werkstücks ΔL_{tM} dar, die sich auf der Basis der erwarteten maximalen Temperaturdifferenzen und den Temperaturausdehnungskoeffizienten ergeben (Abb. 3.14).

Das beschriebene Verfahren wurde in einem ersten Schritt für die taktile Koordinatenmesstechnik und Einzelpunktantastung entwickelt. Mittlerweile gibt es daneben bereits Anwendungen und Adaptionen des Verfahrens für die optische Koordinatenmesstechnik, für mobile Koordinatenmessgeräte und für die Computertomographie.

Eingangs- größe X_i	Metho- de bzw. Anzahl m_i	Messpunkt- anzahl bzw. Verteilung n_i	Standard- abweichung bzw. Grenze s_i bzw. a_i	Faktor für Punktzahl / Verteilung b_i	Sensi- tivitäts- koeffizient c_i	Unsicher- heitsbeitrag (µm) $u_i(y)$	Effektive Freiheits- grade v_{eff}
D_{WE}	B	48	3.5	0.29	1	**1.0**	
D_T	B	25	0.1	0.60	1	0.1	
D_C	B	Normal	0.2	0.50	1	0.1	
ΔL_{KMG}	B	Normal	0.0	0.50	1	0.0	
$\Delta L_{\alpha M}$	B	Rechteck	1.6	0.58	0.0	0.0	
$\Delta L_{\alpha W}$	B	Rechteck	4.8	0.58	0.0	0.0	
ΔL_{tM}	B	Rechteck	0.5	0.58	0.2	0.1	
ΔL_{tW}	B	Rechteck	0.5	0.58	0.7	0.2	
ΔL_{TK}	B	Bimodal	0.0	1	1	0.0	
			Standardunsicherheit der Messgröße:		$u(y) =$	1.0	
			Erweiterungsfaktor:		$k =$	2.00	
			Erweiterte Messunsicherheit (P=95%):		$U =$	**2.1**	

Abb. 3.14 Messunsicherheitsbilanz nach VDI/VDE 2617 Blatt 11-Beispiel

3.9   Messunsicherheitsabschätzung durch Simulation

Ein Simulator für taktile KMG, auch virtuelles KMG genannt, verwendet ein Modell, welches das Abweichungsverhalten des betreffenden KMG beschreibt (Abb. 3.15).

Dieses Modell berücksichtigt z. B. Antastunsicherheiten des Messkopfsystems, Geometrie- und Führungsabweichungen der Achsen, Temperaturschwankungen usw. Die hierfür erforderlichen konkreten Daten für ein bestimmtes KMG werden in einem Prozess mit z. B. rückgeführten Kugelplatten vor Ort ermittelt. Der Anwender bzw. Programmierer des KMG erstellt wie gewohnt das Ablaufprogramm für die Teilemessung und startet anschließend die Simulation der Messung.

Der Simulator führt eine Vielzahl von virtuellen Messungen durch, wobei durch das Modell selbst, einen Zufallsgenerator und durch vorgebbare Verteilungsfunktionen systematische und zufällige Abweichungen berücksichtigt werden. Diese Simulation kann entweder in eine KMG-Software integriert sein oder in einem anderen System z. B. offline durchgeführt werden.

Als Ergebnis erhält der Anwender nicht nur das Messergebnis des KMG, sondern auch eine Angabe für eine abgeschätzte Messunsicherheit, die bei der Lösung dieser Messaufgabe und unter den aktuell herrschenden Randbedingungen erwartet wird. Dies führt nicht nur zu GUM-konformen Messergebnissen, sondern unterstützt auch die Optimierung der Messstrategie hinsichtlich Messzeiten, Messunsicherheit und Messkosten.

Damit dieses Verfahren zuverlässig funktioniert, muss in gewissen Intervallen überprüft werden, ob das Modell bzw. die Eingangsgrößen noch zutreffen. Eine solche Verifizierung muss insbesondere dann durchgeführt werden, wenn das KMG in einer Art verändert wurde, die einen Einfluss auf das Verhalten bzw. Messunsicherheit erwarten lässt.

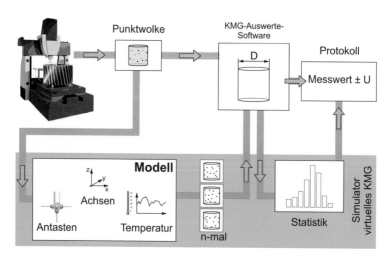

Abb. 3.15 Bestimmung der messaufgabenspezifischen Messunsicherheit durch Simulation

Die Vorteile dieses Verfahrens bestehen darin, dass das Abweichungsverhalten auf der Basis real vorkommender Einflüsse am Einsatzort des KMG ermittelt wurden und damit eine repräsentative Datengrundlage für die Simulation besteht. Ferner kann mithilfe dieses Verfahrens eine Messunsicherheitsabschätzung durchgeführt werden, ohne dass sich der Anwender in komplexe mathematische Zusammenhänge einarbeiten muss. Ein großer Vorteil dieses Verfahrens liegt darin, dass es sich auch für sehr komplexe Geometrien oder auch Freiformflächen anwenden lässt.

Als mögliche Nachteile dieses Verfahrens ist festzuhalten, dass die Ermittlung der Einflussgrößen zeitaufwändig und damit mit erheblichen Kosten verbunden ist. Prinzipiell muss das Verfahren für jedes KMG an seinem Standort durchgeführt werden. Eine Verallgemeinerung des Verhaltens von einem KMG auf ein anderes vom identischen Typ ist nicht vorgesehen.

Literatur

1. DIN V ENV 13005, 1999-06, Leitfaden zur Angabe der Unsicherheit beim Messen; *Guide to the expression of uncertainty in measurement GUM*
2. DIN EN ISO 14253-1, 2013-12, Geometrische Produktspezifikationen (GPS) – Prüfung von Werkstücken und Messgeräten durch Messen – Teil 1: Entscheidungsregeln für den Nachweis von Konformität oder Nichtkonformität mit Spezifikationen, 2013-12
3. VDI 2617 Blatt 2.2, 2018-07, Genauigkeit von Koordinatenmessgeräten – Kenngrößen und deren Prüfung – Formmessung mit Koordinatenmessgeräten
4. Hernla, M.: Messunsicherheit bei Koordinatenmessungen, 4. Aufl. Expert, Renningen (2020)
5. DIN EN ISO 15530-3, 2012-01, Geometrische Produktspezifikation und -prüfung (GPS) – Verfahren zur Ermittlung der Messunsicherheit von Koordinatenmessgeräten (KMG) – Teil 3: Anwendung von kalibrierten Werkstücken oder Normalen
6. ISO/TS 15530-4, 2008-06, Geometrische Produktspezifikationen (GPS) – Koordinatenmessmaschinen (CMM): Technik für die Bestimmung der Messunsicherheit – Teil 4: Auswertung von aufgabenspezifischen Messunsicherheiten mit Hilfe von Simulationen
7. Krystek, M.: Berechnung der Messunsicherheit, Grundlagen und Anleitung für die praktische Anwendung. Beuth, München (2012)
8. Papula, L.: Mathematik für Ingenieure und Naturwissenschaftler, Bd 3, Vektoranalysis, Wahrscheinlichkeitsrechnung, Mathematische Statistik, Fehler und Ausgleichsrechnung, 7. Aufl. Vieweg + Teubner, Wiesbaden (2016)
9. DIN EN ISO 14253-2, 2013-12, Geometrische Produktspezifikationen (GPS) – Prüfung von Werkstücken und Messgeräten durch Messen – Teil 2: Anleitung zur Schätzung der Unsicherheit bei GPS-Messungen, bei der Kalibrierung von Messgeräten und bei der Produktprüfung
10. VDI/VDE 2617 Blatt 7, 2008-09, Genauigkeit von Koordinatenmessgeräten – Kenngrößen und deren Prüfung – Ermittlung der Unsicherheit von Messungen auf Koordinatenmessgeräten durch Simulation
11. VDI/VDE 2617, Blatt 11, 2011-03, Genauigkeit von Koordinatenmessgeräten – Kenngrößen und deren Prüfung – Ermittlung der Unsicherheit von Messungen auf Koordinatenmessgeräten durch Messunsicherheitsbilanzen

Koordinatenmesstechnik

4

> **Trailer**
>
> In diesem Kapitel wird zu Beginn der **Abbekomparator** erläutert. Dieser wird typischerweise in Messräumen zur Erfassung eindimensionaler Merkmale, wie z. B. die Länge eines Parallelendmaßes, eingesetzt. Es handelt sich dabei um ein Gerät zur Erfassung von Merkmalen in einer Dimension.
>
> **Koordinatenmessgeräte** (KMG) im eigentlichen Sinn sind universelle Messgeräte, mit denen flexibel eine Vielzahl von dimensionellen Messaufgaben gelöst werden können. Ein KMG ist nach [1] definiert als Messsystem, geeignet zur Messung räumlicher Koordinaten, ausgestattet mit Mitteln zur Bewegung eines Messkopfsystems zur Bestimmung von räumlichen Koordinaten von Punkten auf einer Werkstückoberfläche.
>
> KMG gehören nach der Normenreihe ISO 10360 zur Gruppe der **Koordinatenmesssysteme (KMS)**. Die Gruppe KMS umfasst weitere Messgeräte, wie z. B. Computertomographen, welche auch räumliche Koordinaten innerhalb eines Werkstücks erfassen können.

4.1 Abbekomparator, 1-D-Koordinatenmessgerät

Komparatoren sind überwiegend Einkoordinaten-Messgeräte, bei denen während der Messung eine Komponente des Gerätes längs einer Führung gegenüber dem Werkstück verschoben wird. Die Messung beruht in der Regel auf der mechanischen (taktilen) Antastung der Messflächen mit einstellbarer Messkraft.

> Für Messungen, an die besonders hohe Anforderungen bezüglich der Messunsicherheit gestellt und die gewöhnlich in speziellen Messräumen durch-

© Springer Fachmedien Wiesbaden GmbH, ein Teil von Springer Nature 2021
M. Marxer et al., *Fertigungsmesstechnik*, https://doi.org/10.1007/978-3-658-34168-8_4

geführt werden, gibt es die Komparatoren (lat. comparare = vergleichen). Mit diesen Geräten werden Normale und Lehren kalibriert oder einzelne eng tolerierte Werkstücke aus dem Bereich Forschung und Entwicklung gemessen.

Der Komparator kann eine fest eingebaute Maßverkörperung (Strichmaßstab) oder ein externes Messsystem (z. B. ein Lasermesssystem) besitzen (Abschn. 2.2). Komparatoren entsprechen in ihrem Aufbau dem Abbeschen Grundsatz und vermeiden Messabweichungen erster Ordnung, indem Maßverkörperung und Messstrecke in einer gemeinsamen Flucht liegen (Abschn. 2.1.4). Die 1893 von Ernst Abbe formulierte Forderung führt zu Geräten mit großer Baulänge.

Die Bauform des „Abbe-Längenmesser" nach Abb. 4.1 wird für Messspannen von 100 bis 2000 mm angewendet. Die Messflächen am Werkstück werden zwischen einem feststehenden Amboss und einer Messpinole mit Messhütchen angetastet. An den Pinolen sind auswechselbare Messhütchen mit unterschiedlicher Geometrie (Planfläche, Messschneide, Zylinder, Kugel) befestigt. Für Innenmessungen gibt es besondere Messbügel.

Das Werkstück ruht auf einem Tisch mit mehreren Freiheitsgraden, die das Ausrichten bei zylinderförmigen Flächen erleichtern. Bei der Messung des Durchmessers an einem Außen- oder Innenzylinder ist ein Verschieben quer zur Messrichtung und ein Schwenken um eine Achse erforderlich, die in der Messebene senkrecht zur Messachse liegt (Umkehrpunktsuche). Komparatoren sind Einkoordinaten-Messgeräte, auf denen stets die Messstrecke am Werkstück auf die Messachse ausgerichtet werden muss.

Für Komparatoren gibt es zahlreiches Zubehör zur Kegel- und Gewinde- sowie Zahnradmessung. So lassen sich auf Komparatoren Flankendurchmesser von Außengewinden mit speziellen Messeinsätzen (Kimme und Kegel) oder nach dem Drei-Draht-Verfahren mit großen ebenen Messhütchen und Messdrähten messen. Für die Messung des Flankendurchmessers an Innengewinden werden Messbügel mit kugelförmigen Messhütchen verwendet, die mit einem Innengewindering als Normal oder mit einem Kimmenendmaß kalibriert werden (Zwei-Kugel-Verfahren). Zur Unterstützung beim Kalibrieren von Ringen und Dornen, Gewinde- und Kegellehren, Kugelendmaßen,

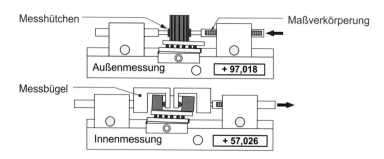

Abb. 4.1 Komparator, Abbe-Längenmesser

Die Lösung für Ihre dimensionellen Messaufgaben

Koordinatenmessgeräte mit Röntgentomografie

Koordinatenmessgeräte
mit Optik, Taster und Multisensorik

TomoScope® XS Plus

Leistungsstarke Röntgentomografie
zum Preis von konventionellen
3D-Koordinatenmessgeräten

ScopeCheck® FB

Multi-Z-Achsenbauweise zur perfekten
Integration von Multisensorik

Stichmaßen, Feinzeiger, Messuhren und Messschrauben gibt es Mess- und Auswertesoftware. Die Fehlergrenzen liegen häufig bei etwa 1 μm.

Die nach dem Unterschiedsmessverfahren arbeitenden Komparatoren werden in Verbindung mit Parallelendmaßen verwendet. Auch bei den Komparatoren mit eingebauten Strichmaßstäben werden Parallelendmaße zur Vergrößerung des Anwendungsbereichs eingesetzt. Daneben gibt es spezielle Komparatoren zum Kalibrieren von Parallelendmaßen.

4.2   Grundprinzip der 3-D-Koordinatenmesstechnik

Das Vorgehen bei der 3-D-Koordinatenmesstechnik zur Quantifizierung eines Merkmals unterscheidet sich prinzipiell vom Vorgehen bei der 2- und 3-Punkt-Messung (Abb. 5.13). Es werden nicht einzelne Messpunkte bzw. Abstände zwischen den Messpunkten einem SOLL-IST-Vergleich unterzogen, sondern aus einer Vielzahl von Messpunkten werden Geometrieelemente in einem 3-D-Koordinatensystem berechnet und diese einem SOLL-IST-Vergleich unterzogen. Diese Vorgehensweise hat große Vorteile, es bedarf jedoch auch einiger Vereinbarungen, um reproduzierbar und vergleichbar messen zu können [2].

4.2.1   Messprinzip

Das Prinzip der Koordinatenmesstechnik ist es, das „reale" Flächenelement eines Werkstücks punktweise abzutasten. Diese Antastpunkte werden in ein gemeinsames Koordinatensystem transformiert. Dies ermöglicht es, die Antastpunkte miteinander zu verknüpfen (Abb. 4.2) und in die Antastpunkte ein **zugeordnetes Geometrieelement** (z. B. Geometrieelemente wie Ebene, Kreis oder Zylinder) zu rechnen.

Das zugeordnete Geometrieelement ist geometrisch ideal. Es kann direkt zur Informationsbereitstellung dienen oder zur weiteren Verwendung als Bezug zur Bestimmung von Maßen und zur Berechnung von Form- und Lageabweichungen herangezogen werden.

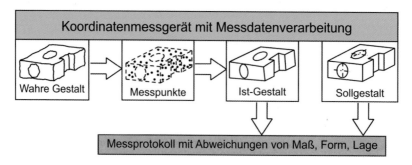

Abb. 4.2   Grundprinzip der Koordinatenmesstechnik

Die Funktion eines Werkstücks soll durch Spezifikation und Einhaltung von Größenmaßen und Geometrischen Toleranzen seiner Geometrieelemente sowie der Oberflächenrauheit sichergestellt werden. Unter der Voraussetzung, dass das KMG mit den entsprechenden Messkopfsystemen ausgestattet ist, können mit diesen Systemen folgende Eigenschaften von Werkstücken ermittelt werden:

- Größenmaße
- Abstände
- Form
- Richtung
- Ort
- Lauf
- Oberflächenbeschaffenheit: Profil
- Oberflächenbeschaffenheit: Fläche
- Oberflächenunvollkommenheiten

Demgegenüber erlauben die in der Werkstatt üblichen Messmittel mit nur einer Messachse gewöhnlich nur einzelne Punkte, Abstände oder Durchmesser von Geometrieelementen zu ermitteln.

▶   Das für die Funktion eines Werkstücks häufig entscheidende Zusammenwirken der Merkmale aller Geometrieelemente lässt sich nur in einem gemeinsamen Bezugssystem beurteilen. Mit einem KMG können solche Bezugssysteme gebildet werden.

Es gibt Merkmale, die direkt am **zugeordneten Geometrieelement** bestimmt werden können (z. B. Durchmesser, Länge, Rundheit, Achse, Lot, Geradheit, Ebenheit). Andere Merkmale ergeben sich aus der Verknüpfung von zwei oder mehreren zugeordneten Geometrieelementen: Abstand, Winkel, Schnittpunkt, Symmetriepunkt, -achse, -ebene oder Rechtwinkligkeit. Die vom KMG an der **wahren Gestalt** des Werkstücks erfassten Antastpunkte dienen zur Berechnung der **Istgestalt,** die mit den Geometriedaten der **Sollgestalt** verglichen werden. Daraus werden Abweichungen von Sollmaßen sowie Form und Lage Merkmale ermittelt (Abb. 4.2).

4.2.2   Vorgehen beim Messen

KMG können vielseitig bei Einzelmessungen sowie kleinen und mittleren Serien eingesetzt werden und dienen zur universellen Prüfung komplexer Werkstücke, wie z. B. Motoren- und Getriebegehäusen, Pumpenkörpern, Turbinenschaufeln, Achsschenkeln, Lenkungsstreben, Zahnrädern, Schnecken und Gewindespindeln. Koordinatenmessgeräte sind verfügbar mit berührender oder berührungsloser Messpunktaufnahme.

Koordinatenmessgeräte (KMG) mit drei senkrecht zueinander angeordneten Messachsen in x-, y-, und z-Richtung (kartesisches Koordinatensystem) sind am gebräuchlichsten. Daneben gibt es KMG mit Winkelmesssystemen [3].

Wenn die reale Fläche geometrisch ideal wäre, genügte es, sie mit der minimalen Punktzahl anzutasten, die zur geometrischen Beschreibung des Geometrieelements nötig ist (dies wären beim Kreis z. B. drei Antastpunkte). Die wahre Gestalt hat jedoch mehr oder minder große Gestaltabweichungen, sie ist also geometrisch nicht ideal. Somit reicht die minimale Zahl der Antastpunkte nicht aus, die Istflächen anzunähern. Die Antastpunkte stellen nur eine Stichprobe aus unendlich vielen Punkten der Oberfläche dar. Anzahl und Lage der Messpunkte sollen so gewählt werden, dass sie für die betrachtete Oberfläche repräsentativ sind, sodass sie die Ermittlung eines Messergebnisses mit vernünftiger Messunsicherheit ermöglichen.

4.2.3 Bildung von Koordinatensystemen

Das KMG stellt ein eigenes, vom Werkstück unabhängiges Koordinatensystem dar. Dies ist das Maschinenkoordinatensystem. Zu Beginn der Messung ist ein Bezug zwischen beiden Koordinatensystemen herzustellen.

Ein genaues mechanisches Ausrichten des Werkstücks auf die KMG-Koordinaten wäre zeitraubend und in drei Koordinaten auch kaum möglich. Stattdessen werden beide **Koordinatensysteme,** das des Werkstücks und das des KMG rechnerisch ineinander übergeführt. Dieser Vorgang wird als Koordinatentransformation bezeichnet. Dazu werden Punkte der Oberfläche am Werkstück angetastet, die das Werkstück-Koordinatensystem (Werkstücklage) bestimmen. Durch eine räumliche Koordinatentransformation können somit alle Messpunkte im KMG-Koordinatensystem auf das Werkstück-Koordinatensystem transformiert werden. Die räumliche Koordinatentransformation erfordert Verschiebungen in x, y und z, sowie Drehungen um die x-, y- und z-Achse.

4.2.4 Messdatenerfassung, -auswertung, Zuordnungsverfahren

Werden Werkstückoberflächen mit einer größeren Anzahl von Messpunkten angetastet, als es der mathematischen Mindestzahl des zuzuordnenden Geometrieelements (Abb. 4.3) entspricht, ist dieses mathematisch überbestimmt. Mithilfe einer Regressionsrechnung wird ein zugeordnetes Geometrieelement berechnet. Dazu gibt es verschiedene Berechnungs- bzw. Zuordnungsverfahren, die je nach Vorgabe oder je nach Funktion des Merkmals auszuwählen sind.

- **Ausgleichsrechnung nach Gauß, Beispiel Gerade:** Es wird eine Gerade gesucht und deren Steigung (a) und deren Achsabschnitt (b) so berechnet, dass die Summe

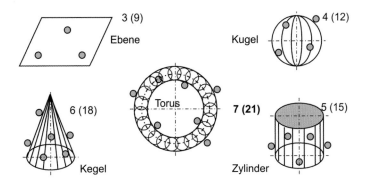

Abb. 4.3   Geometrieelemente mit Mindestzahl (und empfohlener Anzahl) von Antastpunkten

Abb. 4.4   Berechnung des
Geometrieelements Gerade
nach Gauß

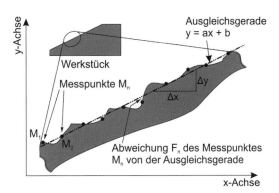

der quadrierten Abweichungen zwischen dieser Geraden und den angetasteten Koordinaten der Werkstückoberfläche minimal wird (Abb. 4.4).

- **Ausgleichsrechnung nach Tschebyscheff, Beispiel Gerade:** Es wird nach äquidistanten Geometrieelementen gesucht, zwischen denen alle Antastpunkte liegen und deren Abstand minimal ist. Bei diesem Auswerteverfahren beeinflussen Ausreißer (Abb. 4.5) Position und Orientierung der Geraden stärker als beim Gaußverfahren.
- **Pferchbedingung:** Es wird nach dem größtmöglichen Geometrieelement gesucht, für das alle Messpunkte außerhalb liegen.
- **Hüllbedingung:** Es wird nach dem kleinstmöglichen Geometrieelement gesucht, das alle Messpunkte umhüllt.

▶   Unterschiedliche Ausgleichsrechnungen führen bei nicht-idealen (realen) Werkstückoberflächen zu unterschiedlichen Ergebnissen.

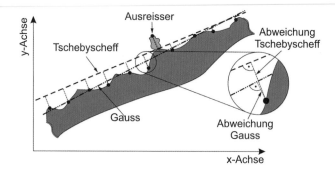

Abb. 4.5 Berechnung des Geometrieelements Gerade nach Tschebyscheff

Die Auswahl der Zuordnungsverfahren soll funktionsorientiert erfolgen. Es sind die Vorgaben auf der Konstruktionszeichnung bzw. dem CAD-Modell zu verwenden. Existieren solche Vorgaben nicht, müssen die für solche Fälle definierten Default-Methoden nach [4] verwendet werden.

4.3   Gerätetechnik

▶   Koordinatenmessgeräte bestehen in der Regel aus drei Linearachsen, welche rechtwinklig zueinander angeordnet sind. Dabei spannen die drei Achsen zusammen ein 3-D-Koordinatensystem auf. Jede Achse ist mit einem Positions-Messsystem ausgerüstet.

Die Komponenten eines KMG sind:

- Gerätebasis,
- Tisch zur Werkstückaufnahme,
- Antrieb und Führung,
- Maßverkörperung,
- Messkopfsystem,
- Steuereinheit mit Bedienpult sowie
- Auswerterechner (PC)
- Zusatzkomponenten (optional)

Zusatzeinrichtungen wie Drehtische als weitere Achsen zur Positionierung des Werkstücks, Messkopfsystem- oder Tastersystem-Wechseleinrichtungen, welche das automatische

Auswechseln des Messkopfs- bzw. der Tastersysteme ermöglichen oder Aufspannvorrichtungen für verbesserte Werkstückauflage unterstützen den Messprozess.

Koordinatenmessgeräte (Abb. 4.6) sind auf einem Starrkörper (Gerätebasis) aufgebaut. Als Gerätebasis dient vielfach der Tisch zur Werkstückaufnahme. Zumeist besteht die Werkstückaufnahme aus Granit mit Aufspannmöglichkeiten für das Werkstück oder für die Montage von Spannmitteln.

Jede der drei Achsen hat einen Antrieb, der automatisch oder mit dem Bedienpult angesteuert werden kann. In jeder Achse ist ein Messsystem (Maßverkörperung) integriert, das die Positionen während des Messens erfasst. Die Auswerteeinheit verarbeitet die Daten der Messsysteme zu Koordinaten im Raum, welche den angetasteten Punkten auf der Oberfläche des Werkstücks entsprechen.

4.3.1 Gerätebasis

Der Tisch zur Werkstückaufnahme ruht auf einer stabilen Gerätebasis z. B. aus Stahlguss, aus einer Schweißkonstruktion oder er ist eine massive Hartgesteinsplatte, die zugleich als Gerätebasis dient. Häufig ist die Gerätebasis mit schwingungsdämpfenden Elementen ausgerüstet (Abb. 4.7). Es werden passive und aktive Dämpfungselemente unterschieden. Bei besonders hohen Ansprüchen an die Schwingungsdämpfung kann ein besonderes Fundament erforderlich sein.

Tisch zur Werkstückaufnahme Auf dem Tisch zur Werkstückaufnahme ist das Werkstück für den Messprozess befestigt. Vielfach ist der Tisch aus Granit, Stahl oder Gusseisen. Er besitzt üblicherweise T-Nuten und/oder ein Raster von Gewindebohrungen zur Werkstückbefestigung.

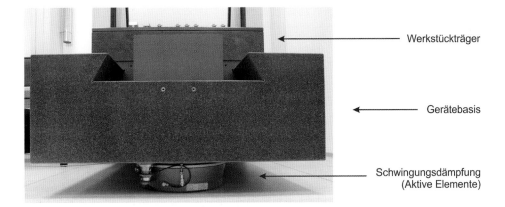

Abb. 4.6 Koordinatenmessgerät, Portalbauart mit Komponenten

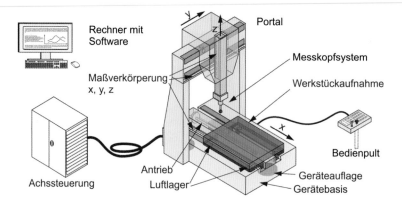

Abb. 4.7 Aktive Schwingungsdämpfer an einem Koordinatenmessgerät

Granit ist das am häufigsten verwendete Material für die Werkstückaufnahme. Einige wichtige Gründe hierfür sind, dass die natürliche Alterung des Materials abgeschlossen ist und es gut bearbeitet werden kann. Es ist unempfindlich gegen Korrosion, hat eine kleinere Dichte und ist kostengünstiger als Stahl. Ein Nachteil von Granit ist seine Verformung bei Wasseraufnahme.

Der Tisch muss formstabil sein, auch wenn Werkstücke mit unterschiedlichem Gewicht an verschiedenen Positionen auf dem Tisch platziert werden. Es gibt keine besondere Anforderung an die Ebenheit des Tisches, sofern er nicht als Führungsfläche für das bewegliche Portal dient. Nur dann hat die Eigenschaft der Lager einen Einfluss auf das Messergebnis.

KMG mit beweglichem Tisch sind gewöhnlich für Messungen an Werkstücken mit einem kleinen bis mittleren Gewicht geeignet. Bei großen und schweren Werkstücken werden Bauarten benötigt, bei denen der Tisch mit der feststehenden Gerätebasis vereinigt ist.

4.3.2   Antrieb und Führung

Jede Achse eines KMG muss bewegt werden. Die Bewegung der KMG-Achsen wird mit elektrischen Antrieben realisiert, die in einem geschlossenen Regelkreis arbeiten. Ein Getriebe und schwingungsdämpfende Elemente sind zwischen Motor und dem zu bewegenden Element geschaltet. Die Aufgabe des Antriebssystems ist nur die Bewegung der Achsen, nicht das Bereitstellen der Information über die Position der Achsen. Diese Aufgabe wird vom Messsystem (Maßverkörperung) übernommen.

Die beweglichen Teile bewegen sich auf Lagerelementen, die in den Führungen der Achsen integriert sind. Im Idealfall sind diese Führungselemente rechtwinklig zueinander. Diese definieren das Referenzkoordinatensystem des KMG. Abweichungen in deren Ausrichtung können Einfluss auf das Messergebnis haben. Die Geradheit und die Ebenheit der Führungen beeinflussen die Messung ebenfalls.

Zur Verminderung der Umkehrspanne werden an den Messschlitten reibungsarme Lagerungen (Luftlager, Wälzlager) eingesetzt. Die elektrischen Antriebe können über Kugelumlaufspindel-Mutter, Ritzel-Zahnstange oder über Reibrad/Bänder/Riemen mit dem Schlitten verbunden sein.

Für sehr große KMG (Brückenbauart) werden auch mehr als ein Antrieb eingesetzt, um den Einfluss von Torsionskräften auf das Messresultat zu reduzieren.

In Kombination mit Granitführungen werden **Luftlagerungen** eingesetzt. Luftlager können einfach hergestellt werden und haben weder Reibung noch Abrieb. Wegen fehlender Reibung fehlt eine Dämpfung, d. h. sie sind schwingungsempfindlich. Ein großer Vorteil der Luftlagerung ist, dass kein Stickslip-Effekt (Ruckgleiten) auftritt. Kleine Unebenheiten der Führungen können ausgeglichen werden. Die komprimierte Luft für die Lagerung muss gefiltert werden und die Flächen, auf denen die Lager laufen, müssen von Zeit zu Zeit gereinigt werden. Luftlagerungen gehören zu der Gruppe der Gleitlager. Die komprimierte Luft zwischen den Gleitflächen wirkt als Schmiermittel. Dabei bildet sich ein Luftkissen, welches die Last trägt, ohne Kontakt zwischen den Gleitflächen herzustellen.

4.3.3 Maßverkörperung

Die drei Achsen sind im rechten Winkel zueinander angeordnet. Jede Achse besitzt eine Maßverkörperung, welche jeweils parallel dieser Achse eingebaut ist. Als Maßverkörperungen werden in KMG vorwiegend **optische Maßstäbe,** aber auch **Drehgeber, induktive Maßstäbe, magnetische Maßstäbe** und in selteneren Fällen **Laserinterferometer** verwendet.

Optische Messsysteme bestehen aus einem Strichmaß als Normal und einem Ablesesystem. Eine dieser zwei Komponenten wird am beweglichen Teil der Achse, der andere am festen Teil der Achse montiert. Das Messsystem in einem KMG ist üblicherweise ein **inkrementales Messsystem.** Deswegen müssen nach jedem Neueinschalten des KMG die Achsen in die Referenzstellungen gefahren werden, um die Bezugspositionen zu initialisieren.

Für KMG mit kleinem Messvolumen werden selten auch **absolut codierte Messsysteme** verwendet. Absolut codierte Systeme haben den Vorteil, dass sie keine Referenzposition benötigen, um die aktuelle Position zu kennen. Das Anfahren der Referenzposition nach dem Einschalten entfällt, dadurch ist das KMG sofort nach dem Einschalten einsetzbar. Der Messwert wird bestimmt, indem die Information von der Skala ausgelesen wird, ohne dabei Teilungen zu zählen. Verglichen mit den inkrementalen Messeinrichtungen entsteht kein Zählfehler z. B. infolge von Verschmutzung. Deshalb sind absolut codierte Systeme betriebssicherer als inkrementale Systeme. In KMG werden Präzisionsmaßstäbe aus transparenter Glaskeramik (z. B. Zerodur) verwendet. Diese haben zwischen 0° und 50 °C sehr kleine Ausdehnungskoeffizienten in der Größenordnung von $0,0 \pm 0,1 * 10^{-6} / K^{-1}$.

4.3.4 Messkopfsystem

In einem KMG gibt das Messkopfsystem (Abb. 4.18) das Signal zur Bestimmung des Messpunktes. Zum Zeitpunkt, an dem der Messkopf das Signal gibt, werden die aktuellen Positionen der Messachsen erfasst. Der Messkopf stellt den Bezug zwischen dem Berührungspunkt auf dem Werkstück und dem KMG-Koordinatensystem her. Die verschiedenen Messkopfsysteme können nach der primären Signalübertragung zwischen Werkstück und Sensor in taktile, optische und Röntgentomographie-Sensoren unterteilt werden.

In der taktilen Koordinatenmesstechnik geschieht die Antastung mit einem berührenden Tasterelement, das mit dem Messkopf verbunden ist. Es gibt auch Fälle, in denen ein mechanisches Antasten nicht zweckmäßig ist. Sollen auf einem KMG überwiegend zweidimensionale Werkstücke (Leiterplatten, Masken, Folien, Federn, Stanzteile), Teile aus weichen Werkstoffen (Gummi, Kunststoff, Textilien, Leder, Holz, Ton) oder mit empfindlichen Oberflächen (Reinaluminium, Gold usw.) gemessen werden, haben berührungslos/optische Antastverfahren Vorteile (Abschn. 12.1). Dazu wird der berührende Messkopf durch ein berührungslos arbeitendes 1-D-, 2-D- oder 3-D-Messkopfsystem ersetzt.

Folgende Messkopfsysteme werden unterschieden:

- **Berührendes Messkopfsystem** benötigt Materialkontakt mit der zu messenden Oberfläche für sein Funktionieren.
- **Berührungsloses Messkopfsystem,** das keinen Materialkontakt mit der zu messenden Oberfläche für sein Funktionieren benötigt (Abschn. 12.1).

4.3.5 Steuereinheit mit Bedienpult sowie Auswerterechner (PC)

Die Aufgabe der **Steuereinheit** ist es, den Motoren via Verstärker Steuerbefehle am KMG weiterzugeben und die Bewegungen der Schlitten, Pinole usw. zu koordinieren. Die Eingabe der Steuerbefehle erfolgt über den PC (über automatische Messzyklen) oder direkt über das Bedienpult.

Die Software führt viele **Korrekturen** durch, um systematische Abweichungen der Achsen eines KMG und deren Stellung zueinander zu kompensieren. Typischerweise werden 21 Fehler bestimmt und korrigiert. Hierbei werden sechs Abweichungen pro Achse und drei Abweichungen durch die Stellung der drei Achsen zueinander berücksichtigt. Damit wird die Präzision des KMG erheblich verbessert. Der Messkopf gibt bei

Kollision zusätzlich Kontrollsignale für das Anhalten der Motoren aus. Abhängig von der Steuereinheit (z. B. CNC) erfolgt die Achsansteuerung getrennt oder simultan. Die Steuerung regelt auch die Geschwindigkeit der Achsen.

Auf dem **Auswerterechner** (PC) läuft die Betriebssoftware. Die eingesetzte Software hat einen entscheidenden Einfluss auf die Anwenderfreundlichkeit der Bedienung und natürlich auch auf Funktionsumfang des Gesamtsystems.

Prinzipiell lassen sich fünf Hauptgruppen von Grundfunktionen unterscheiden (Einmessen, Koordinatensysteme, Messfunktionen, Verknüpfungen, Dokumentation). Der Umfang der einzelnen Funktionen ist sehr unterschiedlich, individuell an die Anforderungen und den Kenntnisstand des Bedieners anpassbar. Abb. 4.8 zeigt eine Auswahl der KMG-Software „Quindos".

4.3.6 Zusatzeinrichtungen

Mit einer **Dreh-Schwenk-Einrichtung** kann der Sensor in verschiedenen Raumrichtungen positioniert werden. Das macht es möglich, z. B. in sonst unzugängliche Bereiche wie schräge Bohrungen und Kanäle hineinzufahren und berührend zu messen oder mit optischen Sensoren „um die Ecke zu schauen". Das Dreh-Schwenk-Element besteht aus zwei zusätzlichen Rotationsachsen (Abb. 4.9), die zwischen der Pinole und dem Sensor angeordnet sind und manuell oder motorisch in Position gebracht werden.

Bei einigen Dreh-Schwenk-Einrichtungen lässt sich jede beliebige Orientierung bzw. jeder beliebige Winkel einstellen. Hierzu werden digitale Messsysteme in die Rotationsachsen integriert. Daneben gibt es preiswertere, besonders kompakte Dreh-Schwenk-Einrichtungen, mit denen nur vorgegebene Winkelstellungen reproduzierbar angefahren

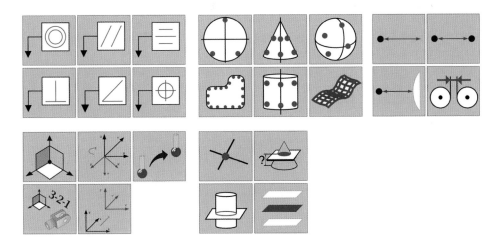

Abb. 4.8 Funktionalität einer KMG-Software Auszug aus den Funktionalitäten der Software Quindos. (Quelle: Hexagon)

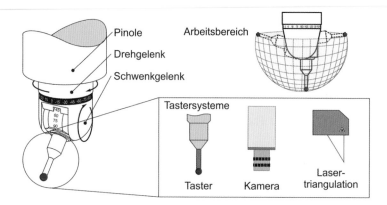

Abb. 4.9 Dreh-Schwenk-Messkopfsysteme für die Koordinatenmesstechnik

werden können (übliche Werte sind 360 oder 720 Positionen bezogen auf eine 360°-Drehung). Zur technischen Realisierung werden in diesem Fall Hirthverzahnungen (Abb. 4.10) verwendet.

Mit einem **Drehtisch** kann der Messablauf in einigen Fällen vereinfacht werden. Dies gilt besonders für komplexe Werkstücke mit vielen symmetrischen Geometrieelementen wie Zahnräder, Schnecken oder Turbinenschaufeln. Mit dem Drehtisch kann das Werkstück in die jeweils optimale Lage gebracht werden, sodass die Programmierarbeit erleichtert wird und in vielen Fällen einfachere Tasterkonfigurationen verwendet werden können. Größere Werkstücke können gemessen werden, da nur der jeweils interessierende Teil des Werkstücks im Messvolumen positioniert werden muss.

Drehachsen kommen beispielsweise bei rotationssymmetrischen Werkstücken wie Werkzeugen und Wellen zum Einsatz. Diese können hiermit in einer Aufspannung rundum gemessen werden. Das Werkstückkoordinatensystem kann mit der Drehachse rotieren, sodass alle Messergebnisse im selben Koordinatensystem dreidimensional miteinander verrechnet werden können.

Drehachsen können vertikal in das Koordinatenmessgerät integriert sein oder als horizontale Achse auf dem Messtisch beziehungsweise alternativ zum Messtisch

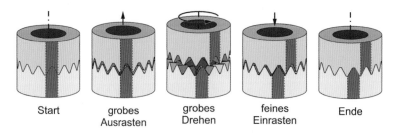

Abb. 4.10 Hirthverzahnung als Maßverkörperung

Abb. 4.11 Mithilfe einer
Dreh-Schwenk-Achse können
auch komplexe Strukturen
gemessen werden. Beispiel:
Messung eines Stents mit
Bildverarbeitung (Quelle:
Werth Messtechnik)

montiert werden (Abb. 4.11). Durch eine vertikale Drehachse wird die Durchbiegung des Werkstücks aufgrund der Schwerkraft vermieden und die Standfläche des Koordinatenmessgeräts reduziert. Horizontale Achsen ermöglichen sowohl die leichte Handhabung kleiner Werkstücke als auch eine Beladung des Koordinatenmessgeräts mit Hebezeugen bei sehr großen und schweren Werkstücken.

Eine **Dreh-Schwenk-Achse** erhöht die Flexibilität noch weiter, hier kann das Werkstück in verschiedenen Schwenkstellungen um jeweils 360° gedreht werden.

4.4 Bauarten

▶ **Wichtig**

Wichtige Kriterien, für die Wahl einer geeigneten Bauart von KMG sind das benötigte Messvolumen, das sich aus den Abmessungen der zu messenden Werkstücke ableiten lässt und die maximal zulässige Messunsicherheit, abgeschätzt aus den Toleranzen der zu messenden Werkstücke. Daneben spielen weitere Faktoren, wie z. B. die erforderliche Zugänglichkeit zum Messvolumen, die sich z. B. aus Automatisierungsüberlegungen ergeben.

Die Größe und das Gewicht der Werkstücke, der gewünschte Einsatzort bzw. die Mobilität des KMG und die erforderliche Messunsicherheit führen zu bevorzugten Bauarten der KMG.

Selbstverständlich spielen auch wirtschaftliche Überlegungen eine Rolle. Es ist zu prüfen, welcher Nutzen sich zu welchen Kosten erzielen lässt.

4.4.1   Hand- und CNC-geführte Koordinatenmessgeräte

Der Bediener eines **handgeführten KMG** bewegt ein Messkopfsystem, d. h. eine Tastkugel oder einen optischen Sensor, gegen das Werkstück. Durch die manuelle Führung
können zeit- und wegoptimierte Bewegungen einfach und schnell realisiert werden.
Diese Art von KMG hat kleine bis mittlere Messbereiche (< 500 mm) und eine mittlere
bis hohe zulässige Längenmessabweichung (> 4 μm). Sie ist einfach zu bedienen und
eignet sich für produktionsnahe Einzel- oder Kleinserienmessungen.

Die Messung mit einem **CNC-KMG** kann manuell und automatisch erfolgen. Zur
manuellen Bedienung dient das Bedienpult. Es wandelt die Bewegungen in Ansteuer-
signale für die Motoren um. Alle Bewegungen und Befehle können im „Teach-in-
Modus" gespeichert werden. Beim automatischen CNC-Betrieb werden die gelernten
Abläufe vollautomatisch ausgeführt. CNC-KMG sind mit unterschiedlichen Messbereichen erhältlich. Sie haben eine mittlere bis sehr kleine zulässige Längenmessabweichung und werden im Betrieb sowie in Messräumen eingesetzt.

Kartesische 3-D-KMG gibt es in unterschiedlichen Bauarten. Die Wahl des KMG für
bestimmte Aufgabenspektren ist abhängig von den Anforderungen an den Messbereich,
Genauigkeit, Zugänglichkeit usw. Die weitverbreitetsten Bauarten für berührende wie
auch für berührungslose KMG können nach deren Grundkonstruktionsart unterschieden
werden [1].

- **Auslegerbauweise**
- **Portalbauweise**
- **Ständerbauweise**
- **Brückenbauweise**

4.4.2   Auslegerbauweise

Auslegerbauarten haben einen beweglichen Auslegerarm, auf dem sich die Pinole
bewegt. Das zu messende Werkstück wird auf einem beweglichen oder feststehenden
Tisch fixiert. Es gibt zwei Typen von KMG in Auslegerbauweise:

- mit feststehendem Tisch und
- mit beweglichem Tisch (Abb. 4.12)

KMG in Auslegerbauweise mit feststehendem Tisch sind KMG mit drei beweglichen
Komponenten, die sich auf zueinander senkrechten Führungen bewegen. Das Messkopfsystem ist an der ersten Komponente befestigt, die von der zweiten Komponente
getragen wird und sich vertikal zur Zweiten bewegt. Die verbundene Baugruppe

Abb. 4.12 KMG in
Auslegerbauweise mit
beweglichem Tisch

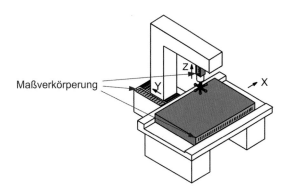

der ersten und zweiten Komponente bewegt sich waagerecht zur Dritten. Die dritte
Komponente ist als Ausleger nur an einem Ende gelagert und bewegt sich waagerecht
zum Gestell, das Werkstück ist auf dem Tisch positioniert [1]. **Vorteile:** Durch die
Unbeweglichkeit des Tisches können relativ schwere Werkstücke gemessen werden,
ohne die Messunsicherheit wesentlich negativ zu beeinflussen. Diese Bauart weist eine
kleine Masse im Vergleich zum Messvolumen auf und erlaubt hohe Beschleunigungen
und Geschwindigkeiten. Sie zeichnet sich durch eine gute Zugänglichkeit aus, Werkstücke können von drei Seiten zugeführt werden. **Nachteil** ist, dass sich die Verbiegung,
verursacht durch das Auslegerdesign, verstärkt, vor allem wenn der Arm extreme
Positionen fährt. Das Design von KMG in **Doppelarm-Auslegerbauweise** ist sehr
ähnlich. Es besteht jedoch aus zwei gegenüberstehend angeordneten Auslegern. Das
ermöglicht das zeitgleiche Messen auf beiden Seiten des Werkstücks, wie z. B. an einer
Autokarosserie. Damit wird bei großen Messvolumina die Kraglänge und damit die
Durchbiegung des Auslegers verringert.

   KMG in Auslegerbauweise mit beweglichem Tisch sind KMG mit drei beweglichen Komponenten, die sich auf zueinander senkrechten Führungen bewegen. Das
Messkopfsystem befindet sich an der ersten Komponente, die sich senkrecht zur Zweiten
bewegt, welche als Ausleger einseitig gelagert ist und sich waagerecht zum Gestell
bewegt. Die dritte Komponente, auf der das Werkstück positioniert ist, bewegt sich ebenfalls waagerecht zum Gestell [1].

   Vorteile sind die gute Zugänglichkeit zum Werkstück, die gute Lade- und Entlademöglichkeit. Durch die steife Konstruktion sind kleine Messunsicherheiten erreichbar.
Nachteile sind der kleine Messbereich sowie die Verbiegung, verursacht durch das Auslegerdesign. Der Biegungseffekt verstärkt sich, wenn der Arm in extreme Positionen
fährt.

KMG in Portalbauweise Die Portalbauweise ist die Bauart mit der größten Verbreitung.
Abhängig von der Bewegung der Brücke wird die Portalbauweise in zwei Untergruppen
unterteilt:

Abb. 4.13 KMG in
Portalbauweise mit
beweglichem Portal

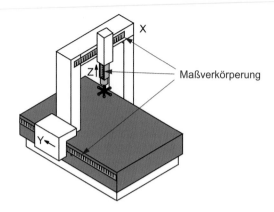

- KMG in Portalbauweise mit beweglichem Portal (Abb. 4.13)
- KMG in Portalbauweise mit stationärem Portal

Portal-KMG werden für Messaufgaben verwendet, die eine hohe Anforderung an die Messunsicherheit haben. Sie zeichnen sich durch eine große Steifigkeit aus. Die Steifigkeit ist durch die geschlossene Konstruktion gegeben. Der Nachteil dieser Architektur ist die beschränkte Zugänglichkeit zum Messvolumen.

4.4.3   Portalbauweise

KMG in Portalbauweise mit beweglichem Portal sind KMG mit drei beweglichen Komponenten, die sich auf zueinander senkrechten Führungen bewegen. Das Messkopfsystem befindet sich an der ersten Komponente, die von der zweiten Komponente getragen wird und sich senkrecht zur Zweiten bewegt. Die verbundene Baugruppe der ersten und zweiten Komponente bewegt sich waagerecht zur Dritten. Die dritte Komponente ist mit zwei Füßen auf den gegenüberliegenden Seiten des Maschinenbettes gelagert und bewegt sich waagerecht hierzu; das Werkstück wird auf den feststehenden Tisch gelegt [1].

Vorteil ist, dass das Messen von sehr schweren Werkstücken bei kleiner Messunsicherheit wegen der starren Konstruktion (Werkstück bewegt sich nicht) erleichtert wird.

Nachteile sind, dass sich die zwei Säulen an verschiedenen Orten bewegen. Das kann ein Verdrehen des Portals zur Folge haben. Zur Reduktion dieses Effektes können die Antriebe der Säulen als Kombinationsantriebe mit Positionsregelungen ausgelegt werden. Diese Art von KMG stellt einen guten Kompromiss zwischen den Forderungen nach guter Zugänglichkeit, großem Messvolumen, niedrigem Anschaffungspreis und geringer Messunsicherheit dar.

KMG in Portalbauweise mit stationärem Portal sind KMG mit drei beweglichen Komponenten, die sich auf zueinander senkrechten Führungen bewegen. Das

Messkopfsystem befindet sich an der ersten Komponente, die sich senkrecht zur Zweiten bewegt. Die verbundene Baugruppe der ersten und zweiten Komponente bewegt sich waagerecht zum Portal, das stationär über dem Gestell angeordnet ist. Das Werkstück ist auf der dritten Komponente positioniert [5]. **Vorteil** ist die sehr kleine Messunsicherheit aufgrund der starren Konstruktion. **Nachteile** sind kleinere Arbeitsgeschwindigkeiten, weil der schwere Tisch zusammen mit dem Werkstück bewegt werden muss. Auch das Gewicht des Werkstücks ist limitiert, zudem eignet sich diese Bauweise nur für ein kleines Messvolumen.

4.4.4 Ständerbauweise

KMG in Ständerbauweise mit beweglichem Ständer und beweglichem Horizontalarm sind „KMG mit drei beweglichen Komponenten, die sich auf zueinander senkrechten Führungen bewegen. Das Messkopfsystem befindet sich an der ersten Komponente, die getragen wird von der zweiten Komponente und sich waagerecht zur Zweiten bewegt. Die verbundene Baugruppe der ersten und zweiten Komponente bewegt sich senkrecht zur Dritten. Die dritte Komponente bewegt sich waagerecht zum Gestell, auf dem das Werkstück positioniert ist." [1]. **Vorteile** sind die gute Zugänglichkeit zum Werkstück, die gute Lade- und Entlademöglichkeit. Durch die steife Konstruktion sind kleine Messunsicherheiten erreichbar. **Nachteile** sind der beschränkte Messbereich in y- und z- Richtung (Abb. 4.14) sowie die Verbiegung der y-Achse verursacht durch das Auslegerdesign. KMG dieser Bauart werden auch in **Doppelarm-Ständerbauweise** betrieben.

4.4.5 Brückenbauweise

KMG in Brückenbauweise (Abb. 4.15) eignen sich wegen ihres großen Messvolumens sehr gut für Messungen an sehr großen Teilen in der Autoindustrie, im Flugzeugbau und für große Blechteile.

Abb. 4.14 KMG mit beweglichem Ständer und beweglichem Horizontalarm

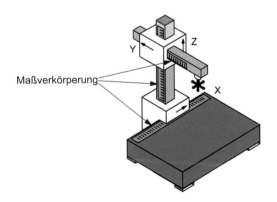

Abb. 4.15 KMG in
Brückenbauweise

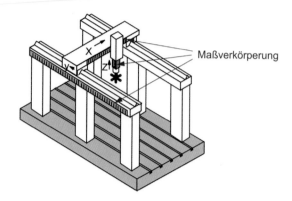

Maßverkörperung

Aus Gründen der Steifigkeit haben Brücken-KMG einen massiven Unterbau. Kombinationsantriebe mit Positionsregelung werden eingesetzt, um die ungleiche Bewegung der Brücke zu reduzieren. KMG in Brückenbauweise haben drei bewegliche Komponenten, die sich auf zueinander senkrechten Führungen bewegen. Das Messkopfsystem befindet sich an der ersten Komponente, die von der zweiten Komponente getragen wird und sich senkrecht zur Zweiten bewegt. Die verbundene Baugruppe der ersten und zweiten Komponente bewegt sich waagerecht zur Dritten. Die dritte Komponente bewegt sich waagerecht auf zwei Führungsschienen, die zu beiden Seiten auf dem Gestell befestigt sind. Das Werkstück wird auf dem Gestell positioniert [1].

4.4.6 Gegenüberstellung der Bauarten

Bei der Auswahl der optimalen KMG für spezifische Messaufgaben ist die Gegenüberstellung der erreichbaren Messabweichungen häufig ein entscheidendes Kriterium. Typische Arbeitsbereiche hinsichtlich der Messabweichung sind in Abb. 4.16 dargestellt.

4.4.7 Alternative Bauformen

Für mobile Anwendungen wurden KMG entwickelt, die sich Kinematikkonzepten aus der Robotertechnik bedienen. Es entstanden **Gelenkarm-KMG.**

Mobile, handgeführte **Gelenkarm-KMG** (Abb. 4.17), manchmal auch **Messarme** genannt, besitzen fünf oder sechs Drehachsen mit präzisen Maßverkörperungen. Messarme gibt es mit sphärischen Messvolumen von ca. 1 bis 3 m und maximal zulässigen Längenmessabweichungen im Bereich von 10 bis 100 µm. Neben der Lösung konventioneller Messaufgaben mit berührenden Tastersystemen werden sie auch zum Scannen von Freiformflächen mit berührungslos/optischen Messsystemen (1-D, 2-D und 3-D, Abschn. 12.2) eingesetzt.

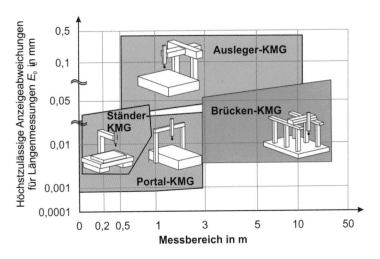

Abb. 4.16 Vergleich verschiedener Bauarten von KMG hinsichtlich der Messabweichungen

Abb. 4.17 Handgeführtes
Gelenkarm-KMG

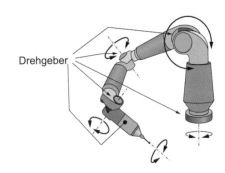

4.5 Taktile Koordinatenmesstechnik

▶ In der taktilen Koordinatenmesstechnik werden Messkopfsysteme mit berührend arbeitenden Tastelementen eingesetzt.

4.5.1 Messkopfsysteme

Ein Messkopfsystem (Abb. 4.18) ist an der Pinole befestigt oder einwechselbar und besteht aus den Komponenten:

- Messkopf (System, welches beim Messen die Signale erzeugt [1])
- Tasterwechselsystem
- Messkopf-Wechselsystem (optional)

Abb. 4.18 Aufbau eines
berührenden Messkopfsystems

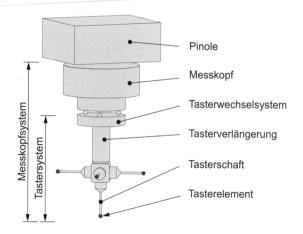

Pinole

Messkopf

Tasterwechselsystem

Tasterverlängerung

Tasterschaft

Tasterelement

- Tasterverlängerung und
- Taster (Tasterschaft mit Tastelement).

Die Parameter des Messkopfsystems, z. B. Tasterradius und Tasterbiegung, müssen für das KMG und seine Software bekannt sein. Diese Parameter werden beim Einmessen des Tastersystems bestimmt. Das Einmessen des Tastersystems geschieht an einem Normal, der Referenzkugel.

Das Werkstück wird mittels eines Tasterelements angetastet, dessen Mittelpunkt bei der Messwertaufnahme ermittelt wird. Aus diesem Antastpunkt und den durch das Einmessen ermittelten Parametern beim Antastvorgang (z. B. Tasterradius und Taster-biegung) wird der Ist-Berührpunkt ermittelt.

In taktilen Koordinatenmessgeräten stehen unterschiedliche Arten von Messkopf-systemen zur Verfügung, die je nach Anwendungszweck ausgewählt werden können. Nach der Art der Messpunktaufnahme kann unterschieden werden zwischen:

- Schaltenden Messkopfsystemen und
- Messenden Messkopfsystemen.

Schaltende Messkopfsysteme (Abb. 4.19) können einen Messpunkt pro Berührung erfassen. Wenn das Tastelement um einen bestimmten Betrag aus seiner Ruhelage aus-gelenkt wird, erzeugt der Messkopf ein Auslösesignal. Dieses Auslösesignal veranlasst die Steuerung, die Positionen der Messachsen anzuzeigen. Schaltende Systeme haben eine vorgespannte Dreipunktauflage, durch die der Taster in den sechs Freiheitsgraden im Raum nachgiebig fixiert wird. Diese Auflagen sind als elektrische Kontakte aus-geführt. Bei der Berührung mit dem Werkstück wird durch das Öffnen eines Kontaktes das Auslesen der Messachsen ausgelöst. Schaltende Messkopfsysteme arbeiten grund-sätzlich dynamisch, das bedeutet, dass mindestens eine Achse beim Erfassen eines Mess-punktes in Bewegung ist.

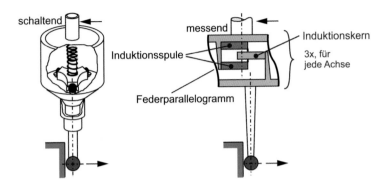

Abb. 4.19 Schaltende (links) und messende (rechts) Messkopfsysteme

Messende Messkopfsysteme (Abb. 4.19) bestehen aus drei kartesisch angeordneten Längenmesssystemen, die auf Federparallelogrammen gelagert sind und sich parallel zu den Achsen des KMG bewegen. Induktive Maßverkörperungen messen ständig die Auslenkungen der drei zusätzlichen Achsen. Diese Werte werden mit den Koordinaten der Hauptachsen verrechnet. Somit verfügen diese Systeme nicht nur über einen Schaltpunkt, sondern können auch räumliche Zwischenpositionen erfassen, wie dies beispielsweise für Scanning nötig ist.

KMG mit messenden Messkopfsystemen erlauben es, Messpunkte auf unterschiedliche Arten zu erfassen.

- **Einzelpunktantastung**
- **Scanningverfahren.**

4.5.2 Arten der Messpunkterfassung

Bei der **Einzelpunktantastung** fährt das KMG auf die Werkstückoberfläche zu, berührt diese, kommt zum Stillstand und löst die Berührung wieder. Die Erfassung jedes einzelnen Messpunktes geschieht, während sich die Achsen bewegen.

Nach dem Erkennen der Berührung werden während der Vorwärts- und Rückwärtsbewegung am Werkstück die Achsen vom KMG und die Maßverkörperung im Tastersystem kontinuierlich und synchron ausgelesen und verrechnet (Abb. 4.20). Spezielle Regelfunktionen erlauben es dem Tastkopf, der Oberfläche des Werkstücks kontinuierlich zu folgen. Die Messpunkte werden während der Bewegung entlang der Scanlinie fortlaufend aufgenommen.

Das **Scanningverfahren** erlaubt es, mehr Messpunkte pro Zeiteinheit aufzunehmen (z. B. 200 Messpunkte pro Sekunde). Das Scanningverfahren kann verwendet werden für Ebenen, Kreise oder Spiralen (Messen eines Zylinders) oder für jede andere Linie auf einer gekrümmten Oberfläche mit beliebiger Ausrichtung, auch für Freiformflächen.

Abb. 4.20 Funktionen eines
messenden Messkopfsystems

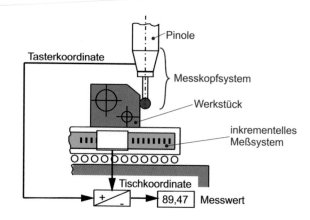

4.5.3   Messpunktaufbereitung

Die mit taktilen Sensoren im Koordinatensystem des KMG gemessenen Punkte geben
kein "wahres" Bild von der Werkstückgestalt. Das Tastelement, gewöhnlich eine Kugel,
ist kein Punkt, sondern ein Körper mit einer endlichen Ausdehnung. Infolgedessen entstehen von den angetasteten Geometrieelementen abstandsgleiche Hüllkörper. Die
Koordinaten der gemessenen Punkte liegen vor der Werkstückfläche (Abb. 4.21). Um
einen Punkt der angetasteten Werkstückoberfläche zu berechnen, muss der Tastkugel-
mittelpunkt äquidistant in die Werkstückfläche hinein verschoben werden.

Die Messpunktaufbereitung ist eine wichtige Aufgabe zur Berechnung der
Istgeometrie. Hinzu kommt die Tasterradiuskorrektur zur Kompensation der Abplattung
des Tastkörpers und der Durchbiegung des Taststiftes unter dem Einfluss der Messkraft. Die Messsysteme des KMG erfassen den Tastkugel-mittelpunkt ersatzweise
für den Antastpunkt, der nicht unbedingt mit dem Berührpunkt übereinstimmen muss

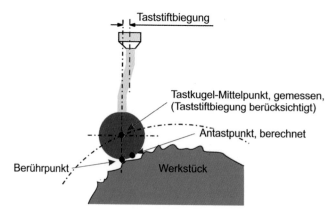

Abb. 4.21 Messpunktaufbereitung

(Abb. 4.21). Aus den Antastpunkten wird die Istgeometrie des Werkstücks berechnet. Bei optischen Sensoren oder der Computertomographie treten andere Effekte auf, die die Messunsicherheit beeinflussen, zum Beispiel abhängig von den Reflexionseigenschaften der Werkstückoberfläche bzw. dem Durchdringungsverhalten der Röntgenstrahlen.

4.6 Mikro-Koordinatenmesstechnik

▶ In der Mikro-Koordinatenmesstechnik werden Messkopfsysteme für Mikrogeometrien mit berührenden Tastelementen oder berührungslos arbeitenden Messkopfsystemen eingesetzt.

4.6.1 Messkopfsysteme

Konventionell aufgebaute Messkopfsysteme haben für miniaturisierte Werkstücke häufig zu große Tastkugeln und Antastkräfte. Deshalb wurden neue Messprinzipien entwickelt, die mit sehr kleinen Tastkugeln arbeiten und geringste Antastkräfte verursachen (Abb. 4.22).

Berührungslos-optisch arbeitende Messkopfsysteme (Abschn. 12) haben Vorteile durch ihr Antastprinzip, welches Verformungen und Beschädigungen der Werkstückoberfläche verhindert. Sie messen schnell und das Risiko der Beschädigung des Messkopfsystems ist eher gering. Nachteile sind Oberflächenabhängigkeiten der Messergebnisse und die eingeschränkte Vergleichbarkeit mit anderen berührungslos und berührend

Messkopf Prinzip	Berührend / berührungs-los	schaltend	messend	Kugel-Ø [µm]	Messkraft [µN]	Unsicherheit [µm]
Kugeltaster		x		> 100	≈ 0 bis 500	≈ 0,2
Kugeltaster			x	> 100	≈ 500	≈ 0,2
Fasertaster	berührend	x	x	20	1	≈ 0,2
Schwingungs taster		x		30 - 300	1 - 10	≈ 0,3
Optische Taster	berührungslos	x	x	< 1	0	1 bis 0,001
Kugeltaster konventionell	berührend	x	x	> 300	> 160'000	0,4

Abb. 4.22 Messkopfsysteme für die Mikro-Koordinatenmesstechnik

arbeitenden Messprinzipien. Berührend arbeitende Messkopfsysteme haben deshalb auch bei der Mikro-KMT weiterhin eine große Bedeutung. Konventionelle aufgebaute Messkopfsysteme haben jedoch häufig zu große Tastkugeln und Antastkräfte. Bei einem Tastkugeldurchmesser $D = 0{,}6$ mm und einer Tastkraft von 50 mN verursacht das Antasten von Aluminium eine Verformung mit einer Tiefe von $T = 0{,}3$ m (Abb. 3.5). Deshalb wurden in letzter Zeit ganz neue Messprinzipien entwickelt, die mit sehr kleinen Tastkugeln arbeiten und geringste Antastkräfte verursachen (Abb. 4.22).

Konventionelle berührende Taster für Mikro-KMG basieren z. B. auf einem Siliziumchip mit piezoresistiven Elementen an denen der Schaft und die Tastkugel angebracht sind. Bei Kontakt mit der Werkstückoberfläche entstehen Verformungen und diese führen zu Spannungen, welche als Messsignal ausgewertet werden.

Das Problem bei diesen Tastern liegt in dem Widerspruch, den Tasterschaft zum einen sehr klein und zum anderen sehr steif zu gestalten, um eine gute Signalübertragung zu erzielen. Relativ große Taster und hohe Zerstörungsempfindlichkeit sind die Folge.

Beim **Schwingungstaster** (Abb. 4.23) wird eine Glasfaser mit der Tastkugel in Schwingungen versetzt und die Schwingungsamplitude permanent gemessen. Sobald die Tastkugel die Werkstückoberfläche berührt, verringert sich die Amplitude.

Unterschreitet die Amplitude einen Grenzwert, so wird die momentan erreichte Position der Achsen des Mikro-KMG zur Berechnung der Werkstückkoordinate herangezogen. Da es sich um ein schaltendes Messkopfprinzip handelt, ist mit diesem Messprinzip kein Scanning möglich.

Ein weiteres Tastsystem für die Mikro-KMT stellt der Fasertaster (Abb. 4.24) dar. Dieses **messende taktil-optische Messkopfsystem** existiert als 2-D- oder 3-D-Variante. Beim 2-D-Sensor wird das Licht einer LED in eine Lichtleitfaser mit kugelförmigem Ende gekoppelt. Der untere Teil dieser Tastkugel ist beschichtet, sodass das Licht reflektiert wird und im oberen Teil der Kugel austritt.

Das austretende Licht wird von einer Matrixkamera erfasst, mit der die x–y-Position der Kugel bestimmt wird. Die 3-D-Variante verfügt zusätzlich über einen Laserabstandssensor zur Bestimmung der z-Position. Der Durchmesser des Tasterelements liegt zwischen 20 μm und einigen 100 μm, sodass auch kleine Details erfasst werden können.

Die Positionierung der Tastkugel über die Lichtleitfaser führt zu sehr geringen Antastkräften im Mikronewtonbereich. Das Messkopfsystem ist relativ unempfindlich

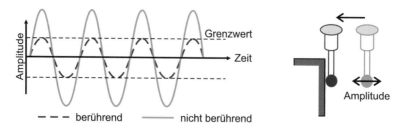

Abb. 4.23 Messprinzip des Messkopfsystems: Schwingungstaster

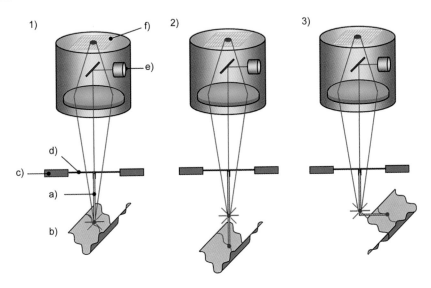

Abb. 4.24 Schematischer Aufbau eines taktil-optischen 3-D-Sensors mit **a)** Fasertasterelement, **b)** Werkstück, **c)** Wechseleinheit, **d)** flexiblem Haltelement, **e)** Abstandssensor (z) und **f)** Bildverarbeitungssensor (x,y). 2) Zweikugeltaster. 3) L-Taster

gegenüber Kollisionen, da die Lichtleitfaser elastisch ist und in einem weiten Bereich äußeren Kräften ausweicht, ohne zerstört zu werden (Abb. 4.25).

Bei rein optischen Messungen an Stanzteilen verkleinern Grate den Durchmesser einer Bohrung. Mit dem taktil-optischen Messprinzip wird die innere Wand der Bohrung unterhalb des Grates angetastet. Über Messungen an einer zweiten Kugel, die sich oberhalb der ersten befindet, ermöglicht der Zweikugeltaster ein tiefes Eintauchen in die Bohrung, während mit einem L-Taster auch Hinterschnitte gemessen werden können (Abb. 4.24).

Der Messbereich des taktil-optischen Sensors entspricht etwa dem Sehfeld der Optik. Der Sensor verfügt über verschiedene Scanning-Betriebsarten und kann während der Verfolgung der Werkstückoberfläche mithilfe der Geräteachsen auf die Sollauslenkung geregelt werden. Die Antastabweichung des taktil-optischen Sensors reicht bei Geräten mit ähnlich guter Spezifikation bis zu 0,25 µm.

Der taktil-optische Sensor wird zur 3-D-Messung von Mikromerkmalen eingesetzt, z. B. für Spritzlöcher an Kraftstoffeinspritzdüsen. Aufgrund der geringen Antastkraft ist er auch für empfindliche oder verformbare Werkstücke wie optische Funktionsflächen geeignet. Ein weiteres typisches Einsatzgebiet sind Mikroverzahnungen. Mit dem 2-D-Sensor können auch Rauheitsmessungen durchgeführt werden, deren Ergebnisse bei Werten kleiner als Rz = 3,15 µm innerhalb der Kalibrierunsicherheit mit den Kalibrierwerten der Raunormale übereinstimmen [6].

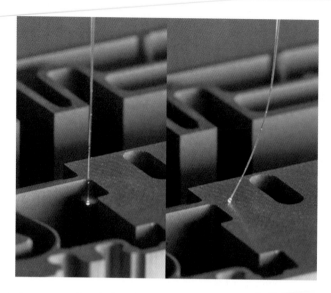

Abb. 4.25 Antastvorgang mit taktil-optischem Sensor (links) und Fehlpositionierung ohne Beschädigung (rechts) (Quelle: Werth Messtechnik)

Eine weitere, interessante Anwendung in Zusammenhang mit der Multisensor-KMT ist das optische „Fangen" und taktile Messen. Besonders bei sehr kleinen Merkmalen, wie z. B. der Messung von Bohrungsdurchmessern, ist die Bruchgefahr einer sehr kleinen Tastkugel bei taktilen Messungen sehr groß. Schon beim Programmieren des CMC-Programms ist es zeitaufwändig, die Bohrung zu treffen. Ist die Bohrung dann weit außerhalb der Toleranz, taucht die Tastkugel beim CNC-Betrieb nicht in die Bohrung ein, sondern kollidiert mit der Werkstückoberfläche und bricht ab. Mit Multisensor-KMG kann die Bohrung z. B. mit einem Kamerasystem optisch „finden" und anschließend taktil messen.

4.6.2   Besonderheiten im Aufbau

Als Bauart von 3-D–Mikro–KMG mit großem Messbereich – ca. 400 bis 1000 mm/Achse-wird die **Portalbauweise** mit stationärem Portal (Abschn. 4.4) genutzt. Größe, Gewicht, integrierte Schwingungsdämpfer, spezielle Luftlager- und Antriebstechnologien, inkrementelle Maßstäbe als Maßverkörperungen mit Temperaturkompensation und geringem Temperaturausdehnungskoeffizient sowie einer Auflösung im Nanometerbereich gewährleisten mit dieser Technologie nach normgerechter Spezifikation [7, 8] Längenmessabweichungen E_{MPE} bis 0,15 µm. Solche Geräte sind kommerziell verfügbar und verfügen über die übliche Softwareumgebung und eine Reihe hochgenauer Sensoren für Multisensoranwendungen.

Für hochgenaue 3-D-Mikro-Koordinatenmessgeräte mit einem Messbereich von ca. 100 mm je Achse wurden neue konstruktive Lösungen entwickelt die es ermöglichen, Messungen unter weitgehender **Einhaltung des Abbeprinzips** in allen drei Achsen (Abschn. 2.3 und Abschn. 4.1) durchzuführen. Mikro-KMG mit noch kleinerer Messunsicherheit nutzen Laserinterferometer als Maßverkörperungen und sind in unterschiedlichen Entwicklungsstadien, Prototyp bis kommerziell erhältlich.

4.6.3 Eigenschaften und Anwendungen

Berührungslos-optisch arbeitende Messkopfsysteme haben bei der Messung von Mikrostrukturen Vorteile durch ihr Antastprinzip, welches Verformungen und Beschädigungen der Werkstückoberfläche verhindert. Sie messen schnell und das Risiko der Beschädigung des Messkopfsystems ist eher gering. Nachteile sind Oberflächenabhängigkeiten der Messergebnisse und die eingeschränkte Vergleichbarkeit mit anderen berührungslos und berührend arbeitenden Messprinzipien.

Ein weiteres Einsatzkriterium ist die mögliche Eintauchtiefe der Tastkugel und der Schaftdurchmesser im Verhältnis zum Kugeldurchmesser. Es besteht die Gefahr von unbemerkten Schaftantastungen und Ausrichtproblemen.

4.7 Optische Koordinatenmesstechnik

▶ In der optischen Koordinatenmesstechnik werden Messkopfsysteme mit berührungslos arbeitenden, optischen Messkopfsystemen eingesetzt.

4.7.1 Messkopfsysteme

Bei Messungen mit Bildverarbeitungssystemen gibt es grundsätzlich zwei Messmöglichkeiten:

- Beim „Messen am Bild" haben die Bewegungsachsen entscheidenden Einfluss auf das Messergebnis
- Beim „Messen im Bild" spielen diese keine große Rolle.

Die Messprinzipien „**Messen am Bild**" und „**Messen im Bild**" sollen anhand der Lösung einer Messaufgabe beschrieben werden. An einem Werkstück (Stanzteil) soll der Abstand zweier Flankenpunkte bestimmt werden (Messen am Bild, Abb. 4.26). Als Messverfahren/Messgerät wird beispielhaft ein Profilprojektor (Abschn. 13.4) gewählt. Beim „**Messen am Bild**" wird hierzu der erste Flankenpunkt mit Hilfe der Messachsen in die Mitte der Mattscheibe gefahren (Strichmarke). Das Messgerät speichert

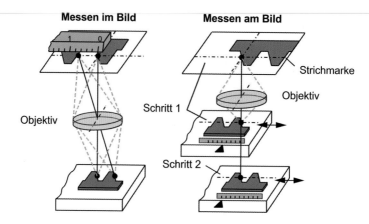

Abb. 4.26   Messverfahren „im Bild" und „am Bild"

die Koordinaten der Messachsen. Dann wird mit den Messachsen der zweite Flankenpunkt angefahren. Auch diese Position der Messachsen wird gespeichert. Aus den beiden
Positionen der Messachsen wird der gesuchte Abstand berechnet. Das Antasten kann
visuell erfolgen, indem man versucht den Antastpunkt so gut wie möglich mit der Strichmarke zur Deckung zu bringen oder vollautomatisch mithilfe eines Fotomultipliers. Die
erreichbare Genauigkeit ist abhängig von der Genauigkeit der Messachsen und von der
visuellen bzw. automatischen Genauigkeit des Antastvorgangs. Die Antastgenauigkeit
verbessert sich, je höher die Vergrößerung des Werkstücks auf die Mattscheibe ist.

Beim **„Messen im Bild"** werden die Messachsen des Profilprojektors nur verwendet,
um beide Antastpunkte auf der Mattscheibe des Messgeräts sichtbar zu machen. Die
eigentliche Messung erfolgt durch das Anlegen eines Maßstabes auf der Mattscheibe des
Messgerätes. Die erreichbare Genauigkeit ist nicht von der Genauigkeit der Messachsen
abhängig, sondern von der Qualität der abbildenden Optik und dem Maßstab auf der
Mattscheibe sowie von der Genauigkeit der visuellen Antastung.

Messungen „am Bild" und Messungen „im Bild" sind auch mit Messmikroskopen
(Abschn. 13.4) und optischen Koordinatenmessgeräten möglich. Auch das Auswerten
von zweidimensionalen Durchstrahlungsbildern (Abschn. 4.9) kann auf diese Weise
erfolgen.

4.7.2   Messpunktaufbereitung

Mit zunehmender Leistung bei gleichzeitigem Preisverfall von Rechnern (PC), Laserdioden als Beleuchtungsquellen und **Kameras** (CCD oder CMOS) wurde das Messmikroskop bzw. der Profilprojektor in zunehmendem Maß automatisiert. Durch die
Integration einer zusätzlichen Autofokuseinrichtung wird auch die 3. Dimension in
z-Richtung erschlossen.

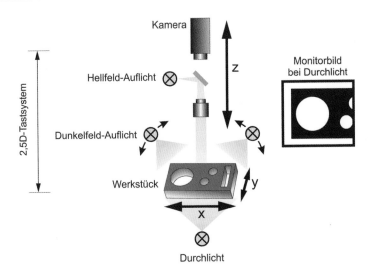

Abb. 4.27 Optisches Koordinatenmessgerät, Aufbau und Messprinzip

Der so entstandene Gerätetyp heißt optisches Koordinatenmessgerät (Abb. 4.27). Es liefert zusätzlich zur 2-D-Information (x und y) auch die Höheninformation (z). Es können jedoch keine zur optischen Achse senkrechten Flächen oder Hinterschneidungen gemessen werden.

In der Grundausstattung sind optische KMG meist mit einem Bildverarbeitungssensor ausgestattet. Das Werkstück ist auf z. B. einem x–y-Messtisch befestigt. Im Messtisch ist häufig eine Durchlichtbeleuchtung integriert. Das Bild des Werkstücks wird von einer CCD-Kamera aufgenommen und am Bildschirm des Rechners dargestellt bzw. im Rechner weiterverarbeitet. Das Messkopfsystem ist an der Pinole des KMG (z-Achse) befestigt. Es beinhaltet eine Hellfeld- und eine Dunkelfeldbeleuchtung (Abb. 4.28). Die Dunkelfeldbeleuchtung kann so ausgelegt sein, dass der Lichteinfallswinkel und die Richtung (Mehr-Quadranten-Beleuchtung) je nach Aufgabenstellung frei wählbar sind. Es gibt auch optische KMG in den Bauweisen mit fester oder bewegter Brücke.

4.7.3 Eigenschaften und Anwendungen

Die freie Wahl des Lichteinfallswinkels und die Möglichkeit, nur von einer Seite Licht einfallen zu lassen, ermöglicht die Erzeugung besonders kontrastreicher Bilder auch bei Auflichtbeleuchtung. Bei vielen Bildverarbeitungs-Tastsystemen lässt sich auch die Beleuchtungsstärke frei wählen oder sogar automatisch optimieren. Es ist also möglich, jede Beleuchtungsart getrennt voneinander ein- und auszuschalten, zu kombinieren und in der Intensität und Richtung zu beeinflussen. Manche Messkopfsysteme bieten auch

Abb. 4.28 Beleuchtung:
a Durchlicht, **b** Hellfeld-
Auflicht, **c** höhenverstellbares
Dunkelfeld-Auflicht für
Objektive mit konstantem
Arbeitsabstand

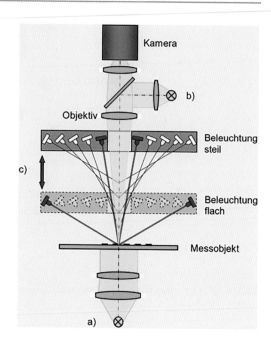

die Möglichkeit, ein Gitter auf das Werkstück zu projizieren, was auch zur Kontrast-optimierung dienen kann.

Für die Auswertung des Kamerabildes wird ein Messfenster definiert. Durch Lage und Größe des Messfensters lässt sich der Bereich des Bildfeldes markieren, in dem ein Merkmal (Gerade, Kreisbogen etc.) durch das Bildverarbeitungssystem ausgewertet werden soll **(Messen im Bild).** Das Bildfeld wird durch das optische System begrenzt. Mit dem x–y-Messtisch und der z-Achse wird der Messbereich um ein Vielfaches des Bildfeldes vergrößert **(Messen am Bild).** Das Messergebnis ist eine Kombination von Messdaten im Bild und den Koordinaten der Bewegungsplattform bzw. des KMG wie bei einem berührend messenden Tastsystem. Die z-Koordinate wird dabei mit dem in Abb. 4.29 dargestellten Autofokussystem gemessen. Es beruht auf der Bestimmung des maximalen Kontrasts des Bildes innerhalb des Messfensters. Aus dem Kamerabild wird ein Fokusparameter gewonnen. Der Maximalwert stellt sich ein, wenn sich das Werk-stück gerade im Fokuspunkt befindet. Die z-Bewegung führt dabei die z-Achse der Bewegungsplattform, das KMG, aus. Wenn der Fangbereich genügend groß ist, kann damit die z-Position ermittelt werden. Als Fokusparameter eignen sich Gradienten-merkmale benachbarter Bildpunkte und Kontrastmerkmale. Damit dieses Prinzip mit genügend hoher Wiederholpräzision arbeitet, muss der Schärfentiefebereich der für die Bildgewinnung verwendeten Optik möglichst klein sein (üblicherweise wenige 10 μm).

Je nach Ausführung des optischen Koordinatenmessgerätes wird die 3. Koordinate alternativ auch mit einem 1-D-Abstandssensor, z. B. mit einem Laserabstandssensor (Abschn. 12.5) gemessen. Spezialisierte Lasertaster mit genau einem Schaltpunkt

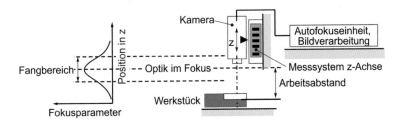

Abb. 4.29 Automatisches Fokussieren mit Bildverarbeitung

(vergleichbar mit einem mechanischen schaltenden Taster) können zusammen mit der Verfahreinheit der dritten Koordinate ebenfalls zur Messung der Werkstückhöhe verwendet werden.

Ein wesentlicher Bestandteil, der die Leistungsfähigkeit eines optischen Koordinatenmessgerätes ausmacht, ist das Bildverarbeitungssystem, bestehend aus Rechner und Software. Die Software dient zur Erstellung von Prüfprogrammen, zur Verwaltung dieser Programme, zur Abarbeitung erstellter Programme und zur Darstellung der Messergebnisse. Messablauf und Auswertung der gemessenen Daten folgen weitgehend den in Abschn. 4.10 beschriebenen Vorgehensweisen. Da bei optischen Messverfahren die Oberflächenbeschaffenheit (Glanz, Schatten, Reflexionen etc.) ein wichtiger Parameter für die Qualität der Messergebnisse ist, empfiehlt es sich, im sogenannten „Teach-in"-Verfahren oder beim Testen nach der Offline-Programmierung kritische Punkte vorab anzuschauen und hierbei insbesondere die Beleuchtung zu optimieren.

Die zu erfassenden Geometriemerkmale wie Punkt, Gerade oder Kreis sollen sich im Kamerabild möglichst kontrastreich darstellen lassen. Da an einem Werkstück Merkmale in einem Kamerabild mehrfach vorhanden sein können, gibt der Prüfer ein Messfenster vor, in dem das Bildverarbeitungssystem das vorgegebene Merkmal sucht. Lage, Orientierung, Form und Größe des Messfensters innerhalb des Bildfeldes sind einstellbar. Die Gewinnung eines Geometriemerkmals geschieht dabei in zwei Schritten. Im ersten Schritt wird mittels geeigneter Bildverarbeitungsverfahren zur Kantenantastung entlang der Kontur des zu messenden Merkmals eine einstellbare Anzahl Messpunkte erfasst.

Nachdem auf diese Art eine genügende Anzahl Messpunkte gewonnen wurde, kann mit bekannten Verfahren der Ausgleichsrechnung das zu ermittelnde Geometrieelement berechnet werden. Durch die hohe Informationsdichte in einem Kamerabild, die effizienten Bildverarbeitungsverfahren und entsprechende Rechenleistung kann in einem Bruchteil von einer Sekunde eine Vielzahl von Messpunkten gewonnen werden. Die so erzielte Geschwindigkeit bei der Antastung stellt einen wesentlichen Vorteil zu berührenden Koordinatenmessgeräten dar.

Heute auf dem Markt erhältliche, leistungsfähige optische Koordinatenmessgeräte können meistens zusätzlich mit einem berührenden Taster ausgestattet werden

(Multisensor-KMG). Dieser dient dazu, an Stellen Messpunkte zu erfassen, an denen die Abbildung mit der Kamera nicht möglich ist. Dies ist beispielsweise bei Abschattung oder schwierigen Oberflächenverhältnissen (Reflexe) oder ungünstigen Winkeln der Werkstückoberfläche zur optischen Achse der Fall. Zusätzlich besteht die Möglichkeit, mit den mit dem berührenden Taster erzeugten Antastpunkten ein Werkstück-Koordinatensystem zu erzeugen, wie es mit einem rein optischen System nicht möglich wäre. Eine Oberfläche senkrecht zur optischen Achse könnte so zum Beispiel zur Ebenenausrichtung verwendet werden.

Eine moderne Bildverarbeitungssoftware für optische Koordinatenmessgeräte stellt eine Vielzahl von Funktionen zur Verfügung, wie sie der Anwender auch von berührenden Koordinatenmessgeräten gewohnt ist. So können beispielsweise beliebige Werkstück-Koordinatensysteme definiert werden. Ebenso ist neben der Auswertung von Flächenelementen (wie Kreis und Gerade) auch die Auswertung von Volumenelementen (z. B. Kugel, Kegel) möglich. Gepaart mit leistungsfähigen Antastmöglichkeiten für die z-Koordinate können somit sehr viele Messaufgaben effizient gelöst werden.

Das Bildverarbeitungssystem eines optischen KMG bewertet das Bild eines Werkstücks. Je nach Beleuchtungsart und- richtung zeichnet sich die Kontur des Werkstücks als Grauwertsprung (Auflichtbeleuchtung) oder dunkle Kante (Durchlichtbeleuchtung) ab. Die vom Bildverarbeitungssystem erfasste Lage der Kante wird auch vom Radius und von der Richtung der Werkstückkante in der x–y- oder y–z-Ebene, von Graten sowie von der Dicke der 3-D-Werkstücke beeinflusst. Durch unerwünschte Reflexionen an der Kante werden zu große Außen- und zu kleine Innenmaße vorgetäuscht Abb. 4.30).

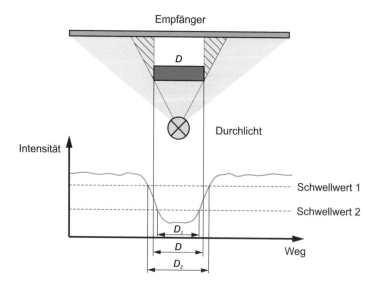

Abb. 4.30 Beleuchtungsbedingte Messabweichungen bei der Schattenbildauswertung

Dieses Problem kann durch eine Kollimation des Beleuchtungslichtbündels (Parallel-richten) deutlich verringert werden.

Im Prinzip ist beim optischen Koordinatenmessgerät das Messkopfsystem z. B. durch eine Kamera mit einem Bildverarbeitungssystem ersetzt. Es gelten also die in Abschn. 3.8 getroffenen Aussagen hinsichtlich Bestimmung von Geometriemerkmalen und Kalibrierung prinzipiell auch für optische Koordinatenmessgeräte. Ein wesent-licher Unterschied zum messenden Messkopfsystem ist, dass die Maßverkörperung des Bildverarbeitungssystems auf der Pixelstruktur der Kamera beruht. Im Gegensatz zu tastenden KMGs muss daher nicht eine genau definierte Koordinate angefahren werden, sondern nur die nähere Umgebung. Das gesuchte Merkmal darf sich daher bei jeder Messung an einer anderen Position im Bild befinden.

4.8   Multisensor-Koordinatenmesstechnik

▶   In der Multisensor-Koordinatenmesstechnik wird eine Kombination von Messkopfsystemen aus einem oder mehreren berührend arbeitenden Tast-elementen und einem oder mehreren optischen Messkopfsystemen eingesetzt.

In den 1970er Jahren wurden die bis dahin verwendeten Mehrstellenmesseinrichtungen in starkem Maße durch taktile 3-D-CNC-Koordinatenmessgeräte (KMG) ersetzt. Optische KMG wurden in den 1980er Jahren eingeführt und verdrängten in 1990er Jahren die Messmikroskope und Messprojektoren weitgehend. Bereits Ende der 1980er Jahre ent-standen durch die Integration weiterer Sensoren die ersten Multi-Sensor-Koordinatenmess-geräte. Insbesondere die Kombination von optischen und taktilen Sensoren ermöglicht die Messung komplexer Werkstücke mit unterschiedlichen Merkmalen an einem einzigen KMG. Im Jahr 2005 wurde der Einsatzbereich der Multi-Sensor-Koordinatenmesstechnik durch das erste Koordinatenmessgerät mit Computertomographie (auch hier Multisensorik optional) auf Komplettmessungen inklusive Innengeometrien erweitert.

4.8.1   Messkopfsysteme

Die Sensoren können fest am KMG montiert sein oder bei Bedarf mithilfe von **Wechsel-einrichtungen** eingewechselt werden. Diese ermöglichen neben dem Sensorwechsel auch die Wahl von Taststiften mit unterschiedlichen Schaftlängen und Tasterelementen für konventionelle Tastsysteme. Die Sensoren werden an einer zweiten Pinole, mit Ver-satz an derselben Pinole oder ohne Sensorversatz und Verlust von kombiniertem Mess-bereich an einer Multi-Sensor-Schnittstelle angebracht (Abb. 4.31). Die Position des jeweiligen Sensors wird einmal eingemessen und dann bei jedem Wechsel reproduziert.

Abb. 4.31 Mehr-Pinolen-
Koordinatenmessgerät mit
Multisensor-Schnittstelle

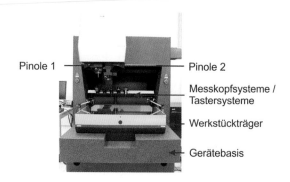

Pinole 1 — — Pinole 2

— Messkopfsysteme /
Tastersysteme

— Werkstückträger

— Gerätebasis

4.8.2 Besonderheiten im Aufbau

Es wird unterschieden zwischen **1-Pinolen-KMG,** bei denen alle Sensoren an einer einzigen Sensorachse montiert sind oder eingewechselt werden, und **Mehr-Pinolen-KMG,** bei denen zwei oder mehr unabhängige Sensorachsen zur Verfügung stehen (Abb. 4.31). Hauptvorteile der letzteren sind die verbesserte Zugänglichkeit des Werkstücks und das uneingeschränkte Messen mit jedem Sensor, da sich nur die Achse mit dem jeweils aktiven Sensor in der Nähe des Werkstücks befindet.

4.8.3 Eigenschaften und Anwendungen

Multi-Sensor-Koordinatenmessgeräte erlauben eine Komplettmessung des Werkstücks ohne Umspannen im selben Koordinatensystem. Das Gerät kann flexibel für unterschiedliche Messaufgaben eingesetzt werden und so mehrere Handmessmittel oder Mehrstellenmesseinrichtungen ersetzen. Durch die Wahl des jeweils am besten für die Messaufgabe geeigneten Sensors können Genauigkeit und Messzeit optimiert werden. Der Messvorgang wird rationalisiert und das Gerät aufgrund seiner Flexibilität voll ausgelastet.

Die Kombination des Bildverarbeitungssensors mit einem taktilen Sensor erlaubt beispielsweise eine schnelle optische Ausrichtung des Werkstücks mit taktiler Messung von 3-D-Form- und Lageabweichungen. Bei Kombination eines taktilen Messkopfsystems mit einem optischen Abstandssensor können zunächst die Bezüge taktil und anschließend Mikromerkmale optisch gemessen werden. Für Messungen mit Computertomographie kann das Werkstück taktil oder optisch ausgerichtet werden, sodass nur interessierende Bereiche in höherer Vergrößerung tomographiert werden müssen. Dies spart Messzeit und Datenvolumen. Mithilfe eines hochgenauen Sensors, beispielsweise eines taktil-optischen Mikrotasters, kann die Materialgrenze exakter bestimmt und die absolute Genauigkeit der CT-Messung erhöht werden.

▶ Bei Messungen mit einem Multisensor-KMG, bei denen die Messdaten mehrerer Sensoren/Messkopfsysteme miteinander verknüpft werden, muss das Multisensor-KMG „wissen", wie die Messkopfsysteme zueinander angeordnet sind. Den Vorgang, diese Information zu gewinnen, nennt man Einmessen des Sensorversatzes. Hierzu benutzt man ein Normal, z. B. eine Einmesskugel, welches während dem Einmessen ortsfest bleibt und das mit allen Messkopfsystemen messbar ist.

4.9 Computertomographie

▶ Mit der Computertomographie (CT) ist es möglich, eine ganzheitliche Erfassung eines Werkstücks durchzuführen. Das bedeutet, dass neben Messpunkten auf der Werkstückoberfläche auch Informationen über Merkmale erfasst werden, die innerhalb des Materials liegen.

Durch die Möglichkeit, auch ins Material hineinzusehen, bringt die CT neue Möglichkeiten in der Koordinatenmesstechnik, Qualitätsüberwachung und Archivierung. Werkstücke mit hoher Komplexität und vielen Merkmalen können in einer Aufspannung und zerstörungsfrei erfasst werden. Begrenzende Parameter für CT sind nur die Größe und das Material des Werkstücks.

Wilhelm Conrad Röntgen entdeckte im Jahre 1895 die nach ihm benannte Strahlung. Zur medizinischen Diagnostik verbreitete sich die Röntgentechnik sehr schnell. In den 1970er Jahren wurden die ersten medizinischen **Computertomografen** eingesetzt. Erste industrielle Anwendungen mit CT zur Defekterkennung in Motorenblöcken folgten in den 1990er Jahren. 2005 wurde das erste speziell für die Koordinatenmesstechnik entwickelte Gerät mit Computertomographie vorgestellt.

4.9.1 Messprinzip

In der Koordinatenmesstechnik mit CT wird die Information über das Werkstück aus der Abschwächung der Röntgenstrahlung beim Durchdringen des Materials gewonnen. In der Regel wird die Kegelstrahltomographie (Abb. 4.32) eingesetzt. Das Werkstück befindet sich zwischen Strahlungsquelle und Detektor auf einer Drehachse. Um die Gestalt des Werkstücks berechnen zu können, werden einige hundert Durchstrahlungsbilder in unterschiedlichen Drehlagen aufgenommen.

Eine universelle Messsoftware schließt auch den CT-Sensor ein und berechnet unter Berücksichtigung der Geräteeigenschaften Volumendaten aus den Durchstrahlungsbildern. Die Berechnung erfolgt in der Regel nach dem Verfahren der gefilterten Rückprojektion [9]. Vergleichbar mit einem „**Pixel**" bei der Bildverarbeitung werden „**Voxel**" zur Beschreibung der lokalen Strahlabsorption im Raum genutzt.

Abb. 4.32 Berechnung von Volumendaten aus Durchstrahlungsbildern: **1**) Sensor, **2**) Werkstück, **3**) Röntgenquelle. Stellung des Werkstücks im Strahlengang **a**) 0°, **b**) 45°, **c**) 90°, **d**) 135° mit Darstellung der Intensitätsverläufe auf dem Sensor in einer Schnittebene

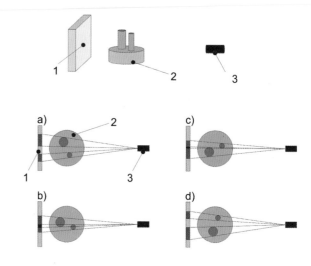

Um aus den Volumendaten Maße gewinnen zu können, muss der Ort des Übergangs zwischen Luft und Material bzw. zwischen verschiedenen Materialen bestimmt werden. Dieser Schritt ist mitentscheidend für die Genauigkeit des Gesamtsystems. Wie zur Kantenbestimmung bei Messungen mit optischen Sensoren werden Schwellwertverfahren zur Bestimmung der Materialübergänge eingesetzt. Werden auch die Amplituden der umliegenden Voxel ausgewertet, spricht man analog zum **Subpixeling** von **Subvoxeling**. Steht die Gestalt des Werkstücks in Form eines Volumenmodells zur Verfügung, können beliebige Maße berechnet werden.

4.9.2   Besonderheiten im Aufbau

Für messtechnische Anwendungen werden Röntgenquellen verwendet, die einen möglichst kleinen Brennfleck erzeugen, typisch im Mikrometerbereich, und eine hohe Leistung, typisch durch Beschleunigungsspannungen von bis zu 450 kV. Die Größe des Brennflecks nimmt bei höheren Leistungen zu. Je kleiner der Brennfleck, desto höher die erreichbaren Genauigkeiten. Je größer die Leistung, desto mehr Material kann durchstrahlt werden. Die Röntgenstrahlung verlässt die Strahlungsquelle polychromatisch, d. h. bestimmte Anteile der Strahlung sind energieärmer, andere Anteile energiereicher, vergleichbar mit weißem Licht. Neben der Strahlung entsteht auch Wärme, die bei messtechnischen Anwendungen beherrscht werden muss, um Messabweichungen zu vermeiden.

Die auf den im Allgemeinen flächenhaften Röntgensensor auftreffende energiereiche Röntgenstrahlung wird in sichtbares Licht umgewandelt. Mithilfe einer Matrixkamera wird daraus ein digitales Signal erzeugt. Dunkle Bereiche (starke Schwächung der Strahlung) beschreiben das Material und umgekehrt. Die Sensoren verfügen heute über bis zu 4000 × 4000 Pixel mit einer Pixelgröße von 50 µm bis 400 µm.

CT-Messgeräte mit Spannungen bis 225 kV werden in der Regel mit einer Voll-schutz-Ausrüstung gemäß Röntgenverordnung für einen sicheren Betrieb ohne weitere Vorkehrungen geliefert. Der Bediener ist durch eine Bleiabschirmung und weitere Sicherheitsmaßnahmen vor der Röntgenstrahlung geschützt. Ein automatischer Werk-stückwechsler kann innerhalb der Strahlenschutzhaube integriert werden, so dass das CT-Gerät ohne zusätzliche Sicherheitsvorkehrungen in mannfreien Schichten auch nachts oder am Wochenende genutzt werden kann.

Der mechanische Aufbau eines Koordinatenmessgeräts mit CT muss wie der eines konventionellen KMG höchsten Anforderungen genügen. Besonders die Drehachse hat großen Einfluss auf die Messunsicherheit und wird deshalb bei hohen Anforderungen an die Genauigkeit mit Luftlagerung ausgeführt. Bei Multi-Sensor-Koordinatenmessgeräten mit Computertomographie (Abb. 4.33) verfügt das Messgerät über weitere Achsen, die mit berührend arbeitenden und optischen Sensoren ausgestattet sind.

Der Multi-Sensor-Betrieb hat Vorteile bei der Lösung komplexer Messaufgaben:

- Es kann mit einem Messgerät und in einer Aufspannung sowohl tomographiert als auch mit anderen Messprinzipien gemessen werden. Dadurch können kürzere Mess-zeiten, höhere Genauigkeit und eine Kostenreduktion erreicht werden.
- Auch für eine besonders genaue Bestimmung der Materialgrenze beim Tomographieren wird die Multi-Sensor-Technologie eingesetzt. Durch die taktile oder optische Messung einzelner ausgewählter Merkmale und den Vergleich der Mess-ergebnisse mit den CT-Messungen kann die Materialgrenze vollautomatisch und hochgenau ermittelt werden.

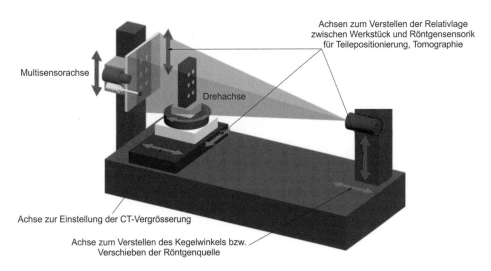

Abb. 4.33 Aufbau eines Röntgentomographie-Koordinatenmessgerätes mit Multisensorik. (Quelle: Werth Messtechnik)

Bei Koordinatenmessgeräten mit Computertomographie sind einige Komponenten der Messunsicherheit vergleichbar mit denen eines konventionellen KMG. Zusätzliche Beiträge zur Messunsicherheit entstehen durch die Wechselwirkung der Röntgenstrahlung mit dem Werkstück, u. a. durch Strahlaufhärtung, Streustrahlung und Kegelstrahlartefakte. Auch das Rauschen des Detektors und die Temperaturdrift der Röntgenquelle müssen berücksichtigt werden [4].

Eine ISO-Norm in der Reihe 10.360 ist in Vorbereitung. Entsprechende VDI-Richtlinien sind bereits erschienen. Das erste Kalibrierlabor mit DAkkS-Zertifizierung auch für Koordinatenmessgeräte mit CT bestimmt Längenmessabweichung und Antastabweichung nach VDI/VDE 2617 Blatt 13 (entspricht auch VDI/VDE 2630 Blatt 1.3). Die DAkkS-Zertifizierung garantiert eine fachgerechte Ermittlung der Leistungskenngrößen und die Rückführbarkeit der Messergebnisse.

Normale (Abb. 4.34) stehen in Form von Mehrkugeldistanznormalen für die Computertomographie ebenfalls zur Verfügung.

4.9.3 Eigenschaften und Anwendungen

CT-Messgeräte sind heute mit zylindrischen Messbereichen bis etwa 350 mm Durchmesser und Höhe verfügbar. Es werden Messzeiten von wenigen Minuten bis zu mehreren Stunden und Messabweichungen von ca. 0,5 μm erreicht.

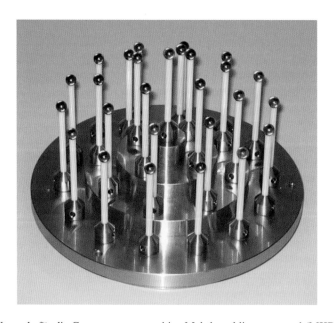

Abb. 4.34 Normale für die Computertomographie „Mehrkugeldistanznormal (MKDN)"

Das Vorgehen beim Messen mit CT unterscheidet sich grundsätzlich von dem bei der 2- und 3-Punkt-Messung oder dem in der Koordinatenmesstechnik mit taktilen oder optischen Sensoren. Bei der CT muss Prinzip bedingt die gesamte Geometrie des Werkstücks erfasst werden. Dies geschieht während des eigentlichen Tomographierens. Als Ergebnis steht ein Volumenmodell des Werkstücks zur Verfügung. Dieses wird gespeichert und kann jederzeit, auch Monate und Jahre nach der Messung, zur weiteren Auswertung herangezogen werden. Das Werkstück selbst muss also nicht mehr zu Dokumentationszwecken aufbewahrt werden. Auch können langfristige Veränderungen der Werkstückgestelle ausgeschlossen werden, wie z. B. das Quellen bei Kunststoffteilen. Aus dem Volumenmodell können die gewünschten Maße berechnet werden. Die Auswertung kann an einem kostengünstigen Offline-Arbeitsplatz erfolgen. Will man zu einem späteren Zeitpunkt weitere Merkmale messen oder die Antaststrategie ändern, ist das jederzeit möglich.

In der 2- und 3-Punkt-Messung und der Koordinatenmesstechnik geht man grundsätzlich anders vor. Hier muss die Messstrategie mit allen Messpunkten im Vorfeld festgelegt werden. Diese werden erfasst und daraus die Maße berechnet. Sollen später weitere Messpunkte in die Berechnungen einbeziehen, muss der Messablauf unter Einbeziehung des Werkstücks angepasst werden.

Besonders bei komplexen Werkstücken mit vielen Merkmalen, die teilweise sicherheitsrelevant sein können, ist die CT sehr viel schneller als konventionelle Koordinatenmesstechnik und erfüllt alle Anforderungen an die Dokumentationspflichten.

Ist die Zugänglichkeit von Messpunkten mit konventioneller Technik nicht oder nur bei Zerstörung des Werkstücks möglich, ist die CT neben der Funktionsprüfung die einzige heute bekannte Lösung.

Mit CT können alle gewünschten Maße bestimmt und für eine schnelle Prozessoptimierung statistisch ausgewertet werden. Über einen Soll-Ist-Vergleich kann man Abweichungen vom 3-D-CAD-Modell am gesamten Werkstück erkennen und zur Werkzeugkorrektur heranziehen. Im selben Messprozess können Inspektionsaufgaben wie die Analyse auf Lunker und andere Materialdefekte oder die Lageprüfung bei Baugruppen durchgeführt werden. Der Einsatzbereich von KMG mit CT wird vor allem von der Durchstrahlbarkeit der Werkstücke begrenzt. Um weitere Anwendungsmöglichkeiten zu erschließen, werden Röntgenröhren entwickelt, die bei hoher Leistung über einen kleinen Brennfleck verfügen und damit eine ausreichende Auflösung ermöglichen.

Die CT-Technologie in der Koordinatenmesstechnik fand zunächst eine weite Verbreitung bei Kunststoff-Spritzguss-Werkstücken und kleinen Werkstücken aus Aluminium, für die Beschleunigungsspannungen bis 150 kV ausreichend sind. Komplexe Kunststoffgehäuse mit einer großen Anzahl von Merkmalen, zum Beispiel Handyschalen und Inhalatoren, können sehr schnell und effizient einer Erstbemusterung und einem Vergleich mit CAD-Modellen unterzogen werden. Während man mit optischen oder taktilen Sensoren Wochen für eine solche Messung brauchte, wurde die Messzeit mit CT auf Tage oder sogar Stunden reduziert. Mithilfe leistungsstärkerer Hard- und Software wurde die Messgeschwindigkeit der CT-Geräte weiter erhöht, so dass heute fertigungsbegleitende Messungen im Vordergrund stehen, beispielsweise von Einmal-Medizinprodukten wie Infusionssystemen oder Insulinpens.

Mit Beschleunigungsspannungen bis 225 kV werden Werkstücke wie Zahnimplantate und kleine Stahlteile gemessen. Weit verbreitet ist die Messung von Kraftstoffeinspritz-düsen mit Toleranzen im Mikrometerbereich. Die Durchstrahlung von Werkstücken aus Aluminium, Stahl oder Titan und ganzen Baugruppen wie beispielsweise Autoschein-werfern oder Lenkrädern wird mit Beschleunigungsspannungen bis 300 kV möglich. Röntgenröhren mit bis zu 450 kV Beschleunigungsspannung werden zum Beispiel für die Messung von großen Gussteilen oder kompletten Autositzen eingesetzt.

Neben Kunststoffspritzguss und zerspanenden Verfahren spielt der 3-D-Druck eine immer größere Rolle in der Fertigung. Damit eröffnen sich neue Gestaltungsmöglich-keiten insbesondere für Innengeometrien, beispielsweise können montierte Baugruppen oder Werkstücke im Werkstück hergestellt werden. Da nicht nur Maße, Form und Lage, sondern auch die Materialstruktur geprüft werden müssen, ist die CT das einzige voll-wertige Prüfmittel auch für Serien mit geringen Stückzahlen.

Eine materialübergreifende mäßliche Auswertung von CT-Messungen an Composite-Werkstücken wird durch neue Software-Tools zur Reduzierung der Artefakte erreicht. So lässt sich zum Beispiel die Position und Lage von Kontakten an Steckerleisten bestimmen. Auch bei der Prüfung der Einbaulage von montierten Baugruppen wird die CT sehr erfolgreich eingesetzt, beispielsweise um Montagefehler in verdeckten Innen-räumen zu ermitteln.

Anwendungen des „Reverse Engineering" nutzen ebenfalls die CT-Technologie. Stehen keine CAD-Daten zur Verfügung, können diese aus einer CT-Messung des Werkstücks erstellt werden, sodass Ersatzteile hergestellt werden können. Häufig wird die CT auch für Werkzeugkorrekturen eingesetzt, indem Korrekturdaten aus den Abweichungen der CT-Messung zum CAD-Modell berechnet werden. Da Messdaten für die gesamte Werkstück-oberfläche zur Verfügung stehen, wird der Korrekturprozess erheblich beschleunigt.

4.10   Programmierung eines Koordinatenmessgeräts

Die Messungen, deren Auswertung sowie die Dokumentation der Messergebnisse im Messprotokoll finden mithilfe einer einheitlichen Messsoftware statt. Bei der **Lern-programmierung,** auch „TeachEdit-Verfahren" genannt, wird der Messablauf mithilfe der grafisch-interaktiven Bedienoberfläche der Messsoftware erstellt, grafisch dargestellt und in der herstellerabhängigen Programmiersprache gespeichert.

▶   Die Programmierung kann online am Koordinatenmessgerät oder offline im Büro stattfinden. Für die Offline-Programmierung ist ein CAD-Modell not-wendig, an dem der Messablauf erstellt wird. Die Online-Programmierung findet mit oder ohne CAD-Modell am Werkstück statt.

4.10.1 Online-Programmierung

Zur **Online-Programmierung** ohne CAD-Modell bewegt der Messtechniker die Geräteachsen und somit das Werkstück bzw. die Sensorik mithilfe des KMG-Bedienpults. Das Positionieren des Sensors, die Aufnahme von Messpunkten und die Auswertung werden manuell durchgeführt. Hier erleichtert das halbautomatische Messen mit **Punkt- oder Scanbahnverteilung** die Bedienung. Nach Vorgabe eines Sollelements, zum Beispiel durch das Messen von wenigen Punkten, verteilt die Messsoftware automatisch Messpunkte oder Scanspuren auf dem zu messenden Geometrieelement und generiert die notwendigen Umfahrwege. Über eine Vorschau in der Bedienoberfläche kann die Punkt- bzw. Scanbahnverteilung geprüft und ggf. editiert werden.

Existiert bereits ein Messprogramm, beispielsweise zur Erstbemusterung, können über **merkmalsorientiertes Messen** ausgewählte funktionsrelevante Prüfmaße bestimmt werden. Nach Wahl der Maße in der Bedienoberfläche erkennt die Messsoftware automatisch alle notwendigen Elemente mit ihren Messparametern. Das Werkstück wird ausgerichtet, die Messungen durchgeführt und nur die gewünschten Maße ermittelt.

Bei der Online-Programmierung mit CAD-Modell müssen zunächst die Koordinatensysteme von Werkstück und Modell abgeglichen werden. 2-D-CAD-Daten können seit etwa 30 Jahren genutzt werden, einige Jahre später kam die dritte Dimension hinzu. Bei der CAD-gestützten Programmierung stellt der Messtechniker in der Bedienoberfläche der Software die Messparameter wie Messfenstergröße und Beleuchtung ein und wählt die zu messenden Geometrieelemente am CAD-Modell. Wie bei der Programmierung am Werkstück verteilt die Messsoftware auch hier automatisch Bildverarbeitungsfenster, Messpunkte oder Scanspuren. Nachdem das KMG die Geometrieelemente gemessen hat, verknüpft der Messtechniker sie zu den gefragten Maßen, beispielsweise mithilfe der grafischen Darstellung in der Bedienoberfläche. Stehen CAD-Modelle mit Product and Manufacturing Information (PMI) zur Verfügung, müssen nur die gewünschten Maße ausgewählt werden, der Messablauf inklusive Verknüpfung der Messergebnisse wird automatisch erstellt. Bei der Online-Programmierung kann das Messprogramm schrittweise am Werkstück getestet und ggf. editiert werden. Anschließend kann das komplette Programm automatisch am gleichen Werkstück oder als Serienmessung an weiteren Werkstücken ausgeführt werden.

4.10.2 Offline-Programmierung

Die **Offline-Programmierung** ermöglicht die Erstellung eines Messprogramms ohne KMG Belegung. Es wird zur Erstellung des Messprogramms auf einem weiteren Rechner dieselbe Software wie am Messgerät verwendet, sodass das fertige Messprogramm nur kopiert werden muss und am Gerät ergänzt oder editiert werden kann. Wie bei der Online-Programmierung werden auch hier die Messparameter und die zu messenden Geometrieelemente bzw. Maße gewählt. Da kein Gerät angeschlossen ist, werden die eingelernten Messungen nicht zwingend ausgeführt. Das gesamte Messprogramm oder Teile davon können jedoch schnell offline unter Verwendung der CAD-Daten ausgeführt und getestet werden (Abb. 4.35).

Diese Funktion ermöglicht auch die Erzeugung von Sollelementen für Verknüpfungen in der Bedienoberfläche der Messsoftware. Vor dem Start des fertigen Messprogramms am KMG muss ein Werkstück-Koordinatensystem erstellt werden, das dem CAD-Koordinatensystem entspricht.

Die Messprogramme werden häufig als Serienmessungen ausgeführt, beispielsweise zur fertigungsbegleitenden Stichprobenkontrolle. Mithilfe einer Vorlaufmessung, z. B. ausgehend von einer Vorrichtung, erkennt die Messsoftware die Lage des jeweiligen Werkstücks. Über eine Schnellwahltafel kann das zugehörige Messprogramm inklusive Vorlaufmessung per Mausklick geladen und gestartet werden. Alternativ kann das passende Programm mithilfe eines Barcode-Lesers oder bei Bildverarbeitungssensoren über eine automatische Teileerkennung identifiziert werden. Bei Palettenmessungen werden über Schleifenprogrammierung mit Eingabe des Versatzes die gleichen Messungen für jedes Werkstück wiederholt. Der Funktionsumfang der Messsoftware kann passwortgesteuert an den Bedarf des jeweiligen Bedieners angepasst werden.

Viele Sensoren verfügen über **Scanning-Betriebsarten.** Scanning ist die schnelle Aufnahme vieler Messpunkte durch automatische Verfolgung der Werkstückoberfläche oder einer Vorgabebahn. Es wird zwischen geregeltem und ungeregeltem Scanning unterschieden. Im ersten Fall wird die Auslenkung des Sensors kontinuierlich auf die Sollauslenkung nachgeregelt. Die zweite Betriebsart ermöglicht die schnelle Verfolgung der Werkstückoberfläche innerhalb des Sensormessbereichs. Ein Messkopfsystem mit Bildverarbeitung verfügt über weitere Scanning-Betriebsarten. Beim Rasterscanning

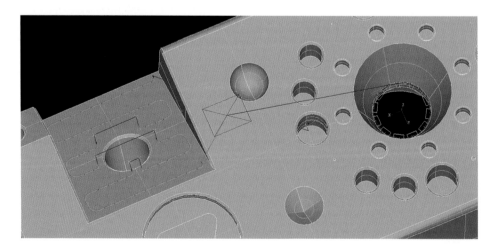

Abb. 4.35 Grafische Darstellung des Messablaufs am CAD-Modell: Verfahrwege (blau), Messfenster (grüne Rechtecke) und Scanpfade (grüne Linien) sowie aktuelle Position des Bildverarbeitung-Messkopfsystems (rot)

werden überlappend mehrere Bilder auf einer mäanderförmigen Bahn oder während der Verfolgung einer Vorgabebahn aufgenommen und zu einem Gesamtbild überlagert. Dieses kann über „Im Bild"-Messungen ohne Positionierung des Sensors auf die einzelnen Merkmale sehr schnell und einfach ausgewertet werden.

Insbesondere bei Messungen mit Computertomographie (Abschn. 4.9) oder schnellen optischen Sensoren ist die **Auswertung großer Messpunktewolken** notwendig. Für dimensionelle Messungen müssen Regelgeometrieelemente aus den CT-Volumendaten oder der Punktewolke berechnet werden. Ist ein CAD-Modell vorhanden, kann dies durch Anwahl eines oder mehrerer CAD-Patches geschehen. Steht kein CAD-Modell zur Verfügung, berechnet die Messsoftware das Regelgeometrieelement nach Auswahl des Typs und erkennt automatisch den zugehörigen Teilbereich an der Messpunktewolke. Alternativ können die CAD-Patches aus Vorgabeparametern erzeugt werden, um einfach eine parametrisierte Messung zu ermöglichen. 2-D-Schnitte durch das 3-D-CAD-Modell und die Messpunktewolke mit anschließendem BestFit oder ToleranceFit und Soll-Ist- oder Ist-Ist-Vergleich sind zur anschaulichen grafischen Auswertung geeignet.

Bei der Erstbemusterung kann eine 2-D-Einpassung der gemessenen Kontur auf die Sollpunkte mit anschließender farbcodierter Abweichungsdarstellung durchgeführt werden (BestFit). Eine funktionsgerechte Prüfung der serienreifen Werkstücke ist dagegen durch eine 2-D-Einpassung in das Toleranzband möglich Abb. 4.36).

Auch 3-D-Einpassungen mit farbcodierter Abweichungsdarstellung nach den beiden genannten Methoden sind möglich, beispielsweise bei Computertomographie-Messungen. Werden die Abweichungen zwischen gemessener Kontur und Sollpunkten invertiert, können korrigierte CAD-Elemente zur 2-D- und 3-D-**Werkzeugkorrektur** berechnet werden.

Für Standardanwendungen können **Parameterprogramme** vom KMG-Hersteller zur Verfügung gestellt oder vom Bediener selbst in der Programmiersprache des KMG erstellt werden. Mit diesen Programmen können Varianten eines Werkstücktyps, wie

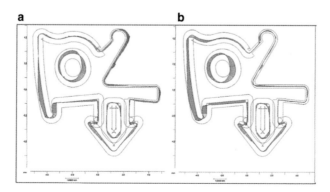

Abb. 4.36 Nach Einpassung der Messergebnisse auf die Sollpunkte müsste das Werkstück verworfen werden (**a**), die Einpassung in das Toleranzband zeigt die Funktionsfähigkeit (**b**) (Quelle: Werth Messtechnik)

z. B. Werkzeug, Welle oder Zahnrad, auf identischer Datenbasis gemessen werden. Nach Wahl der vorliegenden Variante und Eingabe der Parameter wird der Messablauf automatisch erzeugt.

4.11 Leistungsfähigkeit und Überwachung

▶ Die geometrischen Unvollkommenheiten der drei kartesisch angeordneten Messachsen werden durch 21 Komponentenabweichungen beschrieben, sechs für jede Achse und drei Rechtwinkligkeitsabweichungen zwischen den drei Achsen.

Die sechs Komponentenabweichungen je Achse setzen sich aus der Positionsabweichung, zwei Geradheitsabweichungen, der Roll- und zwei Kippbewegungen zusammen.

Mit hohem Aufwand (z. B. unter Verwendung von Laserinterferometersystemen und/oder Kugelplatten) werden diese 21 Komponentenabweichungen ermittelt und daraus die systematischen Abweichungen für jeden Punkt innerhalb des Messvolumens eines KMG berechnet. Diese Daten werden dann beim Einsatz zur automatischen Korrektur aller Messpunkte verwendet, das Gerät ist eingemessen.

Zufällige Messabweichungen lassen sich nicht vorhersehen und infolgedessen auch nicht durch Korrekturen ausgleichen.

4.11.1 Längenmessabweichung

Für den Zustand nach dem Einmessen der Geräteachsen und Sensoren gibt der Hersteller die höchstzulässige Anzeigeabweichung für Längenmessung bzw. Längenmessabweichung E_{MPE} (Maximum Permissible Error) unter definierten Bedingungen an. Bei taktilen Sensoren stehen zur Ermittlung der Längenmessabweichung kalibrierte Endmaße, Stufenendmaße, Kugelstäbe oder Kugelplatten zur Verfügung. Dabei sollte beachtet werden, dass mindestens 66 % des Messvolumens durch Prüfobjekte abgedeckt werden müssen [10]. Für den Bildverarbeitungssensor werden Endmaße, Strichbreiten (z. B. einer Chromstruktur auf einem Glasmaßstab), Stufenendmaße, Strichmaßstäbe, Kugelstäbe und Kreisprüfkörper verwendet. Unter Kreisprüfkörper werden z. B. kreisförmige Chromstrukturen auf Glasplatten verstanden [11]. Zur Bestimmung der Längenmessabweichung von Abstands- und Computertomographie-Sensoren werden Mehrkugelnormale eingesetzt. In diesem Fall darf die Längenmessabweichung nicht allein aus den Kugelmittelpunktabständen bestimmt werden, da hier systematische Messabweichungen des Kugeldurchmessers unberücksichtigt bleiben. Die Längenmessabweichung zeigt vor allem temperaturbedingte längenabhängige Messabweichungen und Restfehler durch die Gerätegeometrie, aber auch zufällige Messabweichungen. Einige Koordinatenmessgeräte verfügen über eine Temperaturkompensation zur Korrektur der temperaturbedingten Messabweichungen. In diesem Fall geht auch hier nur ein Rest-fehler in die Längenmessabweichung ein.

▶ Stellvertretend für die vielen Messmöglichkeiten wird die **Anzeige-abweichung für Längenmessung** E_0 (Längenmessabweichung) als ein charakteristisches Merkmal für die Leistungsfähigkeit eines KMG angegeben [1]. Sie beschreibt vor allem temperaturbedingte längenabhängige Messabweichungen und Restfehler durch die Gerätegeometrie.

Zur Bestimmung der Längenmessabweichung werden an sieben Positionen im Messvolumen fünf Prüflängen jeweils dreimal gemessen [10]. Die Längenmessab-weichung wird als Differenz aus der gemessenen Länge und der richtigen Länge des Normals berechnet. Die Abweichungen können in einem Diagramm dargestellt werden (Abb. 4.37).

Für ein KMG, für das der Hersteller die Werte A = 1,4 µm und K = 350 mm/µm angibt, beträgt die höchstzulässige Längenmessabweichung für eine Messlänge von L = 800 mm E_{MPE} = 3,7 µm. Dieser Wert gilt für eine beliebige Position der Messstrecke innerhalb des Messvolumens. Bei einer Abnahmemessung müssen sämtliche Messwerte innerhalb der trapezförmigen Toleranzzone (Abb. 4.37) liegen.

4.11.2 Antastabweichung

Eine weitere Kenngröße ist die Antastabweichung P eines Koordinatenmessgeräts [1].

Die Antastabweichung eines kartesischen KMG wird aus 25 Messpunkten berechnet, die nach einem bestimmten Muster auf der Hemisphäre eines Kugelnormals (Abb. 4.37) verteilt gemessen wurden. In diese 25 Messpunkte wird eine Kugel nach Gauß ein-gepasst. Die Radien vom Zentrum dieser Ausgleichskugel zu den einzelnen Mess-punkten werden ermittelt. Aus der Spanne der 25 radialen Abstände R_{max}-R_{min} wird die

Abb. 4.37 Höchstzulässige Anzeigeabweichung für Längenmessungen mit KMG

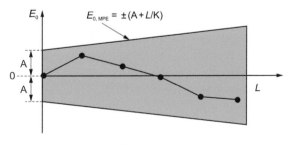

E_0:	Längenmessabweichung
$E_{0, MPE}$:	Grenzwert der Längenmessabweichung
A:	positive Konstante
L:	gemessene Länge
K:	positive Konstante

Antastabweichung $P_{\text{Form·Sph.1x25}}$ berechnet. Die Antastabweichung $P_{\text{Form·Sph.1x25}}$ darf die angegebene höchstzulässige Antastabweichung $P_{\text{Form·Sph.1x25, MPE}}$ nicht überschreiten.

▶   Die **Antastabweichung** P ist ein weiteres charakteristisches Merkmal für die Leistungsfähigkeit eines KMG [6]. Sie beschreibt vor allem das Verhalten des jeweiligen Sensors und die Reproduzierbarkeit bei der Positionierung des Sensors zum Werkstück bei kleinen Messbereichen.

Neben den maximal zulässigen Abweichungen für Längenmessungen werden in der Normenreihe ISO 10360 weitere Parameter zur Ermittlung der Leistungsfähigkeit von KMG beschrieben, wie z. B. zur Beschreibung der Leistungsfähigkeit von KMG, welche im Scanningmodus betrieben werden [1].

4.11.3 Normen zur Ermittlung der Leistungsfähigkeit

Die Normen der Reihe DIN EN ISO 10360 beschreibt Verfahren zur Annahmeprüfung und Bestätigungsprüfung für Koordinatenmessgeräte (KMG). Die Normenreihe beinhaltet mehrere Normenteile, die jeweils für spezifische Koordinatenmessgeräte-Varianten zugeschnitten sind. Ein Beispiel dazu ist die DIN EN ISO 10360–8 für KMG mit optischen Abstandssensoren [12]. In diesen Normenteilen werden deshalb spezifische Parameter zur Beschreibung der Leistungsfähigkeit dieser KMG und Verfahren zu deren Ermittlung definiert und beschrieben.

Die Richtlinien der Reihe VDI 2617 geben Hilfestellung bei der Umsetzung der Normenreihe DIN EN ISO 10360. Dazu erarbeitet der Fachausschuss Koordinatenmesstechnik für den VDI z. B. Leitfäden zur Anwendung der ISO Normen. Als Beispiel hierzu: Genauigkeit von Koordinatenmessgeräten-Kenngrößen und deren Prüfung-Leitfaden zur Anwendung von DIN EN ISO 10360–8 für Koordinatenmessgeräte mit optischen Abstandssensoren [13].

4.11.4 Normale zur Ermittlung der Leistungsfähigkeit

Als Normale (Abb. 4.38) zur Ermittlung der Antastabweichung werden z. B. Referenzkugeln eingesetzt, zur Ermittlung der Längenmessabweichung werden Parallelendmaße, Stufenendmaße, Kugelstäbe, Kugelleisten oder Lochleisten, für Röntgentomographie Mehrkugeldistanznormale (MKDN) verwendet.

4.12   Schnittstellen/CAx

Moderne KMG-Steuerungen besitzen heute eine Vielzahl von Schnittstellen für den Programm- und Datentransfer (Abb. 4.39).

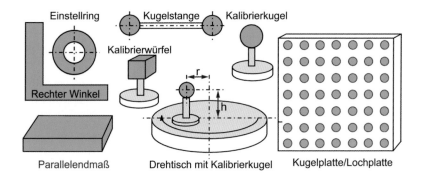

Abb. 4.38 Normale zur Kalibrierung von KMG

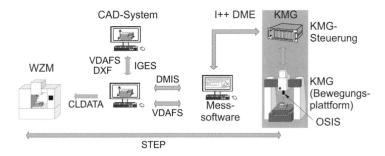

Abb. 4.39 Gebräuchliche, digitale Schnittstellen in der Koordinatenmesstechnik

DMIS (Dimensional Measuring Interface Standard) ist eine herstellerunabhängige Hochsprache für die KMT. Sie ist bidirektional, d. h. sie erlaubt die Steuerung von Koordinatenmessgeräten und den Austausch von Messdaten. Mithilfe von DMIS können z. B. Messprogramme von einem KMG zu anderen KMG übertragen werden, auch wenn es sich um KMG und SW unterschiedlicher Hersteller handelt.

I++DME (Interface++Dimensional Measurement Equipment) entstand auf Initiative europäischer Automobilhersteller. Ziel ist es, eine herstellerunabhängige Schnittstelle zwischen KMG (Bewegungsplattformen mit CNC-Controller) und Messsoftware zu schaffen. I++DME ermöglicht die optimale Auswahl dieser beiden Komponenten unabhängig vom Hersteller. Dies bietet Vorteile bei der Lösung spezieller Klassen von Messaufgaben und bei der Vereinheitlichung der Benutzerschnittstelle. Achtung, nicht verwechseln mit DMIS.

OSIS (Optical Sensor Interface Standard) ist ein Standard, der die Schnittstelle zwischen Bewegungsplattformen (KMG, Messarme usw.) und optischen Sensoren beschreibt.

Mit der **VDAFS** (Verband Deutscher Automobilhersteller Flächenschnittstelle) können Freiformflächen und Kurven beliebigen Grades in Polynomdarstellung übertragen werden.

IGES (Initial Graphics Exchange Specification) unterstützt den Datenaustausch zwischen CAD-Systemen.

DXF (Drawing Exchange/Interchange File Format) unterstützt den Datenaustausch basierend auf einem ASCII- und einem Binärdatenformat.

STEP (Standard for the Exchange of Produkt Model Data [14]) hat zum Ziel, ein international anerkanntes Referenzmodell zu entwickeln, das alle im Lebenszyklus eines Produkts anfallenden Informationen beinhaltet.

PMI (Product Manufacturing Information) Ergänzung der 3-D-CAD-Daten um Maß-, Form- und Lageinformationen.

CLDATA (Cutter Location Data [15]) ist eine herstellerunabhängige Hochsprache zur Programmierung von WZM.

Neben Erleichterungen bei der Programmierung und dem Datenaustausch im Zusammenhang mit Messungen auf KMG spielen diese Schnittstellen bei Aufgaben des **Reverse Engineering** bzw. bei Flächenrückführungen eine große Rolle (Abb. 4.40).

Existiert von einem Körper kein aktuelles CAD-Modell, z. B. weil es sich um antike Waffen oder Statuen handelt oder weil Freiformflächen empirisch im Windkanal optimiert wurden, muss anschließend das CAD-Modell angepasst werden. Es können Werkstücke, von denen kein CAD-Modell existiert, digitalisiert und aus der Punktwolke ein neues CAD-Modell erstellt werden. Aus diesen CAD-Modellen lassen sich dann wieder mit den unterschiedlichsten Herstellverfahren (WZM, Lasersintern usw.) formgleiche Werkstücke aus unterschiedlichsten Materialen (Stahl, Kunststoff, Papier usw.) gewinnen.

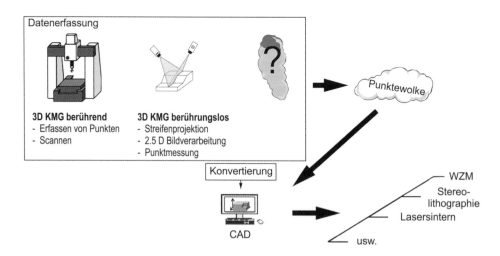

Abb. 4.40 Informations- und gerätetechnische Zusammenhänge bei der Flächenrückführung

Literatur

1. DIN EN ISO 10360–1, 2003–07, Geometrische Produktspezifikation (GPS) – Annahmeprüfung und Bestätigungsprüfung für Koordinatenmessgeräte (KMG) – Teil 1: Begriffe (2003)
2. Weckenmann, A. (Hrsg.): Koordinatenmesstechnik. Flexible Strategien für funktions- und fertigungsgerechtes Prüfen. 2. Aufl. Hanser, München (2011)
3. Krystek, M.: Berechnung der Messunsicherheit, Grundlagen und Anleitung für die praktische Anwendung. Beuth, München (2012)
4. DIN EN ISO 1101:2017–09 Geometrische Produktspezifikation (GPS) – Geometrische Tolerierung – Tolerierung von Form, Richtung, Ort und Lauf (2017)
5. Hernla, M.: Messunsicherheit bei Koordinatenmessungen, 4. Auflage. Expert, Renningen (2020)
6. Andräs, M., Christoph, R., Förster, R., Menz, W., Schoth, A., Hösel, T.: Rauheitsmessungen an Mikrostrukturen mit taktilo-optischem Sensor. Oberflächenmesstechnik: Innovative und effiziente Erfassung von Eigenschaften und Gestalt von Oberflächen, S. 153–165 (2003)
7. VDI/VDE 2617 Blatt 7, 2008–09, Genauigkeit von Koordinatenmessgeräten – Kenngrößen und deren Prüfung – Ermittlung der Unsicherheit von Messungen auf Koordinatenmessgeräten durch Simulation (2008)
8. DIN EN ISO 15530–3, 2012–01, Geometrische Produktspezifikation und -prüfung (GPS) – Verfahren zur Ermittlung der Messunsicherheit von Koordinatenmessgeräten (KMG) – Teil 3: Anwendung von kalibrierten Werkstücken oder Normalen (2012)
9. Beyerer J., Puente Leon F., Frese Ch.: Automatische Sichtprüfung, Springer Vieweg (2012)
10. ISO 10360–2, 2010, Geometrische Produktspezifikation (GPS) – Annahmeprüfung und Bestätigungsprüfung für Koordinatenmessgeräte (KMG) – Teil 2: KMG angewendet für Längenmessungen (2010)
11. ISO 10360–7, 2011, Geometrische Produktspezifikation (GPS) – Annahmeprüfung und Bestätigungsprüfung für Koordinatenmessgeräte (KMG) – Teil 7: KMG mit Bildverarbeitungssystemen (2011)
12. DIN EN ISO 10360–8, 2014–08, Geometrische Produktspezifikation und -prüfung (GPS) – Annahme- und Bestätigungsprüfung für Koordinatenmesssysteme (KMS) – Teil 8: KMG mit optischen Abstandssensoren (2014)
13. VDI/VDE 2617, Blatt 6.2, 2021–02, Genauigkeit von Koordinatenmessgeräten – Kenngrößen und deren Prüfung – Leitfaden zur Anwendung von DIN EN ISO 10360–8 für Koordinatenmessgeräte mit optischen Abstandssensoren (2021)
14. VDI/VDE 2627 Blatt 2, 2005–10, Messräume – Leitfaden zur Planung, Erstellung und zum Betrieb (2005)
15. DIN 66215–1, 1974–08, Programmierung numerisch gesteuerter Arbeitsmaschinen; CLDATA, Allgemeiner Aufbau und Satztypen (1974)

Messtechnik für Form, Richtung, Ort und Lauf

▶ **Trailer**

Eine funktionsorientierte Spezifikation eines Werkstücks beinhaltet neben Größenmaßen und Oberflächenrauheit insbesondere auch Festlegungen über zulässige Abweichungen von **Form, Richtung, Ort und Lauf.** Die vier Toleranzarten Form, Richtung, Ort und Lauf werden unter dem Begriff Geometrische Toleranzen zusammengefasst. Geometrische Toleranzen wurden früher auch als Form- und Lagetoleranzen bezeichnet. Der Begriff **Form- und Lagetoleranzen** ist auch heute noch weit verbreitet.

Geometrische Toleranzen sind neben der Spezifikation von Größenmaßen und der Oberflächenrauheit unerlässlich und haben entscheidenden Einfluss auf die Gewährleistung der **Funktion von Bauteilen.** Dabei ist darauf zu achten, alle funktionsrelevanten Eigenschaften eines Bauteils so zu definieren, dass diese eindeutig und vollständig sind. Damit soll sichergestellt werden, dass die **Interpretation der Spezifikation** klar ist.

In diesem Kapitel wird die Bedeutung der **Geometrischen Tolerierung** eingeführt und erläutert, warum alle im Produktentstehungsprozess beteiligten Abteilungen diese Thematik, selbstverständlich in unterschiedlicher Tiefe und mit unterschiedlichen Schwerpunkten, kennen müssen.

Es werden die Grundzüge der Geometrischen Tolerierung vorgestellt und auf Toleranzarten, wichtige Normen für Spezifikation und Verifikation eingegangen. Dabei wird immer wieder betont und an Beispielen erläutert, dass die **funktionsorientierte Spezifikation und Verifikation** im Zentrum der Bestrebungen steht, um Produkte wirtschaftlich und funktionsgerecht herstellen zu können.

Ein Abschnitt ist der Gerätetechnik gewidmet, die speziell für den Einsatz zur Ermittlung von Form-, Richtungs-, Orts- und Lauftoleranzen zur

M. Marxer et al., *Fertigungsmesstechnik*, https://doi.org/10.1007/978-3-658-34168-8_5

Verfügung stehen. Mit diesen Geräten können in ihren Spezialgebieten sehr günstige Verhältnisse zwischen Kosten, Messunsicherheiten und hohe Messgeschwindigkeiten erzielt werden.

Neben spezialisierten Geräten stehen auch besondere **Normale** zur Rückführung von Form-, Richtungs-, Orts- und Lauftoleranzen zur Verfügung, die in einem weiteren Abschnitt vorgestellt werden.

5.1   Grundlagen

Die Gestalt eines Werkstücks ist durch seine begrenzenden Flächen gegeben. Grobgestaltabweichungen sind Abweichungen von Größenmaßen und Geometrischen Toleranzen. Aufgrund ihres langwelligen Charakters werden diese auch als Abweichungen erster Ordnung (Abb. 5.1) bezeichnet. Als Feingestaltabweichungen oder Abweichungen zweiter und höherer Ordnung bezeichnet man die Welligkeit und Rauheit (Kap. 6). Defekte (Kratzer, Dellen usw.) sind keine Gestaltabweichungen, sie zählen zu Oberflächenunvollkommenheiten. Sie sind nicht charakteristisch für ein Herstellverfahren und treten örtlich und zeitlich nur sporadisch auf.

Die Abgrenzung der Grobgestaltabweichungen von Welligkeit und Rauheit erfolgt über das Verhältnis zwischen Wellenlänge und Wellentiefe (Abb. 5.2). Ist das Verhältnis von Wellenlänge zu Wellentiefe größer als 1000:1 wird von Formabweichungen gesprochen.

▶   Die Spezifikation von Merkmalen wie Größenmaßen oder Geometrischen Toleranzen soll sicherstellen, dass die Funktion von Werkstücken oder Baugruppen über deren geplante Lebensdauer gewährleistet werden kann.

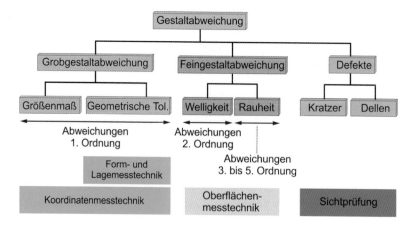

Abb. 5.1 Ordnungssystem für Gestaltabweichungen an Werkstücken

Neigungsmesssysteme
Genau. Seit 1928.

Geburtsstätte für bahnbrechende Entwicklungen in der Messtechnik ist die Schweiz, das Land, das es traditionell immer etwas genauer nimmt und deshalb für Präzisionsarbeit in aller Welt ein Begriff ist.

Seit 1928 haben wir mit unseren Entwicklungen konsequent den richtigen Weg gewählt. Ganz wesentlich war dabei für uns die konsequente Orientierung unserer Arbeit an den Wünschen und Anforderungen unserer Kunden.

Das Ergebnis sind unübertroffene Lösungen in den Bereichen elektronische Neigungsmessung, Neigungssensoren, Mess-Software sowie Präzisions-wasserwaagen.

Besuchen Sie uns: www.wylerag.com

Lehrbuch / Kompendium
Die Geheimnisse der
Neigungsmesstechnik

Anwendungen
Projekte mit WYLER
Instrumenten

	Wellenlänge : Wellentiefe
Formabweichung:	> 1000:1
Welligkeit:	1000:1 ... 100:1
Rauheit:	100:1 ... 5:1

Abb. 5.2 Abgrenzung der Gestaltabweichung in Abhängigkeit der Wellenlänge

Geometrische Toleranzen dienen dazu, dass:

- die Funktion des Bauteils gewährleistet wird,
- das Bauteil herstellbar ist (Abb. 5.3),
- die Bauteile montierbar und demontierbar sind und dass
- die Toleranzen prüfgerecht sind, d. h. auch messbar sind.

Die Festlegung Geometrischer Toleranzen und die Verfahren zu deren Konformitäts-nachweis sind komplex und erfordert viel Erfahrung und ein fundiertes Wissen über eine große Vielfalt von Normen und Richtlinien wie z. B. [1–4].

Hier haben die Konstruktion und die Entwicklung eine besonders große Kostenver-antwortung. Zu enge Toleranzen können in der Produktion und in der Messtechnik sehr hohe Kosten verursachen. Fehlende, falsche oder zu grobe Toleranzen können ebenfalls zu Mehrkosten führen. Allgemeintoleranzen (Abb. 5.4) kommen dann zur Anwendung, wenn diese auf der Zeichnung referenziert sind und wenn keine andere Tolerierung auf der Zeichnung verwendet wurde, welche die Allgemeintoleranzen übersteuern.

▶   Bei der Festlegung von Spezifikationen kommt der Berücksichtigung der Randbedingungen aus Fertigung und Prüftechnik, d. h. der Abstimmung zwischen den beteiligten Abteilungen Konstruktion, Fertigung und Qualitäts-sicherung, eine hohe Bedeutung zu.

Form-/ Richtungs-toleranz	Größte Kantenlänge L_{max} in mm	Richtwerte für Bearbeitungsverfahren / µm			
		Läppen in µm	Schleifen in µm	Drehen in µm	Fräsen in µm
▱	10	2	5	20	15
	50	6	30	80	45
	200	12	60	140	70
//	10		10	30	50
	50		50	100	100
	200		100	150	200
○	10		2-3	3-5	
	50		2-5	5-15	
	200		5-10	10-50	
—	10		10-50	50-80	
	50		15-100	80-100	
	200		25-200	150-200	

Abb. 5.3 Richtwerte für Bearbeitungsverfahren von Form- und Richtungstoleranzen bei beherrschter Massenfertigung. (Quelle: Bosch)

Toleranz-klasse	Geradheit, Ebenheit (größte Seitenlänge)				Rechtwinkligkeit (für den kürzeren Winkelschenkel)		Symmetrie	
Nennmaß-bereiche	bis 10	über 10 bis 30	über 30 bis 100	über 100 bis 300	bis 100	über 100 bis 300	bis 100	über 100 bis 300
H	0,02	0,05	0,1	0,2	0,2	0,3	0,5	
K	0,05	0,10	0,2	0,4	0,4	0,6	0,6	0,8
L	0,10	0,20	0,4	0,8	0,6	1,0	0,6	1,5

Toleranz-klasse	Rundheit	Zylinderform	Parallelität	Koaxialität	Lauf
Nennmaß-bereiche	gleich dem Zahlenwert der Durchmessertol.,	sind nicht festgelegt! **Anmerkung**:	gleich dem Zahlenwert der Maßtol. oder	sind nicht festgelegt!	
H	aber nicht	Kombination	Ebenheits- /,	**Anmerkung:**	0,1
K	größer als	Rundh., Geradh.	Geradheitstol.,	max. wie	0,2
L	Lauftoleranz	Parallelität	(größere)	Rundlauf	0,5

alle Werte in (mm)

Abb. 5.4 Allgemeintoleranzen für Form-, Richtungs-, Orts- und Lauftoleranzen

5.2 Spezifikation von Geometrischen Toleranzen, Form und Lage

In diesem Abschnitt werden die Grundzüge der Geometrischen Toleranzen behandelt, sofern dies für die Messtechnik für Form, Richtung, Ort und Lauf von besonderem Interesse ist. Ergänzende Informationen zu diesem Thema sind der weiterführenden Literatur [5] zu entnehmen.

5.2.1 Toleranzarten

Die Grundlage für die Geometrische Tolerierung sowie der Qualitätssicherung in diesem Zusammenhang findet sich im System der Geometrischen Produktspezifikation, ein Teil des ISO Normensystems. In diesem ISO-GPS-Normensystem werden die Werkzeuge für die Geometrische Tolerierung und die Festlegung zu deren Verifikation definiert bzw. z. T. noch erarbeitet.

Bei der Geometrischen Tolerierung ist u. a. darauf zu achten, dass:

- klar ist, welche Tolerierungsgrundsätze angewendet werden und was sie bedeuten [1, 5]
- keine Spezifikationsmehrdeutigkeiten auftreten, [2]
- die Spezifikation vollständig ist [2],
- Default Regeln richtig angewendet und interpretiert werden [5],
- die Tolerierung auf den neuesten Normen basiert,
- klar ist, auf welchen Normen die verwendete Symbolik beruht und was sie aussagen [2] und dass
- die geeigneten Werkzeuge verwendet werden, um die Funktion eines Bauteils zu beschreiben.

Eine wichtige Norm im ISO-GPS-Normensystem ist die ISO 1101 [3]. In dieser Norm sind die Geometrischen Toleranzen (Abb. 5.5) definiert. Formtoleranzen beziehen sich auf die zulässigen Formabweichungen eines einzelnen Geometrieelements. Formtoleranzen benötigen keinen Bezug und sind frei im Raum verschiebbar. Die Spezifikation von Richtung, Ort und Lauf benötigen mindestens einen Bezug oder ein Bezugssystem. Sie kennzeichnen die Beziehung von mindestens zwei Geometrieelementen zueinander.

Geometrieelemente sind bis auf wenige Ausnahmen auf die Geometrieelemente Gerade, Kreis, Ebene, Kugel, Zylinder usw. zurückzuführen. Das System der Geometrischen Tolerierung beruht auf der Festlegung der Größe der zulässigen Toleranzzone. Die Toleranzzone ist ein Bereich, innerhalb dessen sich die gesamte Kontur des Geometrieelements oder eines nicht abgeleiteten Geometrieelements (z. B. Mittellinie, Symmetrielinie) befinden muss.

▶   Das ISO-GPS-Normensystem schreibt kein bestimmtes Mess- oder Prüfverfahren für den Konformitätsnachweis Geometrischer Toleranzen vor.

Bei der Auswahl des Mess- oder Prüfverfahrens bzw. bei der anschließenden Festlegung der Messstrategie muss darauf geachtet werden, dass diese im Hinblick auf die Beschreibung der geforderten Funktion geeignet ist. Ferner ist zu beachten, dass die resultierende Messunsicherheit ausreichend gering ist und in einem günstigen Verhältnis zur geforderten Toleranz steht.

5.2.2   Funktionsorientierte Zuordnungsverfahren

Dabei ist zu beachten, dass sich die ermittelten Ergebnisse und die Messunsicherheit in Abhängigkeit der gewählten Mess- und Prüfverfahren ändern können. Damit ergeben

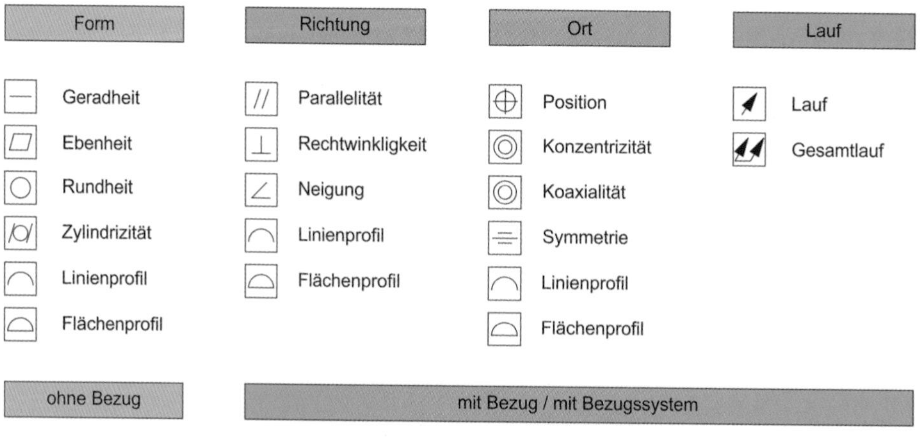

Abb. 5.5 Übersicht über Geometrische Toleranzen

kostengünstigere Prüfverfahren häufig höhere Messwerte, das Messergebnis liegt damit in vielen Fällen auf der sicheren Seite. Im einzelnen Fall muss dieser Zusammenhang verifiziert werden und ein günstiges Verhältnis von Prüfaufwand zu Kosten, welche durch eine Fehlentscheidung durch zu hohe Messwerte in Kombination mit evtl. hohen Messunsicherheiten verursacht werden könnten, gewählt werden.

Eine wichtige Festlegung in der Messstrategie betrifft das Auswertekriterium für die Bildung von Geometrieelementen und Bezügen. Dabei stehen unterschiedliche Verfahren zur Auswahl:

- Zweipunktmaß
- Methode der kleinsten Quadrate
- Kleinstes umschriebenes Element
- Größtes einbeschriebenes Element oder
- Minimale Zone.

Es ist die Aufgabe der Konstruktionsmitarbeitenden, das zu verwendende Auswerte-kriterium auf der Konstruktionszeichnung mit sogenannten **Spezifikationsoperatoren** vorzugeben [5]. Ist eine Forderung auf der Konstruktionszeichnung vorhanden, ist diese für die Auswertung zu verwenden.

▶   Bei der Wahl dieses Auswerteverfahrens ist besonderes Augenmerk auf die gewünschte Funktion des Bauteils zu legen und zu überlegen, ob mit dem gewählten Auswertekriterium die gewünschte Funktionsanforderung erfüllt werden kann.

Die Abstimmung zwischen Konstruktion, Fertigung und Qualitätssicherung/Messtechnik ist wichtig und zielführend.

5.2.3   Defaultvorgaben

Ist keine Forderung auf der Konstruktionszeichnung vorhanden, ist in der Prüfplanung eine normkonforme Wahl für die Auswertung unter Berücksichtigung der Default-Aus-wertebedingungen zu treffen. Es ist entscheidend, die Default-Auswertebedingungen zu kennen, um entscheiden zu können, ob die Funktion des Werkstücks mit diesen gewähr-leistet werden kann.

Als ein Beispiel einer Auswertebedingung sei an dieser Stelle die Wahl der **Minimumzone Auswertung** nach Tschebyscheff genannt. Hierbei ist für das Beispiel der Auswertung einer Geradheit diejenigen parallelen Geraden zu ermitteln, welche alle Messpunkte der gemessenen Linie einschließen, deren Abstand minimal ist und für die $f_G < t_G$ sein muss (Abb. 5.6).

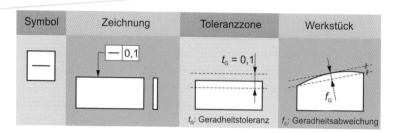

Abb. 5.6 Geradheitstolerierung und Geradheitsabweichung, Symbol, Zeichnungseintrag

5.2.4 Bezüge und Bezugssysteme

Bei der Spezifikation von Richtung, Ort und Lauf kommen Bezüge, d. h. mindestens ein weiteres Geometrieelement für die Beurteilung der Spezifikation hinzu. Das Bezugselement und die Methode, wie dieses ausgewertet wird, kann großen Einfluss auf das Messergebnis haben, da dieses ebenfalls mit Formabweichungen behaftet ist. Ist das Bezugselement unvorteilhaft gewählt, ist z. B. der Bezug zu klein und damit die Richtung des Bezugselements unsicher, können sich große Messunsicherheiten ergeben.

Als Bezugselement kann nicht nur eine Werkstückfläche, sondern auch eine Messplatte oder ein Prüfdorn, ein sogenanntes Hilfsbezugselement dienen, an welches das Bezugselement des Werkstücks angeschoben wird. Je nach Formabweichung des Bezugselements kann es auf dem Hilfsbezugselement eine feste Lage einnehmen oder auch wackeln. Dies ist nicht sinnvoll, da das Messergebnis dann mit einer sehr großen Messunsicherheit anzugeben wäre.

Die Formtoleranz wie z. B. eine Ebene muss kleiner sein als die darauf bezogenen Richtungstoleranzen wie z. B. eine Parallelität (Abb. 5.7). Bei der Wahl des Ausgleichsverfahrens für ein Geometrieelement auf dessen Basis ein Bezug gebildet werden soll, ist darauf zu achten, dass das Ausgleichsverfahren im Idealfall das perfekte Nachbarelement, an dem der Bezug anliegt, nachbilden soll. Die Bezugsebene würde im vorliegenden Fall durch die Zuordnung einer Minimumzone-Ebene gebildet, die parallel zu der gefundenen Ebene in den äußersten Punkt bzw. die äußersten Punkte der angetasteten Fläche verschoben wird. Dies entspricht angenähert der Vorgabe, dass der Bezug so gebildet werden soll, dass dies der Situation eines anliegenden idealen Partnerelements entsprechen würde.

Ein weiteres Beispiel für die funktionsorientierte Bezugsbildung stellt eine zylindrische Bohrung dar, die als Bezug dienen soll. Das ideale Nachbar-Geometrieelement dieser Bohrung ist der größtmöglich einbeschriebene Zylinder. Dieses stellt in diesem Fall das normkonforme Auswertekriterium dar. In der Praxis kann diese Forderung nicht immer erfüllt werden. Bei der Wahl der Messstrategie soll versucht werden, dieser Forderung mit geeigneten Mitteln z. B. im Fall der Koordinatenmesstechnik mit einer hohen Antastpunktzahl möglichst nahe zu kommen.

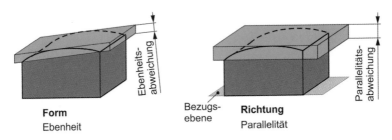

Abb. 5.7 Form- und Richtungsabweichungen am Beispiel von Ebenheit und Parallelität

5.2.5 Bestimmung von Merkmalen an den Geometrieelementen „Kreis/Zylinder"

Um Bezugsachsen und Durchmesser festlegen bzw. messtechnisch bestimmen zu können, stehen verschiedene Verfahren zur Verfügung (Abb. 5.8).

Es geht hier also nicht darum, Formabweichungen zu bestimmen, sondern den Kreismittelpunkt als Bezugsachse oder/und den Durchmesser, z. B. zur Sicherstellung der Paarungsfähigkeit, an einem Kreis mit vorhandener Formabweichung, zu ermitteln. Analoges gilt auch für Zylinder.

- **LSCI (least square circle):** Ausgleichskreis nach Gauß; Kreis der kleinsten Abweichungsquadrate. Bei Verwendung dieses Verfahrens ist die Richtung des Geometrieelements relativ unempfindlich gegenüber einzelnen Ausreißern verursacht z. B. durch Schmutz oder Schwingungen; das Auswerteverfahren stellt jedoch die Paarungsfähigkeit nicht sicher.
- **MCCI (minimum circumscribed circle):** Kleinster umschreibender Kreis. Der Hüllkreis stellt die Paarungsfähigkeit einer Bohrung mit einer Welle sicher, es ist jedoch empfindlich gegen Ausreißer.
- **MICI (maximum inscribed circle):** Größter eingeschriebener Kreis. Der Pferchkreis stellt die Paarungsfähigkeit einer Welle mit einer Bohrung sicher und entspricht dem

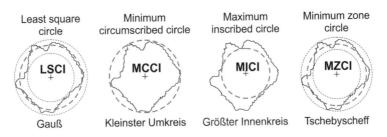

Abb. 5.8 Verfahren zur Bestimmung von Mittelpunkt und Durchmesser von Kreisen

größtmöglichen Prüfdorn, der in die Bohrung passt, es ist jedoch empfindlich gegen
Ausreißer.

- **MZCI (minimum zone circle):** Das Verfahren nach Tschebyscheff ergibt die
  kleinsten Formabweichungen. Die Richtung des Geometrieelements ist empfindlich
  auf Ausreißer und stellt die Paarungsfähigkeit nicht sicher.

▶ Zu beachten ist, dass es bei der Anwendung unterschiedlicher Zuordnungsverfahren jeweils zu unterschiedlichen Messergebnissen für den Kreismittelpunkt, den Durchmesser und der Formabweichung kommt.

Es ist deshalb wichtig, beim Messergebnis mit anzugeben, wie es entstanden ist, d. h. mit
welchem Ausgleichsverfahren es berechnet wurde.

5.2.6   Angaben zu Auswerteprinzipien

In Konstruktionszeichnungen erscheinen zum Teil bei Größenmaßen sowie bei Geometrischen Toleranzen Großbuchstaben, die in einem Kreis eingeschlossen sind
(Abb. 5.9). Diese Angaben gilt es bei der Prüfplanerstellung und Messung richtig zu
interpretieren. Die gebräuchlichsten Angaben hierbei sind in alphabetischer Reihenfolge:

- E = Hüllbedingung [5];
- L = Minimum Material Prinzip [3];
- M = Maximum Material Prinzip [3];
- P = Projizierte Toleranzzone [2];
- R = Reziprozitätsbedingung [3].

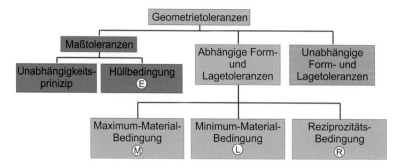

Abb. 5.9 Symbole und Begriffe bei der Geometrischen Tolerierung

5.3 Gerätetechnik

5.3.1 Spezialisierte Messverfahren

Zur Ermittlung von Form-, Richtungs-, Orts- und Lauftoleranzen steht neben universellen Messgeräten wie der Koordinatenmesstechnik eine breite Palette von spezialisierten Messverfahren zur Verfügung. Diese spezialisierten Messverfahren stellen für einen bestimmten Anwendungsbereich das optimale Verfahren hinsichtlich erreichbarer Messunsicherheit dar. Bei der Beurteilung der Messverfahren neben der Messunsicherheit ist die Funktionalität, das Einsatzgebiet, das zur Verfügung stehende Personal oder auch Automatisierungsanforderungen zu berücksichtigen.

Geradheits- und Ebenheitsmessung Mit einem **Haarlineal** kann keine Messung im eigentlichen Sinn durchgeführt werden. Das Ergebnis einer Prüfung mit einem Haarlineal ergibt lediglich eine Überprüfung, ob die Geradheitsabweichung entlang einer Linie größer oder kleiner als ein bestimmter Grenzwert ist. Dieser Wert liegt bei ca. 2 µm. Abweichungen > 2 µm können mit dem Auge als Lichtspalt erkannt werden.

Moderne Rauheitsmessgeräte, wie es **Tastschnittgeräte** mit Bezugsflächentastsystemen (Kap. 6) sind, können über Zusatzeinrichtungen zur Konturmessung verfügen. Diese Klasse von Messgeräten hat Messbereiche von ca. 50 mm bis 200 mm in der Vorschubrichtung und von 5 mm bis 30 mm in Richtung der Auslenkung des Tastelements. Mit Geräten dieser Art lassen sich Formabweichungen wie z. B. Geradheit oder Rundheit in einem eingeschränkten Segment mit sehr hoher Punktdichte und geringer Messunsicherheit ermitteln. Ferner eignen sich die Geräte zur Ermittlung von Linienprofilen und Neigungen.

Durch die hohe Punktdichte können hier relativ kleine Messunsicherheiten erreicht werden. Ferner wird mit sehr geringen Messkräften ($< 0,05$ N) gearbeitet. Dies bietet die Möglichkeit, Messungen auch an berührungsempfindlichen Materialien wie z. B. Gold, Aluminium usw. durchzuführen, ohne die Werkstückoberfläche unzulässig zu beanspruchen und zu beschädigen.

Ein weiteres Messgerät zur Geradheitsmessung ist das **Fluchtfernrohr.** Dieses bleibt während der Messung ortsfest. Als Geradheitsnormal dient die optische Achse des Fernrohrs. Mit einer Strichmarke im Okular des Fernrohrs wird die am Werkstück angebrachte Zielmarke anvisiert und der Höhen- und Seitenversatz gemessen. Fluchtfernrohre können bis zu einer Entfernung von typisch 40 m verwendet werden.

Mit dem **Laserinterferometer** lassen sich ebenfalls Messungen von Geradheit, Neigung, Rechtwinkligkeit und Ebenheitsmessungen durchführen. Dieses Gerät und die Messmöglichkeiten werden in Abschn. 13.2 beschrieben.

Neigungsmessgeräte nutzen zur Ermittlung der Neigung die Gravitationskraft der Erde als Referenz. Neigungsgeräte haben Empfindlichkeiten von bis zu 0,2 arcsec. In der Neigungsmessung wird für kleine Winkel häufig die Einheit µm/m verwendet. Die Auflösung von 0,2 arcsec entspricht 1 µm/m (oder 1 mm/km).

Bei der Geradheits- und Ebenheitsmessung werden sie schrittweise um eine bestimmte Basislänge über die zu messende Fläche bewegt. Aus der Winkeländerung und der Basislänge, auf welcher das Gerät aufgesetzt wird, kann die Geradheitsabweichung über mehrere Messungen berechnet werden.

In der praktischen Anwendung z. B. für den Aufbau einer Werkzeugmaschine ist die Ermittlung der Geradheit von Führungsbahnen, sowie deren Parallelität und Rechtwinkligkeit von großer Bedeutung. Diese Parameter lassen sich mittels Neigungsmessgeräten hochgenau erfassen. Neigungsmessgeräte eignen sich jedoch nicht zum Messen von Gierbewegungen und ebenfalls nicht für Rollbewegungen vertikaler Achsen. Hingegen eignen sie sich sehr gut für Rollbewegungen horizontaler Achsen.

Mit einer sogenannten Umschlagsmessung kann das „absolute Null" des Messgerätes ermittelt werden. Absolutes Null bedeutet, dass das Gerät den Messwert „0" anzeigt, wenn die Messfläche des Instrumentes horizontal (senkrecht zur Erdanziehungskraft) ausgerichtet ist. Der absolute Nullpunkt wird automatisch aus einer Umschlagsmessung (zwei Messungen in entgegengesetzter Richtung, jedoch am selben Ort) ermittelt. Man wählt für diesen Vorgang eine geeignete Fläche (starre, unbewegliche Unterlage; möglichst eben und horizontal ausgerichtet), auf welche das Messgerät aufgesetzt wird. Es wird dann je eine Messung in zwei Orientierungen des Messgeräts durchgeführt (Abb. 5.10).

Die Ermittlung des absoluten Nulls des Messgerätes, bzw. die Eliminierung des Nullpunktfehlers, auch „Zero-Offset" genannt, ist dann unabdingbar, wenn eine Absolutmessung durchgeführt werden soll. Vor der eigentlichen Messung wird mit den verwendeten Messgeräten eine Umschlagsmessung durchgeführt. Die so ermittelte Abweichung des Nullpunktes des Messgerätes, der sogenannte Zero-Offset, wird im Messwert berücksichtigt. Bei Geräten früherer Generationen muss der Zero-Offset manuell korrigiert werden. Bei Wasserwaagen muss die Libelle entsprechend korrigiert werden. Heute ist die Umschlagsmessung Bestandteil der meist eingesetzten Applikations-Software.

Nullpunktabweichung des Geräts = **(A + B)** / 2
Neigung der Messunterlage = **(A - B)** / 2

Abb. 5.10 Umschlagsmessung mit Neigungsmessgeräten

Beim Arbeiten mit dem **Autokollimationsfernrohr** wird die Messstrecke parallel zur optischen Achse ausgerichtet (Abb. 5.11). Das Messgerät bleibt während der Messung ortsfest. Die Messunsicherheit ist nicht vom Abstand zwischen dem Autokollimationsfernrohr und Spiegel abhängig. Allerdings verkleinert sich mit dem Abstand der Messbereich. Typisch erreichbare Messunsicherheiten liegen bei einem Startwert von $U = 0{,}1''$ oder $U = 0{,}5\,\mu m/m$.

Für Geradheitsmessungen in Laboratorien werden **Messschlitten** mit hochwertigen Führungen (Gleitlager-, Wälzlager-, pneumatische und hydraulische Führungen) eingesetzt. Es sind Führungsabweichungen kleiner als $0{,}1\,\mu m/100$ mm realisierbar.

An hochwertig polierten Oberflächen können Ebenheitsmessungen auch mit einer Planglasplatte vorgenommen werden. Die Formabweichung wird durch die Krümmung von Interferenzstreifen sichtbar (Abb. 5.12). Mit diesem Verfahren kann auch die Ebenheit von Parallelendmaßen überprüft werden. Der Streifenabstand ist ohne Bedeutung, er richtet sich nach dem Keilwinkel. Krümmungen von einem Streifenabstand entsprechen ca. $0{,}3\,\mu m$.

Die Rundheit kann durch die in der Werkstatt üblichen 2- und 3-Punkt-Messungen ohne weiteres Vorwissen nicht normgerecht ermittelt werden (Abb. 5.13). Zum Beispiel wird ein regelmäßiges dreiseitiges Gleichdick – diese Art von Formabweichung

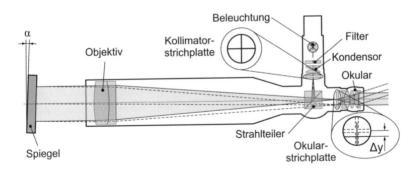

Abb. 5.11 Autokollimationsfernrohr

Abb. 5.12 Ebenheitsprüfung eines Parallelendmaßes, Verfahren: Interferenz am Keil

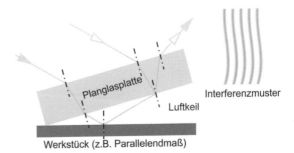

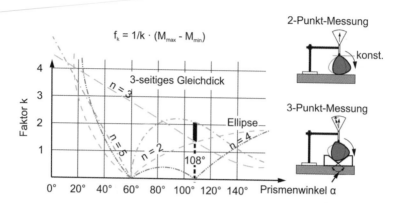

Abb. 5.13 Rundheitsmessung, Werkstattmessmethode, 2- und 3-Punkt-Messungen

tritt beim Drehen im Dreibackenfutter und beim spitzenlosen Schleifen auf – bei einer 2-Punkt-Messung nicht erkannt. Mit dieser Messmethode hat es eine Rundheitsabweichung $f_K = 0\,\mu m$. Bei der 3-Punkt-Messung in Prismen hängt das Ergebnis der Formmessung vom Prismenwinkel α und der Anzahl Erhebungen n ab, also ebenfalls von der Form des Werkstücks selbst. Die gebräuchlichsten Prismenwinkel sind $α = 90°$ und $α = 108°$. Messungen mit diesen Prismenwinkeln ergeben, zumindest für eine Vielzahl von Formen, erste Näherungen für Rundheitsabweichungen.

Wird das Werkstück in seinen Zentrierbohrungen zwischen Spitzen aufgenommen, z. B. in der bearbeitenden Werkzeugmaschine oder in einer Messvorrichtung, und mithilfe einer 1-Punkt-Messung gemessen (Abb. 5.14), so lässt sich die Kreisformabweichung nur messen, wenn der Mittelpunkt des angetasteten Kreises mit der durch die Aufnahme definierten Drehachse übereinstimmt. Diese Annahme kann jedoch nicht zu 100 % vorausgesetzt werden, deshalb müssen die Abweichungen durch diese Exzentrizität mittels Rechenverfahren ermittelt und kompensiert werden. Die Abgrenzung zwischen Rundheits- und Rundlaufmessung ist rechnerisch mit der Durchführung einer Fourieranalyse möglich. Zusätzlich ist bei diesem Verfahren zu berücksichtigen, dass Formabweichungen der Zentrierbohrung das Messergebnis beeinflussen können.

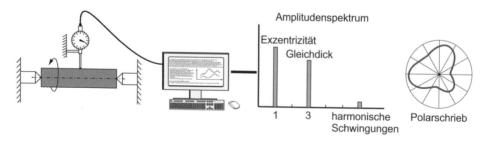

Abb. 5.14 Rundheitsmessung, 1-Punkt-Messung zwischen Spitzen, Fourieranalyse

5.3.2 Rundheitsmessungen mit Koordinatenmessgeräten

Rundheitsmessungen und Zylinderformmessungen können auch auf dem Koordinatenmessgerät durchgeführt werden. Ein mechanisches Ausrichten des Werkstücks auf eine Drehachse ist im Gegensatz zu einem Formprüfgerät nicht erforderlich. Zur Ermittlung von Formabweichungen sind hohe Punktedichten nötig. In Abhängigkeit des zum Einsatz kommenden digitalen Filters berechnet sich die nötige Punktedichte als Produkt aus Grenzwellenzahl und dem Faktor 7. Bei der kleinsten gebräuchlichen Filtereinstellung von 15 W/U (Wellen pro Umdrehung) ergibt sich somit eine minimale Punktezahl von 105 Messpunkten.

Bei einer Filtereinstellung von 150 W/U ergibt sich bereits eine minimale Messpunktzahl von 1050. Basierend auf diesem Zusammenhang wird deutlich, dass sich Formmessungen auf Koordinatenmessgeräten aus wirtschaftlichen Gründen nur dann realisieren lassen, wenn eine schnelle Messpunkterfassung, wie dies mit scannenden Messkopfsystemen ermöglicht wird, zur Verfügung steht. Die VDI Richtlinie 2617 Blatt 2.2 gibt für den Einsatz von Koordinatenmessgeräten für Formmessungen hilfreiche Hinweise für die Praxis und gibt Hilfestellung beim Vergleich zur Messung mit Formmessgeräten [6].

Die Herstellerangaben zur Längenmessunsicherheit sind in der Regel lediglich ein Anhaltspunkt zur Abschätzung der erreichbaren Genauigkeit. Die erreichbaren Messunsicherheiten für Geometrische Toleranzen hängen von einer ganzen Reihe von Parametern ab, wie Anzahl und Verteilung der Messpunkte, Geschwindigkeit beim Scannen, usw. (Kap. 3).

5.3.3 Rundheitsmessungen mit Formmessgeräten

Messungen (Abb. 5.15) mit speziellen Formmessgeräten oder Formtestern ermöglichen sehr genaue Messungen mit Messunsicherheiten in der Größenordnung von $U_{Kreisform} < 0,1$ bis 0,03 µm. Kernstück jedes Formtesters ist eine Präzisionsspindel, die als Maßverkörperung dient.

Es gibt prinzipiell zwei unterschiedliche Bauformen von Formprüfgeräten (Abb. 5.16). Für eher kleine, leichte Werkstücke eignen sich Bauformen, bei denen sich das Werkstück während der Messung um seine Achse dreht. Bei großen, schweren oder nicht rotationssymmetrischen Werkstücken, z. B. bei der Formmessung von Zylinderbohrungen in Motorblöcken oder in Getriebegehäusen, kommen Bauformen mit umlaufendem Taster zum Einsatz.

Formmessgeräte besitzen ferner Einrichtungen zur Ausrichtung des Werkstücks auf die Rotationsachse. Mit dem Kipptisch und dem Zentriertisch wird die Richtung der Werkstückachse bzw. des zu messenden Geometrieelements zur Rotationsachse des Messgerätes ausgerichtet. Dieser Justiervorgang ist zeitaufwändig, jedoch für Präzisionsmessungen notwendig. Es werden Formmessgeräte eingesetzt, bei denen dieser

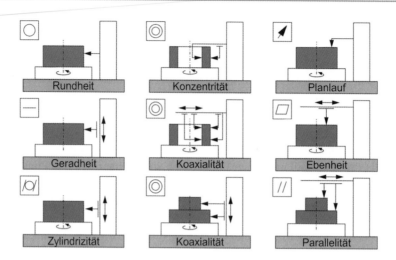

Abb. 5.15 Messung von Form, Richtung und Lauf mit einem Formtester

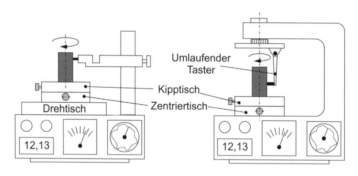

Abb. 5.16 Rundheitsmessgeräte, Bauformen

Ausrichtungs- und Zentriervorgang manuell, manuell mit Anzeigeeinrichtungen oder auch vollautomatisch erfolgt.

Für Messungen auf einem Formtester muss die Rotationsachse des Werkstücks zur Rotationsachse der Präzisionsspindel mechanisch ausgerichtet werden. Wird dies nicht oder ungenau durchgeführt, können Zylinder mit sehr kleiner Rundheitsabweichung als Oval mit großer Rundheitsabweichung erscheinen. Auch der umgekehrte Fall ist denkbar. Solche Messabweichungen können vermieden werden, indem mit der zur Spindelachse parallelen Vertikalachse des Formmessgerätes die Mantellinie des Werkstücks abgefahren wird und mithilfe des Kipptisches eine optimale Ausrichtung des Werkstücks erreicht wird.

Rundheitsabweichungen, die mit Formmessgeräten gemessen werden sollen, bewegen sich im Bereich einiger weniger 0,1 bis 1 µm. Zur Veranschaulichung werden deshalb Polardiagramme mit 50 bis 20.000-facher Vergrößerung gewählt (Abb. 5.14).

Dies kann zu Verzerrungen und Fehlinterpretationen führen, besonders dann, wenn bei unvollkommener Ausrichtung zwischen Werkstück und Spindelachse die verbleibende Exzentrizität nicht rechnerisch kompensiert bzw. berücksichtigt wird.

5.3.4 Filterung der Messdaten bei Formmessungen

Ähnlich wie bei der Rauheits- und Konturmesstechnik (Kap. 6) spielt die Filterung der Messdaten bei Formmessungen eine große Rolle. Es werden kurzwellige und langwellige Formabweichungen unterschieden. Die gebräuchliche Filterkenngröße für Formmessungen wird in Wellen pro Umfang angegeben. Häufig wird dazu auch die englische Bezeichnung UPR Undulations per Revolution verwendet. Langwellige Formabweichungen sind z. B. Werkstückformen wie Ovale, Dreieck (Gleichdick), Viereck oder Fünfeck. Kurzwellige Formabweichungen sind hochfrequente Anteile, welche z. B. durch die Form des Bearbeitungswerkzeugs, Schwingungen oder Rattermarken entstehen können.

▶ Primäre Aufgabe der Fertigungsmesstechnik ist es, Informationen zur Verbesserung des Entwicklungs- und des Produktionsprozesses zu generieren.

Der Analyse der Messergebnisse kommt eine entscheidende Bedeutung zu. Z. B. bei einer Überlagerung von unvermeidbaren kurzwelligen Schwingungen und einem Spannproblem (Gleichdick), ist es wichtig, den Einfluss der beiden Effekte vorhersagen zu können, ohne zusätzliche Fertigungsexperimente durchführen zu müssen.

Aus der integralen Größe der Rundheitsabweichung oder dem Polarschrieb lassen sich solche differenzierten Aussagen nicht oder nur schwer ableiten. Moderne Formmessgeräte bieten eine Vielzahl von Filtermöglichkeiten. Es stehen z. B. Gaußfilter mit Durchlassbereichen von 1–15, 1–50, 1–150, 1–500 Wellen pro Umfang zur Verfügung. Mithilfe dieser Filter können langwellige von kurzwelligen Effekten getrennt und die Auswirkungen einzelner Verbesserungsmaßnahmen vorhergesagt werden.

Neben den digitalen Filtern wirkt auch der Tastkugeldurchmesser als Filter. In der Formmesstechnik wird in der Regel mit Tastkugeldurchmessern von 1 mm gearbeitet. Mit Tastelementen dieser Art werden hochfrequente Profilanteile bereits bei der Abtastung der Werkstückoberfläche durch das Tastelement gefiltert. Dieser mechanische Filter bewirkt eine Glättung des ermittelten Profils.

In den letzten Jahren sind die Koordinatenmesstechnik und die Messtechnik für Form, Richtung und Lauf immer mehr zusammengewachsen. Koordinatenmessgeräte verfügen heute neben der Funktionalität zur Ermittlung von Größenmaßen auch über eine Vielzahl von Mess- und Auswertemöglichkeiten für die Form, Richtung, Ort und Lauf.

5.4   Rückführung, Überwachung, Normale, Messunsicherheit

Zur Rückführung von Messergebnissen für Formmessungen werden kalibrierte Formnormale verwendet. Es stehen Normale für Rundheit, Zylinderform, Geradheit, Ebenheit, Linienform und Flächenform zur Verfügung.

Die Ermittlung des richtigen Werts durch eine Kalibrierung dieser Normale gibt Auskunft über deren verkörperte Formabweichung. Die allgemein für Normale zutreffende Forderung, dass diese möglichst ähnlich sein sollen, wie die des zu prüfenden Werkstücks, gilt auch für Normale für Form und Lage.

▶ Bei Formmessungen handelt es sich häufig um die Erfassung sehr kleiner Messwerte im Mikrometerbereich und Bruchteilen davon. An die Genauigkeit von Normalen für die Rückführung von Form- und Lagemerkmalen werden deshalb besonders hohe Genauigkeitsanforderungen und höchste Anforderungen an die Messunsicherheit von Normalen gestellt.

Zur Rückführung von Formmessungen stehen eine Reihe von Normalen zur Prüfung einzelner oder mehrerer Charakteristika eines Formprüfgeräts oder eines Koordinatenmessgeräts, das für die Formprüfung eingesetzt wird, zur Verfügung (Abb. 5.17).

Diese Normale werden eingesetzt für die

- Annahmeprüfung von Messgeräten, zur
- Kalibrierung von Messgeräten und zur
- Messbeständigkeitsüberwachung.

Eine Auswahl von gebräuchlichen Normalen sind Einstellringe, Zylindernormale, Kugelnormale, Flick-Standards, und Mehrwellennormale.

Einstellringe, auch Lehrringe genannt, sind Prüfkörper mit zylindrischen Innendurchmesser, welche sich insbesondere durch eine geringe Formabweichung der zylindrischen Fläche auszeichnen [7].

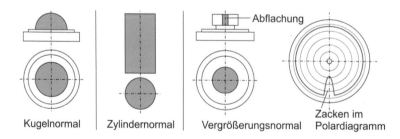

Kugelnormal | Zylindernormal | Vergrößerungsnormal | Zacken im Polardiagramm

Abb. 5.17 Kalibriernormale für die Kreis- und Zylinderform

Zylindernormale sind Prüfkörper in Form eines Zylinders. Diese zeichnen sich durch eine geringe Zylinderformabweichung aus, was die Möglichkeit ergibt, das Zylindernormal sowohl als Normal für Geradheitsmessungen (Mantellinie des Zylinders) wie auch als Normal für Parallelität (gegenüberliegende Mantellinien) und auch als Rundheitsnormal (Kreisschnitt) zu verwenden.

Es werden unterschiedliche Arten von **Kugelnormalen** für Formmessgeräte eingesetzt. Der Durchmesser solcher Kugeln liegt typischerweise zwischen 10 und 50 mm. Eine erste Art von Kugelnormalen sind Kugeln mit sehr geringer Formabweichung. Diese dienen dazu, das Rauschen des Gesamtsystems zu ermitteln. Eine weitere Art von Kugelnormalen sind solche mit einer charakteristischen Rundheitsabweichung niedriger Wellenzahl. Die Rundheitsabweichung von Kugeln der zweiten Art liegt typischerweise zwischen einigen Mikrometern bis einigen zehn Mikrometern.

Der **Flick-Standard** (Verstärkungsnormal) ist aus einem zylindrischen Körper aufgebaut, der an einer Stelle eine Abflachung aufweist. Die Tiefe dieser Abflachung zum Referenzkreis am zylindrischen Körper wird kalibriert und kann dafür verwendet werden, die Verstärkung des Messgeräts zu überprüfen. Um verschiedene Messbereiche und Empfindlichkeiten von Tastsystemen zu berücksichtigen, werden Flick-Standards mit Abflachungen von einigen Mikrometern bis einigen hundert Mikrometern eingesetzt und angeboten. Es sind auch Flick-Standards mit mehreren Abflachungen auf einem Körper verfügbar, um Linearitätsuntersuchungen von Messsystemen durchführen zu können.

Mehrwellennormale sind aufgebaut aus einem zylindrischen Körper, auf dem mehrere sinusförmige Wellen unterschiedlicher Wellenzahl überlagert sind. Sie sind sowohl in Außen- wie auch als Innenzylinder ausgeführt. Die Wellenzahl orientiert sich häufig an genormten Filtergrenzwellen von 15, 50, 150, 500 W/U. Mit einem Mehrwellennormal ist es möglich, die Frequenzabhängigkeit der Auswertung von Formmessgeräten zu überprüfen, indem die richtigen Werte der Amplituden für die jeweiligen Wellenzahlen mit den Ergebnissen des verwendeten Formprüfgeräts verglichen werden kann. Mithilfe eines Mehrwellennormals lassen sich aussagekräftigere Ergebnisse erzielen als z. B. mit einem Flick-Standard.

Zur Kalibrierung und Justage von Formprüfgeräten stehen weitere Normale in Form von Linealen und Zylindernormalen für die Prüfung von Vertikal- und Horizontalführungen zur Verfügung. Formabweichungen des Normals selbst lassen sich durch Umschlagsmessungen erkennen. Dabei wird das Normal zwischen den einzelnen Messungen um einen bekannten Winkel, z. B. um 180° gedreht und die Messung wird wiederholt. Formabweichungen an der gleichen Stelle werden von der Führung verursacht. Wandern die Formabweichungen, so werden diese vom Normal verursacht [8].

Überwachung Eine wesentliche Komponente zur Überwachung von Formmessgeräten stellt die Ermittlung der Abweichung der Drehführung dar. In einer VDI Richtlinie wird ein Verfahren zu deren Bestimmung beschrieben [9]. Mithilfe der beschriebenen Abläufe wird eine einheitliche Vorgehensweise zur Annahmeprüfung und Überwachung von Formmessgeräten erreicht. Kern des Ablaufs ist die Durchführung einer Planlauf-messung in der Drehachse des Formmessgeräts. Für diese Messung wird ein Eben-heitsnormal verwendet. Die Vorgehensweise unterstützt eine einfache Prüfung von Formmessgeräten sowie deren Rückführbarkeit der Messungen auf das nationale Normal. Die Ergebnisse dieser Prüfung eignen sich deshalb gut, um die Messgeräte-stabilität zu ermitteln.

Zur Überwachung der Systemgenauigkeit und des Rundlaufs der Spindel bei Form-prüfgeräten werden Kugel- und Zylindernormale aus Glas, Stahl oder Keramik ein-gesetzt. Auch hier lässt sich durch die Anwendung des Mehrpositionsverfahrens eine Trennung von Abweichungen des Normals von Abweichungen des Gerätes erreichen. Dazu werden mehrere Messungen bei unterschiedlicher Orientierung des Normals bezüglich des Drehtisches durchgeführt.

Messunsicherheit Messergebnisse sind nur mit Angabe der zugehörigen Messunsicher-heit vollständig. Ein Verfahren zur Ermittlung der Messunsicherheit von Formmessungen wird in einer VDI Richtlinie [10] beschrieben, in der die Ermittlung der Mess-unsicherheit auf Basis von Messungen an Normalen vorgenommen wird. Beschrieben werden neben den Anforderungen an Messgerät und Normale die Aufstellung des mathematischen Modells der Messung, die Ermittlung von Einflussgrüßen und die Ermittlung der erweiterten Messunsicherheit.

Darin wird ein Modell zur Ermittlung der Messunsicherheit unter Berücksichtigung der folgenden Einflussgrößen beschrieben:

- Standardabweichung der Anzeige
- Führungsabweichung
- Tastersignal
- Thermische Drift
- Formabweichung des Werkstücks
- Ausrichtung und Deformation des Werkstücks
- Sauberkeit des Werkstücks

Daneben wird empfohlen, sich Gedanken über den Zustand des Tastelements zu machen, weil abgeschliffene Tastelemente die Messunsicherheit zusätzlich beeinflussen können.

Literatur

1. DIN EN ISO 8015, 2011-09, Geometrische Produktspezifikation (GPS) – Grundlagen – Konzepte, Prinzipien und Regeln
2. DIN EN ISO 14405-1, 2017-07, Geometrische Produktspezifikation (GPS) – Dimensionelle Tolerierung – Teil 1: Lineare Größenmaße

3. DIN EN ISO 1101:2017-09 Geometrische Produktspezifikation (GPS) – Geometrische Tolerierung – Tolerierung von Form, Richtung, Ort und Lauf

4. DIN EN ISO 5459, 2013-05, Geometrische Produktspezifikation (GPS) – Geometrische Tolerierung – Bezüge und Bezugssysteme

5. Jorden, W., Schütte, W.: Form- und Lagetoleranzen – Handbuch für Studium und Praxis, 8. Aufl. Hanser, München (2014)

6. VDI 2617 Blatt 2.2, 2018-07, Genauigkeit von Koordinatenmessgeräten – Kenngrößen und deren Prüfung – Formmessung mit Koordinatenmessgeräten

7. DIN 2250-1, 2008-10, Geometrische Produktspezifikation (GPS) – Gutlehrringe und Einstellringe – Teil 1: Von 1 mm bis 315 mm Nenndurchmesser

8. VDI/VDE 2631 Blatt 1, 2016-08, Formmesstechnik – Grundlagen

9. VDI/VDE 2631 Blatt 5, 2015-06, Formprüfung – Ermittlung der axialen Drehführungsabweichung,

10. VDI/VDE 2631 Blatt 10, 2014-12, Formprüfung – Ermittlung der Messunsicherheit von Formmessungen

Oberflächen- und Konturmesstechnik

6

▶ **Trailer**

Jede Oberfläche weist eine Struktur auf. Diese **Feingestalt** der Werkstück-oberfläche (Abb. 5.1) weist eine fertigungsspezifische Charakteristik auf, welche großen Einfluss auf die **Werkstückeigenschaften** haben kann. Objektive Parameter, welche die Oberflächencharakteristik beschreiben, und Messmethoden zu deren Ermittlung sind entscheidend, um den immer größeren Anforderungen an Werkstücke Rechnung tragen zu können.

Ein Schwerpunkt in diesem Kapitel sind **2-D-Oberflächenkenngrößen.** Es werden die normgerechte Spezifikation und die funktionsorientierte Anwendung von Oberflächenkenngrößen vorgestellt. Ein kurzer Exkurs in das Gebiet von **3-D-Oberflächenkenngrößen** rundet diesen Aspekt ab.

Ein besonderer Schwerpunkt stellt die **Ermittlung der Oberflächen-kenngrößen** und die normgerechte Festlegung der **Messstrategie** dar. Dazu werden **Geräte** vorgestellt, mit denen diese Messstrategien umgesetzt werden können.

Ein weiterer Exkurs in das Gebiet der **Konturmesstechnik** erläutert die Möglichkeiten von Tastschnittgeräten auf dieses Gebiet.

Auch in diesem Kapitel werden **Normale** vorgestellt, die besonders für die Oberflächen- und Konturmesstechnik für die Rückführung von Messresultaten eingesetzt werden.

© Springer Fachmedien Wiesbaden GmbH, ein Teil von Springer Nature 2021
M. Marxer et al., *Fertigungsmesstechnik*, https://doi.org/10.1007/978-3-658-34168-8_6

6.1   Grundlagen

6.1.1   Entstehung von Rauheit

Rauheit kann bei der Bearbeitung entstehen [1]. Bei der spanabhebenden Bearbeitung durch unmittelbare Einwirkung der Werkzeugschneide, durch Geometrie und Kinematik des Werkzeuges und auch durch die Art der Spanbildung. Bei der spanlosen Bearbeitung haben Kristallstruktur, Kornbildung, Textur, physikalische und chemische Einwirkungen Einfluss auf die Rauheit einer Oberfläche. Welligkeit ergibt sich aus überwiegend periodisch auftretenden mittelfrequenten Gestaltabweichungen. Welligkeit an Oberflächen kann als Folge von Schwingungen der am Fertigungsprozess beteiligten Elemente Werkstück, Werkzeug, Maschine, Aufnahmen für Werkstück und Werkzeug entstehen. Offensichtliche Beschädigungen der Oberfläche sollen bei der Bestimmung von Rauheit und Welligkeit nicht berücksichtigt werden. Rauheit, Welligkeit und Beschädigungen überlagern sich auf der Oberfläche (Abb. 6.1).

6.1.2   Bezeichnung und Anteile von Oberflächenprofilen

Rauheitsmessungen werden durchgeführt, indem mit einem Tastsystem ein Profilschnitt auf der Oberfläche des Werkstücks abgetastet und die Profilerhebungen der Oberfläche aufgezeichnet werden. Durch die Filterwirkung des Tastersystems, bei taktiler Messmethode durch die Tasterelementgeometrie, kann nur ein umhüllendes Oberflächenprofil erfasst werden. Dieses so registrierte Oberflächenprofil wird als **Primärprofil** [2] bezeichnet.

Zur Berechnung des Rauheitsprofils wird das Primärprofil in mehreren Stufen gefiltert. Durch das Primärprofil wird nach der Methode der kleinsten Quadrate die **Mittellinie für das Primärprofil** eingepasst. Diese Mittellinie entspricht der **Nennform** des der Oberfläche zugrundeliegenden Oberflächenprofils (z. B. Gerade, Kreisbogen, Spline). Für die weitere Berechnung zum **Rauheitsprofil** wird die Nennform aus dem erfassten Primärprofil entfernt. Kenngrößen, welche am Primärprofil ermittelt werden, werden als **P-Kenngrößen** [2] bezeichnet.

Das Rauheitsprofil wird ermittelt, indem auf das so korrigierte Primärprofil ein Filter angewendet wird, welcher die langwelligen Anteile aus dem Primärprofil entfernt. Die

Oberflächenprofil (Primärprofil)

Formprofil (Gestaltabweichung 1. Ordnung)

Welligkeitsprofil (Gestaltabweichung 2. Ordnung)

Rauheitsprofil (Gestaltabweichung 3. Ordnung)

Abb. 6.1   Überlagerung von Abweichungen an einem Oberflächenprofil

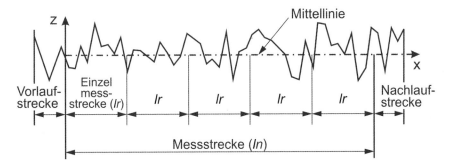

Abb. 6.2 Begriffe am Rauheitsprofil

Mittellinie des Rauheitsprofils entspricht den langwelligen Anteilen des Primärprofils und wird für die Ermittlung der Rauheitskenngrößen eliminiert. Kenngrößen, welche aus dem Rauheitsprofil ermittelt werden, werden als **R-Kenngrößen** bezeichnet [2].

Die **Einzelmessstrecke** (lr) wird als Grundlage für die Berechnung von Rauheitskenngrößen verwendet (Abb. 6.2). Die Einzelmessstrecke ist zahlenmäßig gleich der Grenzwellenlänge des verwendeten Profilfilters λc.

Die **Messstrecke** (ln) ist der Bereich des aufgezeichneten Profils, welcher für die Auswertung der Rauheitskenngrößen verwendet wird. Die Messstrecke ist ein Vielfaches der Einzelmessstrecke. Ist nichts anderes vereinbart, wird die Länge der Messstrecke aus fünf **Einzelmessstrecken** berechnet. Von dieser Empfehlung kann abgewichen werden, wenn es die Umstände erfordern (Platzverhältnisse auf dem Werkstück) oder dies auf der Konstruktionszeichnung so spezifiziert ist. Eine entsprechende Angabe ist bei der Messstrategie zu berücksichtigen und auf dem Prüfplan zu vermerken. Je größer die gewählte Messstrecke ist, desto weniger streut der Mittelwert der angegebenen Rauheitskenngrößen. Damit kann die Aussagesicherheit, ob die Oberfläche den geforderten Merkmalen entspricht, erhöht werden. Auf der anderen Seite bringt eine längere Messstrecke mehr Messzeit und damit höhere Messkosten mit sich.

Um die Filterung des ermittelten Profils korrekt durchführen zu können, sind **Vor- und Nachlaufstrecken** nötig. Diese Strecken entsprechen üblicherweise mindestens einem Drittel bis die Hälfte der Einzelmessstrecke. Sie sind nötig, damit die Filterberechnungsverfahren mathematisch korrekt funktionieren. Die Vor- und Nachlaufstrecken sind bei der Planung der benötigten Gesamtmessstrecke zu berücksichtigen.

6.2 Spezifikation von Rauheit

Auf einer technischen Zeichnung können Anforderungen an Werkstücke bzgl. deren Oberflächenbeschaffenheit, dem Fertigungsverfahren, der Charakteristik von Oberflächenrillen und den Anforderungen an Bearbeitungszugaben spezifiziert werden.

Die Angabe der Anforderungen bzgl. Oberflächenrauheit wird in [2] geregelt. Das Grundsymbol zeigt an, dass Anforderungen an die Oberflächenbeschaffenheit bestehen. Dieses wird mit Symbolen und Text erweitert (Abb. 6.3).

Bei **Position (a)** in Abb. 6.4 wird die erste Anforderung an die Oberflächenbeschaffenheit, der Grenzwert der Oberflächenkenngröße sowie die Messbedingungen wie Übertragungskennwerte und Einzelmessstrecke vorgegeben.

Bei **Position (b)** wird die zweite Anforderung an die Oberflächenbeschaffenheit bezüglich der Oberflächenkenngrößen definiert. Diese setzt sich entsprechend Position (a) zusammen (Abb. 6.5).

Bei **Position (c)** werden Anforderungen an das Fertigungsverfahren festgelegt, z. B. gedreht oder geschliffen (Abb. 6.6).

Bei **Position (d)** werden Anforderungen an die Charakteristik von Oberflächenrillen angegeben, z. B. gekreuzt, zentrisch zur Mitte der Oberfläche (Abb. 6.7).

Bei **Position (e)** werden Anforderungen an Bearbeitungszugaben festgelegt. Der Zahlenwert wird in der Einheit mm angegeben (Abb. 6.8).

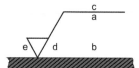

a: 1. Anforderung an die Oberflächenbeschaffenheit
b: 2. Anforderung an die Oberflächenbeschaffenheit
c: Fertigungsverfahren
d: Oberflächenrillen und -ausrichtung
e: Bearbeitungszugabe

Abb. 6.3 Angaben zur Oberflächenbeschaffenheit auf technischen Zeichnungen

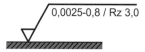

Kurzwellenfilter: 0,0025 mm
Langwellenfilter: 0,8 mm
Oberflächenkenngröße Rz: 3,0 µm
(Grenzwert)

Abb. 6.4 Beispiel zur Angabe der Oberflächenkennwerte (1. Anforderung)

Oberflächenkenngröße Ra: 0,7 µm
Oberflächenkenngröße Rz1: 3,3 µm
Anzahl Einzelmessstrecken (Rz): 1

Abb. 6.5 Beispiel zur Angabe zu Oberflächenkennwerten (1. und 2. Anforderung)

Fertigungsverfahren: Drehen
Oberflächenkenngröße Rz: 3,1 µm

Abb. 6.6 Beispiel zur Anforderung an Fertigungsverfahren

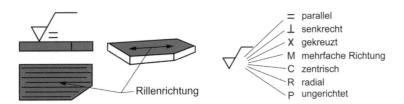

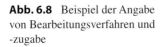

Abb. 6.7 Angabe der Rillenrichtung

Abb. 6.8 Beispiel der Angabe von Bearbeitungsverfahren und -zugabe

6.3   2-D-Rauheitsparameter

▶   2-D-Rauheitsparameter werden verwendet, um die Charakteristik einer Werkstückoberfläche zahlenmäßig auf der Grundlage von 2-D-Profilmessungen zu beschreiben.

Rauheitsparameter werden verwendet, um die Charakteristik einer Werkstückoberfläche zahlenmäßig zu beschreiben. 2-D-Rauheitsparameter werden in folgende Gruppen eingeteilt:

- **Senkrechtkenngrößen, Extrema (Spitzenhöhen, Taltiefen)** z. B. Rv, Rp, Rz, Rt
- **Senkrechtkenngrößen, Mittelwerte** z. B. Ra, Rq
- **Waagerechtkenngrößen (Abstandskenngrößen)** z. B. RSm

6.3.1   Senkrechtkenngrößen, Extrema (Spitzenhöhen und Taltiefen)

Die **Tiefe des größten Profiltales** Rv (von der Mittellinie bis zum tiefsten Profiltal) gehört zur Gruppe der Senkrechtkenngrößen für die Bewertung von Spitzenhöhen und Taltiefen (Abb. 6.9). Sie ist definiert in jeder Einzelmessstrecke. Als Rauheitskenngröße Rv wird der Mittelwert aus allen ermittelten Profiltälern angegeben. Beispiel: Setzt sich die Messstrecke aus fünf Einzelmessstrecken zusammen, was dem Regelfall entspricht, wird in jeder dieser Einzelmessstrecken ein größtes Profiltal ermittelt. Das Resultierende Rv wird also als Mittelwert aus diesen fünf Profiltälern angegeben.

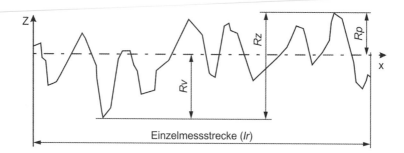

Abb. 6.9 Spitzenhöhen und Taltiefen am Rauheitsprofil

Die **Höhe der größten Profilspitze** Rp (von der Mittellinie bis zur höchsten Spitze) ist definiert in jeder Einzelmessstrecke. Als Rauheitskenngröße Rp wird der Mittelwert aus allen ermittelten Profilspitzen angegeben. Die Berechnung erfolgt analog dem Vorgehen in Rv, es wird der Mittelwert von Rp als Resultat angegeben.

Die **größte Höhendifferenz des Profils** Rz berechnet sich aus der Summe von Rp und Rv. Es ist ebenso üblich, auf einem Prüfschein nur zwei der drei Kenngrößen Rz, Rp und Rv anzugeben, da die Dritte aus den zwei angegebenen berechnet werden kann.

Die **Gesamthöhe des Profils** Rt wird über die gesamte Messstrecke ermittelt. Sie ergibt sich aus dem zur Mittellinie senkrechten Abstand der größten Profilspitze und des tiefsten Profiltals über dem Gesamtprofil. Da die Gesamthöhe aus den maximalen Erhebungen über das gesamte Profil gebildet wird, gilt folgende Beziehung:

$$Rt \geq Rz \tag{6.1}$$

Die Anzahl der Einzelmessstrecken ist, wenn nichts anderes angegeben wird, fünf. In diesem Fall wird die Kenngröße ohne zusätzliche Angabe angegeben (z. B. Rz). Wird eine andere Anzahl von Einzelmessstrecken als fünf gewählt, ist dies bei der Angabe der Kenngröße mit einer Zusatzinformation zu vermerken. Diese wird unmittelbar an die Kenngröße angefügt, z. B. bei drei Einzelmessstrecken wird die resultierende Kenngröße als Rz3 gekennzeichnet.

6.3.2 Senkrechtkenngrößen, Mittelwerte

Zu den Senkrechtkenngrößen, bei denen die Mittelwerte der Ordinaten bewertet werden, gehört der **arithmetische Mittelwert der Profilordinaten** Ra (Abb. 6.10). Er wird ermittelt aus den gemittelten Beträgen aller Abweichungen von der Mittellinie zu den einzelnen Messpunkten. Diese Kenngröße wird in der Einzelmessstrecke ermittelt (Gl. 6.2). Als Resultat wird der Mittelwert aus diesen (in der Regel) fünf Einzelwerten für Ra angegeben.

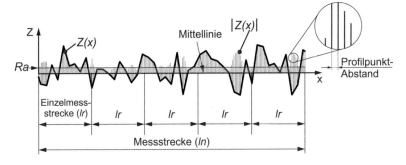

Abb. 6.10   Berechnung des Kennwerts Ra, Darstellung am Rauheitsprofil

$$\mathrm{Ra} = \frac{1}{lr} \int_0^{lr} |Z(x)| \, dx \tag{6.2}$$

Rq: Quadratischer Mittelwert der Profilordinate   Der quadratische Mittelwert der Profil-ordinaten Rq wird ermittelt als Mittelwert aus allen quadrierten Abweichungen aller Profilerhebungen (Gl. 6.3). Diese Kenngröße wird in der Einzelmessstrecke ermittelt. Als Resultat wird der Mittelwert aus diesen fünf Einzelwerten für Rq angegeben.

$$\mathrm{Rq} = \sqrt{\frac{1}{lr} \int_0^{lr} Z(x)^2 \, dx} \tag{6.3}$$

Bei der Interpretation der Mittelwerte aus Ordinaten, welche aus historischen Gründen heute noch häufig angewendet wird, ist Vorsicht geboten. Bei diesen Werten werden Ausreißer stark gefiltert und unter Umständen nicht erkannt, wenn nur diese Parameter als Kriterium zur Beurteilung einer Oberfläche herangezogen werden. Eine Umrechnung von Senkrechtkenngrößen, die die Extrema wie Profilspitzen und -täler beschreiben, in Senkrechtkenngrößen, die Mittelwerte der Profilordinaten beschreiben, ist im All-gemeinen nicht zulässig.

6.3.3   Waagerechtkenngrößen (Abstandskenngrößen)

Zu den Waagerechtkenngrößen gehört die **mittlere Rillenbreite der Profilelemente, RSm** (Abb. 6.11). Diese beschreibt den Mittelwert der Breite der Profilelemente inner-halb einer Einzelmessstrecke.

$$\mathrm{RSm} = \frac{1}{m} \sum_{i=1}^m Xs_i \tag{6.4}$$

Abb. 6.11 Rillenbreite der Profilelemente

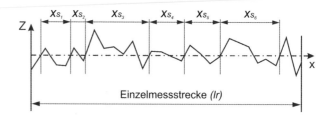

Die Breite der Rillen wird ermittelt als Differenz zwischen einem positiven (oder negativen) Durchgang der Mittellinie bis zu deren nächstem positiven (oder negativen) Durchgang (Gl. 6.4).

6.3.4 Wahl der Rauheitskenngrößen

Neben den oben erwähnten Rauheitskenngrößen existieren weitere Kenngrößen, die das Beurteilen der Oberflächeneigenschaften in Form von Zahlenwerten ermöglichen. Die Wahl, welche dieser Kenngrößen zur Beschreibung der gesuchten Oberflächeneigenschaft (z. B. Gleitverhalten, Schmierverhalten usw.) geeignet ist, erfordert große Erfahrung und ist häufig eine der anspruchsvollsten Aufgabe im Zusammenspiel von Messtechnik, Konstruktion, Entwicklung und Fertigung.

6.4   3-D-Rauheitsparameter

Weist eine Oberfläche zufällig verteilte Strukturen auf, die für die Erfüllung der Funktion einer Oberfläche nötig sind, genügen 2-D-Rauheitskenngrößen unter Umständen nicht mehr, um die gewünschten Eigenschaften einer Werkstückoberfläche ausreichend zu erfassen und zu beschreiben. Um solche Anforderungen zu spezifizieren, wurden 3-D–Rauheitsparameter eingeführt.

▶   3-D–Rauheitsparameter erlauben es, eine Werkstückoberfläche noch funktionsorientierter zu beschreiben. Neue Mess- und Auswerteverfahren mit der 3-D-Rauheitsmesstechnik ermöglichen es, aussagekräftigere und funktionsorientiertere Informationen über die Eigenschaften von Oberflächen zu erzeugen.

Bei Oberflächen dieser Art sind Messmethoden zur Erfassung eines aussagekräftigen Flächenausschnitts und Parameter zu deren Beschreibung erforderlich. Taktile Messverfahren stoßen durch die sequentielle Abtastung der Oberfläche, die zur Beschreibung der Oberfläche nötige Auflösung und der damit verbundenen erforderlichen Messzeit an ihre Grenzen. Zur Erfassung von 3-D-Oberflächen kommen deshalb in der Regel berührungslose, optische Messverfahren zum Einsatz, die in ▶ Kap. 13 dargestellt sind. Der Vergleichbarkeit und deren Grenzen ist bei der Anwendung unterschiedlicher Messverfahren besondere Beachtung zu schenken.

Die Filterung der ermittelten Daten basiert auf denselben Grundsätzen wie bei der 2-D-Datenauswertung. Aus der erfassten Fläche wird die Nennform gefiltert sowie hochfrequente Anteile durch einen Tiefpassfilter entfernt. Aus dem so gefilterten Signal werden die Gestaltabweichungen, die der Form und der Welligkeit zugeordnet werden können, entfernt. Das Resultat dieser Schritte ist das 3-D-Rauheitsprofil, an dem die 3-D-Rauheitskennwerte **Amplitudengrößen, räumliche** und **hybride Kenngrößen** ermittelt werden.

Die Berechnungsmethoden, die an 2-D-Profilschnitten durchgeführt werden, können jedoch nicht ohne Weiteres auf 3-D-Strukturen übertragen werden. Deshalb wurden neue Parameter entwickelt, welche eine struktur- und funktionsorientierte Beschreibung von flächenhaft ermittelten Messdaten ermöglichen [4].

Die Berechnungsverfahren für **Räumliche 3-D-Kenngrößen** dienen zur Beschreibung der Gleichmäßigkeit der Oberflächenstruktur. Durch die Analyse der Oberfläche mit diesen Parametern lässt sich z. B. feststellen, welche Vorzugsrichtungen (z. B. Rillenstruktur) eine Oberfläche aufweist.

Wie bei den 2-D-Kenngrößen sind weitere Kenngrößen verfügbar, welche eine Kombination aus den 3-D-Amplitudenkenngrößen und den Räumlichen 3-D-Kenngrößen darstellen. Diese Kombinationen werden als **Hybride 3-D-Kenngrößen** bezeichnet. Damit lassen sich z. B. Aussagen über die Steilheit der Oberflächenstrukturen treffen. Sie sind deshalb u. a. nützlich bei der Charakterisierung optischer Eigenschaften von Oberflächenstrukturen.

Neben den genannten Auswertemöglichkeiten gibt es weitere Kenngrößen. Es gibt z. B. Kenngrößen zur Beschreibung der Funktion einer Oberfläche basierend auf den Ansätzen der Materialtraganteilkurve. Dies ist ein ähnliches Vorgehen, wie dies auch bei der Ermittlung von 2-D-Rauheitskenngrößen verwendet wird [5].

Zur Definition und Beschreibung von 3-D-Rauheitskenngrößen sowie Messverfahren zur Datenerhebung wurde die Normenreihe ISO 25178 entwickelt [4]. In dieser Normenreihe werden neben der Eintragung von 3-D-Rauheitsparametern [6] Begriffe und Kenngrößen [4] definiert sowie Empfehlungen zu deren Ermittlung [7, 8] gegeben. Auf dieser Grundlage wurde die Nutzung der 3-D-Rauheitsmesstechnik für die Praxis ermöglicht.

Neben diesen grundlegenden Normen sind Verfahren zur Erfassung von 3-D-Strukturen und deren Eigenschaften beschrieben. Dabei werden u. a. Geräte mit berührenden Verfahren [8] und Geräte mit berührungslosen Sensoren beschrieben [9]. Die Normenreihe wird ergänzt mit verfahrensspezifischen Empfehlungen wie z. B. für Messgeräte mit Fokusvariation [10] oder Geräten, die auf dem Prinzip der phasenschiebenden interferometrischen Mikroskopie [11] basieren.

Neue Messverfahren verlangen neben einer Erweiterung der Normenlandschaft auch neue Normale zu deren Rückführung. Auch dazu gibt ein Teil dieser Normenreihe ISO 25178 Hinweise zur Kalibrierung und zu Normalen [12].

6.5   Gerätetechnik

Zur Ermittlung von Rauheitskenngrößen steht eine Vielzahl von Verfahren zur Verfügung. Bei der Auswahl der Messverfahren sind Kriterien hinsichtlich wie Messgeschwindigkeit, Messunsicherheit, Funktionalität, zur Verfügung stehendes Personal und Automatisierungsanforderungen zu berücksichtigen. Speziell bei der Rauheitsmesstechnik ist die Vergleichbarkeit von berührenden und berührungslosen Messverfahren zu beachten.

Zur Ermittlung der Oberflächenrauheit werden berührende wie auch berührungslose Verfahren eingesetzt. Hierbei gelangen bei den berührenden Verfahren vorwiegend Tastschnittverfahren zur Anwendung. Diese Tastschnittverfahren haben für Oberflächenmessungen in Forschung und Industrie die größte Bedeutung. Bei diesem Verfahren wird die zu prüfende Werkstückoberfläche mit einer Diamantnadel abgetastet. In berührungslosen Messsystemen für Oberflächenrauheit werden u. a. Fokussier- und Streulichtverfahren eingesetzt (Abschn. 12.7).

6.5.1   Berührende Oberflächenmessgeräte: Bezugsflächentastsysteme

Das Bezugsflächentastsystem gilt als **Referenzsystem** für die Oberflächenmessung. Es erfasst je nach Messstrecke Rauheit, Welligkeit und Formabweichungen. Beim Bezugsflächentastsystem liegen der lang auskragende Taster, die Geradführung und der Messständer im Messkreis mit dem Werkstück (Abb. 6.12). Infolgedessen kann das Messergebnis von Schwingungen und Erschütterungen beeinträchtigt werden. Die mit einem Bezugsflächentastsystem ausgestatteten Geräte erfordern schwingungsdämpfende Maßnahmen.

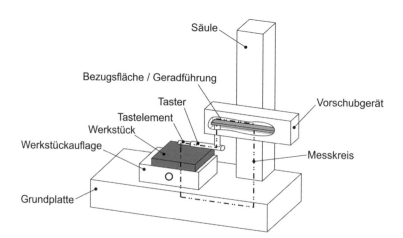

Abb. 6.12 Bezugsflächentastsystem, Komponenten des Messgerätes

Auf der Werkstückoberfläche wird mittels einer Diamantspitze ein Profilschnitt der Oberfläche erfasst. Die Diamantspitze ist an einem Taster befestigt, dessen relative Bewegung zur Referenz (der eingebauten Bezugsfläche bzw. der Kufe bei einem Kufentastsystem) mit einem hochauflösenden Sensor erfasst wird. Hier werden vorwiegend induktive Messsysteme eingesetzt. Bei hochpräzisen Messgeräten, welche eine hohe Auflösung (in der Größenordnung von 0.5 nm) mit einem Messbereich (in der Größenordnung von 10 mm) kombinieren, werden auch Laserinterferometer verwendet. Tastsysteme dieser Art weisen Antastkräfte von 0,7 bis 1,0 mN auf [13].

6.5.2 Berührende Oberflächenmessgeräte: Kufentastsysteme

Neben dem Bezugsflächentastsystem, welches die Referenz für die Messung im Gerät verkörpert, existieren Kufentastsysteme (Abb. 6.13), die die Werkstückoberfläche als Referenz für die Messungen verwenden. Das Einkufen-Tastsystem ist hinsichtlich des Ausrichtens weniger kritisch, es ist gegenüber Erschütterungen unempfindlich, hat kleine Abmessungen und eignet sich für Messungen an schlecht zugänglichen Stellen (z. B. in kleinen Bohrungen). Das Zweikufen-Tastsystem richtet sich auf der Werkstückoberfläche selbsttätig aus.

Die Geometrie der Tastnadel bestimmt die Grenze der erfassbaren Rauheit. Die Radien von Tastspitze und Kufen wirken als mechanische Filter. Die Tastspitze besteht aus Diamant und hat die Form eines Kegels oder einer Pyramide.

▶ Diagramme der gleichen Oberfläche, die mit einem Bezugsflächentastsystem und mit Ein- oder Zweikufen-Tastsystemen erzeugt wurden, können sich stark unterscheiden.

6.5.3 Berührungslose Oberflächenmessgeräte

Das **Laser-Autofokusverfahren** (Abschn. 12.5) hat für die Oberflächenmessung eine gewisse Bedeutung. Es entspricht dem Tastschnittverfahren, wobei die Diamantnadel durch einen Laserstrahl ersetzt wird. Bei diesem Verfahren wird der Lichtpunkt (Durch-

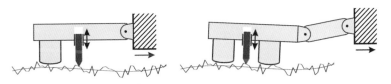

Abb. 6.13 Einkufen- (links) und Zweikufen-Tastsystem (rechts)

messer ca. 1 μm) über die zu erfassende Oberfläche geführt. Hierbei werden keine mechanischen Kräfte auf die Oberfläche ausgeübt. Laser-Autofokusverfahren eignen sich deshalb besonders für die Messung berührungsempfindlicher Werkstücke, wie z. B. Kunststoffe oder berührungsempfindliche, beschichtete Linsen.

Einen anderen Weg beschreiten flächenhaft arbeitende Messverfahren. Hierbei wird die Oberfläche nicht nacheinander Punkt für Punkt abgetastet, sondern durch z. B. bildhafte Messverfahren ganzflächig erfasst. Die Anzahl der Messpunkte in der gemessenen Fläche wird dabei durch die Anzahl der Kamerapixel sowie das Auflösungsvermögen des eingesetzten Abbildungsobjektivs bestimmt. Beispiele für derartige Verfahren sind die Erweiterung des konfokalen Fokussierverfahrens zum **Konfokalmikroskop** sowie das **Weißlicht-Interferometer** (Abschn. 12.6). Bei diesen optischen Messverfahren ist generell zu beachten, dass die Abtastung der Oberfläche mit Licht und die Rasterung der gemessenen Punkte durch das Kamerapixelraster zu anderen Aussagen und Ergebnissen führen können als die klassische Antastung mit einer Kugel. Diese Effekte sind beim Vergleich zwischen taktil und optisch gemessenen Kenngrößen immer zu beachten.

6.5.4 Konturmessgeräte

Konturmessgeräte werden zur Messung von 2-D-Konturen (z. B. für Gewindeflanken, Linsenprofile, Winkelmessungen) eingesetzt. Die Messung erfolgt ähnlich wie mit einem Tastschnittgerät, die Tastspitzengeometrie unterscheidet sich jedoch entsprechend der Messaufgaben, bei denen unterschiedliche Stufenhöhen zu überwinden sind. Hierzu sind Konturtaster häufig als abgeschrägter zylindrischer Stift gestaltet (Abb. 6.14), der mit einem Spitzenradius von z. B. 0,01 mm versehen ist. Diese Spitzen sind häufig aus Hartmetall gefertigt, es kommen aber auch Tastelemente zum Einsatz, die mit Rubinkugeln ausgestattet sind.

Konturmessgeräte erreichen Auflösungen von typischerweise 1 nm bis 50 nm und weisen einen Messbereich in vertikaler Richtung zwischen 5 bis 50 mm auf. Für die **Rückführung** von Konturmessungen stehen Normale zur Verfügung. An diesen Normalen sind die gebräuchlichsten geometrischen Elemente abgebildet.

Abb. 6.14 Geometrie eines Konturtasters mit Konturnormal

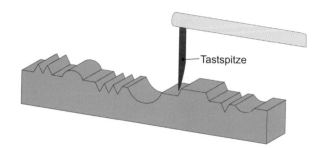

Tastspitze

6.6 Filterung

Abweichungen an der Oberfläche eines Werkstücks überlagern sich. Sie setzen sich zusammen aus: Formabweichung, Welligkeit und Rauheit.

In der Oberflächenmesstechnik ist nur die Rauheit interessant. Für die Trennung der Abweichungen Form, Welligkeit und Rauheit (Abb. 6.15) werden Profilfilter eingesetzt. Profilfilter sind also dazu da, die Wellenlängenbereiche aus einem Profil zu filtern, welche nicht der Rauheit zugeordnet werden. Folgende Filterarten werden unterschieden:

- **Hochpassfilter**, welche die hochfrequenten Anteile des Profils durchlassen,
- **Tiefpassfilter**, welche die niederfrequenten Anteile des Profils durchlassen,
- **Bandpassfilter**, als eine Kombination aus Hoch- und Tiefpassfilter, welche nur eine gewisse Frequenzbandbreite am Profil durchlassen. Die Grenzen der Bandpassfilter werden durch die Parameter λc und λs angegeben. λc legt die Grenze des Durchlassbereichs bei tiefen, λs bei hohen Frequenzen fest.

Die Größe Cut-off ist gleichbedeutend mit dem Begriff Grenzwellenlänge. Der Cut-off spezifiziert die Frequenzgrenze, unter oder über welcher die Amplituden der Eingangssignale abgeschwächt bzw. eliminiert werden. Die Amplituden können nicht an einer definierten Stelle von 100 % Signalstärke auf 0 % Signalstärke abgeschwächt werden, es ist je nach Filtereigenschaft ein Übergangsbereich vorhanden (Abb. 6.16). Die Form der Gewichtungsfunktion und insbesondere deren Breite wirkt sich auf das resultierende Profil aus, welches als Grundlage für die Berechnung der Rauheitswerte verwendet wird.

Der **Tiefpassanteil** wird gefiltert mithilfe eines Filters mit der Bezeichnung der Grenzwellenlänge ls. Dies bedeutet, dass der Filter bei der angegebenen Wellenlänge noch 50 % der Wellenanteile des Eingangssignals durchlässt. Je steiler die Filterkennlinie verläuft, desto schärfer verläuft die Trennung der Wellenlängenanteile.

Der **Hochpassanteil** wird gefiltert mithilfe eines Filters mit der Bezeichnung der Grenzwellenlänge lc. Die Bandbreite des Filters wird ermittelt aus dem Verhältnis von Hochpassfiltergrenze zu Tiefpassfiltergrenze. Die resultierende Bandbreite wird mit

Abb. 6.15 Oberflächenprofil an einer rauen Oberfläche

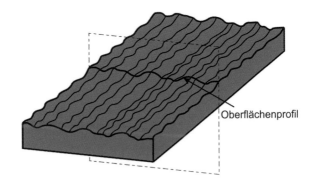

Oberflächenprofil

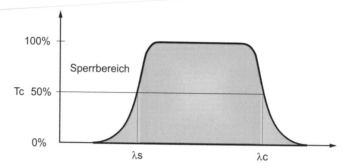

Abb. 6.16 Filterkennlinie eines Bandpassfilters

Übertragungsverhältnis bezeichnet. Sie hängt von den gewählten Filtereinstellungen ab. Ein in der Praxis häufig anzutreffendes Übertragungsverhältnis beträgt 300. Dies entspricht einer empfohlenen Einstellung bei dem Quotienten aus der Filtereinstellung für den Langwellenfilter lc = 0,8 mm und einem gewählten Kurzwellenfilter ls = 0,0025 mm. Hierbei ist die Wahl des Kurzwellenfilters abhängig vom gewählten Tasterradius.

Unter Rauheit werden regelmäßig oder unregelmäßig wiederkehrende hochfrequente Gestaltabweichungen verstanden. Oberflächen werden nach der Charakteristik der vorliegenden Oberflächenrauheit unterschieden:

- **Oberflächen mit periodischem Profil,**
  dies sind Oberflächen, bei denen ein regelmäßiges Rauheitsgefüge vorliegt, und
- **Oberflächen mit aperiodischem Profil,**
  dies sind Oberflächen mit unregelmäßig wiederkehrenden Oberflächenabweichungen.

6.7   Messbedingungen, Messstrategie

In der Rauheitsmesstechnik kann die Wahl der Messbedingungen einen sehr großen Einfluss auf das Messresultat haben. Wichtige Punkte in der Messstrategie sind die Messrichtung, die Einzelmessstrecke, die Art des Filters und die Tastspitzengeometrie.

Ist die **Messrichtung** für die Ermittlung des Tastschnittes nicht angegeben, so ist die Messung in der Richtung durchzuführen, in der der größte Rauheitskennwert zu erwarten ist. Um die Wahl der empfohlenen Einzelmessstrecke korrekt vornehmen zu können, muss als Erstes eine Beurteilung der Oberflächencharakteristik erfolgen, ob ein periodisches (z. B. durch Drehen oder Fräsen hergestelltes) oder ein aperiodisches Oberflächenprofil (hergestellt z. B. durch Schleifen) vorliegt.

Die **Wahl der Einzelmessstrecke** hängt von der Beschaffenheit der Oberfläche ab. Liegt ein **periodisches Oberflächenprofil** vor, so ist der mittlere Rillenabstand RSm (z. B. mittels Oberflächenvergleichsmustern oder aus Erfahrung) zu schätzen. Unter Verwendung von Abb. 6.17 kann die Grenzwellenlänge lc festgelegt werden [14].

Es wird empfohlen, nach dieser Schätzung eine Messung zur Verifikation der Wahl durchzuführen und die Grenzwellenlänge falls nötig zu korrigieren.

Liegt ein **aperiodisches Oberflächenprofil** vor, so sind die Kenngrößen Ra, Rz oder RSm mittels Sichtprüfung oder anderen Verfahren zu schätzen. Die Einzelmessstrecke ist anschließend gemäß Abb. 6.18 zu wählen. Anschließend wird mit den gewählten Einstellungen eine Probemessung durchgeführt und die Einstellung falls notwendig angepasst.

Bei der **Art des Filters** empfehlen Normen, phasenkorrekte Filter (Gaußfilter) zu verwenden. Die Art des eingesetzten Filters beeinflusst das Messergebnis [15].

▶ Für die Interpretation von Messwerten ist es sehr wichtig, die Art des Filters und die gewählten Einstellungen (lc und ls) anzugeben.

Die **Tastspitzengeometrie** (Abb. 6.19) beeinflusst das mechanische Filterverhalten bei der Messung von Oberflächenrauheit.

Die Nennwerte der Tastspitzenradien liegen bei 2 μm, 5 μm sowie 10 μm. Der Kegelwinkel beträgt 60° oder 90°. Eine Tastspitze mit einem Kegelwinkel von 60° gilt als ideal. Die Wahl der Tastspitze ist abhängig von der Beschaffenheit der Oberfläche.

RSm in mm	Einzelmessstrecke lr in mm	Messstrecke ln in mm
0,013 < RSm ≤ 0,04 0,04 < RSm ≤ 0,13 0,13 < RSm ≤ 0,4 0,4 < RSm ≤ 1,3 1,3 < RSm ≤ 4	0,08 0,25 0,8 2,5 8	0,4 1,25 4 12,5 40

Abb. 6.17 Auswahl der Grenzwellenlänge für periodische Oberflächenprofile

Rz [1] $Rz1_{max}$ [2] in μm	Einzelmessstrecke lr in mm	Messstrecke ln in mm	Ra in μm
(0,025) < Rz, $Rz1_{max}$ ≤ 0,1 0,1 < Rz, $Rz1_{max}$ ≤ 0,5 0,5 < Rz, $Rz1_{max}$ ≤ 10 10 < Rz, $Rz1_{max}$ ≤ 50 50 < Rz, $Rz1_{max}$ ≤ 200	0,08 0,25 0,8 2,5 8	0,4 1,25 4 12,5 40	(0,006) < Ra ≤ 0,02 0,02 < Ra ≤ 0,1 0,1 < Ra ≤ 2 2 < Ra ≤ 10 10 < Ra ≤ 80
[1] Rz wird zugrunde gelegt beim Messen von Rz, Rv, Rp, Rc, und Rt [2] $Rz1_{max}$ wird zugrunde gelegt beim Messen von $Rz1_{max}$, $Rv1_{max}$, $Rp1_{max}$ und $Rc1_{max}$			

Abb. 6.18 Auswahl der Grenzwellenlänge für aperiodische Oberflächenprofile

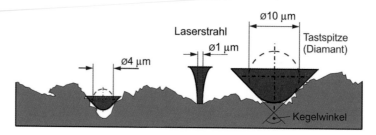

Abb. 6.19 Filterwirkung durch die Tastspitzengeometrie

λc in µm	λs in µm	λc / λs	Tastspitzenradius max. in µm	Profilpunktabstand max. in µm
80		30		0,5
250	2,5	100	2	0,5
800			2	0,5
2500	8	300	5	1,5
8000	25		10	5

Abb. 6.20 Wahl der Tastspitze und des Profilpunktabstands in Abhängigkeit des Cut-off

In rauerer Messumgebung kann es günstiger sein, eine Tastspitze mit größerem Radius und somit größerer zulässiger Antastkraft einzusetzen. So kann z. B. ab einer Grenzwellenlänge von 2,5 mm eine Tastspitze mit Radius bis max. 5 µm und einer Grenzzellenlänge von 8 mm eine Tastspitze mit einem Radius bis max. 10 µm eingesetzt werden, ohne dass das Messresultat nennenswert beeinflusst wird (Abb. 6.20). Der Profilpunktabstand ist ein Qualitätskriterium des Messgeräts, der besonders bei kleinen Rillenbreiten zum Tragen kommt.

6.8   Rückführung, Überwachung, Normale, Messunsicherheit

Zur Kalibrierung und zur messtechnischen Rückführung (Abb. 6.21) von Kontur- und Rauheitsmessgeräten stehen eine Vielzahl von Normalen zur Verfügung. Die Wahl der verwendeten Normale hängt davon ob, welche Eigenschaften des Rauheitsmessgeräts kalibriert werden soll.

Es wird unterschieden zwischen vertikalen und horizontalen Kenngrößen oder eine Kombination beider Eigenschaften [16].

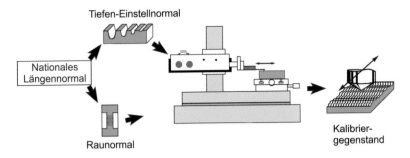

Abb. 6.21 Rückführung von Tastschnittgeräten, Kalibrierkette

6.8.1 Normale

Planglas: Zur Feststellung des Rauschens eines Rauheitsmessgeräts oder der Einflüsse von Schwingungen der Umgebung kann ein Planglas eingesetzt werden. Kratzerfreie Plangläser weisen sehr kleine Rauheiten im Bereich Rz < 5 nm und Geradheitsabweichungen im Bereich von einigen zehn Nanometern auf. Durch die Messung eines Planglases mit dem Rauheitsmessgerät und der Analyse der Abweichungen zu den kalibrierten Werten lassen sich Abweichungen in der Geradführung, und in der Kombination von Umgebungsrauschen und elektrischem Rauschen des Messgerätes finden. Dazu wird die Ermittlung der Kenngrößen Pt und Pq sowie die Auswertung der Kenngrößen Ra und Rz empfohlen [16].

Softwarenormale [17] unterstützen die Prüfung der Algorithmen innerhalb der Gerätesoftware und können über das Internet genutzt werden.

Tiefeneinstellnormal: Zur Kalibrierung vertikaler Abweichungen des Messsystems können Tiefeneinstellnormale eingesetzt werden (Abb. 6.22). Als vertikale Komponenten wird die Richtung bezeichnet, in der die Tastnadel bei der Messung auslenkt. Diese wird

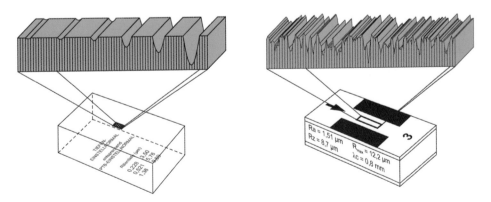

Abb. 6.22 Tiefeneinstellnormal (links) und Raunormal (rechts)

üblicherweise mit Z-Richtung bezeichnet. Normale dieser Art weisen meist mehrere Rillen auf, deren Tiefen kalibriert sind. Typische Rillentiefen solcher Normale liegen im Bereich von Bruchteilen von Mikrometern bis zu einigen Mikrometern.

Raunormal: Zur Kalibrierung des Gesamtsystems werden Raunormale unterschiedlicher Bauart und Oberflächenstruktur eingesetzt. Dazu gibt es Raunormale, auf denen eine aperiodische Struktur aufgebracht ist, welche sich in einem bestimmten Intervall (z. B. 4 mm) wiederholt (Abb. 6.22) und Raunormale mit periodischer Struktur. Entscheidend ist, dass deren Rauheitskennwerte kalibriert sind.

Rillenabstandsnormal: Zur Kalibrierung horizontaler Abweichungen des Messsystems, also in Vorschubrichtung der Tastnadel, stehen Abstandsnormale zur Verfügung. Diese Normale weisen eine periodische Struktur in vertikaler Richtung auf, deren mittlere Rillenbreite kalibriert ist. Mit Normalen dieser Art lassen sich Abweichungen in der Maßverkörperung in Vorschubrichtung feststellen.

6.8.2 Generelle Hinweise zur Kalibrierung von Rauheitsmessgeräten

Zur Durchführung der Kalibrierung von Rauheitsmessungen sind in der Regel Wiederholungsmessungen nötig, da die Inhomogenität der zur Verfügung stehenden Normale das Messergebnis andernfalls unzulässig beeinflussen könnte. Es wird empfohlen zwölf Messungen, verteilt auf dem Normal, durchzuführen.

Werden aufgabenspezifische Kalibrierungen durchgeführt, ist wie bei jeder anderen Kalibrierung darauf zu achten, dass das verwendete Normal zu dem zu messenden Merkmal möglichst ähnlich ist.

Wie bei jedem Kalibriervorgang ist ebenfalls darauf zu achten, dass die Mess- und Auswertebedingungen, die bei der Kalibrierung verwendet werden, mit denen im Kalibrierschein zum verwendeten Normal vergleichbar sind.

6.8.3 Messunsicherheit

Bei der Messunsicherheitsbetrachtung von Rauheitsmessungen ist neben anderen Komponenten die Kalibrierunsicherheit der verwendeten Normale besonders zu beachten. Dem Kalibrierschein des Normals soll hier insbesondere die Information über die Inhomogenität des Normals und deren Einfluss auf die Kalibrierunsicherheit entnommen werden.

Basierend auf diesen Informationen und abhängig von der verwendeten Messstrategie kann daraus der Einfluss auf die Messunsicherheit der durchgeführten Kalibrierung abgeschätzt werden.

Literatur

1. Whitehouse, D.J.: Surfaces and their Measurement, Butterworth-Heinemann (2012)
2. DIN EN ISO 4287, 2010–07: Geometrische Produktspezifikation (GPS) – Oberflächenbeschaffenheit: Tastschnittverfahren – Benennungen, Definitionen und Kenngrößen der Oberflächenbeschaffenheit (2010)
3. DIN EN ISO 1302, 2002–06: Geometrische Produktspezifikation (GPS) – Angabe der Oberflächenbeschaffenheit in der technischen Produktdokumentation (2002)
4. DIN EN ISO 25178–2, 2012–11: Geometrische Produktspezifikation (GPS) – Oberflächenbeschaffenheit: Flächenhaft – Teil 2: Begriffe und Oberflächen-Kenngrößen (2012)
5. DIN EN ISO 16610–1, 2015–11: Geometrische Produktspezifikation (GPS) – Filterung – Teil 1: Überblick und grundlegende Konzepte (2015)
6. DIN EN ISO 25178–1, 2016–12: Geometrische Produktspezifikation (GPS) – Oberflächenbeschaffenheit: Flächenhaft – Teil 1: Angabe von Oberflächenbeschaffenheit (2016)
7. DIN EN ISO 25178–3, 2012–11: Geometrische Produktspezifikation (GPS) – Oberflächenbeschaffenheit: Flächenhaft – Teil 3: Spezifikationsoperatoren (2012)
8. DIN EN ISO 25178–6, 2010–06: Geometrische Produktspezifikation (GPS) – Oberflächenbeschaffenheit: Flächenhaft – Teil 6: Klassifizierung von Methoden zur Messung der Oberflächenbeschaffenheit (2010)
9. DIN EN ISO 25178–601, 2011–01: Geometrische Produktspezifikation (GPS) – Oberflächenbeschaffenheit: Flächenhaft – Teil 601: Merkmale von berührend messenden Geräten (mit Taster) (2011)
10. DIN EN ISO 25178–606, 2016–12: Geometrische Produktspezifikation (GPS) – Oberflächenbeschaffenheit: Flächenhaft – Teil 606: Merkmale von berührungslos messenden Geräten (Fokusvariation) (2016)
11. DIN EN ISO 25178–604, 2013–12: Geometrische Produktspezifikation (GPS) – Oberflächenbeschaffenheit: Flächenhaft – Teil 604: Merkmale von berührungslos messenden Geräten (2013)
12. DIN EN ISO 25178–70, 2014–06: Geometrische Produktspezifikation (GPS) – Oberflächenbeschaffenheit: Flächenhaft – Teil 70: Maßverkörperungen (2014)
13. DIN EN ISO 3274, 1998–04: Geometrische Produktspezifikationen (GPS) – Oberflächenbeschaffenheit: Tastschnittverfahren – Nenneigenschaften von Tastschnittgeräten (1998)
14. DIN EN ISO 4288, 1998–04: Geometrische Produktspezifikation (GPS) – Oberflächenbeschaffenheit: Tastschnittverfahren – Regeln und Verfahren für die Beurteilung der Oberflächenbeschaffenheit (1998)
15. DIN EN ISO 13565–1, 1998–04: Geometrische Produktspezifikationen (GPS) – Oberflächenbeschaffenheit: Tastschnittverfahren – Oberflächen mit plateauartigen funktionsrelevanten Eigenschaften – Teil 1: Filterung und allgemeine Meßbedingungen (1998)
16. DIN EN ISO 12179, 2000–11: Geometrische Produktspezifikation (GPS) – Oberflächenbeschaffenheit: Tastschnittverfahren – Kalibrierung von Tastschnittgeräten (2000)
17. DIN EN ISO 5459, 2013–05: Geometrische Produktspezifikation (GPS) – Geometrische Tolerierung – Bezüge und Bezugssysteme (2013)

Messräume

7

▶ **Trailer**

Messresultate müssen reproduzierbar sein. Die Messunsicherheit wird von einer Vielzahl von Parametern beeinflusst. Zu diesen **Einflussgrößen** gehört die **Umgebung,** in der Messungen durchgeführt werden.

Diese können Messresultate beeinflussen und eine wichtige Komponente der Messunsicherheit darstellen. Um den Einfluss der Umgebung auf Messergebnisse abschätzen zu können, müssen daher die **Umgebungsbedingungen** bekannt sein oder sich in festgelegten **Grenzen** bewegen.

Sind die Zusammenhänge zwischen den Umgebungsbedingungen und den Auswirkungen auf das Messergebnis bekannt, können diese unter Umständen kompensiert werden. Im Allgemeinen ist die Beziehung zwischen den Umgebungsbedingungen und dem Messresultat nicht bekannt oder sehr komplex und kann in vielen Fällen nicht bestimmt werden. In diesen Fällen muss sichergestellt werden, dass Änderungen der Umgebungsbedingungen in festgelegten Grenzen bleiben. Diese Grenzen hängen von der maximal zulässigen Messunsicherheit ab.

In diesem Kapitel wird die **Bedeutung von Messräumen** vorgestellt und es werden praxisorientierte Hinweise zur **Planung,** zur **Auslegung** und zur **Spezifikation** von Messräumen aufgezeigt. Dazu werden zulässige Temperaturabweichungen, Festlegungen zur relativen Feuchte und weiteren wichtigen Parametern aufgezeigt.

Im Abschnitt **Architektur und Ausrüstung** wird neben der Diskussion über den Standort und den Grundriss von Messräumen ebenso werden **ergonomische Aspekte** aufgezeigt, die bei der Planung von Messräumen berücksichtigt werden sollten.

© Springer Fachmedien Wiesbaden GmbH, ein Teil von Springer Nature 2021
M. Marxer et al., *Fertigungsmesstechnik*, https://doi.org/10.1007/978-3-658-34168-8_7

7.1   Grundlagen

Gestützt auf diese Anforderungen an Messräume werden diese in Klassen [1] eingeteilt. Diese Klassifikation basiert auf den Grenzen, in denen die relevanten Kenngrößen wie Temperatur, Luftfeuchte, Schwingungen u. a. liegen. Nach [1] gibt es vier Standardklassen von Messräumen. Für Messräume der Güteklasse 1 gelten die höchsten Anforderungen. Diese Anforderungen werden bis zur Klasse 4 stufenweise geringer. Daneben gibt es Messräume der Güteklasse S, bei denen die Möglichkeit besteht, besondere Anforderungen festzulegen.

▶   Ein Messraum ist definiert als Raum mit festgelegten Anforderungen an die Umgebungsbedingungen.

Das Layout eines Messraums ist so zu wählen, dass die Bedürfnisse der Messtechnik wie auch ergonomische Gesichtspunkte für die Menschen im Messraum berücksichtigt werden. Die Erstellung eines Messunsicherheitsbudgets gibt Hinweise darauf, welche Güteklasse für die durchzuführenden Messungen erforderlich ist.

7.2   Kenngrößen und Klassifikation

Zur Spezifikation eines Messraums werden Kenngrößen zur Temperatur, Luftfeuchte, Luftgeschwindigkeit, Schwingungen und der Reinheit der Luft definiert.

7.2.1   Temperatur

Die **Referenztemperatur** für Längenmessungen beträgt 20 °C. Die Temperatur in einem Messraum ist nicht konstant, sie ändert sich zeitlich und räumlich. Das Temperaturverhalten eines Messraums wird beschrieben durch (Tab. 7.1):

Tab. 7.1 Klassifikation von Messräumen

Güteklasse	Solltemperatur	Zulässige Temperatur-änderung über 1 h	Betrag der zulässigen Temperatur-änderung über 24 h	Zulässige Grenz-abweichung
1	20 °C	0,2 °C	0,4 °C	0,4 °C
2	Je nach Festlegung	0,4 °C	0,8 °C	0,8 °C
3	Je nach Festlegung	1,0 °C	2,0 °C	2,0 °C
4	Je nach Festlegung	2,0 °C	3,0 °C	3,0 °C

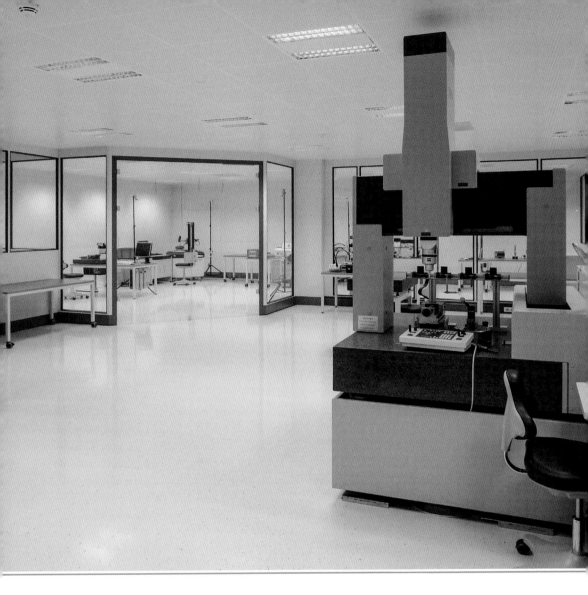

Klimatisierte Messräume

gemäß VDI/VDE 2627-1

- ◆ Schlüsselfertige Systemlösungen mit patentierter Luftführung
- ◆ Geeignet für höchste Güteklassen, 0,2 K/h, 0,4 K/d, 0,2 K/m
- ◆ Mit zentraler Raumsteuerung durch frei programmierbare SPS

- Abweichung von der Bezugstemperatur
- Zeitliche Temperaturgradienten
- Bereich der zulässigen Temperaturänderungen
- Räumliche Temperaturunterschiede

Die Ursachen für Temperaturänderungen liegen im Wesentlichen in der freien und erzwungenen Konvektion, Wärmeleitung und Wärmestrahlung folgender Wärmequellen:

- Fundamente, Fußboden, Wände, Decken, Fenster (Sonneneinstrahlung)
- Personen und Einrichtungen wie Geräte, Steuerungen, Beleuchtungen

7.2.2 Luftfeuchte

Die **relative Luftfeuchte** hat z. B. Einfluss auf das Korrosionsverhalten von Metallen oder das Quellverhalten von Kunststoffen. In einem Messraum ist eine relative Luftfeuchte zwischen 30 % und 60 % sinnvoll.

Bei Überschreitung dieser Grenze wird die Korrosionsanfälligkeit von Metallen deutlich erhöht. Bei Unterschreitung der Grenze von 30 % relativer Feuchte steigt die Gefahr von elektrostatischer Aufladung, sodass Staubpartikel verstärkt an Werkstücken, Normalen und Geräten haften und damit die Messung beeinflussen können. Elektrostatische Aufladung erhöht die Gefahr von Schäden an elektronischen Baugruppen, da Spannungsentladungen in ungünstigen Fällen zu einer Zerstörung elektronischer Bauteile führen können.

Die Luftfeuchte in Messräumen wird u. a. beeinflusst durch Raumtemperaturänderungen, durch das Außenklima und durch die Anzahl Personen, die sich im Messraum befinden. Neben diesen Punkten kann auch mit der Art der Reinigung z. B. durch eine Fussboden-Nassreinigung, die Luftfeuchte beeinflusst werden.

Bei der Planung und dem Betrieb von Messräumen sollten neben technischen auch ergonomische Aspekte berücksichtigt werden. Im Hinblick auf die Ergonomie sollte eine Unterschreitung von 30 % relativer Feuchte vermieden werden, da hier die Behaglichkeit für die im Messraum arbeitenden Menschen abnimmt.

7.2.3 Luftgeschwindigkeit

Um den Anforderungen der Klimatisierung genügen zu können, ist in einem Messraum ein kontinuierlicher Luftaustausch notwendig. Die Luftgeschwindigkeit ist abhängig vom Messraumvolumen und von den Wärmequellen im Raum. Der Luftaustausch muss mit zunehmender Wärmebelastung erhöht werden. Allerdings kann eine Erhöhung der Luftgeschwindigkeit eine stärkere Aufwirbelung von Staub verursachen. Dies wirkt sich negativ auf die Messergebnisse aus.

Abb. 7.1 Ergonomie in einem Messraum. Behaglichkeit in Abhängigkeit von Luftgeschwindigkeit und Lufttemperatur

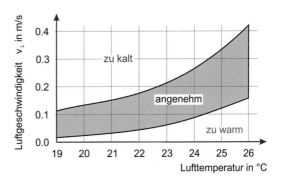

Auch aus ergonomischen Gründen (Abb. 7.1) ist eine möglichst geringe Luftgeschwindigkeit anzustreben, um das Wohlbefinden der Mitarbeiter im Messraum nicht zu beeinträchtigen.

7.2.4 Schwingungen

Schwingungen und Erschütterungen sind zeitliche Veränderungen physikalischer Größen, die sich aus harmonischen und nicht harmonischen Anteilen zusammensetzen. Die von Motoren und Maschinen herrührenden Schwingungen sind überwiegend harmonisch, diejenigen vom Straßen- oder Schienenverkehr meistens nicht harmonisch.

Schwingungen sind durch deren Amplituden, Geschwindigkeiten und Beschleunigungen gekennzeichnet. Für die Schwingungsanalyse ist ferner die Richtung der Schwingung von Interesse. Auf messtechnische Geräte wirken sich vor allem Schwingungen im Bereich von ca. 1 bis einige 100 Hz aus.

Viele Messgeräte sind schwingungsempfindlich. Die Empfindlichkeit hängt u. a. von der Geschwindigkeit ab, in der Messpunkte erfasst werden und bei berührenden Messsystemen von der Messkraft, mit der sich das Tastelement auf der Oberfläche antastet. Bei sehr genauen langsamen Oberflächenmessgeräten mit Bezugsflächentastsystem und kleinsten Tastkräften werden deshalb besondere Maßnahmen zur Reduktion von Schwingungen vorgesehen. Es werden aktive und passive Elemente zur Schwingungsdämpfung unterschieden.

Je größer die Masse, desto besser können hochfrequente Schwingungen gedämpft werden. Deshalb werden in Messräumen mit höchsten Anforderungen massive Bodenplatten, z. B. aus Beton, direkt in den gewachsenen Boden und getrennt vom übrigen Gebäude verlegt. Messgeräte, wie z. B. KMG oder Oberflächenmessgeräte arbeiten mit schweren Stahl- und Hartgesteinplatten. Zusätzliche schwingungsdämpfende Maßnahmen, wie z. B. eine aktive Luftdämpfung, auf der das Gerätebett gelagert ist, können den Einfluss von Schwingungen auf das Messergebnis bzw. die Messunsicherheit reduzieren.

7.2.5 Reinheit der Luft

Partikel in der Luft können das Messergebnis beeinflussen. Abhängig von der Art der Messaufgaben sind die Anforderungen an die Reinheit der Luft zu definieren. Die Klassifikation der Luftreinheit wird mittels Reinheitsklassen festgelegt. Die Reinheit der Luft ist durch die Partikelkonzentration, d. h. die Zahl der Partikel pro Volumen Luft, gekennzeichnet. Messräume müssen nicht den Anforderungen von Reinräumen entsprechen.

7.3 Architektur und Ausrüstung

Bei der Planung und dem Bau von Messräumen sind deren Standort, der Grundriss und auch ergonomische Aspekte zu beachten. Damit können logistische und wirtschaftliche Aspekte günstig beeinflusst werden.

7.3.1 Standort

Der Standort eines Messraums soll so gewählt werden, dass unerwünschte Umwelteinflüsse wie Schwingungen, Temperaturänderungen, Änderungen der Feuchte sowie Schmutz von vornherein, d. h. ohne zusätzliche Maßnahmen, minimiert werden können.

Wird ein Messraum in einem bestehenden Gebäude eingerichtet, sind die vorhandene Bausubstanz auf ihr Schwingungsverhalten zu untersuchen und daraus ein geeigneter Standort abzuleiten. Werden höhere Anforderungen an einen Messraum gestellt, so wird dessen Lage meist auf der Nordseite (geringe Sonneneinstrahlung) und im Erd- oder Untergeschoss des Gebäudes gewählt (geringe Auswirkung von Schwingungen, stabilere Temperaturen). Der Standort sollte gleichzeitig so gewählt werden, dass ein sinnvoller Materialfluss im Betrieb gewährleistet werden kann.

7.3.2 Grundriss

Der Flächenbedarf in einem Messraum hängt ab von den zu bearbeitenden Messaufgaben und den dafür erforderlichen Messgeräten. Der Grundriss eines Messraums ist so zu gestalten, dass sowohl für Messgeräte, für das notwendige Personal sowie für die

Abb. 7.2 Grundriss eines
Messraums

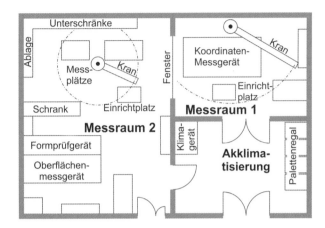

Ablage von Werkstücken und Hilfseinrichtungen genügend Raum eingeplant wird. Für einen durchschnittlichen, universellen Messraum ist eine Grundfläche von ca. 70 m^2 erforderlich. Besteht ein höherer Platzbedarf, so kann es sinnvoll sein, den Messraum in mehrere Bereiche aufzuteilen (Abb. 7.2). Im Messraum 1 sind die besten Bedingungen, vorgelagert ist ein Raum für die Akklimatisierung von Werkstücken, Akklimatisierung und Lagerung von Normalen und Hilfseinrichtungen.

Der Akklimatisierungsraum dient als Schleuse in den Bereich mit den höchsten Anforderungen. Es empfiehlt sich, größere Wärmequellen wie z. B. Steuerungen mit großer Leistungsaufnahme auszulagern bzw. die eine Luftabsaugung in den Steuerschränken vorzusehen, um die Abwärme direkt abzuführen.

Es ist darauf zu achten, dass auch zu einem späteren Zeitpunkt große und schwere Werkstücke oder neue Messgeräte ohne große bauliche Maßnahmen in den Messraum eingebracht (große Türen/Tore) und dort einfach bewegt werden können (Kran, Bodenbelastung beachten).

7.3.3 Ergonomische und wirtschaftliche Aspekte

Die Anforderungen aus messtechnischer Sicht decken sich häufig nicht mit den Wünschen der im Messraum beschäftigten Mitarbeiter. Bei der Planung und dem Betreiben von Messräumen ist die Ergonomie ein wichtiger Faktor, der berücksichtigt werden sollte. Hierbei gilt es, die menschlichen Bedürfnisse hinsichtlich Arbeitsplatzgestaltung, gesundheitlichen Anforderungen, thermischer Behaglichkeit und Arbeitssicherheit zu berücksichtigen.

Auch hier kann die Idee der „Schalenbauweise" gute Dienste leisten. Sie sieht vor, nur das eigentliche Messgerät zu kapseln und mit genau temperierter Luft und hohen Luftgeschwindigkeiten zu durchfluten. In einer zweiten Schale herrschen für den

Menschen angenehmere Bedingungen. Der Zugänglichkeit zu den Messgeräten ist bei der Verwirklichung dieser Idee besonderes Augenmerk zu schenken.

Die Kosten für die Planung, den Bau und den Betrieb, die Wartung und Instandhaltung von klimatisierten Messräumen sind erheblich und bedürfen einer detaillierten Kosten-/Nutzenanalyse. Für die Planung, Erstellung und zum Betrieb von Messräumen stehen spezifische Richtlinien als Leitfaden für diese Tätigkeiten zur Verfügung [2].

Literatur

1. VDI/VDE 2627 Blatt 1, 2015-12: Messräume – Klassifizierung und Kenngrößen – Planung und Ausführung (2015)
2. VDI/VDE 2627 Blatt 2, 2005-10: Messräume – Leitfaden zur Planung, Erstellung und zum Betrieb (2005)

Messmittel und Lehren für Werkstatt und Produktion

8

▶ **Trailer**

Im Kapitel Messmittel und Lehren für Werkstatt und Produktion werden **Maßverkörperungen für Länge und Winkel** wie auch **Längenaufnehmer** und **Messuhren** praxisorientiert beschrieben.

Ein Abschnitt in diesem Kapitel beschreibt verfügbare **Arten von Lehren** und erklärt den **Taylorschen Grundsatz,** mit dem verständlich wird, wie Lehren ausgelegt werden sollen und welche Aspekte bei deren Anwendung beachtet werden sollen.

Ein Schwerpunkt in diesem Kapitel stellen Längenmessgeräte dar. Es werden Längenmessgeräte mit unterschiedlichen Funktionsprinzipien, deren Eigenschaften und deren bevorzugte Einsatzmöglichkeiten vorgestellt.

Messmittel ist der Oberbegriff für anzeigende Messgeräte, Normale und Lehren sowie Hilfsmittel (Abb. 8.1). Messmittel für Prüfzwecke werden auch **Prüfmittel** genannt. Ein **anzeigendes Messgerät** ist dadurch gekennzeichnet, dass die von ihm ausgegebene Information, der Messwert, unmittelbar abgelesen werden kann.

Zu den anzeigenden Messgeräten gehören sowohl die Messzeuge als auch Messvorrichtungen, Messautomaten, Koordinatenmesssysteme, Form- und Oberflächenmessgeräte. Daneben gibt es auch übertragende, nicht anzeigende Messgeräte wie Messverstärker, Messumsetzer und Messumformer, die einen Teil der **Messkette** bilden können. Maßverkörperungen sind Prüfmittel, die bestimmte, einzelne Werte oder eine Folge von Werten einer Messgröße, z. B. eine Einheit, Vielfache oder Teile einer Einheit, darstellen. Dazu zählen nicht nur Strichmaße, Parallelendmaße, sondern auch Lehren und Grenzlehren, die neben dem Längenmaß zugleich auch eine geometrische Form verkörpern. Alle übrigen zum Messen notwendigen Elemente werden als **Hilfsmittel** bezeichnet, z. B. Halterungen für Messwertaufnehmer und Werkstücke, Prismen, Platten,

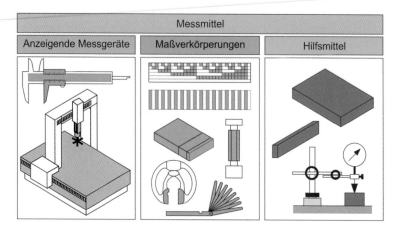

Abb. 8.1 Messmittel der Fertigungsmesstechnik

Lineale, Führungen. Lineal und Messplatte verkörpern die gerade Linie bzw. eine Ebene, sie sind zugleich Hilfsmittel und Formverkörperungen. Zu den Hilfsmitteln zählen auch Anweisungen und Software.

8.1   Maßverkörperungen für Länge und Winkel

Digitale Messsysteme für Längen und Winkel verkörpern die Position durch den Abstand von Teilungsmarkierungen. Es stehen digitale Messsysteme zur Verfügung, die von Hand per Lupe oder die automatisch mit photoelektrischen Systemen ausgelesen werden.

Der codierte (absolute) Maßstab besitzt mehrere Spuren mit Teilungsmarkierungen, mit denen jeder Position ein eindeutiger Wert zugeordnet wird. Die codierten Maßstäbe sind aufwändiger herzustellen. Der inkrementale Maßstab hat nur eine Spur mit einem Strichgitter, dessen Teilungsperiode kleiner als 0,01 mm sein kann. Ein zweites Gitter mit gleicher Gitterkonstante dient als „Abtastgitter". Eine Relativbewegung zwischen Maßstab und Gitter führt zu einer Folge von Signalen, die als „Inkremente" gezählt werden. Jede Messlänge muss in einen Verschiebeweg umgesetzt werden, der als Anzahl von Inkrementen gezählt wird. Abb. 8.2 zeigt codierte und inkrementale Längen- und Winkelmaßstäbe.

Die in Messgeräten und NC-Werkzeugmaschinen eingebauten Maßstäbe sind überwiegend inkrementale Messsysteme. Durch Referenzpositionen auf dem Teilungsträger, die zu Beginn einer Messung angefahren werden, kann dann auch bei einem inkrementalen Messsystem jeder Position ein definierter Messwert zugeordnet werden. Es gibt verschiedene Möglichkeiten, die Inkremente des Maßstabes in Zählimpulse umzusetzen.

Neben dem induktiven „Inductosynverfahren", den magnetischen und den kapazitiven inkrementalen Messverfahren hat das fotoelektrische Verfahren die größte Verbreitung erlangt, das nachfolgend erläutert wird.

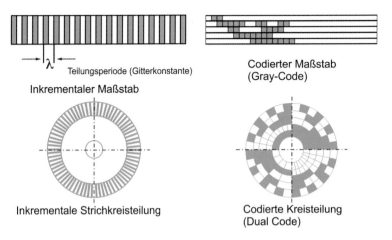

Abb. 8.2   Inkrementale (links) und codierte (rechts) Strichmaßstäbe

Der Maßstabträger für die inkrementale Teilung kann aus Glas oder Metall sein. Der Glasmaßstab wird gewöhnlich im Durchlicht angetastet, für den Metallmaßstab kommt nur das Auflichtverfahren in Betracht. Abb. 8.3 zeigt die Anordnungen von Lichtquelle, Optik, Maßstab, Abtastgitter und Fotoempfänger dieser beiden Verfahren.

Das Durchlichtverfahren kommt mit einer schwächeren Lichtquelle aus, die weniger Wärme abgibt. Das Auflichtverfahren erlaubt eine kompaktere Bauform, weil Lichtquelle, Optik, Abtastgitter und Fotoempfänger auf einer Seite des Maßstabs angeordnet sind. Das hat Vorteile beim Einbau in Messgeräten und Werkzeugmaschinen. Gittermaßstäbe können in hoher Präzision mit geringen Teilungsabweichungen hergestellt werden. Aufgrund der Abtastung vieler Teilstriche über ein Abtastgitter hat die Positionsabweichung eines einzelnen Teilstriches eine untergeordnete Bedeutung.

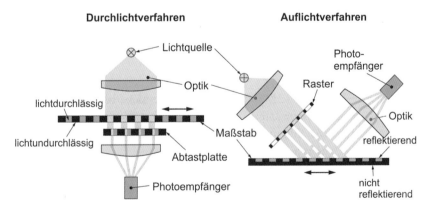

Abb. 8.3   Fotoelektrisches Messsystem in Durchlicht- (links) und Auflichtanordnung (rechts)

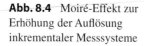

Abb. 8.4 Moiré-Effekt zur Erhöhung der Auflösung inkrementaler Messsysteme

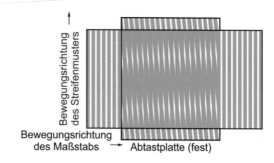

Mit einem einzigen Fotoempfänger können nur Lichtimpulse gezählt werden, die bei der Relativbewegung zwischen Maßstab und Abtastgitter entstehen. Dieses System wäre nicht in der Lage, die Bewegungsrichtung zu erkennen, um die Signale je nach Verschieberichtung zu addieren oder zu subtrahieren. Erst wenn das System durch einen zweiten Fotoempfänger mit einem zweiten um eine Viertel-Teilungsperiode versetzten Abtastgitter ergänzt wird, kann in einer logischen Schaltung die Bewegungsrichtung erkannt werden.

Da die Gitterkonstante der Maßstäbe nicht beliebig verkleinert werden kann, sind der Auflösung gewisse Grenzen gesetzt. Es gibt elektronische Interpolationsschaltungen, mit denen sich die Messabweichungen zwar nicht verringern lassen, mit denen aber die Auflösung um eine Größenordnung verbessert werden kann.

Die Teilstriche von Maßstab und Abtastgitter sind gewöhnlich parallel zueinander ausgerichtet. Es gibt aber auch inkrementale Maßstäbe, bei denen die Teilungsmarkierungen um einen bestimmten Winkel zueinander gedreht sind. Die nach dem Moiré-Verfahren arbeitenden inkrementalen Messsysteme erzeugen ein Streifenmuster, das bei horizontaler Verschiebung des Maßstabes vertikal auswandert (Abb. 8.4). Damit lässt sich die Auflösung der Maßstabteilung steigern. Maßstäbe erreichen heute mit Interpolationsmethoden eine Auflösung bis zu 1 nm. Messlängen bis 1000 mm sind üblich, längere Maßstäbe sind erhältlich.

8.2   Längenaufnehmer, Messsignal, Skalen- und Ziffernanzeige

Längenaufnehmer tasten die Messfläche am Werkstück berührend (taktil) oder berührungsfrei (optisch, pneumatisch oder elektrisch) an und erzeugen ein Messsignal. Längenaufnehmer und Anzeige können miteinander kombiniert oder räumlich getrennt voneinander angeordnet sein. Längenaufnehmer mit Anzeige sind als Messuhr, Fühlhebelmessgerät, Feinzeiger und digitaler Messtaster weit verbreitet. Der Längenaufnehmer ist vielfach eine Komponente eines anzeigenden Messgerätes, eines Mehrstellenmessgerätes oder einer Längenregelung.

Die **Anzeige** ist die unmittelbare optisch oder akustisch erfassbare Ausgabe der Information über den Wert der Messgröße. Im allgemeinen Sprachgebrauch wird auch die Einrichtung, mit der die Information übermittelt wird, Anzeige genannt. Man unterscheidet Skalen- und Ziffernanzeige. Abb. 8.5 zeigt links die Skalenanzeige und rechts die Ziffernanzeige eines Feinzeigers.

Bei Messgeräten mit **Skalenanzeige** stellt sich eine Marke (z. B. Zeiger, Schwebekörper in einem Strömungsmesser, Meniskus einer Flüssigkeitssäule) kontinuierlich auf eine Stelle der Skale ein. Eine Strichskale ist die Aufeinanderfolge einer größeren Anzahl von Teilungsmarken auf einem Skalenträger. **Skalenlänge** ist der längs des Weges der Marke in Längeneinheiten gemessene Abstand zwischen dem ersten und letzten Teilstrich der Skale. Bei einer bogenförmigen Skale ist die Skalenlänge auf dem Bogen zu messen. Anstelle der Skalenlänge kann auch der Bogenwinkel angegeben werden. Als Teilstrichabstand wird der in Längeneinheiten angegebene Abstand zweier benachbarter Teilstriche bezeichnet. Der **Skalenteil** ist die Einheit für die Anzeige, wenn der Teilstrichabstand als Zähleinheit dient. Der **Skalenteilungswert** ist die Änderung des Wertes der Messgröße, die eine Verschiebung der Marke (Zeiger) um einen Skalenteil bewirkt.

Dagegen ist bei Messgeräten mit **Ziffernanzeige** die Ausgangsgröße eine mit fest gegebenem kleinstem Schritt quantisierte, zahlenmäßige Darstellung der Messgröße. Der Messwert erscheint als Summe von Quantisierungseinheiten oder als Anzahl von Impulsen in einer Ziffernfolge.

Die **Ziffernskale** ist eine Folge von Ziffern (z. B. 0, 1, 2 bis 9) auf einem Ziffernträger. Die Ziffernskale hat gewöhnlich eine diskontinuierliche, springende Anzeige. Der Sprung zwischen zwei aufeinanderfolgenden Zahlen der letzten Stelle heißt **Ziffernschritt.** Der **Ziffernschrittwert** entspricht der Änderung des Wertes der Messgröße, bei der die Anzeige um einen Ziffernschritt springt. Der **Anzeigebereich**, auch **Messspanne** genannt, ist der Bereich zwischen größter und kleinster Anzeige eines Messgerätes. Bei Messgeräten mit Skalenanzeige kennzeichnet die **Empfindlichkeit** (Vergrößerung,

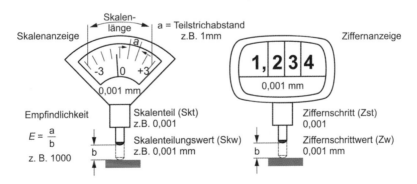

Abb. 8.5 Skalenanzeige, Ziffernanzeige

Übersetzung) das Verhältnis aus Anzeigen- und Messgrößenänderung, beim Feinzeiger ist die Empfindlichkeit das Verhältnis aus dem Weg der Zeigerspitze zu der sie verursachenden Verschiebung des Messbolzens.

8.3   Lehren, Taylorscher Grundsatz

Lehren sind Prüfmittel, die ein Maß und eine Form verkörpern. Sie dienen zum Prüfen von Werkstücken oder zum Kalibrieren von Messgeräten und haben so auch für die Prüfmittelüberwachung Bedeutung.

Lehren heißt, festzustellen, ob die Geometrie eines Werkstücks die durch die Lehre verkörperten Dimensionen, Formabweichungen oder Lagebeziehungen einhalten oder in welcher Richtung sie diese überschreiten. Das Lehren ist eine **funktionsorientierte Prüfung,** mit der die „Paarungsfähigkeit" beurteilt werden kann und die an den Prüfer nur geringe Anforderungen stellt. Lehren ist im Austauschbau weit verbreitet und erlaubt vielfach, auch Werkstücke mit komplexer Geometrie schnell zu prüfen (z. B. Gehäuseteile eines automatischen Getriebes mit vielen Bohrungen und Durchbrüchen). Der Betrag der Abweichung kann mit dem Vorgang Lehren nicht ermittelt werden.

Technische Lieferbedingungen für Lehren sind [1] zu entnehmen. Es gibt folgende Lehrenarten (Einteilung nach Funktion).

- Dimensionelle Lehren (z. B. Fühlerlehre, Prüfstifte),
- Formlehren (z. B. Radius-, Winkel-, Gewinde-, Schweißnahtlehre, Lehrzahnrad),
- Lagelehren zum Prüfen von Mehrfachpassungen (z. B. Achsabstandslehre).

Einer anderen Unterteilung zufolge gibt es folgende Lehrenarten (nach Anwendung):

- Arbeitslehren zum Prüfen von Werkstücken,
- Prüflehren als Gegenlehren zum Prüfen von Arbeitslehren und
- Revisionslehren zum Nachprüfen derjenigen Werkstücke, die zuvor beim Prüfen mit der Arbeitslehre „Nacharbeit" ergaben.

8.3.1   Grenzlehren

Die Grenzlehre ist eine Arbeitslehre. Sie besteht aus zwei Lehrenkörpern, einer Gut- und einer Ausschusslehre. Grenzlehren sind Prüfmittel zur Beurteilung der Paarungsfähigkeit. Die Beurteilung bezieht sich auf das Maß, die Form und/oder die Lage eines Werkstückelements. Grenzlehren werden bei mittleren und großen Stückzahlen eingesetzt. Das Ergebnis der Lehrung ist eine qualitative Entscheidung nach Gut, Nacharbeit oder Ausschuss.

Bei der Prüfung mit der Grenzlehre gilt ein Werkstück als gut, wenn sich die Gutlehre zwanglos, die Ausschusslehre hingegen nicht mit dem Werkstück paaren lässt. Kann die Gutlehre nicht mit dem Werkstück gepaart werden, dann gilt das Werkstück als „Nacharbeit". Wenn sich aber die Ausschusslehre mit dem Werkstück paaren lassen, heißt die Aussage „Ausschuss". Grenzlehren sollten entsprechend dem Taylorschen Grundsatz gestaltet sein.

8.3.2   Taylorscher Grundsatz

W. Taylor formulierte 1905 den nach ihm benannten Grundsatz in einer englischen Patentschrift über Gewindelehren:

▶   **Wichtig**
- Die Gutlehre soll so ausgebildet sein, dass sie die zu prüfende Form in ihrer Gesamtwirkung beurteilt.
- Dagegen soll die Ausschusslehre nur einzelne Bestimmungsstücke der geometrischen Form des Werkstücks prüfen.

Durch diese Forderung wird sichergestellt, dass die Toleranzgrenzen nicht durch Formabweichungen des Werkstücks überschritten werden.

▶   In Fällen, in denen die Formtoleranz größer ist als die Maßtoleranz, hat der Taylorsche Grundsatz keine Berechtigung.

Abb. 8.6 zeigt die Anwendung des Taylorschen Grundsatzes auf die Gestaltung einer Grenzlehre für Bohrungen. Der Taylorsche Grundsatz ist eine Idealvorstellung, der die gebräuchlichen Grenzlehren häufig nicht gerecht werden.

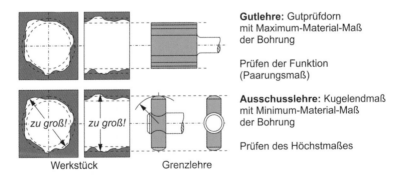

Gutlehre: Gutprüfdorn mit Maximum-Material-Maß der Bohrung

Prüfen der Funktion (Paarungsmaß)

Ausschusslehre: Kugelendmaß mit Minimum-Material-Maß der Bohrung

Prüfen des Höchstmaßes

Werkstück   Grenzlehre

Abb. 8.6 Taylorscher Grundsatz, angewendet auf Bohrungslehre

- Lehrdorne als Gutlehren für Bohrungen sind gewöhnlich kürzer als die zu prüfenden Bohrungen.
- Gutlehren für große Bohrungen (>120 mm) werden wegen ihres hohen Gewichtes als Flachlehren, für sehr große Bohrungen (>160 mm) sogar als Kugelendmaße ausgeführt.
- Ausschusslehren haben für Bohrungen <120 mm nicht die Gestalt eines Kugelendmaßes, sondern sind volle Zylinder oder Flachlehren, die weniger verschleißen als das Kugelendmaß.
- Als Gutlehren zum Prüfen von Wellen werden anstelle von Lehrringen auch Rachenlehren mit ebenen, parallelen Prüfflächen verwendet. Neben der zweimäuligen, wird heute überwiegend die einmäulige Grenzrachenlehre benutzt.

Vorzüge der Grenzlehre sind geringe Anforderungen an die Qualifikation des Prüfers, kurze Prüfzeiten und niedrige Prüfkosten. Das Lehren ist eine praxisgerechte Prüfung, mit der eine spätere problemlose Montage sichergestellt werden kann.

Nachteil der Grenzlehre ist, dass sie keinen Messwert liefert und dass die Prüfunsicherheit verhältnismäßig groß ist. Deshalb sollten Werkstückmaße mit Toleranzen der Toleranzklasse <IT 5 nicht durch Lehren geprüft werden.

8.3.3 Prüfunsicherheit

Die Prüfunsicherheit der Lehre ergibt sich aus:

- Herstelltoleranz der Lehre,
- Abnutzung der Lehre beim Gebrauch und
- Messunsicherheit bei der Bestimmung des Arbeitsmaßes der Lehre (Kalibrieren).

Dem Hersteller der Grenzlehre wird eine bestimmte Herstelltoleranz zugebilligt. Infolgedessen werden die Istmaße von Gut- und Ausschusslehre nicht mit den Toleranzgrenzen der Werkstücke übereinstimmen. Auch nutzen sich die Lehrenkörper beim Gebrauch ab. Sie werden deshalb aus verschleißfestem Werkstoff (gehärteter oder hart verchromter Stahl, Hartmetall, Keramik) hergestellt. Der Verschleiß tritt hauptsächlich an der Gutlehre auf, die mit jedem gut geprüften Teil gepaart wird. Die in den bisherigen Normen vorgesehenen Abnutzungszugaben z und y sollen künftig fortfallen, weil sie den GPS-Normen der ISO widersprechen. Stattdessen wird vorgeschlagen, neben Gut- und Ausschusslehre eine neue Nichtübereinstimmungslehre einzuführen. Bei einer neuen Gutlehre nach den bislang geltenden Normen konnte es vorkommen, dass ein toleranzhaltiges Werkstück als „Nacharbeit" klassifiziert wurde. Solche irrtümlich festgestellten „Nacharbeitsteile" werden bislang noch einmal mit einer Revisionslehre (Gutseite zu 2/3 abgenutzt) oder mit einer Abnahmelehre (Gutseite an der Abnutzungsgrenze) geprüft.

Neben den weitverbreiteten Rundpassungslehren (Grenzlehrdorn, Grenzrachen-lehre) haben Kegellehren und Gewindelehren sowie Lehren für Kerbverzahnungen große Bedeutung. Daneben gibt es nicht genormte Sonderlehren, z. B. „Abstecklehren", mit denen Lageabweichungen wie Position, Koaxialität, Konzentrizität und Symmetrie geprüft werden. Die Lehren für Form und Lage ersetzen aufwendige Prüfungen auf Spezialgeräten. Das weitverbreitete Lehren von Außen- und Innengewinden lässt sich auch automatisieren. Handgeräte mit Motorantrieb beschleunigen den Ein- und Aus-schraubvorgang. Prüfkriterium dabei ist das Drehmoment.

▶   Ohne Berücksichtigung des Taylorschen Grundsatzes bei der Ausgestaltung einer Lehre sind die Messergebnisse mit Vorsicht zu interpretieren.

Der Vorgang des Lehrens kann auch auf einem Rechner simuliert werden (virtuelle Lehrung). Die Geometriedaten der virtuellen Lehre werden aus den CAD-Daten der zu prüfenden Geometrieelemente abgeleitet und mit den auf einem Koordinatenmessgerät abgetasteten Punkten einer realen Werkstückfläche verglichen. Das Ergebnis ist nicht nur eine qualitative Aussage „Gut/Schlecht", sondern auch das quantitative Urteil, in welchem Maße virtuelle und reale Geometrie übereinstimmen.

8.4   Messuhr und Feinzeiger

▶   Mechanische Messuhren und Feinzeigen decken ein breites Spektrum an Messbereichen und Genauigkeiten ab. Normen und Richtlinien geben Anhaltspunkte für die zu erwartenden Komponenten der Messunsicherheit.

8.4.1   Messuhr

Die **Messuhr** ist ein Längenaufnehmer, bei dem die Verschiebung des Messbolzens durch ein mechanisches Getriebe vergrößert und der Messwert an einer Skalenanzeige dar-gestellt wird. Messuhren haben gewöhnlich Messspannen (Anzeigebereiche) von 3 mm oder 10 mm bei einem Skalenteilungswert von 0,01 mm. Die Hersteller von Messuhren sind gehalten, dem Anwender Grenzwerte anzugeben, die nicht nur die Abweichungen der Messuhr, sondern zusätzlich die Messunsicherheiten bei deren Ermittlung enthalten (Tab. 8.1). Beide Komponenten zusammen ergeben Grenzwerte für Messabweichungen „Maximum Permissible Error" (MPE). Nicht alle Messuhrhersteller stellen die MPE-Werte zur Verfügung. Für ältere, im Gebrauch befindliche Messuhren fehlen sie ohnehin. Aus diesem Grund werden nachfolgend die zulässigen Werte der alten Normung aufgeführt [1]. Nach der früher gebräuchlichen Empfehlung [1] war die Spannweite der Abweichungen innerhalb des Messbereichs bei der Bewegung des Messbolzens in beide

Tab. 8.1 Kennwerte von Messuhren

Gesamtabweichung	G_{ges}	<17 µm
Umkehrspanne	f_u	<3 µm
Wiederholgrenze	r	<3 µm
Messkraft und Messkraftunterschied	–	<1,5 N und <0,6 N

Richtungen mit G_{ges} zu vergleichen. Beim Wechsel der Bewegungsrichtung ergibt sich die Umkehrspanne f_u. Man versteht darunter den Unterschied der Anzeigen für denselben Wert der Messgröße, wenn einmal bei ansteigenden und bei absteigenden Werten der Anzeige abgelesen wird (Abb. 8.7)

Die **Umkehrspanne** (Hysterese) ist teilweise die Folge von Spiel und Reibung der bewegten Elemente. Die Reibung ist stets der Bewegungsrichtung entgegengesetzt. Bei den mit Reibung behafteten Längenaufnehmern hängt die Messkraft davon ab, von welcher Seite sich der Messbolzen der Messgröße nähert. Unter **Messkraft** versteht man die Kraft, mit der der Messbolzen des Messwertaufnehmers die Messfläche am Werkstück berührt. Eine weitere Eigenschaft, die **Wiederholgrenze** r (früher: Wiederholbarkeit fw) ist ein Maß für diese Streuung. Sie wird als Spannweite aus 5 Messungen in der Mitte des Anzeigebereichs ermittelt, wobei der Messbolzen stets aus der gleichen Richtung kommt.

8.4.2 Feinzeiger

Die im Zusammenhang mit der Messuhr erläuterten Kenngrößen gelten auch für den Feinzeiger. Der mechanische **Feinzeiger** mit einem Skalenteilungswert von 1 µm hat nach [2] kleinere zulässige Werte: $G_{ges} < 1,2$ µm, $f_u < 0,5$ µm und $r < 0,5$ µm. Die

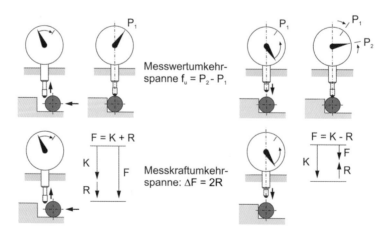

Abb. 8.7 Umkehrspanne (F: Messkraft, K: Federkraft der Messuhr, R: Reibungskraft)

Messkraft soll 1,5 N nicht über- und 0,3 N nicht unterschreiten. Bei gleicher Bewegungsrichtung darf sich die Messkraft um nicht mehr als 0,4 N unterscheiden. Die Messkraftumkehrspanne an beliebiger Stelle der Messspanne sollte kleiner als 0,5 N sein.

Abb. 8.8 zeigt den Aufbau eines mechanischen Feinzeigers mit Messeinsätzen. Durch auswechselbare **Messeinsätze** am Messbolzen lassen sich Messuhren und Feinzeiger an Werkstück und Messaufgabe anpassen. Angestrebt wird stets eine punktförmige Berührung zwischen Tastelement und Prüffläche.

Der sehr häufig verwendete sphärische Messeinsatz (Kugel) führt stets zur Berührung in nur einem Punkt. Ist die anzutastende Oberfläche aber selbst gekrümmt, dann erleichtern zylinderförmige oder ebene Tastelemente das Ausrichten gegenüber der Prüffläche. Beim Antasten des Werkstücks zwischen zwei Tastelementen kommen auch andere Kombinationen infrage: Kugel-Kugel, Kugel-Zylinder, Zylinder-Zylinder, Kugel-Ebene, Zylinder-Ebene oder Ebene-Ebene.

Daneben gibt es noch viele Sonderformen wie z. B. die „Beilschneide", die teilweise als Tastelement an Rundheitsmessgeräten verwendet wird.

Fühlhebelmessgeräte bezeichnen Längenaufnehmer mit winkelbeweglichem Messeinsatz, der sich nach beiden Richtungen auf einer Kreisbahn bewegt [3]. Erfasst wird die Sehne, angezeigt wird aber die Kreisbahn. Damit der Unterschied nicht zu groß wird, haben Fühlhebelmessgeräte nur eine kleine Messspanne. Bei der Messung sollte aber die Achse des Messhebels möglichst senkrecht zur Messrichtung stehen. Fühlhebelmessgeräte werden vorzugsweise zum Ausrichten des Werkstücks auf der Werkzeugmaschine verwendet.

8.5 Längenmessgeräte, induktiv, kapazitiv, magnetisch, optisch

▶ In der Längenmesstechnik werden unterschiedliche Messprinzipien eingesetzt und kombiniert. Sie bieten Vor- und Nachteile bezüglich Messbereich, Messunsicherheit und Robustheit.

Abb. 8.8 Feinzeiger mit Messeinsätzen

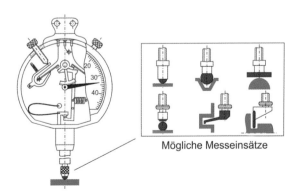

Mögliche Messeinsätze

Messuhren und Feinzeiger werden zunehmend durch elektrische Längenmessgeräte ersetzt. Folgende Argumente sprechen für die Umformung des Messwertes in ein elektrisches Signal:

- Kleine Messkraft und damit geringe Rückwirkung des Messbolzens auf das Werkstück
- Kleinere Werte für G_{ges}, r, f_u (Tab. 8.1)
- Örtliche Trennung von Messwertaufnehmer und Anzeige (Mehrstellenmessgeräte)
- Einstellbarer Anzeigebereich (Messspanne), z. B. 2 bis 2 000 μm
- Einstellbare Auflösung (Ziffernschrittwert), z. B. 0,02 bis 20 000 μm
- Schnittstelle zum Rechner (Prüfprotokoll, Berechnung statistischer Kennwerte, SPC).

Es gibt elektrische Längenmessgeräte mit **analogen** und mit **inkrementalen** Messsystemen. Zu den Geräten mit analogen Messsystemen gehören neben den Potentiometeraufnehmern und den **kapazitiven** Aufnehmern die weitverbreiteten **Induktivtaster**.

8.5.1   Induktive Längenmessgeräte

Die **induktiven Längenmessgeräte** beruhen auf dem Prinzip, dass in einer Spule durch einen Wechselstrom eine Spannung induziert wird. Mit dem Aufnehmer wird durch die Messgröße die Induktivität der Spule(n) verändert. Neben den berührungsfrei arbeitenden induktiven Aufnehmern, die nur bei Werkstücken aus ferromagnetischen Werkstoffen eingesetzt werden können, werden in der FMT überwiegend induktive Feinzeiger mit Messbolzen verwendet. Bei diesen beeinflusst die Verschiebung des Messbolzens die durch Luft verlaufende Pfadlänge von Feldlinien eines magnetischen Kreises, der aus Spule, Kern und Anker besteht.

Die häufigste Bauform ist der Tauchankeraufnehmer, bei dem der Messbolzen mit dem Anker fest verbunden ist. Der in Abb. 8.9 gezeigte induktive Feinzeiger entspricht diesem Aufbau.

Der Zusammenhang zwischen dem Messweg und der in einer Spule induzierten Spannung ist nicht linear. Verschiebt sich der Anker aber zwischen zwei symmetrisch

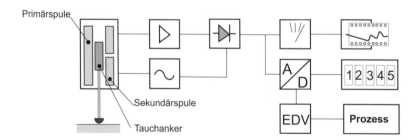

Abb. 8.9   Induktiver elektrischer Feinzeiger (Differenzialtransformator)

angeordneten Spulen, die in einer Brücke gegeneinander geschaltet sind, dann ist das Ausgangssignal nach phasengesteuerter Gleichrichtung in einem Bereich um die Mittelstellung des Tauchankers zur Verschiebung des Messbolzens nahezu linear.

Diese beiden Spulen sind Sekundärspulen eines Differenzialtransformators. Die Primärspule des Transformators wird mit einer hohen Trägerfrequenz gespeist. Der induktiv arbeitende elektrische Feinzeiger besitzt einen Messbolzen mit einer auswechselbaren Tastspitze, die das Werkstück bei der Messung berührt. Abb. 8.9 deutet die Möglichkeiten einer analogen Anzeige oder grafischen Aufzeichnung, der A/D-Wandlung, einer digitalen Anzeige und Messwertverarbeitung sowie die Einflussnahme auf den Fertigungsprozess an.

Für induktive Messwertaufnehmer gibt es folgende Bauformen:

- Längs bewegliche Taster mit zylindrischem oder quaderförmigem Gehäuse (Wälzlager, Gleitlager, Membranführung, Blattfederparallelogramm) und
- Winkelbewegliche Taster. Infolge ihrer kleinen Abmessungen sind induktive Messtaster für Mehrstellenmessgeräte und an Messautomaten vorteilhaft. Kugelgeführte Taster führen zu günstigen Werten für r. Messtaster mit Blattfederführungen sind gegen Schmutz und Korrosion unempfindlich (Abb. 8.10). Blattfederführungen werden deshalb bevorzugt in Einrichtungen für Längenregelungen und in Messautomaten eingesetzt.

Induktiv arbeitende Feinzeiger haben bei großer Empfindlichkeit gewöhnlich nur eine kleine Messspanne mit geringen Linearitätsabweichungen. Übliche Linearitätsabweichungen von $\pm 1\,\%$ bedeuten Abweichungen von $\pm 0{,}1\,\mu m$ bei einer Messspanne von $20\,\mu m$. Ein weiterer wichtiger Kennwert ist die Nullpunktdrift. Sie wird in $\mu m/K$ angegeben und zeigt, wie sich bei gleichbleibender Messgröße die Anzeige mit der Temperatur ändert.

Induktive Messtaster werden an Koordinatenmessgeräten als messendes Tastsystem, ferner auch als Längenaufnehmer an Form- und Oberflächenmessgeräten verwendet.

Abb. 8.10 Induktiver Längenaufnehmer

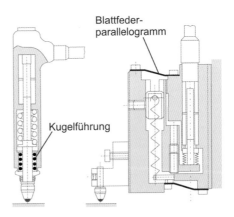

Blattfeder-parallelogramm

Kugelführung

Es ist zu beachten, dass Messwertaufnehmer und Anzeigegerät nicht immer untereinander austauschbar sind. Einfache Anzeigegeräte sind gewöhnlich für den Anschluss von zwei Messwertaufnehmern vorgesehen, deren Messsignale additiv oder subtraktiv miteinander verknüpft werden können. Abb. 8.11 zeigt Anwendungsbeispiele für Summen- und Differenzmessung. Daneben gibt es Anzeigegeräte mit mehr als zwei Messwertaufnehmern, die für Mehrstellenmessgeräte benötigt werden und die über eine Rechenschaltung miteinander verbunden werden.

8.5.2 Kapazitiv arbeitende Feinzeiger

Kapazitiv arbeitende Feinzeiger beruhen auf dem Prinzip, dass durch die Verschiebung des Messbolzens die Kapazität eines Kondensators verändert wird. Das kann durch Änderung des Plattenabstandes, der wirksamen Plattenfläche oder des Dielektrikums geschehen. Eine lineare Kennlinie ergibt sich bei einer Schaltung der Kondensatorplatten in Differenzanordnung (kapazitiver Differenzialaufnehmer). Kapazitivtaster sind unempfindlich gegen magnetische Felder. Veränderungen des Dielektrikums durch Kühlmittel oder Öl wirken sich aber nachteilig aus.

8.5.3 Digitale Messtaster

Digitale Messtaster (Abb. 8.12) sind mit einem inkrementalen Messsystem ausgerüstet:

- Optischer Gittermaßstab
- Kapazitiver Gittermaßstab
- Magnetischer Maßstab
- Halbleiter-Laserinterferometer

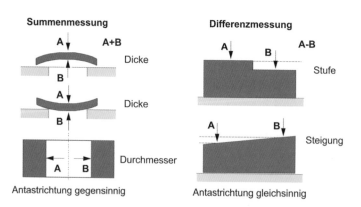

Abb. 8.11 Summen- und Differenzmessung

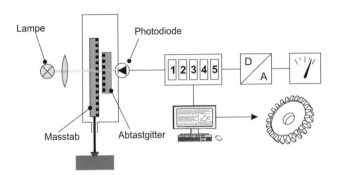

Abb. 8.12 Digitaler Messtaster

Digitale Messtaster mit **optischem Gittermaßstab** sind mit Messspannen von 10 bis 100 mm, Ziffernschrittwerten von 0,01 bis 10 µm und einer Fehlergrenze G erhältlich, die dem 2 bis 3-fachen des Ziffernschrittwertes entsprechen. Die Ziffernschrittwerte sind kleiner als es dem Teilungsintervall des Maßstabes entspricht. Sie werden durch ein Interpolationsverfahren ermöglicht, das auf phasenverschobenen Signalen (Hilfsphasen) beruht. Netzteil und Messwertverarbeitung befinden sich teilweise im Gehäuse des Messtasters. Sie lassen sich in beliebiger Position des Messbolzens auf null setzen. Vorzeichenwechsel der Anzeige und Wechsel zwischen mm- und Inch-Anzeige sind z. T. möglich. Eingriffs- und Toleranzgrenzen sowie Extremwerte können eingegeben, gespeichert oder abgerufen werden.

Digitale Messtaster mit **magnetischem Messsystem** gibt es mit Messspannen von 10 bis 200 mm und Ziffernschrittwerten > 10 µm. Diese Messwertaufnehmer weisen eine geringe Anfälligkeit gegenüber Feuchte, Kühlmittel, Schmutz und Öl auf.

Ferner gibt es auch digitale Messtaster mit **kapazitivem Maßstab**. Der kapazitive Maßstab findet auch in digitalen Messschiebern und Höhenmessgeräten Anwendung. Er besteht aus dünnen Metallstreifen auf Maßstabs- und Abtastplatte, die miteinander Kondensatoren bilden. Beim Messen verschieben sich die Kondensatorplatten gegeneinander und verursachen ein Pulsieren der Kondensatorspannung. Die Anzahl der Extremwerte entspricht dem Verschiebeweg.

Für Sonderanwendungen gibt es digitale Messtaster mit laserinterferometrischem Messsystem. Die als digitale Messtaster geeigneten Laserinterferometer haben ein sehr kleines Bauvolumen und arbeiten entweder mit Laserdioden oder die Laserröhre ist räumlich getrennt angeordnet und das Strahlenbündel wird über Lichtwellenleiter zum Messtaster geführt. Beide Prinzipien erlauben Auflösungen bis in den Nanometerbereich.

Aufgrund der Kohärenzlänge ist der Messbereich der Dioden-Laserinterferometer kleiner als der des Gas-Laserinterferometers. Unter Kohärenzlänge versteht man die Strecke, innerhalb der die einzelnen Wellenzüge einer Strahlung eine konstante Phasenbeziehung zueinander haben. Auch die Stabilität der Wellenlänge ist bei Diodenlasern nicht so gut wie bei Gaslasern. Die Auflösung kann 0,01 µm betragen, die zulässige

Bewegungsgeschwindigkeit der Messfläche darf typischerweise 50 mm/s nicht überschreiten. Es werden Messunsicherheiten unter Umgebungsbedingungen von (20 ± 1) °C mit 1 ppm angegeben. Das entspricht bei einer Messlänge von 20 mm einem Wert von 0,02 μm. Laserinterferometrische Messtaster kommen aufgrund ihres großen Messbereichs und der kleinen Fehlergrenze anstelle induktiver Längenaufnehmer für den Einsatz an Endmaßmessgeräten in Betracht.

8.6   Längenmessgeräte, pneumatisch

Pneumatische Längenmessgeräte beruhen auf dem Prinzip, dass die zu messende Länge den engsten Querschnitt eines Strömungskanals beeinflusst, durch den Luft strömt. Der engste Querschnitt wiederum bestimmt den Volumenstrom durch einen Strömungskanal.

Somit kann über den **Volumendurchfluss** die Messlänge bestimmt werden. Wenn sich der engste Querschnitt direkt an der Austrittsöffnung des Strömungskanals befindet, dann stellt die Werkstückoberfläche die Prallplatte im Düse-Prallplatte-System dar (Abb. 8.13). Der engste Querschnitt ist die Ringspaltfläche π·d·s. Solange diese Ringspaltfläche kleiner ist als der Querschnitt des Zylinders π·d²/4, sind Spalthöhe s und Volumendurchfluss dv/dt einander proportional. Dieser Bereich wird als Messbereich ausgenutzt. Es gibt heute im Wesentlichen nur noch zwei pneumatische Verfahren: Durchfluss- und Druckmessverfahren.

Beim **Durchflussmessverfahren** wird der Volumendurchfluss direkt mit einem Durchflussmessgerät (konisches Glasrohr mit kegelförmigem Schwebekörper) erfasst (Abb. 8.14 oben). Dagegen beruht das **Druckmessverfahren** (Abb. 8.14 mitte) auf der Druckmessung. Gemessen wird der Differenzdruck gegenüber dem atmosphärischen Druck oder beim **Differenzdruckverfahren** gegenüber dem in einer Vergleichsleitung (Abb. 8.14 unten). Alle pneumatischen Messgeräte sind heute für ein überkritisches Druckverhältnis ausgelegt worden. Damit stellt sich im engsten Querschnitt Schallgeschwindigkeit ein. Das vermindert die Abhängigkeit von Schwankungen des Druckes der umgebenden Luft.

Pneumatische Längenmessgeräte haben für die Bohrungsmessung große Vorteile: In der Mengenfertigung von Bohrungen mit hochwertigen Oberflächen, kleinen

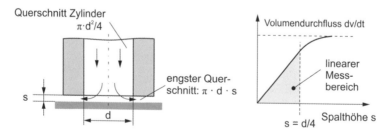

Abb. 8.13 Durchflussmessverfahren, System Düse-Prallplatte

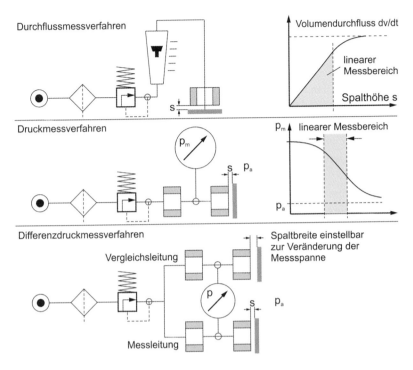

Abb. 8.14 Pneumatische Längenmessgeräte, Messverfahren

Maßtoleranzen und geringen Formabweichungen sind der Düsendorn und der Kontaktdorn sehr wirtschaftliche Prüfmittel (Abb. 8.15 links und mitte). Der Düsendorn wird
nur für Bohrungen mit kleiner Oberflächenrauheit eingesetzt ($Rz < 3\,\mu m$). Bohrungen
mit größerer Rauheit oder an porösen Werkstoffen (Sinterwerkstoff) sollten mit dem

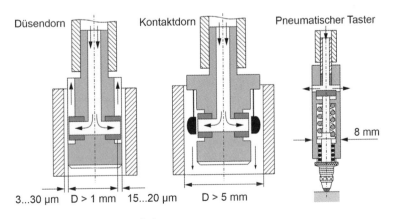

Abb. 8.15 Pneumatische Längenaufnehmer

Kontaktdorn oder mit einem taktilen pneumatischen Taster (Abb. 8.15 rechts) berührend angetastet werden. Die Prüfzeit ist kurz, weil der pneumatische Dorn wie ein Lehrdorn in die Bohrung eingeführt wird und ein Ausrichten, das Aufsuchen von Umkehrpunkten, entfällt.

Auch der Reinigungseffekt durch die ausströmende Luft ist ein Vorteil bei pneumatischer Antastung des Werkstücks. Zur Messung von Außendurchmessern gibt es Düsenmessbügel und die weniger gebräuchlichen Düsenmessringe.

Aufgrund der kleinen Messspanne sind Düsendorne, -rachen oder -ringe einer ganz bestimmten Messaufgabe zugeordnet. Pneumatische Längenmessgeräte sind wegen der kleinen Messspanne nur in der Mengenfertigung wirtschaftlich einzusetzen. Zum Kalibrieren des Düsendornes dienen Einstellringe, Düsenrachen und Düsenringe werden mit Einstellzylindern kalibriert.

Ein Messgrößenaufnehmer kann auch mehr als zwei Messdüsen haben, die auch nicht immer kreisförmig sein müssen, sondern auch einen rechteckigen Querschnitt haben können. Die Messdüsen müssen auch nicht parallel geschaltet sein wie beim Düsendorn nach Abb. 8.15 links und Mitte. Es gibt auch Brückenanordnungen mit aktiven Messdüsen in Mess- und Vergleichsleitung (Abb. 8.14 unten).

Taktile pneumatische Taster werden auch anstelle elektrischer Längenaufnehmer an Mehrstellenmessgeräten angewendet, weil sie sehr kleine Abmessungen haben. Die für pneumatische Längenaufnehmer verwendeten Anzeigegeräte haben zwei verschiedene Bauformen: Säulengerät und Zeigergerät. Säulengeräte gibt es für die nach dem Durchfluss- und nach dem Druckmessverfahren arbeitenden Geräte. Sie werden als Mehrfachanzeige bei Mehrstellenmessgeräten bevorzugt, sind platzsparend und übersichtlich.

Pneumatische Längenmessgeräte gibt es mit Messspannen von 15 bis 200 μm (pneumatische Antastung) und 15 bis 1000 μm (taktile Antastung). In [4] werden folgende Grenzwerte angegeben: Fehlergrenze $G < 1,5$ μm, Wiederholgrenze $r < 0,5$ μm, Messwertumkehrspanne $fu < 0,5$ μm, Messkraft $< 0,2$ N. Die pneumatischen Längenmessgeräte haben gegenüber den elektrischen an Boden verloren. Dafür gibt es folgende Gründe:

- Hohe Anforderungen an das Druckluftnetz (trockene, saubere und ölfreie Luft)
- Lange Messzeit (Einstelldauer 0,5 bis 3 s, dynamische Messungen problematisch)
- Messwertverarbeitung nur nach Umformung in ein elektrisches Signal möglich
- Berührungsfreies Antasten rauer oder luftdurchlässiger Oberflächen nicht zweckmäßig
- Aufgrund kleiner Messspannen ist der Einsatz nur für eng tolerierte Maße möglich.

Düsendorne und Kontaktdorne und die zum Kalibrieren erforderlichen Normale sind werkstückgebunden und daher nur bei großen Stückzahlen wirtschaftlich.

Literatur

1. DIN 2239, 2006-12: Geometrische Produktspezifikation (GPS) – Lehren der Längenprüftechnik – Anforderungen und Prüfung (2006)
2. DIN 879-1, 1999-06: Prüfen geometrischer Größen – Feinzeiger – Teil 1: Mit mechanischer
   Anzeige (1999)
3. DIN 878, 2006-06: Geometrische Produktspezifikation (GPS) – Mechanische Messuhren –
   Grenzwerte für messtechnische Merkmale (2006)
4. DIN 2271-1, 1976-09: Pneumatische Längenmessung – Grundlagen, Verfahren (1976)

Messtechnik im Produktionsprozess 9

9.1 Einführung

▶ **Trailer**

In diesem Kapitel wird der Begriff **Beherrschte Fertigung** behandelt und Messgeräte und Messstrategien vorgestellt, die in diesem Kontext verwendet werden. Es wird auf **Messvorrichtungen** bzw. **Mehrstellenmessgeräte** eingegangen, die Sondermessmittel für die Überwachung von Serienteilen mit einer Vielzahl von Merkmalen sind.

Ein Exkurs über die Überwachung von Werkzeugmaschinen ergänzt dieses Kapitel.

9.2 Beherrschte Fertigung

Die FMT unterstützt während des gesamten Lebenszyklus von Werkstücken, Baugruppen und Produkten eine stetige Verbesserung (Demingkreis Abb. 14.2). Die FMT dient einerseits dazu, während Versuch und Entwicklung ein Werkstück oder Fertigungsprozesse zu optimieren und der Fertigung entsprechende Vorgaben zu liefern. Andererseits dient die FMT während der Fertigung und Montage dazu, die Qualität zu sichern. Erste Priorität hat der Aufbau von beherrschten Produktionsprozessen. Der Produktionsprozess besteht in der Regel aus mehreren Fertigungs- und/oder Montageprozessen. Alle diese Einzelprozesse als auch der Gesamtprozess müssen fähig und beherrscht sein (Abb. 9.1).

Ist dies der Fall, können die Prüfungen reduziert und damit die Prüfkosten gesenkt werden. In der Praxis treten jedoch immer wieder Störungen im Produktionsprozess auf, die erkannt werden müssen, um den Produktionsprozess steuern und regeln zu können.

© Springer Fachmedien Wiesbaden GmbH, ein Teil von Springer Nature 2021
M. Marxer et al., *Fertigungsmesstechnik*, https://doi.org/10.1007/978-3-658-34168-8_9

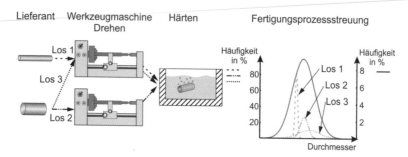

Abb. 9.1 Beherrschte Produktion; fähige und beherrschte Einzelprozesse bei der Herstellung

Hierzu sind Messungen sehr nahe am Herstellprozess notwendig. Diese Messungen können vor, während oder nach der Bearbeitung erfolgen (Abb. 9.9). Wenn der Rückspeisung der Messdaten automatisch in die WZM erfolgt und die Bearbeitung des Werkstücks direkt beeinflusst, wird von einer Längenregelung oder Messsteuerung gesprochen.

Aber nicht alle Bearbeitungsverfahren, Werkstücke und sonstige Randbedingungen erlauben ein Messen direkt in der Maschine. So können z. B. die Spanbildung, Verschmutzungen oder zu hohe Temperaturen das Messen direkt in der Maschine erschweren oder sogar unmöglich machen. In diesen Fällen werden Messstationen, z. B. Mehrstellenmessvorrichtungen für Messungen direkt vor oder nach dem Teilprozess eingesetzt. Die Daten werden online zur Steuerung des Prozesses verwendet. Meist werden mit diesen Verfahren Stichprobenprüfungen durchgeführt, um langzeitliche Entwicklungen zu kompensieren. Sind auch die kurzzeitigen Fertigungsstreubreiten zu hoch und die Teilprozesse nicht fähig, müssen kostspielige Messstationen zur 100 %-Prüfung bereitgestellt werden.

▶   Neben universellen Messverfahren wie der Koordinatenmesstechnik, Form- und Lagemesstechnik oder der Oberflächen- und Konturmesstechnik spielen **prüfaufgabenspezifische Messvorrichtungen** und Messautomaten in der fertigungsnahen Mess- und Prüftechnik eine wichtige Rolle. Diese sind die Gewähr für eine objektive, schnelle Prozessüberwachung von Serienteilen direkt im oder nahe am Produktionsprozess.

9.3   Messvorrichtungen

Messvorrichtungen und Messautomaten sind messaufgabenspezifische Entwicklungen und eignen sich in der Regel nur für die Überwachung mittlerer und großer Serien. Sie bestehen aus einem Rechner mit Auswerteprogramm, Messwertaufnehmern und

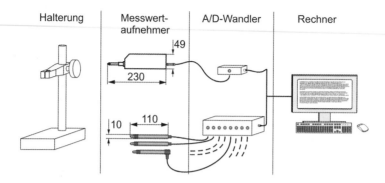

Abb. 9.2 Messvorrichtung mit PC, Schnittstelle, Messwertaufnehmer, werkstückspezifische Halterung

Halterungen (Abb. 9.2), die erst entwickelt, gebaut, programmiert, justiert und kalibriert werden müssen, bevor sie einsetzbar sind.

Einmal in Betrieb messen Messvorrichtungen schneller als universelle Messgeräte wie z. B. KMG, da Messvorrichtungen mehrere Merkmale gleichzeitig erfassen können (Mehrstellenmesstechnik). Sie dienen der Produktionsprozessregelung und Dokumentation der Qualität der Produktion vor Ort.

9.3.1 Rechner, Schnittstellen und Messwertaufnehmer

Heute werden Standard-PC oder Industrie-PC mit robusterem Gehäuse und Schnittstellen wie z. B. USB zu den Messwertaufnehmern verwendet.

Es steht heute eine breite Palette von induktiven Messwertaufnehmern mit standardisierten Schnittstellen (mechanische und Datenschnittstellen) für verschiedenste Messbereiche, Messkräfte, Messfrequenzen und Leistungsparametern zur Verfügung (Abb. 9.3).

Messbereich in mm	Messkraft in N	Grenzfrequenz in Hz	Messunsicherheit in µm	Temperaturbereich in °C
0,4	0,6	60	$0{,}07 + 0{,}4 \cdot L$	10 bis 40
4	0,6	60	$0{,}2 + 2{,}4 \cdot L^2$	-10 bis 65
10	0,9	60	$1 + 4 \cdot L$	-10 bis 65

L: Messlänge in mm

Abb. 9.3 Messwertaufnehmer für Messvorrichtungen (typische Daten)

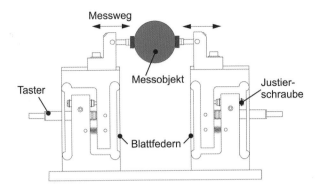

Abb. 9.4 Messbügel mit Blattfederparallelogrammführung und Justagemöglichkeiten

9.3.2 Konstruktionselemente für Messvorrichtungen

Wichtige Konstruktionselemente für Messvorrichtungen sind:

- Grundgestelle mit Platten und Säulen
- Linear- und Drehachsen mit Kugel-, Luft- oder Gleitlagern. Kugellager eignen sich für mittlere und hohe Belastungen und Geschwindigkeiten, Luftlager für sehr hohen Belastungen und Genauigkeitsanforderungen (Führungselemente von KMG), Gleitlager für hohe Genauigkeiten, geringere Belastungen und Geschwindigkeitsanforderungen.
- Schrittmotoren und DC-Motoren mit Steuerungen. Bei Schrittmotoren kann die Wicklung des Motors (z. B. 720 Schritte/Umdrehung) als Maßverkörperung dienen. Wird der Schrittmotor jedoch überlastet, verliert er Schritte. Dies kann zu großen Messunsicherheiten führen.
- **Blattfederparallelogrammführungen** (Abb. 9.4) zeichnen sich durch spielfreie, sehr präzise, kostengünstige und robuste Bewegungsmöglichkeiten aus.
- Messbügel (Abb. 9.4) mit mechanischen Schnittstellen und Justagemöglichkeiten
- Messsysteme und Präzisionsspindeln als Maßverkörperungen.
- Werkstückaufnehmer wie z. B. Prismen, Spitzen, Futter und Anschläge

Baukästen für Messvorrichtungen gibt es für wellenförmige und prismatische Werkstücke in horizontaler (Abb. 9.5) oder vertikaler Bauweise.

9.4 Messautomaten, Messzellen und Automatisierungstechnik

▶ Messautomaten in **Rundtaktanordnung** benötigen wenig Stellfläche und lassen **kurze Taktzeiten** zu. Sie sind störanfälliger, einzelne Stationen können kaum umgangen werden, und sie sind nur mit großem Aufwand erweiterbar. **Messzellen** sind gegen Umgebungseinflüsse (Temperatur,

Abb. 9.5 Messvorrichtung, zusammengestellt aus Vorrichtungs-Baukasten

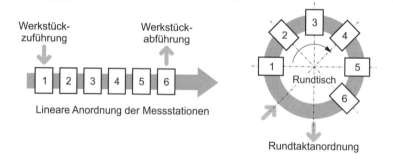

Abb. 9.6 Messautomat mit verketteten Messstationen, Linearanordnung, Rundtaktanordnung

Verschmutzung, Schwingungen, usw.) geschützte Bereiche in oder sehr nahe an der Fertigung, in denen gemessen wird.

In Messzellen können sich Messgeräte, Messvorrichtungen, KMG, Oberflächenmessgeräte oder sonstige Sondereinrichtungen befinden. Zum Teil werden Messzellen auch voll- oder halb automatisch mit Werkstücken beschickt (Abb. 9.6).

9.5 Flexibel umrüstbare Messvorrichtungen

Mehrstellenmessvorrichtungen werden für spezifische Messaufgaben zusammengestellt. Der Umrüstaufwand einer Messvorrichtung von einer auf die nächste Messaufgabe mit unterschiedlichem Werkstück kann beträchtlich sein. Diese Aufwände können z. B. eine

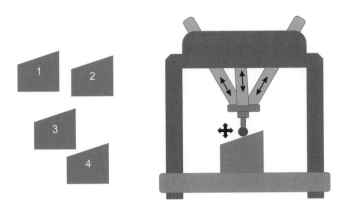

Abb. 9.7 Flexible, relativ messende Mehrstellenvorrichtung (Beispiel)

neue Anordnung von Tastern benötigen, es können neue Werkstückaufnahmen und neue Werkstückanschläge benötigt werden oder die Signalverarbeitung der Taster zueinander muss angepasst werden.

Eine alternative Art von Messvorrichtung besteht aus einer Bewegungsplattform, die einen Messkopf zu den Messpositionen führt (Abb. 9.7). Auch bei dieser Methode wird zuerst ein Normal gemessen und anschließend werden die entsprechenden Positionen an den Werkstücken gemessen. Als Normal wird in der Regel ein kalibriertes Werkstück verwendet, an dem ein Bezugsdatensatz erfasst wird. Diese Art von Messvorrichtung ist vergleichbar mit einem KMG, allerdings ist das das hier beschriebene Verfahren rein relativ messend, d. h. es werden damit Unterschiede zwischen dem Normal und dem Werkstück ermittelt.

Die am Werkstück ermittelten Messdaten werden mit dem Bezugsdatensatz verwendet, der auf den richtigen Werten des kalibrierten Normals basiert.

Als Messkopfsystemen können wie bei einem KMG Einzel- oder auch Mehrfachtaster eingesetzt werden. Dabei können neben der Einzelpunkterfassung von Messpunkten auch scannende Messkopfsysteme eingesetzt werden. Damit können mit dieser Art von Messvorrichtung auch Merkmale ermittelt werden, die eine höhere Punktedichte benötigen, wie z. B. eine Profilformabweichung einer Freiformkontur.

Ein großer Vorteil dieser Art von Messvorrichtung ist die Flexibilität der Umrüstung auf andere Werkstücke. Für die Umrüstung müssen lediglich ein Messprogramm und ein kalibriertes Normal zur Verfügung stehen.

In konventionellen Messvorrichtungen, die spezifisch für eine Messaufgabe angepasst sind, werden in der Regel alle – aber normalerweise viel weniger – Messpunkte auf einmal erfasst. Bei der flexiblen Messvorrichtung werden diese nacheinander angefahren. Dies kann sich je nach Vielzahl der zu ermittelnden Messpunkte negativ auf die Messgeschwindigkeit pro Werkstück auswirken.

9.6   Messen im oder nahe am Produktionsprozess

▶   Die In-Prozess-Messtechnik dient dazu, möglichst in oder nahe am
Fertigungsprozess eine Beurteilung relevanter Werkstückmerkmale vorzunehmen, um schnelle Rückmeldung und Regelmöglichkeit auf den Prozess
zu ermöglichen. Dies unterstützt eine wirtschaftliche Fertigung.

In der prozessnahen Messung wird unterschieden zwischen Offline Messtechnik **In-Situ
Messtechnik** und **In-Prozess Messtechnik.**

9.6.1   Begriffe

Unter **In-Situ Messtechnik** wird die Messung in der WZM verstanden, aber nicht
während dem Produktionsprozess. Am Beispiel eines Schleifprozess bedeutet dies,
dass der Schleifprozess angehalten wird und die Schleifscheibe vom Werkstück zurückgezogen wird. Anschließend nimmt der Messwertaufnehmer das zu erfassende Merkmal
z. B. den Durchmesser auf.

Mit dem Begriff **In-Prozess Messtechnik** wird die Messung in der WZM und
während dem Produktionsprozess verstanden. Das heißt, dass z. B. der Durchmesser
einer Welle in einem Schleifvorgang während des Schleifvorgangs ermittelt wird. Die
Schleifscheibe und die Messwertaufnehmer, z. B. Messtaster, sind gleichzeitig im Eingriff am Werkstück.

9.6.2   Beispiel einer In-Prozess Messung

Beim **Außenrundschleifen** bietet sich verfahrensbedingt die Möglichkeit, praktisch
gleichzeitig zu zerspanen und zu messen (Abb. 9.8).

Während die Schleifscheibe im Einsatz ist, messen spezielle Messtaster den Durchmesser des Werkstücks. Mit dieser Information wird der Zustellvorgang der Schleifscheibe geregelt. Durch dieses Verfahren lassen sich die Auswirkungen von Störungen
auf den Werkstückdurchmesser unmittelbar feststellen und dadurch den Schleifprozess
regeln. Unabhängig vom Durchmesser und der Härte des Ausgangsmaterials lassen sich
hohe Zerspanungsleistungen und eine hohe Produktivität bei kleiner Fertigungsstreuung
erreichen.

Zum Zeitpunkt t_0 berührt die Schleifscheibe das Werkstück (Abb. 9.8). Trotz eines
großen Vorschubes verringert sich der Werkstückdurchmesser zunächst nur wenig, weil
die WZM, Spannzeug und Werkstück mit anwachsender Schnittkraft elastisch nachgibt.
Zwischen den Zeitpunkten t_0 nach t_1 baut sich die Schnittkraft erst allmählich auf.

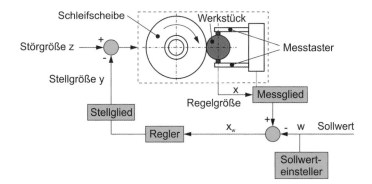

Abb. 9.8   Prinzip der Längenregelung beim Außenrundschleifen

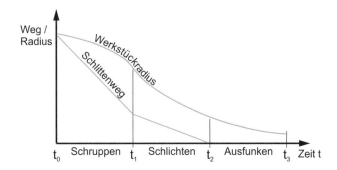

Abb. 9.9   Zeitliche Abläufe bei der Längenregelung beim Außenrundschleifen

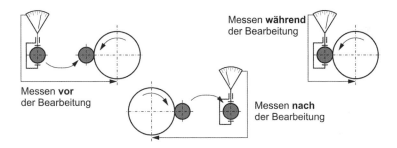

Abb. 9.10   Prozessnahe Messtechnik, Zeitpunkt der Messung, Längenregelung

Ab dem Zeitpunkt t_1 verlaufen die beiden Kurven Schlittenweg und Werkstück-durchmesser annähernd parallel. Mithilfe der **Längenregelung** kann, unabhängig vom Ausgangsdurchmesser, **geschruppt** werden. Zwischen den Zeitpunkten t_1 und t_2 wird mit verringertem Vorschub **geschlichtet**. Zwischen den Zeitpunkten t_2 und t_3 erfolgt das **Ausfunken.** Dabei wird der Vorschub immer mehr zurückgenommen bzw.

ganz ausgeschaltet, sodass zuletzt nur noch die elastischen Verformungen die Schnitt-kraft bestimmen. Meldet die Messsteuerung, dass der Solldurchmesser erreicht ist, fährt die Schleifscheibe aus dem Wirkkreis. Schlichten und Ausfunken tragen auch zur Verbesserung von Form und Oberfläche bei. Durch die Messsteuerung gelingt es, diesen Prozess zeitlich zu optimieren und den aktuellen Gegebenheiten (schwankende Rohmaterialdurchmesser und Härte des Materials, Abnutzung der Schleifscheibe, Temperaturen in der WZM usw.) anzupassen. Schwankungen der Werkstücktemperatur können jedoch nicht kompensiert werden. Um diese konstant zu halten, wird bei höchsten Anforderungen an die Durchmesserabweichungen eine Kühl- und Schmier-mittelkühlung realisiert. Das Kalibrieren und Justieren der Längenregelung erfolgt über Normale bzw. Werkstücke mit gleichen Abmessungen und aus gleichem Werkstoff, die mit Präzisionsmessgeräten vorher kalibriert wurden.

9.7   Überwachung von Werkzeugmaschinen

Bearbeitungsprozesse in Werkzeugmaschinen können vielfältigen Einflussfaktoren unter-liegen. Diese sind z. B.:

- Werkstück
  - Material und Härte
  - Geometrie, unterschiedliche Abmessungen
  - Halbzeuge
- Maschine
  - Spannvorrichtungen und Kühlschmiermittel
  - Maschinenaufbau und Temperatur
  - Spindelzustand
- Werkzeug
  - Geometrie und Abmessung
  - Form und Beschichtung

Mit einer Überwachung des Bearbeitungsprozesses in Form einer Echtzeit-Überwachung von:

- Maschinenparametern
- Veränderungen am Werkstück
- Veränderungen am Werkzeug

können ungeplante Ereignisse wie z. B. Maschinendefekte oder Ausschuss verhindert bzw. vorausgesagt werden. Damit können folgende Vorteile erreicht werden:

- Produktivitätssteigerungen (Rationalisierung, Verringerung der Fertigungszeiten sowie von Nacharbeit und Ausschuss)
- Geringere Produktionsstreuung, Reduktion weiterer Qualitätssicherungsmaßnahmen außerhalb des geregelten Teilprozesses, weil es sich um einen beherrschten Teilprozess handelt.

Wo und in welcher Art die Messungen erfolgen, hängt vom Herstellverfahren und den Randbedingungen ab. Viele WZM besitzen heute Vorrichtungen und Schnittstellen zur Aufnahme von Messtastern im Arbeitsraum der WZM, um z. B. den Werkzeugverschleiß oder die Position von Werkstück und Werkzeug zueinander vor oder nach der Bearbeitung zu erfassen und Abweichungen zu kompensieren.

In Tab. 9.1 nach [1] sind wichtige Überwachungsaufgaben und beispielhafte Bearbeitungsverfahren dargestellt, bei denen eine Echtzeit-Prozessregelung massive Vorteile bringen kann.

Tab. 9.1 Überwachungsaufgaben In-Prozess-Messtechnik in Werkzeugmaschinen

Überwachung	Drehen	Bohren/Fräsen	Gewindeschneiden/-formen
Werkzeug-überwachung	Werkzeugbruch und -verschleiß Werkzeug fehlt oder falsches Werkzeug		
		Werkzeug-Unwucht	Abweichung Gewindetiefe
Prozessüber-wachung	Spindeldrehmoment, Achskraft/-reibung, Spindeldrehzahl Kühlschmiermitteldurchfluss Werkstückzustand (Aufspannung) Temperatur		
	Spindelschwingung (Rattern) Revolverkopfkraft	Spindelschwingung (Rattern)	Drehmoment Werkzeugaufnahme Schwingung Werkzeugaufnahme Bohrungsdurchmesser Beschädigte Gewindegänge
Prozess-optimierung	Optimierung Werkzeug-Lebensdauer Vorschubregelung und Bearbeitungszeit Erkennung fehlerhafter Werkstücke Statistische Prozessanalyse		
Maschinen-zustände	Maschinenlast/-schwingungen Spindelschwingungen und -drehzahl Kühlschmiermitteldurchfluss und -druck Werkstückaufspannung Statistische Datenanalyse		
Maschinen-schutz	Kollisionsschutz Minimierung von übermäßigen Spindelschwingungen Spindelverschiebungen und Spindeltemperatur		

Um diese Einflussgrößen zu erfassen, stehen eine Reihe von Technologien und Sensoren zur Verfügung [1] wie z. B.:

- Drehmomentsensoren zur Übertragung von Antriebsdaten von Hauptspindeln und Vorschubachsen
- Sensoren für die Ermittlung von Dehnung und Kraft zur Feststellung von Zerspanungskräften und z. B. zur Erkennung von Werkzeugbruch oder Fehlen eines Werkzeugs
- Hall-Sensoren zur Wirkleistungsüberwachung eines Zerspanprozesses
- Kraft- und Drehmomentsensoren um z. B. Verschleiß oder Späneklemmer festzustellen
- Schwingungssensoren z. B. für die Erfassung von Unwuchten und Kollisionen
- Durchflusssensoren um das Kühlmittelmanagement zu unterstützen
- Sensoren zur Positionsänderung von Spindel z. B. durch Temperatureinflüsse
- Körperschall-Sensoren um Informationen zu Spindelzuständen zu erhalten und Schäden an WZM vorzubeugen

Literatur

1. DIN 878, 2006-06: Geometrische Produktspezifikation (GPS) – Mechanische Messuhren – Grenzwerte für messtechnische Merkmale (2006)

Sichtprüfung und deren Automatisierung

10

▶ Die **Sichtprüfung** oder auch **visuelle Prüfung** Abschn. 10.2 ist eine wichtige, schnelle und berührungslose Methode für die Qualitätssicherung. Sie eröffnet viele Aufgabenfelder. Besonders hervorzuheben ist die Suche nach Oberflächendefekten wie Kratzer, Dellen, Lackierfehlern usw. Eine **Automatisierung der Sichtprüfung mit Bildverarbeitungssystemen** Abschn. 10.3 hat ein großes Rationalisierungspotential, benötigt jedoch ein umfangreiches, interdisziplinäres Wissen. In der Sichtprüfung etablieren sich in letzter Zeit immer mehr **Verfahren des maschinellen Lernens** Abschn. 10.4.

10.1 Arten visueller Prüfungen

Im Rahmen der Sichtprüfung werden folgende Tätigkeiten durchgeführt: Objekterkennung, Lageerkennung, Vollständigkeitsprüfung, Form- und Maßprüfung, Geometrieprüfung und Oberflächeninspektion bzw. Defekterkennung. Abhängig vom Werkstück sind ferner Merkmale indirekt durch Funktion oder Bewegungsabläufe zu beurteilen.

10.1.1 Objekterkennung

Unter Objekterkennung (Abb. 10.1) versteht man die Tätigkeit, bei der ein Werkstück anhand von spezifischen Eigenschaften (Beschriftung, Farbe, geometrische Kennung, etc.) in vorgegebene Kategorien eingeteilt oder identifiziert wird. Anhand dieser Erkennung können nachfolgende Tätigkeiten innerhalb des Fertigungsprozesses gesteuert werden (z. B. Sortierung, Zählung, Festlegen von Bearbeitungsschritten, etc.).

© Springer Fachmedien Wiesbaden GmbH, ein Teil von Springer Nature 2021
M. Marxer et al., *Fertigungsmesstechnik*, https://doi.org/10.1007/978-3-658-34168-8_10

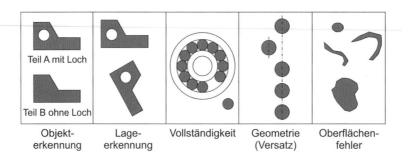

Abb. 10.1 Arten der visuellen Prüfung (Sichtprüfung)

10.1.2 Lageerkennung

Die Lageerkennung hat vor allem als unterstützende Tätigkeit bei der Handhabung von Werkstücken eine große Bedeutung. Dabei besteht die Aufgabe darin, die Position und Orientierung eines Werkstücks innerhalb eines vorgegebenen Koordinatensystems zu bestimmen.

10.1.3 Vollständigkeitsprüfung

Bei der Vollständigkeitsprüfung wird das Vorhandensein bestimmter Elemente eines Werkstücks oder einer Baugruppe geprüft. Ein typisches Beispiel dafür ist die Prüfung einer Baugruppe nach deren Montage. Dabei stellt die Vollständigkeitsprüfung fest, ob die notwendigen Befestigungselemente korrekt angebracht sind. Ein weiterer typischer Fall der Vollständigkeitsprüfung ist die Kontrolle, ob eine Bohrung oder ein Gewinde an einem Bauteil vollständig ausgebildet ist.

   Die Vollständigkeitsprüfung könnte man auch als Spezialfall der Objekterkennung bezeichnen. Es wird dabei nur ein Ja/Nein-Entscheid gefällt statt einer detaillierten Klassenbestimmung.

10.1.4 Form- und Maßprüfung, Geometrieprüfung

Zur Erfassung von geometrischen Größen von Werkstücken dient die Form- und Maßprüfung.

10.1.5 Oberflächenprüfung

Die Oberflächenprüfung ist wahrscheinlich eine der vielfältigsten aber auch anspruchs-vollsten Formen der Sichtprüfung. Die Art, Größe, Form und Beschaffenheit der zu entdeckenden Fehler unterscheiden sich je nach Typ des Werkstücks zum Teil grundlegend. Prüfaufgaben der Oberflächeninspektion mit 50 und mehr verschiedenen Fehlertypen sind eher die Regel als die Ausnahme. Aufgrund dieser Vielfalt von möglichen Fehlern besteht in den seltensten Fällen eine einheitliche Normung der Fehler. Dies macht die Spezifikation von Fehlergrenzen für das Prüfsystem sehr schwierig und bedeutet, dass die Beurteilung möglicher Fehlermuster der Subjektivität der beurteilenden Person und deren Erfahrung unterliegt. Dennoch gibt es branchenspezifische Ansätze für eine Vereinheitlichung der Fehlertypen.

Bei der Oberflächeninspektion unterscheidet man folgende Bereiche:

- Prüfung auf Oberflächenfehler
- Beurteilung der Oberflächenbeschaffenheit
- Farbprüfung
- Prüfung der Oberflächenmusterung/Textur.

Soll das Innere eines Werkstücks zerstörungsfrei untersucht werden, kommen z. B. computertomografische Methoden zum Einsatz (Abschn. 4.9).

10.2   Sichtprüfung durch den Menschen

Die Vorstellung, der Mensch beschränke sich bei der Sichtprüfung nur auf das Sehen, stellt ein stark vereinfachtes Bild der Realität dar. Vielmehr setzt er häufig mehr als nur eine seiner Fähigkeiten ein, um das Werkstück zu beurteilen. Beispielsweise wird im Zweifelsfall zusätzlich zum Sehen häufig das Fühlen oder Hören eingesetzt. Der Einsatz seiner Sensorik alleine versetzt den Menschen noch nicht in die Lage, eine Entscheidung über die Qualität des Werkstücks zu fällen. Vielmehr müssen diese Sinneseindrücke weiterverarbeitet, reduziert und kombiniert werden. Hier spielt der Mensch seine ganzen Stärken aus, die ihm durch die Evolution auf den Weg mitgegeben wurden. Aufgrund seines Erfahrungsschatzes und seines Wissens kann er komplexe Entscheidungen treffen, die durch eine Maschine immer noch schwer nachzubilden sind.

Zur Entscheidungsfindung verwendet der Mensch als Grundlage ein Muster. Das Muster kann ein körperliches Normal, ein Foto oder ein eingeprägtes Bild des Werkstücks sein. Das Gehirn vergleicht den im Kurzzeitgedächtnis kurze Zeit haftenden Eindruck des zu prüfenden Werkstücks mit einem im Langzeitgedächtnis abgespeicherten Muster und trifft das qualitative Urteil Ja/Nein bzw. Gut/Schlecht.

Solche Entscheidungen sind nicht fehlerfrei. Bei einer 100 %-Prüfung durch den Menschen erkennt der Sichtprüfer nur etwa 70 bis 95 % der fehlerhaften Teile, 5 bis 30 % „schlüpfen durch". Andererseits ist damit zu rechnen, dass der Sichtprüfer irrtümlich ein gutes Teil als schlecht disqualifiziert. Auch die Erkennungssicherheit der guten Teile ist kleiner als 100 %. Man spricht in diesem Zusammenhang auch von positiver und negativer Erkennungsleistung.

10.2.1 Gestaltung von Sichtprüfarbeitsplätzen

Die Erkennungsleistung des Menschen hängt maßgeblich von folgenden Faktoren ab:

- Fähigkeit, Schulung, Aufmerksamkeit und Ermüdung des Prüfers
- Umgebungsbedingungen (Beleuchtung, Störpegel, Geräuschpegel, Ablenkung, Schmutz)
- Anzahl und Gewichtung der zu bewertenden Merkmale
- Anzahl und Beschaffenheit der zu erkennenden Fehler
- Fehleranteil und -häufigkeit
- Taktgebundene oder taktfreie Prüfung
- Bewegungszustand des Werkstücks während der Prüfung.

10.2.2 Beleuchtung

Einen wesentlichen Einfluss auf die Beanspruchung des Sichtprüfers stellt die Beleuchtung dar. Abhängig vom Werkstück und seinen zu prüfenden Merkmalen können unterschiedliche Beleuchtungsarten eingesetzt werden, um eine optimale visuelle Darbietung zu erzielen. Ebenso ist dabei die Beschaffenheit der zu erkennenden Fehler zu berücksichtigen. Je nach Prüfaufgabe kann Auflicht, Durchlicht oder beides kombiniert zweckmäßiger sein. Für eine gute Sichtbarkeit ist ein hoher Kontrast von entscheidender Bedeutung. Ein Leuchtdichteverhältnis zwischen Fehler und fehlerfreiem Objekt von mindestens 5:1 ist wünschenswert. Reflexionen, d. h. direkt in die Augen des Prüfers treffende Strahlen der Lichtquelle führen zu schneller Ermüdung und sollten daher vermieden werden.

Stark unterschiedliche Arten von zu erkennenden Fehlern machen es unter Umständen erforderlich, dass nacheinander verschiedene Arten von Beleuchtung für dasselbe Werkstück einzusetzen sind. Die Anpassung an verschiedene Beleuchtungssituationen, die Adaptation des menschlichen Auges erfordert allerdings eine gewisse Zeit und führt zu schnellerer Ermüdung des Prüfers. Sichtprüfungen an einer Gruppe gleichartiger Werkstücke werden erleichtert, wenn die Werkstücke dem Prüfer geordnet vorliegen.

Für Arbeitsplätze von Sichtprüfern kommen folgende Beleuchtungssituationen infrage:

- Allgemeinbeleuchtung des gesamten Raums (anzustreben, da als natürlich empfunden)
- Arbeitsplatzorientierte Allgemeinbeleuchtung (in großen Fabrikhallen üblich)
- Nur Einzelplatzbeleuchtung am Arbeitsplatz
- Einzelplatzbeleuchtung mit Allgemeinbeleuchtung kombiniert (oft vorteilhaft).

10.2.3 Arbeitsplatz des Menschen

Der Mensch ist bei der Sichtprüfung an schnell bewegten Werkstücken (Blechbändern, Papier- oder Stoffbahnen) stark beansprucht. Bereits bei einer Winkelgeschwindigkeit von 45°/s lässt die Sehschärfe deutlich nach. Angenehmer ist eine taktfreie Prüfung an ruhenden Werkstücken, die der Prüfer ohne Zeitdruck beurteilt.

Es zeigt sich, dass mit einer guten ergonomischen Gestaltung des Arbeitsplatzes des Sichtprüfers die Erkennungsleistung wesentlich verbessert werden kann. Dabei ist unter anderem das Gesichtsfeld zu beachten. Das Gesichtsfeld ist der für den Prüfer überschaubare Bereich, ohne dass er Augen und Kopf bewegt. Dabei ist der Blick geradeaus gerichtet, er reicht 70 ° bis 80 ° nach unten, 50 ° bis 80 ° nach oben und ~ 90 ° nach rechts und links (Abb. 10.2). Ein Werkstück erscheint nicht im gesamten Gesichtsfeld scharf und farbrichtig. Das trifft nur auf den Teil des Gesichtsfeldes zu, den man Blickfeld nennt. Das Blickfeld ist durch einen Kegel von 30 ° gekennzeichnet.

Die kürzeste Sehentfernung beträgt für den 30-Jährigen ca. 12 cm, für einen 60-Jährigen etwa 100 cm. Die Altersweitsichtigkeit wird durch eine Lesebrille ausgeglichen. Sichtprüfplätze sind bei schwierigen Prüfaufgaben auf eine Sehentfernung von 12 bis 25 cm (angestrengtes Sehen mit besserer Auflösung) auszulegen, bei einfacheren Aufgaben auf 50 bis 100 cm (entspanntes Sehen mit schlechterer Auflösung). Das Muskelsystem des Auges ist bei der Fernsicht entspannt, bei der Akkommodation auf eine kurze Sehentfernung jedoch unter Anspannung, was besonders bei bewegten Werkstücken schnell zu Ermüdungserscheinungen führt.

Die Fähigkeit, Entfernungen zwischen zwei Sehobjekten zu erkennen, wird Tiefensehen genannt. Sie beträgt in einer Sehentfernung von 100 cm weniger als 1 mm. Auch bei optimaler Darbietung der Werkstücke hat das Auge Grenzen der Auflösung. In Abb. 10.3 sind Beispiele für Markierungen dargestellt, die der Sichtprüfer ohne Sehhilfe gerade noch erkennen kann. Mit Lupe, Mikroskop oder Profilprojektor lassen sich diese Grenzen zu noch kleineren Werten hin verschieben.

10.2.4 Monotonie

Die Monotonie ist eine starke Belastung für den Sichtprüfer. Je besser die Qualität der zu prüfenden Werkstücke ist und je schwerer der Fehler zu erkennen ist, desto

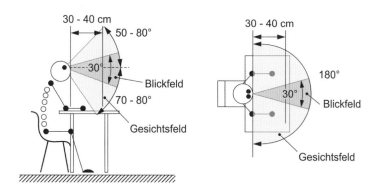

Abb. 10.2 Arbeitsplatz des Sichtprüfers

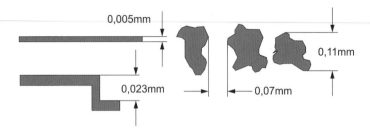

Abb. 10.3 Erkennbarkeitsgrenze des menschlichen Auges ohne Hilfsmittel

seltener wird der Sichtprüfer einen Fehler finden. Dadurch entsteht häufig Langeweile, die Aufmerksamkeit lässt nach, Beobachtungs- und Beurteilungsfehler treten auf. Die einseitige Arbeit und eine hohe physische und psychische Beanspruchung bei der Sichtprüfung werden als unangenehm empfunden. Schon seit längerer Zeit werden große Anstrengungen unternommen, Sichtprüfvorgänge zu automatisieren. Nicht alle Aufgaben eignen sich allerdings gleich gut zur Automatisierung, was sich im unterschiedlichen Erfolg dieser Projekte zeigt.

10.3 Automatisierte Sichtprüfung mit Bildverarbeitung

In der Vergangenheit stand die **Stichprobenprüfung** im Zentrum des Interesses, welche mit Sichtprüfung durch den Menschen durchgeführt werden konnte. Immer häufiger wird heute aber die **100 %-Prüfung** eingesetzt, um den hohen Qualitätsanforderungen gleichbleibend gerecht zu werden. Meist ist diese Maßnahme erst durch die Automatisierung der Sichtprüfung wirtschaftlich realisierbar.

In der Produktionstechnik ist in den letzten Jahren eine zunehmende Steigerung des Automatisierungsgrades und der Flexibilisierung zu beobachten. In einem ersten Schritt ist davon meist die Fertigung betroffen. Erst in zweiter Linie wird die Qualitätsprüfung automatisiert. Gründe für diesen zweiten Schritt liegen im steigenden Qualitätsbewusstsein, erhöhten Anforderungen bei der Annahme von Produkten und strengeren gesetzlichen Auflagen im Bereich der Produkthaftung. Der Prüfer erhält damit ein Hilfsmittel, mit dem er sein ausgezeichnetes Wahrnehmungsvermögen und sein erfahrungsbedingtes Wissen nutzen kann. Diese Fähigkeiten sollen im Prüfprozess mithilfe der Automatisierung dokumentiert sowie objektiv und reproduzierbar gestaltet werden. Dies führt zum beherrschten Prozess, dem Ziel jedes modernen Unternehmens.

Die heutigen Qualitätsanforderungen beinhalten neben den **Funktionseigenschaften** immer mehr auch „**kosmetische" Oberflächenstörungen.** Dies bedeutet für den Prüfprozess, dass nicht nur maßliche Prüfungen, sondern auch die Fehlererkennung mit einer umfassenden Beurteilung der Qualität der Oberfläche und der Vollständigkeit durchgeführt werden müssen. Trotz schneller technischer Entwicklung im Bereich der Bildverarbeitung können nicht alle diese Prüfungen vollständig automatisiert werden. Dies führt dazu, dass zurzeit Prüfpersonen immer noch viele Prüfungen visuell durchführen.

10.3.1 Vorgehensmodell der automatisierten Sichtprüfung

Für die erfolgreiche Entwicklung und Einführung sowie den späteren Betrieb von Systemen zur automatisierten Sichtprüfung ist die **klare Beschreibung der Prüfaufgabe** außerordentlich wichtig. Viele Unternehmen besitzen wenig oder kein eigenes Know-how im Bereich Bildverarbeitung. Ein wichtiges Hilfsmittel bei der Beschreibung der Prüfaufgabe ist die richtige Einteilung der Art der Aufgabe in eine der bereits im Abschn. 10.1 aufgeführten Tätigkeiten. Aus dieser Einteilung ergeben sich schon viele grundlegende Anforderungen an das Prüfsystem [1].

Alle Sichtprüfungstätigkeiten lassen sich anhand eines einheitlichen Vorgehensmodell (Abb. 10.4) beschreiben. Auf der Horizontalen ist der vorliegende Datenumfang dargestellt und auf der Vertikalen die fortschreitende Datenverarbeitung. Ziel ist es dabei, den Informationsgehalt der anfänglichen umfangreichen Datenmenge (Bilder, Bildserien) auf eine binäre Aussage Gut bzw. Schlecht zu reduzieren.

Jede Aufgabe legt dabei andere Gewichte auf die einzelnen Tätigkeiten. So ist beispielsweise für den Einsatz der automatisierten Sichtprüfung für Geometrieprüfungen ein Kalibrierungsschritt im Rahmen der Vorverarbeitung notwendig. Bei guten Aufnahmebedingungen können die Vorverarbeitungsschritte aber auch gänzlich entfallen.

Ausgangsbasis für die Bildverarbeitung ist ein Bild oder eine Bildserie des Werkstücks, das die interessierenden Oberflächenbereiche (Prüfbereiche) genügend detailliert darstellt. Dieser erste Schritt wird Bildakquisition genannt und hat eine herausragende Bedeutung im gesamten Bildverarbeitungsprozess. Er hat zum Ziel, ein Bild mit maximalem Informationsgehalt aufzunehmen, d. h. genügend kontrastreiche Bilder zur Hervorhebung der gewünschten Merkmale zu liefern, dabei aber gleichzeitig Fremdeinflüsse zu minimieren. Dazu müssen beispielsweise nicht relevante Merkmale unterdrückt werden. Gute Aufnahmen ermöglichen meist einfache Auswertealgorithmen. Information, die bei der Aufnahme verloren geht, kann in den folgenden Verarbeitungsschritten kaum und wenn nur mit sehr aufwendigen Methoden rekonstruiert werden. Eine ausführliche Beschreibung des Zusammenspiels von Werkstück, Beleuchtung, Kameratechnik und Handhabung findet sich in Abschn. 10.4.

Das Bild besteht aus einer Matrix von **Bildpunkten** (**Pixel**, einem Zusammenzug aus den beiden Wörtern Picture Element). In der Regel besteht ein Bild aus einigen Millionen solcher Matrixeinträge. Ein Bildpunkt kann als Grauwert bzw. als Farbwert in den drei Farbkanälen Rot, Grün und Blau dargestellt werden. Die Quantisierung bzw. die Farbtiefe beträgt typischerweise acht Bit pro Kanal, sodass sich in einem Graustufenbild 256 verschiedene Graustufentöne und in einem Farbbild 16 Mio. Farbtöne darstellen lassen. Auch Informationen aus dem nahen Infrarotbereich können in einem weiteren Kanal gesammelt werden.

In einem ersten Verarbeitungsschritt wird der interessierende **Bildbereich** festgelegt, da in der Regel neben dem eigentlichen Werkstück auch noch der Hintergrund sichtbar ist. Dadurch wird der Datenumfang bereits deutlich reduziert.

Durch eine geeignete **Bildvorverarbeitung** können interessante Oberflächenbereiche im Bild hervorgehoben werden. Die Vorverarbeitung hat zum Ziel, die nach-

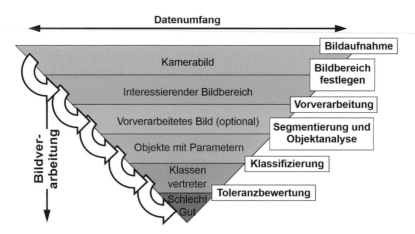

Abb. 10.4 Vorgehensmodell bei der Prüfung auf Oberflächendefekte

folgenden Verarbeitungsschritte zu vereinfachen und führt in der Regel nicht zu einer Datenreduktion. Dabei steht je nach Aufgabe eine Vielzahl von Filtern zur Verfügung. Diese Filter dienen zum Beispiel zur Glättung des Bildrauschens, Unterdrückung von Inhomogenitäten oder zum Hervorheben von Kanten. Mit Morphologischen Operationen lassen sich beispielsweise übersteuerte durch Reflexe entstandene Stellen füllen und nur teilweise im Bildbereich liegende Objekte entfernen. Eine weitere Art der Bildvorverarbeitung stellt die Bewegungsanalyse dar. Mit ihrer Hilfe lassen sich mittels Bildserien interessierende Effekte auf der Oberfläche verstärken.

Im nächsten Schritt, der sogenannten **Segmentierung,** werden Bildbereiche zu zusammenhängenden Objekten verknüpft. Eine der verbreitetsten Methode ist die **Schwellwertbildung (Thresholding)**. Sie basiert darauf, dass Bereiche mit ähnlichem Grauwert zu demselben Objekt gehören. Ein Schwellwert dient für die Entscheidung, ob ein Bildpunkt noch zum gesuchten Objekt gehört. Man unterscheidet hier zwischen dynamischen und festen Schwellwerten. Feste Schwellwerte bringen keinen zusätzlichen Rechenaufwand mit sich, haben aber den großen Nachteil, dass bei kleinster Schwankung der Bildaufnahmebedingungen sehr unterschiedliche Ergebnisse anfallen. Dynamische Schwellwerte verhindern dies. Sie lassen sich über die Auswertung der Grauwertverteilung im Bild bestimmen, sofern die Bilder homogen ausgeleuchtet waren. Für inhomogene Ausleuchtungen muss im Rahmen der Vorverarbeitung eine sogenannte Schattenkorrektur stattfinden.

Ein weiteres Verfahren der Segmentierung nutzt **Diskontinuitäten** in den Grauwertintensitäten aus. Aus diesen werden Kanten und Konturen gerechnet und weiterverarbeitet. Liegen Bildsequenzen vor, können Objekte über eine Bewegungsanalyse erkannt werden.

Durch die nach der Segmentierung bekannte nachbarschaftliche Beziehung der Bildpunkte in Form von Objekten lassen sich nun **Merkmale bzw. Parameter** dieser Objekte berechnen. Parameter können über die Auswertung der Regionen, der Konturen aber auch der Oberflächenbeschaffenheit, den sogenannten Texturen, bestimmt werden. Häufig verwendete Parameter sind zum Beispiel Länge, Breite, Schwerpunkt, Fläche, Umfang des Objektes. Dies stellt nur einen kleinen Auszug aus der Vielzahl von Parametern dar. Dennoch hat mit diesem Schritt die größte Datenreduktion auf einige wenige Objekte und deren Parameter stattgefunden.

Anhand der so berechneten Parameter oder deren Kombination lassen sich die vorhandenen Objekte in vordefinierte Klassen einteilen. Diese Klassen entsprechen in der Regel den für das Werkstück definierten Fehlertypen. Dieser Vorgang wird als **Klassifizierung** bezeichnet. Sie geschieht entweder auf der Grundlage von geschlossener Logik mit Entscheidungsbäumen, statistischen oder wahrscheinlichkeitsbasierten Verfahren oder von maschinellem Lernen (neuronale Netze, Expertensysteme). Die Klassifizierung setzt sehr viel Wissen über das Werkstück, dessen Herstellungsprozess und die Entstehung der Fehler voraus. Darum stellt dieser Vorgang das eigentliche Anwender-Know-how einer automatisierten Sichtprüfanlage zur Oberflächeninspektion dar. In jüngster Zeit zeigen **daten-getriebene Methoden** (maschinelles Lernen) ein großes Potenzial (Abschn. 10.4).

Nachdem nun feststeht, in welche Klassen die vorhandenen Objekte fallen, findet die **Toleranzbewertung** Anwendung. Dazu muss mit einem Satz von Toleranzen festgelegt werden, wie viele dieser Objekte zur Entscheidung „schlechtes Teil" führen. Diese Toleranzen beeinflussen direkt die positive und negative Erkennungsleistung und werden darum auch Fehlergrenzen genannt.

Die Güte eines Bildverarbeitungssystems kann mithilfe einer **Konfusionsmatrix** (Abb. 10.5) beurteilt werden. Dabei werden Werkstücke, von denen im Vorfeld bekannt ist, ob sie zu den Gut- oder Schlechtteilen gehören, mit dem Bildverarbeitungssystem geprüft. In die Tabelle werden die Häufigkeiten aller Kombinationen von tatsächlichen und vom System ermittelten Ergebnis eingetragen. Die positive Erkennungsleistung bzw. die Genauigkeit errechnet sich aus dem Quotienten der Summe der Diagonalelemente über die Summe aller Elemente. Als falsch positiv klassifizierte Teile gehören zum Schlupf. Fehlausschuss bezeichnet falsch negative Teile. Daneben gibt es weitere Kennzahlen wie die Sensitivität, Spezifität, positiver bzw. negativer Vorhersagewert und

Konfusionsmatrix		Errechnete Klasse	
		gut	schlecht
Tatsächliche Klasse	gut	richtig positiv	falsch negativ
	schlecht	falsch positiv	richtig negativ

$$\text{positive Erkennungsleistung} = \text{Genauigkeit} = \frac{\text{richtig positiv} + \text{richtig negativ}}{\text{alle Fälle}}$$

$$\text{negative Erkennungsleistung} = \text{Fehlerrate} = \frac{\text{falsch positiv} + \text{falsch negativ}}{\text{alle Fälle}}$$

Abb. 10.5 Konfusionsmatrix

davon abgeleitete Maße. Wenn zu wenige Werkstücke vorliegen, kann zur Beurteilung auch das Verfahren der **Kreuzvalidierung** angewandt werden.

Bei unbefriedigenden Ergebnissen muss im gesamten Verarbeitungsprozess nach Verbesserungspotenzial gesucht werden, beginnend bei der Bildakquisition über die Bestimmung und Auswahl der Merkmale als auch bei der Wahl eines Klassifizierungsprinzips.

10.3.2 Anwendungsgebiete und Methoden der Bildverarbeitung

Für viele Aufgaben der Objekterkennung sind standardisierte Suchverfahren und Algorithmen verfügbar [2]. Zur Erkennung von Textinhalten einer Beschriftung dienen zum Beispiel Methoden, die unter dem Begriff OCR (Optical Character Recognition, optische Zeichenerkennung) zusammengefasst sind. Dazu dienen typischerweise Klassifikatoren auf der Basis von neuronalen Netzen. Inzwischen lassen sich auch Handschriften erkennen.

Auch abstrahierte Beschriftungen in Form von Strich- oder Flächencodes wie QR-Codes oder Data Matrix Codes sind in industriellen Prozessen weit verbreitet. Diese Beschriftungen sind für den Menschen nicht lesbar. Sie bieten aber den wichtigen Vorteil gegenüber Beschriftungen mit Zeichen und Zahlen, dass sie durch Bildverarbeitungssysteme einfach, sicher und zuverlässig erkennbar sind. Es sind kostengünstige und stark spezialisierte Sensoren zum Lesen dieser Codes verfügbar.

Die richtige Erkennung von Farben ist aber weitaus anspruchsvoller und weniger sicher. Zur richtigen Messung eines Farbwertes auf einer standardisierten Skale müssen sowohl das Frequenzspektrum der Beleuchtung als auch die wellenlängenabhängige Übertragungsfunktion des optischen Systems und des Detektors bei der Berechnung des Farbwertes kompensiert werden. Ebenso beeinflussen Material und mikroskopische Oberflächeneigenschaften (Rauheit) die Farberkennung.

Eine weitere Anwendung der Bildverarbeitung besteht in der Lageerkennung von Werkstücken. Bei der Lageerkennung muss auf dem Werkstück ein Referenzkoordinatensystem bestimmt werden. Resultat der Lageerkennung ist die translatorische und rotatorische Beziehung des Referenzkoordinatensystems des Werkstücks im Kamerabild zu dem vorgegebenen Koordinatensystem. Mithilfe dieser Beziehung kann zum Beispiel der Greifer eines Roboters platziert werden, um das Werkstück zu ergreifen. Diese Auswertungen sind in 2-D wie in 3-D möglich.

Die Ausgabe der Beziehung kann in der Maßeinheit des vorgegebenen Koordinatensystems erfolgen, wenn der Abbildungsmaßstab bekannt ist. Dies erfolgt durch die sogenannte **Kamerakalibrierung.** Je nach Komplexität des dabei verwendeten Modells können dadurch neben der perspektivischen Abbildung auch Abbildungsfehler, z. B. Verzeichnung der verwendeten Optik, kompensiert werden. Im einfachsten Fall kommen lineare Abbildungen zum Tragen. Aber auch komplexe nichtlineare Abbildungen, die aus vermessenen Punktmustern errechnet werden, können zum Einsatz kommen.

Für die Lageerkennung ist zu definieren, ob sie verschobene, gedrehte und vergrößerte bzw. verkleinerte Objekte erkennen soll. Es wird grundsätzlich zwischen drei Arten der Lageerkennung unterschieden:

- Lageerkennung mittels Merkmalsberechnung
- Lageerkennung mittels Template-Matching-Verfahren auf Graustufenbildern
- Lageerkennung mittels Template-Matching-Verfahren auf Kantenbildern

Bei der **Lageerkennung mittels Merkmalsberechnung** müssen im Kamerabild zuerst definierte Merkmale eines Werkstücks extrahiert werden. Dies sind zum Beispiel Teilflächen bzw. deren Berandungslinien, Aussparungen (z. B. Bohrungen) und Kanten (Abb. 10.6). Diese Extraktion setzt gute Kontrastverhältnisse voraus und eignet sich besonders gut bei Aufnahmen, die im Durchlichtverfahren aufgenommen wurden. Durch die Extraktion wird eine Datenreduktion erreicht, die sich in deutlich reduzierter Rechenzeit für die anschließende Bestimmung der Position und Orientierung äußert.

Für kontrastärmere Kamerabilder eignet sich die **Lageerkennung mittels Template-Matching-Verfahren.** Hierbei wird zu Beginn des Vorgangs ein Bild oder -ausschnitt als Vorlage (Template) gespeichert. Diese Vorlage beinhaltet die für die Lageerkennung charakteristischen Bereiche eines Werkstücks. Die Bestimmung von Position und Orientierung eines Werkstücks geschieht nun durch Finden der so gespeicherten Vorlage. Der Suchvorgang besteht dabei aus wiederholter Kreuzkorrelation der gespeicherten Vorlage mit dem aktuellen Bild. Ergebnis der Kreuzkorrelation ist ein Maß der Übereinstimmung der Vorlage mit dem aktuellen Bild. Dabei kann das gesuchte Werkstück auch mehrfach im Kamerabild vorhanden sein. Allerdings lassen sich mit dieser Methode nur Verschiebungen gut detektieren. Kleine Drehungen sind ebenfalls erkennbar. Skalierte Objekte lassen sich nicht auffinden.

▶   Die Lageerkennung auf Kantenbildern nutzt die sogenannte generalisierte Hough-Transformation [2]. Dabei wird ein Konturbild des zu erkennenden Objekts eingelernt.

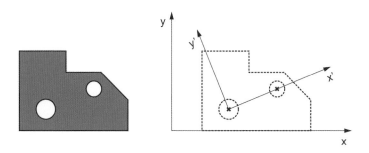

Abb. 10.6 Lageerkennung mittels Merkmalsberechnung

Diese Methode ist translations-, rotations- und skalierungs-invariant. Ebenso funktioniert die Suche gut bei teilweise verdeckten Objekten und verrauschten Bildern.

Template-Matching-Verfahren und die Hough-Transformation sind in den meisten Softwarebibliotheken für die Bildverarbeitung vorhanden und in Bezug auf die notwendige Rechenleistung hochgradig optimiert.

Gute Voraussetzungen für die Form- und Maßprüfungen sind dann gegeben, wenn die zu messenden Stellen kontrastreich im Bild sichtbar sind. Dies ist vor allem bei Aufnahmen im Durchlichtverfahren der Fall. Ebenso kommen sogenannte strukturierte Beleuchtungen bei der Form- und Maßprüfung zum Einsatz. Ein typisches Beispiel dazu ist die Streifenprojektion (Abschn. 13.7). Die Auswertung der Bilder eines mit einem regelmäßigen Streifenmuster beleuchten Werkstücks liefert dabei die 3-D-Geometrie-Information einer Oberfläche. Mit geeigneter Software lassen sich anschließend Geometriemerkmale der so digitalisierten Oberfläche berechnen.

Bei allen Geometrie- und Maßprüfungen muss eine **Kalibrierung** durchgeführt werden, mit der der Bezug zwischen einem Pixel und einem tatsächlichen Längenmaß hergestellt wird.

Eine Vielzahl von Verfahren und Anwendungen im Bereich Form- und Maßprüfung mit Bildverarbeitung ist in Abschn. 4.7 zu finden.

Bei der **Oberflächeninspektion** werden praktisch immer Auflichtbeleuchtungen eingesetzt. Diese liefern in der Regel weniger kontrastreiche Bilder als Durchlichtbeleuchtungen. Dadurch steigen die Anforderungen an die Bildvorverarbeitung erheblich. Für die meisten Anwendungen in diesem Anwendungsfeld ist der Aufbau einer geeigneten Beleuchtung ausschlaggebend für den Erfolg. Defekte präsentieren sich danach meist als klar erkennbare Regionen, die mit den erwähnten Methoden klassifiziert werden können.

10.4 Maschinelles Lernen in der Bildverarbeitung

10.4.1 Einführung

Neben dem im vorherigen Kapitel beschriebenen Vorgehen, können daten-getriebene Ansätze zur Klassifizierung von Bildern angewandt werden. Der Unterschied besteht darin, dass gewisse Teilprozesse nicht explizit von einem Ingenieur entworfen werden, sondern dieser nur die Rahmenbedingungen vorgibt, und der Prozess sich anhand von (vielen) Beispieldaten selbst möglichst optimal einstellt. Klassische Anwendungen des Maschinellen Lernens (engl. Machine Learning) [3] zielen dabei meist auf den Klassifizierungsprozess anhand von zuvor extrahierten Merkmalen. Durch moderne Ansätze und der heute zur Verfügung stehenden Rechenleistung, können neben der Klassifizierung auch die Bildvorverarbeitung anhand von Daten erlernt werden, sogenanntes End-to-End Learning. Hierbei werden Rohdaten, in der Bildverarbeitung z. B. Pixelwerte, als Eingang in ein Machine Learning Modell genutzt und allfällig nützliche Vor-verarbeitungen werden vom Lernalgorithmus selbst vorgenommen.

Maschinelles Lernen ist ein Bereich der Künstlichen Intelligenz, der sich mit Computer Algorithmen beschäftigt, die durch Erfahrung selbstständig besser werden. Die Erfahrung wird durch einen sogenannten Lernprozess realisiert. Die Algorithmen optimieren ihre Leistung dabei anhand von Trainingsdaten, also Beispielen. Dieser Vorgang ist ähnlich dem menschlichen Lernen: ein Kind lernt beispielsweise die Ver-knüpfung zwischen Namen und Erscheinungsbild von Tieren anhand eines Kinderbuches mit Abbildungen von Tieren und deren Namen.

Maschinelles Lernen hat viele Anwendungsgebiete, die uns schon jetzt oder bald im Alltag begegnen werden, z. B. Online-Empfehlungen bei Amazon oder Netflix, Echtzeit Übersetzung von Sprache, autonomes Fahren oder leider auch DeepFakes. Im Bereich der Bildverarbeitung werden Methoden des Maschinellen Lernens eingesetzt, um Informationen aus Bildern oder Videos zu gewinnen. Im Kontext der Produktionstechnik sind diese Informationen oft Fehlermerkmale, z. B. „Kratzer" oder „Bruchstelle".

▶ Lernende Ansätze für die Klassifizierung eignen sich besonders für Auf-gaben, die von Menschen nicht eindeutig und präzis spezifiziert werden können.

10.4.2 Lernvarianten

Der Vorgang des Lernens (auch: Training) anhand von Daten kann in drei Varianten unterteilt werden. Die Wahl einer Variante richtet sich in der Praxis nach den zur Ver-fügung stehenden Daten. Im Folgenden werden diese Varianten diskutiert. Als Bei-spiel soll dazu die Erkennung von Oberflächendefekten auf Werkstücken dienen. Der Algorithmus soll anhand eines Bildes die Ausgabe „Defekt" oder „Kein Defekt" liefern, also zwischen zwei Klassen unterscheiden können.

Überwacht Im überwachten Lernprozess (engl. **Supervised Learning**) stehen die erwarteten Resultate (engl. Labels) zur Verfügung. Die Lerndaten bestehen im Beispiel der Oberflächendefekte also aus Bildern und dem korrekten Resultat, „Defekt" oder „Kein Defekt".

Hier stellt sich die Frage, woher diese korrekten Klassen bekannt sind. Dieses Zuordnen der korrekten Klassen nennt man auch **„Labelling"** und es stellt eine große Herausforderung in der Praxis dar, speziell wenn die Datenmenge groß ist. Oft werden den Trainingsdaten manuell, von einem Menschen, die korrekten Resultate zugeordnet, was bei immer größeren Datenmengen wenig wirtschaftlich und auch fehleranfällig ist. Es existierten Ansätze um diesen Prozess für gewisse Anwendungen zu automatisieren, soll z. B. die Rauheit einer Oberfläche anhand eines Kamerabildes geschätzt werden, kann für das automatisierte Labelling (Zuordnung der genau gemessenen Rauheit) der Bilder ein Weißlichtinterferometer eingesetzt werden. Kann das Labelling vom System automatisch vorgenommen werden, wird auch von Self-Supervised Learning gesprochen.

Nicht-überwacht Im Gegensatz zum überwachten Lernprozess, sind beim nicht-überwachten Lernen (engl. **Unsupervised Learning**) die korrekten Resultate nicht verfügbar. Wie im obigen Abschnitt beschrieben, ist die Bestimmung der korrekten Resultate für viele Anwendungen sehr aufwendig und kostspielig. Nicht-überwachte Ansätze versuchen z. B. Gruppen von Resultaten (engl. **Clustering**) zu bilden, ohne explizit deren Bedeutung zu kennen. Für unser Beispiel der Oberflächendefekte steht ein gemischter Datensatz aus Bildern mit Resultat „Defekt" und „Kein Defekt" zur Verfügung, es ist aber nicht bekannt, welches Bild welche Klasse als Resultat liefern soll. Ein nicht-überwachtes Lernverfahren kann angewandt werden, um die Bilder in zwei Gruppen zu teilen. Welche Gruppe welche Klasse darstellt, kann im Nachhinein manuell beurteilt werden.

Semi-überwacht Semi-überwachte (fast-überwacht, engl. semi-supervised) Ansätze sind eine Mischform von überwachtem und nicht-überwachtem Lernen. Hierbei stehen neben gelabelten, also mit korrektem Resultat versehen, auch ungelabelte Daten zur Verfügung. In der Praxis wird die Menge an ungelabelten Daten weit größer sein, als die, ggf. kostspielig, gelabelten Daten. Die Idee von Semi-überwachten Ansätzen ist, dass in der Praxis meist beide Arten von Daten vorkommen und dass es nur vorteilhaft sein kann, beide Arten in den Lernprozess einbezogen werden können.

10.4.3 Arten von Algorithmen

Im Folgenden wird ein Überblick verschiedener Arten von Machine Learning Algorithmen gegeben. Je nach Problemstellung ist es nicht nötig oder ratsam mächtige Methoden wie Deep Learning zu verwenden, wenn eine einfache lineare Regression das Problem ausreichend abbilden kann.

Regression Als Regression bezeichnet man statistische Methoden, welche die Beziehung zwischen einer Ausgabegröße und einer oder mehrerer Eingangsgrößen schätzen. Eine einfache Form stellt die lineare Regression mit einer Eingabe- und einer Ausgabegröße dar. In dieser Form wird eine Gerade durch die Daten gelegt, sodass diese möglichst wenig von der Geraden abweichen. Um die Ausgangsgröße nun zu schätzen, wird der Y-Wert der Geraden am gewünschten X-Wert abgelesen (Abb. 10.7).

Als Beispiel kann man sich die Schätzung des Wertes eines Gebrauchtwagens vorstellen. Die Eingangsdaten sind Aspekte wie Kilometerstand oder Jahrgang und das Resultat ist ein Preis. Soll das Resultat anstatt einer Zahl eine Ja-/Nein-Aussage sein, kann die sogenannte Logistische Regression angewandt werden. Hierbei wird auf der

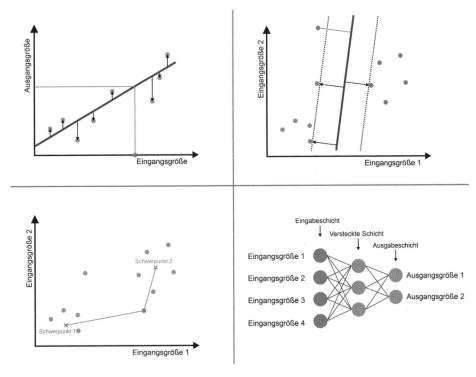

Abb. 10.7 Visualisierung von Algorithmen im Maschinellen Lernen. Oben Links: Regression, oben rechts: Support-Vector-Machine, unten links: k-means mit $k = 2$, unten rechts: künstliches neuronales Netzwerk

Y-Achse der Logarithmus der Chance einer Ja-Aussage aufgetragen. Dieser Wert kann z. B. durch Schwellwertbildung für einen Klassifikator genutzt werden.

Für das Beispiel der Defekterkennung in Bildern könnten die Pixelwerte als Eingangsgrößen genutzt werden, die Ausgabe Ja/Nein würde den Klassen „Defekt" und „Kein Defekt" entsprechen.

▶   Je nach Natur der Daten ist eine lineare Schätzung, also eine Linear-kombination der Eingangsdaten, für die Bestimmung des Resultats nicht ausreichend. Die Einführung von Nicht-Linearitäten ist ein wichtiger Aspekt vieler Machine-Learning Modelle, da sich dadurch komplexere Beziehungen zwischen Eingangs- und Ausgangsdaten erlernen lassen.

Instanz-basierte Algorithmen Instanz-basierte Algorithmen bestimmen ausschlag-gebende Datenpunkte (Instanzen) in den Trainingsdaten und optimieren ihr Verhalten anhand diesen. Für das Beispiel der Defekterkennung könnten z. B. Bilder, die sehr kleine Defekte (fast kein Defekt) und Bilder mit Verschmutzungen (fast ein Defekt) interessant sein, um eine Grenze zwischen diesen Klassen zu bestimmen.

Ein prominentes Beispiel dieser Klasse ist die Support Vector Machine (SVM), welche eine Klassengrenze anhand von sogenannten Support-Vektoren festlegt. Diese Support-Vektoren stellen Datenpunkte an der zu findenden Grenze dar. Diese Daten sind gelabeled, d. h. es ist bekannt auf welcher Seite der Grenze die Daten liegen sollen, das Training ist supervised. Die Grenze und die Support-Vektoren werden iterativ verbessert. Für Anwendungen wo diese Grenze nicht eindeutig zu bestimmen ist, existieren Varianten, die eine weiche Grenze erlauben oder die Daten als Vorverarbeitungsschritt nicht-linear transformieren, um eine nicht-lineare Grenze zu erhalten.

Clusterbildung Clustering Methoden werden eingesetzt, um ungelabelte Daten in Klassen zu unterteilen. Das Training ist also unsupervised.

Ein Vertreter dieser Klasse ist der k-Means Algorithmus. Hierbei wird die Anzahl der erwarteten Klassen k vorgegeben. Es werden zufällig k Schwerpunkte bestimmt. Die Datenpunkte werden dem Schwerpunkt zugeordnet, der am nächsten liegt. Nun wird der Schwerpunkt für jede der k Klassen erneut anhand der zugeordneten Datenpunkte bestimmt und die Datenpunkte werden anhand des neuen Schwerpunktes erneut bestimmt. Dieser Vorgang wird solange wiederholt bis die Abstände der Datenpunkte zu den jeweiligen Schwerpunkten möglichst klein sind.

Künstliche Neuronale Netze Wie der Name schon vermuten lässt, sind Künstliche Neuronale Netze (KNNs) die künstliche Nachahmung von realen biologischen Neuronalen Netzen, wie sie in unserem Nervensystem vorkommen. Prinzipiell wird versucht die Funktion des Gehirns nachzuahmen, mit gewissen Einschränkungen.

Neuronale Netze bestehen aus **Synapsen,** die Daten übertragen, und **Neuronen,** die Daten verarbeiten. Neuronen haben meist mehrere Synapsen als Eingangsgrößen, die unterschiedlich gewichtet, also unterschiedlich wichtig für die Funktion eines Neurons sein können. Übersteigt die Summe der gewichteten Eingänge einen gewissen Schwellwert, „feuert" das Neuron, erzeugt also einen Ausgabewert. Durch Zusammenschalten vieler Neuronen zu einem ganzen Netzwerk, kann aus Eingangsdaten, z. B. einem Bild vor unseren Augen, eine Schlussfolgerung gezogen werden, z. B. da ist ein Defekt auf dem Werkstück. Künstliche Neuronale Netzwerke stellen die technische Nachahmung von biologischen Neuronalen Netzwerken dar, in denen diese biologischen Funktionen durch Mathematische Zusammenhänge möglichst gut nachgebildet werden sollen. Der typische Aufbau eines künstlichen Neurons j ist in Abb. 10.8 gezeigt. Die einzelnen Werte der Eingangsdaten x werden von den Synapsen unterschiedlich gewichtet, also mit **Gewichten** ω_{ij} multipliziert, und an ein künstliches Neuron weitergegeben. Dieses summiert die gewichteten Eingangsdaten. Zu dem Resultat wird ein, von den Eingabewerten unabhängiger, **Schwellwert** (engl. bias) θ_j addiert. Zusammen mit den Gewichten stellt er den erlernbaren Teil des Modelles dar, die konkreten Werte von ω_{ij} und θ_j werden also durch einen Algorithmus während des Lernprozesses gewählt.

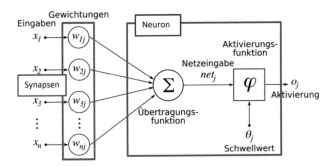

Abb. 10.8 Künstliches Neuron

Alle bisherigen Operationen waren linear, d. h. eine Kombination von Additionen und Multiplikationen der Eingangsdaten. Erst die **Aktivierungsfunktion** $\varphi(\cdot)$ ermöglicht das Erlernen von nichtlinearen Zusammenhängen. Sie wird vom Ingenieur vorgegeben und wird nicht erlernt. Die gewichtete Summe mit addiertem Schwellwert wird als Parameter der Aktivierungsfunktion genutzt und deren Resultat stellt den Ausgabewert o_j des künstlichen Neurons dar. Mathematisch lässt sich der gesamte Prozess ausdrücken als $o_j = \varphi\left(\sum_{i=1}^{i=n} x_i w_{ij}, \theta_j\right)$.

Abb. 10.9 zeigt wie künstliche neuronale Netze in mehrere **Schichten** (engl. Layers) unterteilt werden, die jeweils aus mehreren Neuronen bestehen. Die Ausgabewerte der Neuronen einer Schicht stellen die Eingabewerte der Neuronen der nächsten Schicht dar. Dabei ist jedes Neuron mit jedem Neuron der nächsten Schicht verbunden, sie sind vollverbunden (engl. fully connected). Die erste und letzte Schicht wird Eingabe- bzw. Ausgabeschicht genannt, alle Schichten dazwischen sind sogenannte versteckte Schichten (engl. hidden layer).

Das Lernen wird in diesen Modellen als Anpassung der Gewichtung und Schwellwerte der Synapsen verstanden. Anhand von Trainingsdaten wird also versucht, die Wichtigkeit der Eingangsdaten für jedes Neuron so zu bestimmen, damit die gewünschte

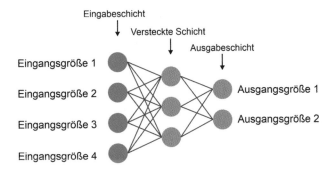

Abb. 10.9 Einfaches Künstliches Neuronales Netzwerk

Information möglichst gut extrahiert werden kann. Dieser Lernprozess ist supervised, die korrekten Resultate stehen zur Verfügung um die Gewichte „in Richtung eines besseren Resultates" anzupassen. Der zeitaufwändige Lernprozess in sehr großen künstlichen neuronalen Netzwerken wird im nächsten Abschnitt genauer diskutiert.

Deep Learning Deep Learning ist die natürliche Erweiterung Künstlicher Neuronaler Netze um weitere Schichten und damit größeren Netzwerken. Hat ein Netzwerk viele Schichten, wird es als **Deep** bezeichnet. Obwohl theoretisch eine Schicht für alle möglichen Anwendungen ausreichen würde, zeigt sich in der Praxis, dass ein tiefes Netzwerk mit vielen Schichten besser trainierbar und dadurch auch leistungsfähiger ist, als ein breites Netzwerk (große Schichten) mit derselben Anzahl künstlicher Neuronen.

Die Realisierung von solchen komplexen Netzwerken wird durch erhöhte Rechenkapazität, Parallelisierung und effiziente Trainingsalgorithmen ermöglicht. Das Lernen oder Trainieren von tiefen neuronalen Netzen geschieht in der Praxis meist auf Grafikkarten (GPUs), die eine Vielzahl von parallel arbeitenden Recheneinheiten bieten. Da große Teile des Lernprozesses gleichzeitig ablaufen können, eignet sich eine solche Hardwarearchitektur besser als z. B. CPUs. Neben Grafikkarten steht auch immer mehr speziell für Deep Learning konzipierte Hardware zur Verfügung, sogenannte **Neural Processing Units** (NPU).

Der Lernprozess an sich startet mit dem Bestimmen des aktuellen Fehlers, es muss also eine sogenannte **Fehlerfunktion** definiert werden. Eine einfache Fehlerfunktion wäre z. B. $(ausgabe - erwartete\,Ausgabe)^2$, also der quadratische Fehler zwischen Ausgabe und dem bekannten, erwarteten Resultat. In der Praxis stehen bekannte anwendungsspezifische Funktionen zur Verfügung.

Um das Netzwerk nun anhand dieser Information zu verbessern, muss festgestellt werden, wie der Einfluss der einzelnen Gewichte auf das Resultat dieser Fehlerfunktion ist. Dies wird durch die Berechnung der partiellen Ableitung der Fehlerfunktion nach den einzelnen Gewichten erreicht. Hierfür müssen auch die Berechnungen innerhalb von Neuronen, also z. B. die Aktivierungsfunktion ableitbar sein.

Der Lernprozess beginnt mit dem Berechnen neuer Gewichte der Ausgabeschicht und arbeitet sich dann Schicht für Schicht zurück bis zur Eingabeschicht, daher auch der Name **Backpropagation.** Die Berechnungsresultate der nachfolgenden Schichten können zur Berechnung der Ableitung der Gewichte der aktuell betrachteten Schicht genutzt werden, was die Berechnungszeit stark verkürzt.

Wurden alle partiellen Ableitungen berechnet, in der Praxis meist mehrere Millionen, wird eine Anpassung, gewichtet durch die sogenannte **Lernrate,** durchgeführt. Bei einer hohen Lernrate werden die Gewichte relativ stark verändert, was zwar zu einem schnellen Lernen führt, aber das Ziel ggf. immer wieder „übersprungen wird". Eine kleine Lernrate bedeutet langsames Lernen aber sicherere Zielerreichung. Aus diesem Grund wird eine anfänglich hohe Lernrate oft dynamisch während dem Lernprozess verringert.

Der beschriebene Prozess basiert auf dem Ergebnis der Fehlerfunktion für einen einzelnen Datensatz, also z. B. einem Bild mit dazugehörigem erwarteten Ergebnis. Um das Netzwerk für alle Daten des Trainingsdatensatzes zu optimieren, muss der gesamte

Prozess iterativ für alle Trainingsdaten durchgeführt werden. Der Trainingsprozess wird meist in sogenannte **Epochen** unterteilt. Eine Epoche stellt den Lernprozess über die gesamten Trainingsdaten dar. Wird ein Netzwerk z. B. in vier Epochen gelernt, hat es während des Trainings den gesamten Trainingsdatensatz viermal „gesehen". Es ist leicht vorstellbar, dass dieser Prozess bei den riesigen Datenmengen, die während des Trainings zum Einsatz kommen, sehr Rechen- und Zeitintensiv ist.

Convolutional Neural Network (CNN) Die **Faltung** (engl. convolution) ist eine essenzielle Funktion für Bildverarbeitungsaufgaben. Faltungen werden z. B. eingesetzt für Tief- und Hochpass-Filter, Kantendetektion und Objektlokalisierung. Je nach Aufgabe ist die Größe des Filterkernels (engl. convolution kernel) und vor allem dessen Werte entsprechend zu bestimmen. Vor der Deep Learning Ära wurden Filtergröße und Werte von einem Ingenieur aufgabenspezifisch bestimmt.

Durch spezielle Verbindungen der Neuronen kann eine Faltung in einem künstlichen neuronalen Netz modelliert werden, wobei die Gewichte die Elemente eines Filterkernels darstellen.

▶   Das Modellieren der Faltung in einem neuronalen Netz hat den entscheidenden Vorteil, dass die Werte des Filterkernels erlernt werden und nicht manuell gewählt werden müssen.

Diese Formulierung als Neuronales Netz und die damit verbundene Möglichkeit des selbstständigen Erlernens der Faltungswerte hatte einen Durchbruch in vielen Problemstellungen der Bildverarbeitung zur Folge, da die Filterwerte optimal auf eine gewisse Problemstellung hin trainiert werden können.

In der Praxis werden oft mehrfache Filterungen durchgeführt, jede kann unterschiedliche Merkmale im Bild hervorheben, z. B. zur Detektion verschiedener Objekte, Nase, Mund und Ohren, die in einer nachfolgenden Schicht die Detektion von Gesichtern ermöglichen.

Zwischen Faltungs-Schichten stehen meist sogenannte **Pooling**-Schichten, mit denen eine Verkleinerung der Bildabmessungen erreicht wird, sozusagen eine Skalierung. Durch Wiederholung dieser zwei Schichtarten, Faltung und Pooling, wird sozusagen eine Filterung auf unterschiedlichen Vergrößerungen durchgeführt. Die ersten Schichten können dabei kleine Details verarbeiten, wohingegen spätere Schichten, die auf einer stark reduzierten Repräsentation arbeiten, größere Merkmale verarbeiten.

Je nach Anwendung, steht am Ende eines CNNs ein voll-verbundes neuronales Netzwerk, welches die reduzierten, gefilterten Bilddaten als Eingangsdaten entgegennimmt und z. B. in eine Klasse (Defekt, Kein Defekt) umsetzt. Werden dem Algorithmus nur Rohdaten sowie Randbedingungen, wie Anzahl Schichten oder Schichtgröße, vorgegeben, spricht man von sogenanntem **End-to-End Learning,** es werden keine Vorverarbeitungsschritte wie Filterung explizit vom Ingenieur definiert.

Moderne Deep Learning Modelle Moderne Modelle setzen sich oft aus mehreren einzelnen Netzwerken zusammen. Beispielsweise nutzen **Generative Adverserial Networks**

(GAN) zwei Netzwerke, eines zur künstlichen Generierung von möglichst realistisch erscheinendem Daten (Generator) und eines zur Unterscheidung zwischen echten und künstlich generierten Daten (Diskriminator). Diese zwei Netzwerke werden alternierend trainiert, sodass am Ende eine Komponente zur Erzeugung realistisch erscheinender Daten resultiert (z. B. zur künstlichen Erzeugung von Bildern) sowie eine Komponente zur Unterscheidung ob ein Datum real ist oder nicht (z. B. zur Klassifikation von echten Daten).

Ebenfalls aus zwei Netzwerken bestehen sogenannte **Auto Encoder (AE)**. Hierbei wird ein Netzwerk zur Verdichtung (Kompression) von Daten genutzt und ein zweites Netzwerk rekonstruiert (dekomprimiert) die Daten. Ziel ist es, die Eingangsdaten möglichst stark zu komprimieren und gleichzeitig die Abweichung der Rekonstruktion von den Eingangsdaten zu minimieren. In der Bildverarbeitung wird die Kompression durch Faltungs- und Poolingschichten erreicht, sodass Bilder immer kleinerer Auflösung entstehen. Die Dekompression wird z. B. mit transponierter Faltung (engl. transposed convolution) erreicht.

Dadurch resultiert ein Modell zur anwendungsspezifischen und verlustbehafteten Kompression, welches die wesentlichen Eigenschaften der Eingangsdaten abstrahieren kann. Wird einem, auf eine spezifische Applikation trainierten, Auto Encoder andersartige Daten präsentiert, resultiert eine deutlich schlechtere Rekonstruktion der Daten. Neben anderen Anwendungen von AEs, kann diese Eigenschaft zur Klassifikation genutzt werden.

Neben dem rechenaufwändigen Trainieren von tiefen neuronalen Netzwerken, erscheint die **Inferenz,** also die Anwendung eines fertig trainierten Netzes auf einen Datensatz fast trivial. Jedoch kann die Performance auch hier kritisch sein, z. B. bei komplexen großen Netzwerken und einer Implementierung auf einem Smartphone.

Noch mehr als bei klassischen Methoden des Maschinellen Lernens gilt beim Deep Learning, dass der Einsatz nur dann sinnvoll ist, wenn die Formulierung der Problemstellung für einen Menschen nur schwer bzw. unzureichend durchführbar ist.

Die Güte eines daten-getriebenen, erlernten Bildverarbeitungssystems kann mit denselben Methoden wie klassische Systeme beurteilt werden (Abschn. 10.3).

In der Praxis existieren kommerzielle Software Pakete, die den Einsatz von Deep Learning durch einen Black-Box Ansatz stark vereinfachen. Die inneren Abläufe werden hierbei dem Benutzer verborgen, dieser präsentiert der Software einen Datensatz und im Hintergrund werden Modelle, Anzahl Schichten und weitere Parameter automatisiert bestimmt. Der Fokus des Ingenieurs liegt daher auf der Erfassung und dem „Labeln" der Trainingsdaten. Dies kann sehr kostspielig und zeitintensiv sein, weshalb aktuellste Ansätze versuchen die Anzahl der benötigten Trainingsdaten zu verkleinern.

10.5   Komponenten und Geräte bei der automatisierten Sichtprüfung

Systeme zur automatisierten Sichtprüfung zeichnen sich dadurch aus, dass sie Elemente aus vielen Bereichen der Technik vereinen. Dies stellt gleichzeitig die große Herausforderung bei der Entwicklung, beim Bau, bei der Inbetriebnahme und beim Betrieb dieser Anlagen dar.

Aufbau von Systemen zur automatisierten Sichtprüfung Typischerweise werden die einzelnen Teilsysteme zur Automatisierung von Sichtprüfaufgaben relativ unabhängig entwickelt und gebaut. Dies setzt genau definierte Schnittstellen voraus, damit das Zusammenspiel aller Systemkomponenten auf Anhieb richtig funktioniert [4]. Die Inbetriebsetzung und gleichzeitige Schulung des Bedienpersonals erhält hohe Bedeutung, besonders wenn der Anwender noch keine oder nur wenige Systeme mit Bildverarbeitung im Einsatz hat.

Übersicht Zwei Bauarten von Systemen zur automatisierten Sichtprüfung sind weit verbreitet: Systeme, die aus verteilten Komponenten bestehen und Systeme, die intelligente Kameras einsetzen.

Abb. 10.10 zeigt den Aufbau mit Einzelkomponenten. Dabei dienen die Beleuchtung, die Optik, die Kamera und der Framegrabber (Bilderfassungskarte) zur Gewinnung des digitalen Kamerabildes. Dieses einzelne Kamerabild oder eine ganze Bildserie wird im Rechner mit der Bildverarbeitungssoftware verarbeitet, wobei eine oder mehrere Aufgaben vorliegen können (Abschn. 10.1). Über Ein- und Ausgänge kommuniziert der Bildverarbeitungsrechner mit einer speicherprogrammierbaren Steuerung (SPS) zur Prozessablaufsteuerung und mit einem Handling für die Zu- und Abführung der Werkstücke. Über das Intranet werden die Prüfergebnisse oder deren Statistik zusammengefasst. Dies ermöglicht eine laufende Qualitätsregelung über eine oder mehrere Produktionslinien (Kap. 10).

Werkstück Die zentrale Rolle in jeder Anlage zur automatisierten Sichtprüfung spielt das Werkstück. Entscheidend ist dabei die Kenntnis über seine geometrische Gestalt, seine Oberflächenbeschaffenheit und seine Farberscheinung. Genauso wichtig wie der Nennwert dieser Kenngrößen ist auch die prozessbedingte Streuung. Bei der Geometrie lässt sich dies durch die Fertigungstoleranzen darstellen. Die Definition von Oberflächenbeschaffenheit und Farberscheinung mit Parametern, die für die Bildverarbeitung relevant

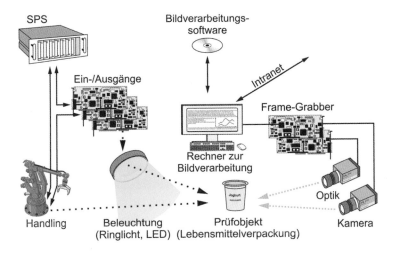

Abb. 10.10 Aufbau eines Systems zur automatisierten Sichtprüfung

sind, gestaltet sich in der Regel als schwieriger. Es empfiehlt sich darum, eine Muster-sammlung anzulegen, die einen möglichst großen Bereich dieser Parameter abdeckt.

In der Regel sind mehrere Arten von Fehlern bei einem Werkstück zu erkennen. Diese Fehlerarten lassen sich meistens nur schwer mit Toleranzen beschreiben. Auch hier ist ein Fehlerkatalog empfehlenswert. Dabei helfen Grenzmuster, die Defekte besitzen, die knapp nicht mehr tolerierbar sind und somit als Fehler aussortiert werden müssen. Genauso wichtig sind aber Grenzmuster, die Defekte besitzen, die gerade noch tolerier-bar sind und somit nicht als fehlerhaft gelten.

10.6   Beleuchtung bei der automatisierten Sichtprüfung

▶   Eine optimierte Beleuchtung ist eine sehr wichtige Grundlage für gute Kamerabilder. Sie hat zum Ziel, zu prüfende Merkmale sichtbar und störende Einflüsse unsichtbar zu machen.

Neben der richtigen Beleuchtungsart (Abb. 10.11) sind vor allem auch die Intensität und Homogenität, der richtige Beleuchtungskörper und eine abgestimmte Wellenlänge von Bedeutung (Abb. 10.12). Die Intensität bestimmt zum einen die Sichtbarkeit von Defekten. Im Zusammenspiel mit der Blendeneinstellung der Optik und der Belichtungs-zeit und dem Verstärkungsfaktor der Kamera beeinflusst sie zudem das Signalrausch-verhältnis und die Tiefenschärfe der optischen Abbildung auf den Sensor der Kamera. Eine möglichst große Homogenität der Beleuchtung bzw. der ausgeleuchteten Fläche spielt vor allem bei Auflichtbeleuchtungen eine Rolle, typischerweise also bei der Ober-flächeninspektion. Mittel, um dies zu erreichen, sind z. B. Diffusoren und polarisiertes Licht.

Durchlicht bietet in der Regel immer bessere Kontrastverhältnisse als Auflicht und sollte darum vorgezogen werden. Dadurch ist das Anvisieren von Kanten besser mög-lich. Durchlicht eignet sich für die Sichtprüfung an transparenten Werkstücken (z. B. zum Prüfen von Körpern aus Glas oder Kunststoff auf Risse, Lunker, Blasen oder Ver-unreinigungen). Es wird auch zur Prüfung von Konturen vorzugsweise an flachen Werk-stücken im „Schattenbild" (z. B. Stanzteilen) eingesetzt. Das Schattenbildverfahren im Durchlicht wird auf Messmikroskopen und Profilprojektoren überwiegend angewendet.

Das **diffuse Auflicht** entspricht dem Tageslicht. Blendungen durch Reflexion werden weitgehend vermieden. Es eignet sich für viele Prüfaufgaben. Erst wenn diese Lösung nicht befriedigt, kommt die zusätzliche Beleuchtung mit gerichtetem Auflicht in Betracht. **Gerichtetes Auflicht** erlaubt eine **Hellfeld-** und **Dunkelfeldbeobachtung.** Da bei der Hellfeldbeobachtung Beleuchtungs- und Betrachtungsrichtung gleich sind, kann der Betrachter durch das helle Feld geblendet werden. Die Hellfeldbeobachtung ist

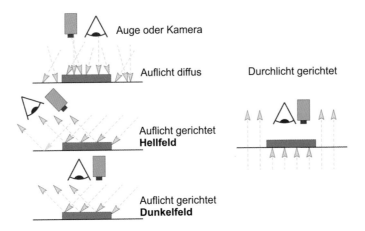

Abb. 10.11   Beleuchtungsarten

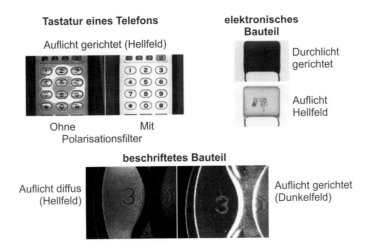

Abb. 10.12   Beispiele Beleuchtungsarten

daher nur für nicht reflektierende (matte) Oberflächen wie Textilien und sandgestrahlte Flächen brauchbar. Wenn die Beobachtungsrichtung nicht mit der Beleuchtungsrichtung zusammenfällt, sieht der Beobachter ein dunkles Feld. Die Dunkelfeldbeleuchtung ist für Oberflächen vorteilhaft, auf denen Risse, Kratzer und Grate festgestellt werden sollen, die dann hell auf dunklem Feld erscheinen. Formabweichungen lassen sich besser erkennen, wenn man auf der Werkstückoberfläche ein Gitter abbildet (**strukturierte Beleuchtung**). Die Verzerrung des reflektierten Gitters machen Formabweichungen wie Beulen und Dellen besser erkennbar.

10.7   Komponenten bei der automatisierten Sichtprüfung

Für ein funktionstüchtiges System werden Beleuchtungen, Kameras, Objektive und Rechner mit Bildverarbeitungsbibliotheken und der entsprechenden Anwendersoftware benötigt.

10.7.1 Beleuchtung

Die Wahl des richtigen Beleuchtungskörpers wird von der Lebensdauer, dem Preis, der emittierten Wellenlänge, der Bauform, der maximalen Intensität sowie von der Ein- und Ausschaltverzögerung bestimmt.

LED-Beleuchtungen dominieren heute die Anwendungen. Sie zeichnen sich durch eine sehr hohe Lebensdauer (ca. 1 Million Stunden), durch geringe Anschaffungskosten, durch sehr kleine Bauformen und extrem kurze Ein- und Ausschaltverzögerungen aus. LED sind mittlerweile mit verschiedenen Wellenlängen und monochromatischem Licht erhältlich. Für die meisten Anwendungen wirkt sich diese Eigenschaft positiv auf die Abbildungsschärfe aus. Vor allem wenn Farbechtheit wichtig ist, lassen sich LED nicht immer einsetzen. Durch die Verfügbarkeit von sogenannten Hochleistungs-LED lassen sich entsprechende Beleuchtungen auch mit der gewünschten Intensität bauen. Durch zusätzlichen Blitzbetrieb kann die Intensität nochmals um den Faktor fünf bis zehn gesteigert werden.

Alternativen zu LED-Beleuchtungen sind Leuchtstoffröhren und Halogenbeleuchtungen.

Neben den Beleuchtungen können zusätzlich Bandpass- und Polarisationsfilter zum Einsatz kommen.

10.7.2 Kamera und Objektiv

Bei keiner anderen Komponente der Bildverarbeitung ist die Vielfalt der verfügbaren Modelle größer als bei den Kameras. Trotzdem lassen sich diese Produkte mittels einiger weniger Kriterien in Kategorien einteilen:

- Art des Halbleitersensors
- Anordnung und Anzahl der Bildpunkte
- Art der Bildauslesung und Geschwindigkeit
- Art der Datenübertragung
- Möglichkeiten zur Vorverarbeitung und Parametrierung.

Im Bereich der Standardkameras sind zwei Arten von Halbleitersensoren üblich, CCD- (Charge Coupled Device) und CMOS- (Complementary Metal–Oxide– Semiconductor) Sensoren. Beide Technologietypen wandeln Licht in elektrischen Strom um. Während in CMOS-Sensoren diese Umwandlung sowie die Analog-zu- Digital Wandlung in jeden Pixel stattfindet, erfolgt diese in CCD-Sensoren für alle

Pixel durch eine einzige Schaltung, wodurch CCD-Sensoren häufig rauschärmer sind. Ebenso ist die lichtempfindliche Fläche bei CCD-Sensoren dadurch deutlich größer als bei CMOS-Sensoren. In CMOS-Sensoren wird dieser Nachteil durch den Einsatz von Mikrolinsenarrays kompensiert. Durch die technologische Entwicklung haben CMOS-Sensoren weitestgehend CCD-Sensoren abgelöst.

Die Bildpunkte sind entweder in einer Zeile (Zeilenkamera) oder in einer Matrix (Flächenkamera) angeordnet. Durch Bewegung des Werkstücks kann eine Serie von Zeilenkameraaufnahmen zu einem Flächenbild zusammengefügt werden. Zeilenkameras sind standardmäßig mit ca. 4000 (8000) Bildpunkten erhältlich, Flächenkameras derzeit mit ca. 1,3 Mega bis zu 10 Mega Bildpunkten. In der höheren Auflösung und den flexibleren Auslesemöglichkeiten liegen auch schon die Hauptgründe für die Wahl der einen oder anderen Anordnung. Sondermodelle mit zum Teil erheblich größerer Anzahl Bildpunkte sind ebenfalls verfügbar, doch steigt der Preis überproportional zur Auflösung.

Die Kameras besitzen eine Vielzahl von Einstellmöglichkeiten zur Anpassung an die jeweilige Bildaufnahmesituation. Bei einigen Kameramodellen geschieht diese Einstellung mittels Mikroschaltern an der Kamera selbst. Dies bedingt immer einen manuellen Eingriff. Andere Kameramodelle erlauben die Veränderung dieser Parameter durch eine Programmierschnittstelle. Zusammen mit einer geeigneten Software können damit die Einstellungen automatisch während des Betriebs angepasst werden.

Das Objektiv besteht im Wesentlichen aus einem Linsensystem und einer Blende. Sowohl Brennweite als auch Blende des Objektivs sind in der Regel verstellbar ausgeführt, damit sie auf die jeweilige Situation angepasst werden können. In Betrieb sollte beides fixierbar sein.

In der Bildverarbeitung werden sowohl die Abbildung mittels Zentralprojektion, als auch die telezentrische Abbildung eingesetzt (Abb. 10.13).

▶ Die telezentrische Abbildung zeichnet sich dadurch aus, dass sie innerhalb ihres Schärfentiefenbereichs einen konstanten Abbildungsmaßstab besitzt.

Dies ist für Aufgaben der Form- und Maßprüfung unabdingbar, falls die genaue Tiefenlage des zu prüfenden Merkmals nicht bekannt oder nicht konstant ist. Dadurch können erhebliche Abbildungsfehler verhindert werden. Telezentrische Objektive sind im Vergleich zu konventionellen Objektiven aufwendiger gebaut und dadurch relativ schwer, groß und teuer. Das Sichtfeld ist aufgrund des telezentrischen Strahlengangs auf die Größe der Eintrittspupille (entspricht dem Durchmesser des ersten Linsenpakets zwischen Werkstück und Objektiv bzw. der Blendenöffnung) beschränkt. Telezentrische Objektive erfordern aufgrund ihres Aufbaus hellere Lichtquellen und/oder parallel gerichtetes Licht.

Durch die Wahl des Objektivs wird in erster Linie der Abbildungsmaßstab bestimmt. Dieser hängt von der gewünschten Größe des Sichtfeldes und der objektseitigen Auflösung ab. Diese gegenläufigen Forderungen führen meistens zu einem Kompromiss. Beeinflussen lässt sich der Abbildungsmaßstab vor allem durch die Brennweite und bei der Abbildung mittels Zentralprojektion durch den gewählten Arbeitsabstand. Die

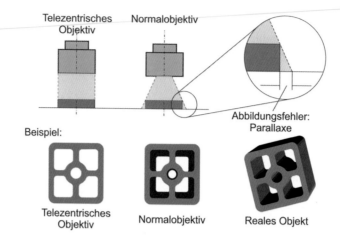

Abb. 10.13 Normal- und telezentrische Objektive, Abbildungsfehler, Parallaxe

Blendeneinstellung beeinflusst die Lichtmenge, die auf den Sensor der Kamera auftrifft. Zudem bestimmt sie die Tiefenschärfe der optischen Abbildung.

▶   Als Faustregel gilt: Je kleiner die Blendenöffnung, umso größer die Tiefenschärfe und desto kleiner die Lichtmenge.

10.7.3 Rechner und Schnittstellen

Wenn möglich, sollten für Bildverarbeitungsaufgaben Standardrechner (PC) z. B. in Industriegehäusen zum Einsatz kommen. Die Verwendung einer leistungsfähigen Grafikkarte ist besonders bei Softwarelösungen, die Methoden des maschinellen Lernens verwenden, empfehlenswert. Dies garantiert die Verfügbarkeit von Systemkomponenten, Software und wirkt sich in relativ niedrigen Kosten aus. Durch die ständige Steigerung der Rechnerleistung derartiger Systeme ist das auch in den meisten Fällen möglich.

Bilderfassungskarte (Framegrabber) Die Bilderfassungskarte stellt die Schnittstelle zwischen Kamera und Rechner dar (Abb. 10.14). An eine Karte lassen sich häufig auch mehrere Kameras anschließen. Ebenso kann eine Bilderfassungskarte typischerweise mehrere Kameras synchronisieren. Meist sind die Karten in die Kamera integriert.

Nach der eigentlichen Digitalisierung (nur bei Analogkameras) findet der Datentransfer in den Arbeitsspeicher des Prozessors statt. Je nach Möglichkeiten des Framegrabbers kann das Bild zuvor auf dem Framegrabber vorverarbeitet werden. Üblich sind dabei eine nichtlineare Korrektur der Helligkeitswerte oder Filter. Ebenso sind Framegrabber mit eigenem Prozessor (DSP oder GPU) verfügbar. Auch Grafikkarten spielen eine immer wichtigere Rolle zur Beschleunigung von Bildauswertealgorithmen. Diese

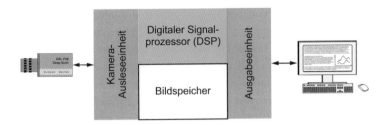

Abb. 10.14 Aufbau eines Framegrabbers

Prozessoren entlasten die CPU von aufwendigen Bildverarbeitungsaufgaben und garantieren somit kurze Antwortzeiten auf externe Anfragen.

Je nach Anforderung an die Echtzeitfähigkeit und den Datendurchsatz stehen unterschiedliche Schnittstellen zur Verfügung. Für einfache Synchronisationsaufgaben bietet sich der Einsatz von digitalen Ein-/Ausgängen entweder auf speziellen Schnittstellenkarten oder auf dem Framegrabber an. Zur Gerätesteuerung von Beleuchtungssteuerung, SPS, Handling etc. werden serielle Schnittstellen (z. B. RS485 oder USB2 bzw. USB3) und immer mehr Ethernet/IP-basierte Schnittstellen eingesetzt. Kameras verwenden ebenfalls serielle Schnittstellen aber auch dedizierte wie Firewire, Gigabit Ethernet, Cameralink und CoaxPress. Diese Schnittstellenstandards unterscheiden sich im Wesentlichen in der Bandbreite und der Kabellängen. Je nach Anzahl und Anbindung dieser Schnittstellen sind die Antwortzeiten bei diesen Schnittstellen nicht garantiert. Die Anbindung an übergeordnete Leitsysteme geschieht in der Regel über ein LAN, welches meistens auf dem Ethernet-Standard aufbaut. Diese Netzwerke zeichnen sich durch hohen Datendurchsatz, Störsicherheit und Redundanz aus. Die Antwortzeiten sind aber nicht oder nur sehr schwer vorhersehbar. Dies lässt sich mit der Erweiterung „Industrial-Ethernet" verbessern.

10.7.4 Handhabung

Je nach Komplexität des Teils und des gewünschten Bewegungsablaufs stellen sich unterschiedliche Anforderungen an die Handhabung. Die Vielfalt reicht vom einfachen Förderband, auf dem die Teile vorbeigeführt werden, bis hin zu mehrachsigen Robotern, die frei programmierbare Bahnen abfahren. Häufig kommen spezialisierte Bewegungssysteme für genau einen Bewegungsablauf zum Einsatz. Auch hier gilt, dass möglichst Standardkomponenten eingesetzt werden sollten. Die größte Herausforderung bei der Entwicklung der Handhabungseinrichtung stellt oft der Greifer dar. Hierbei zahlt sich Erfahrung mit konstruktiven Aspekten des Handlings aus. Je besser geordnet und vereinzelt die Prüfteile vorliegen, desto einfacher gestaltet sich in der Regel die Konstruktion der Handhabungseinrichtung.

„Fail safe" stellt eine häufige Anforderung an die Handhabungseinrichtung dar. Dabei ist gemeint, dass es möglich ist, gute Teile aktiv aus dem Prüfgerät zu entnehmen. Dies verhindert, dass beim Ausfall von Teilen des Systems schlechte oder ungeprüfte Teile in die Lieferung an den Kunden geraten. Ein kritischer Punkt bei der Konstruktion der Handhabungseinrichtung stellt die Forderung nach einer möglichst hohen durchschnittlichen Zeit zwischen zwei ungeplanten Stillständen (Mean Time Between Failure MTBF) dar.

Bei Anlagen zur automatisierten Sichtprüfung hat es sich bewährt, dass eine Probenentnahme möglich ist. Dies erlaubt die schonende Entnahme eines bestimmten Werkstücks aufgrund seines Prüfergebnisses. Dies ist vor allem während der Inbetriebnahme und Optimierungsphase sehr wertvoll. Damit lässt sich das Prüfergebnis anhand des realen Teils nachvollziehen. Die gezielte Probenentnahme kann aber auch zur Dokumentation und Verbesserung des Herstellprozesses nützlich sein.

10.7.5 Software

Drei unterschiedliche Arten von Software lassen sich bei Bildverarbeitungssystemen unterscheiden:

- Betriebssystem und Treiber
- (Bildverarbeitungs-)bibliotheken
- Anwendungssoftware.

Als **Standardbetriebssysteme** kommen häufig Windows und Linux zum Einsatz. Letzteres hauptsächlich, wenn Echtzeitfähigkeit ein wichtiges Kriterium ist. Das Betriebssystem stellt die grundlegende Funktionalität eines Rechners für die Bildverarbeitungssoftware zur Verfügung und abstrahiert den Zugriff auf Systemressourcen. Treiber gewährleisten den Zugriff auf spezielle Systemkomponenten wie Kamera, Framegrabber, Schnittstellenkarten, etc. und werden in der Regel für alle gängigen Betriebssysteme vom Gerätehersteller mitgeliefert.

Standard-Bildverarbeitungsbibliotheken stellen Implementierungen für häufig verwendete Algorithmen der Bildverarbeitung zur Verfügung. Die einzelnen Bibliotheken unterscheiden sich durch die verfügbaren Algorithmen, deren Genauigkeit, die benötigte Rechenzeit für die Ausführung des Algorithmus und die Technologie, in der sie implementiert wurden und eingebunden werden können. Häufig ist die Wahl durch bereits eingesetzte Systeme oder Spezialkomponenten vorgegeben.

Anwendungssoftware stellt die für eine Prüfaufgabe spezifisch entwickelte Software dar. In der Regel besteht die Entwicklung dieser Software im richtigen Einsatz der verwendeten Algorithmen der Bildverarbeitungsbibliothek und der Implementierung des Prüfablaufs und der Schnittstellen (Benutzerschnittstelle, Datenschnittstellen, Gerätesteuerung, etc.). Je nach eingesetzter Bildverarbeitungsbibliothek und Entwicklungsumgebung wird der Entwickler dabei mehr oder weniger unterstützt.

10.7.6 SPS, Intranet und Leitsysteme

In der Ablaufsteuerung von Herstellungsprozessen kommen häufig SPS zum Einsatz. Wenn die automatisierte Sichtprüfung ein Teil dieses Herstellungsprozesses ist, muss die entsprechende Kommunikation gewährleistet sein. Hierbei ist darauf zu achten, dass die Schnittstelle mit möglichst wenigen Kommandos auskommt. Dadurch lassen sich aufwendige Anpassungen bei Umbauten oder Austausch von anderen Anlagen des Herstellungsprozesses verhindern.

Bei größeren Anlageverbunden kommen häufig Intranetanschlüsse oder Leitsysteme zum Einsatz. In den meisten Fällen beschränken sich diese Systeme auf die Anzeige von Prozessdaten übergreifend über mehrere Anlagen. Die Generierung von Protokollen sowie Trend- und Statistikanzeigen sind häufig. Ein Eingriff in die Einstellungen des Prüfgerätes ist meistens nicht vorgesehen, da die Bediener des Leitsystems häufig nicht über das dazu notwendige Wissen verfügen.

10.7.7 Intelligente Kameras

Intelligente Kameras bestehen neben der für die Bildgewinnung notwendigen Hardware auch aus Komponenten für die Bildauswertung und für die Ansteuerung weiterer Teilsysteme eines automatisierten Prozesses. Dabei reicht die Palette der verfügbaren Systeme von reinen Elektronikplatinen mit einem Mikroprozessor ohne Gehäuse, Betriebssystem und Bildverarbeitungssoftware über Systeme, die sich in einer Hochsprache programmieren lassen, bis hin zu Kompaktgeräten mit integrierter Bildverarbeitungssoftware, die mit wenigen und einfachen Vorgängen für ihre Aufgabe eingelernt und parametriert werden. Entsprechend unterschiedlich sind auch die Anforderungen an den Integrator, Programmierer bzw. Bediener der Systeme.

Ein offensichtlicher Vorteil ist der einfache, unter Umständen kostengünstigere Systemaufbau mit intelligenten Kameras. Durch die einfache Programmierung und die Möglichkeiten zur direkten Ansteuerung von anderen Teilsystemen über standardisierte Schnittstellen lassen sich intelligente Kameras sehr schnell für einfache Aufgaben einsetzen. Auf der anderen Seite muss beim Einsatz solcher Geräte auch ein Kompromiss in Bezug auf die Flexibilität bei der Programmierung und beim Einsatz selbst entwickelter Algorithmen und Anwendungen gemacht werden. Durch die Abhängigkeit von einem Hersteller bzw. dessen Entwicklungskapazitäten sind Weiterentwicklungen zum Beispiel bei der zur Verfügung stehenden Rechen- und Speicherkapazität (Prozessor- und Speicherbausteine) oder Betriebssystemen eher eingeschränkt verfügbar, ganz im Gegensatz zu Systemen mit Standardrechnerhardware zur Bildauswertung.

10.8   Anwendungen und Systemintegration in der Produktion

Zur Automatisierung von Sichtprüfungen ist meistens nicht nur die eigentliche Suche nach Defekten an Oberflächen eines Werkstücks mit Bildverarbeitung zu realisieren. Dies wird an folgendem Beispiel zur Oberflächenprüfung an Uhrendeckgläsern (Kratzer, Schleifspuren usw.) mit Bildverarbeitung erläutert.

Zur Oberflächenprüfung der Uhrendeckgläser ist deren Magazinierung „automaten-gerecht" zu konzipieren. Die einzelnen Gläser müssen von einem Handhabungssystem aus dem Magazin entnommen und dem Bildverarbeitungssystem präsentiert werden. Eventuell ist ein Reinigungsprozess in den Ablauf zu integrieren. Anschließend muss das Bildverarbeitungssystem eine Objekterkennung bzw. Lageerkennung durchführen, um festzustellen, an welcher Position sich das aktuelle Werkstück befindet. Dann erfolgt die eigentliche Oberflächenprüfung mit der Entscheidung, ob es sich um ein defektes oder ein gutes Teil handelt.

Das Handhabungssystem greift das Teil und legt es entsprechend der Klassifikation (Gut/Schlecht) ab. Berücksichtigt man nicht den ganzen Prozessablauf bzw. können nicht alle Arbeitsschritte des Sichtprüfers automatisiert werden, entstehen Restarbeitsplätze, die den Herstellungsprozess verteuern und zu noch mehr Monotonie bei den Prüfern führt, was sich wiederum negativ auf die Qualität der Restarbeiten auswirkt.

Systeme zur Automatisierung der Sichtprüfung, die vom Handling, Reinigung der Werkstücke, über die Auslegung von Beleuchtung, Optik, Kameratechnik und Rechner-sowie Softwaretechnik geht und auch die Anbindung an die betrieblichen Informations-systeme alle Komponenten beinhaltet, sind komplex (Abb. 10.15).

Abb. 10.15 Multidisziplinäre Kompetenz zur Automatisierung der Sichtprüfung

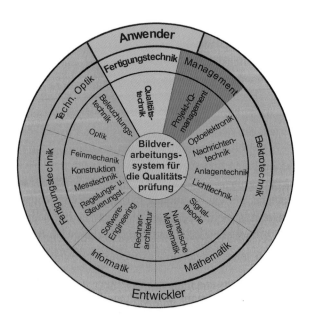

Es bedarf eines multidisziplinären Wissens auf aktuellem Niveau, um der Lösung solcher Aufgaben gerecht zu werden. Deshalb kommt der Planung entsprechender Projekte, einer offenen, intensiven und vertrauensvollen Zusammenarbeit zwischen einem multidisziplinären Entwicklungsteam und dem Anwender mit seinem großen Wissen über die Anforderungen im Bereich der visuellen Prüfung besonders große Bedeutung zu.

Über Marktanalysen und Studien lässt sich klären, ob es bereits intelligente Kameras gibt, deren Funktionalität ausreicht, eine Lösung zu realisieren. Ein weiterer Schritt ist die Suche nach „Branchenlösungen" oder Unternehmen, die bereits Erfahrungen mit bestimmen Typen von Aufgaben wie z. B. der Objekterkennung, der Messtechnik oder der Oberflächenprüfung haben. Sind die richtigen Partner gefunden, sollte der konzeptionellen Phase einer Automatisierungslösung große Aufmerksamkeit geschenkt werden. Häufig lassen sich teure Lösungen vermeiden, wenn man nicht versucht, z. B. mit aufwendigen Algorithmen ein Teilproblem zu lösen, welches sich viel einfacher mit einer anderen Beleuchtungstechnik oder Werkstückdarbietung lösen lässt.

Der interdisziplinäre Austausch innerhalb des Projektteams ist in dieser Phase besonders wichtig. Bei der Umsetzung und Inbetriebnahme sind auch Akzeptanz-probleme und der Schulungsbedarf bei den eigentlichen Kunden, den Werkern in der Produktion, zu beachten. Eine motivierte Mannschaft, die die erarbeitete Lösung als Arbeitserleichterung sieht, verbunden mit einer guten Bedieneroberfläche der Software, sorgt für eine reibungslose und erfolgreiche Einführung und kontinuierliche Weiter-entwicklung dieser interessanten Technologie.

Literatur

1. Beyerer, J.; Puente Leon F., Frese C.: Automatische Sichtprüfung, Springer Vieweg (2012)
2. Gonzales, W.: Digital image processing, Prentice Hall (2008)
3. Frochte, J.: Maschinelles Lernen: Grundlagen und Algorithmen in Python. ISBN: 978-3-446-45996-0
4. Stemmer Imaging: Das Handbuch der Bildverarbeitung, ISBN 978-3-00-039674-8, München (2013)

Statistische Prozessregelung (SPC)   11

▶ Zum Schlagwort für die Maßnahmen und Methoden der Prozessqualifikation, -überwachung und -verbesserung ist der Begriff **SPC** geworden. Dieser steht für **Statistical Process Control** und umfasst die beiden Bereiche Prozessüberwachung und -verbesserung.

11.1 Grundlagen, Qualitätsmanagement-Verfahren

Grundlage einer erfolgreichen Kunden-Lieferanten-Beziehung ist die Gewähr, dass die beim Lieferanten hergestellten und an den Kunden gelieferten Produkte die gemeinsam vereinbarten Qualitätsanforderungen während des ganzen Zeitraums der Herstellung eines Produktes erfüllen. Einen wesentlichen Beitrag, um dies zu garantieren, leisten Qualitätsmanagementsysteme.

11.1.1 Auf dem Weg zum wohldefinierten Prozess

Ausgehend von der Philosophie, nur beherrschte Prozesse bei der Herstellung von Produkten einzusetzen, entstanden unter der Federführung der Automobilkonzerne Richtlinien und Forderungen an die Überwachung und Dokumentation dieser Prozesse wie z. B. ISO 9000 [1].

▶ Die Normenfamilie ISO 9000 enthält als wesentlichen Bestandteil die Forderungen an die Qualifikation und die kontinuierliche Überwachung und Verbesserung von Prozessen.

© Springer Fachmedien Wiesbaden GmbH, ein Teil von Springer Nature 2021   221
M. Marxer et al., *Fertigungsmesstechnik*, https://doi.org/10.1007/978-3-658-34168-8_11

Dabei genügt es zur Erfüllung dieser Forderungen nicht, nur die direkt an der Produktherstellung beteiligten, eigenen Maschinen, Anlagen, Technologien und Prozesse zu kennen und zu beherrschen. Vielmehr müssen auch Hilfsprozesse (z. B. Messwerterfassung) sowie Zulieferer in die Qualifikation mit einbezogen werden.

So werden während der Installation eines Herstellungsprozesses Maschinen und Werkzeuge von verschiedenen Zulieferern zu einer Anlage vereinigt. Die Fähigkeiten der Maschinen für einzelne Bearbeitungsschritte tragen ihrerseits zum Gesamtergebnis bei. Ebenso kann während der Lebensdauer eines Herstellprozesses Rohmaterial aus verschiedenen Chargen oder sogar von verschiedenen Zulieferern verarbeitet werden. Abweichende Ausgangsbedingungen (z. B. anderes Übermaß) können sich dabei unterschiedlich auf das Prozessergebnis und somit auf das Endprodukt auswirken.

11.1.2 Der Begriff SPC

Im Mittelpunkt der Statistischen Prozessregelung steht der Herstellprozess (Process). Sein momentaner Zustand (Istwert) soll mit geeigneten Maßnahmen erfasst, mit einem vorgegebenen Zustand (Sollwert) verglichen und die auftretenden Abweichungen korrigiert werden (Control). Um bei sehr großem Losumfang die Wirtschaftlichkeit zu gewährleisten, können zur Erfassung und Beurteilung des Istzustandes statistische Methoden (Statistical) der Stichprobenprüfungen angewendet werden.

Ein geschlossener Regelkreis ist der wesentliche Gedanke des SPC-Konzeptes. Durch die Ausrichtung weg vom Endprodukt und hin zum Herstellprozess richten sich die Maßnahmen (Korrektur einer Soll-Ist-Abweichung) auf die Vermeidung von Fehlern und somit auf eine ständige Verbesserung der Qualität aus. Maßnahmen am Prozess sind zukunftsorientiert, weil sie geeignet sind, Fehler zu vermeiden. Dagegen sind Maßnahmen am Produkt vergangenheitsorientiert, denn sie beschränken sich auf Fehler an bereits gefertigten Teilen. Fehler, die erst am Werkstück entdeckt werden, kommen für die Prozessregelung zu spät und sind bei richtigem Einsatz von SPC vermeidbar.

Es herrscht manchmal die Meinung vor, dass die SPC-Methoden nur im Fall von Massenfertigungen angewendet werden können. Viele der Werkzeuge können auch auf Mittel- und Kleinserienfertigung mit 100 %- oder Stichproben-Prüfungen angewendet werden. So eignen sich zum Beispiel Qualitätsregelkarten ebenso gut für die Visualisierung des Prozessverlaufes bei Mittel- und Kleinserien wie für die Massenfertigung.

11.1.3 Einflussgrößen auf den Prozess

Die auf die Herstellungsprozesse wirkenden Einflussgrößen (Abb. 11.1) sind teils zufälliger, teils systematischer Natur, wobei diese Veränderungen in der Praxis wesentlich vom betrachteten Zeitraum abhängen. Die Einflussgrößen sind die Ursache dafür, dass die Eigenschaften des Werkstücks sich verändern.

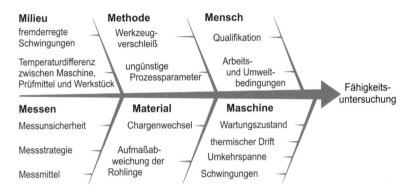

Abb. 11.1 Einflussgrößen auf den Fertigungsprozess

Während der verschiedenen Phasen der Prozessqualifikation ist es entscheidend, diese Einflussgrößen richtig zu erkennen, sie je nach Qualifikationsschritt bewusst zu berücksichtigen oder auszuschließen. Für die Einteilung der Einflussgrößen können die folgenden Kategorien verwendet werden:

- Mensch
- Maschine
- Methode
- Material
- Milieu
- Messen

Die sechs gleichen Anfangsbuchstaben **(6M)** sollen dabei als Gedankenstütze für diese Gruppen dienen.

Ein häufig nicht auf den ersten Blick feststellbarer Faktor ist trotz zunehmender Automatisierung der **Mensch** selbst. Er kann durch seine Qualifikation, seine Erfahrung, seine Sorgfalt und seine Kommunikationsfähigkeit das Prozessergebnis wesentlich beeinflussen.

Die **Maschine,** oder bei höherer Komplexität des Prozesses die Anlage, wird oft als erster Einflussfaktor erkannt, wobei er nicht in allen Fällen der wichtigste ist. Genauso wie die grundsätzlichen Eigenschaften einer Maschine (Umkehrspanne, Lagerspiele, Schwingungen, etc.), die durch ihren Typ beeinflusst werden, trägt auch der Wartungszustand zum Prozessergebnis bei.

Unter dem Begriff der **Methode** sind alle technologischen Einflüsse zusammengefasst. Diese umfassen den Werkzeugverschleiß, die Prozessparameter wie zum Beispiel Vorschub- und Schnittgeschwindigkeiten, Offsetabweichungen beim Werkzeugwechsel und viele mehr. Diese Kategorie von Prozesseinflüssen beinhaltet die am einfachsten korrigierbaren Größen und wird darum häufig zur Korrektur von Soll-Ist-Abweichungen bei der Prozessregelung verwendet.

Einen oft vernachlässigten Einfluss stellt das Ausgangs**material** eines Produktes dar. Dieses besitzt innerhalb einer angelieferten Charge oder eines Loses oft sehr ähnliche Eigenschaften wie Materialzusammensetzung, Härte, Maß, um nur einige Beispiele zu nennen. Von Los zu Los können sich diese Parameter aber unter Umständen doch erheblich ändern. Gleiches gilt bei der Anlieferung des Rohmaterials durch verschiedene Zulieferer. Die Änderungen im Material können sich unter Umständen aber wesentlich auf das Prozessergebnis auswirken. So kann zum Beispiel eine höhere Härte die vorbestimmte Standzeit eines Werkzeugs verkürzen. Ohne Prozessüberwachung würde in diesem Fall mit einem bereits verschlissenen Werkzeug weiterbearbeitet.

Mit **Milieu** ist alles gemeint, was von der Umwelt auf den Prozess einwirkt. Dies können kurzfristige Änderungen wie Schwingungen oder Sonneneinstrahlung oder aber langfristige Einflüsse wie saisonale Temperaturschwankungen in den Produktionsräumen sein. Die Steuerung dieser Einflüsse ist meist sehr schwierig oder nur mit hohen Kosten realisierbar. Deshalb ist eine starke Abhängigkeit von diesen Größen keine gute Grundlage für einen stabilen Prozess.

Als **Messen** werden alle Tätigkeiten bezeichnet, die zur Erfassung des Istzustandes eines Prozesses verwendet werden. Im Zentrum steht dabei die eigentliche Messwerterfassung, die nur mit fähigen Mess- und Prüfmitteln vorgenommen werden darf. Ebenso fallen in diese Kategorie die Auswertung der erfassten Messwerte und die zugrundeliegenden (statistischen) Modelle und Methoden.

So muss gewährleistet sein, dass die erfassten Messwerte den richtigen Werkstücken, der richtigen Maschine und dem richtigen Produktionszeitraum zugeordnet werden können. Dies kann oft mit sehr einfachen Maßnahmen, wie z. B. einer geeigneten Dokumentation der Uhrzeit, gewährleistet werden. Die Nichtbeachtung dieser Zusammenhänge kann gravierende negative Auswirkungen haben.

11.1.4 Prozessmodelle und Phasen der Prozessqualifikation

Prozessmodelle dienen zum einen der systematischen Einteilung von Prozessen und zum andern, um festzustellen, welche Methoden für die Ermittlung von Qualitätsfähigkeitskenngrößen angewendet werden können. Üblicherweise wird zwischen vier verschiedenen Prozessmodellen unterschieden. Diese werden mit den vier Buchstaben A bis D bezeichnet. Grundlage für die Unterscheidung der Modelle bilden die Parameter und die Form der Verteilung der Merkmale sowie deren zeitliche Veränderung. Die Prozessmodelle werden an dieser Stelle nicht weiter vorgestellt, für weiterführende Informationen sei auf [2] verwiesen.

Bei der Neuentwicklung eines Fertigungsprozesses und der damit verbundenen Qualifikation wird zwischen mehreren Phasen unterschieden (Abb. 11.2). Jede dieser Phasen setzt die erfolgreiche Qualifikation mit dem jeweils vorherigen Schritt voraus. Allgemein verbreitet ist die Einteilung der Prozessqualifikation in die drei Phasen Kurzzeitfähigkeit

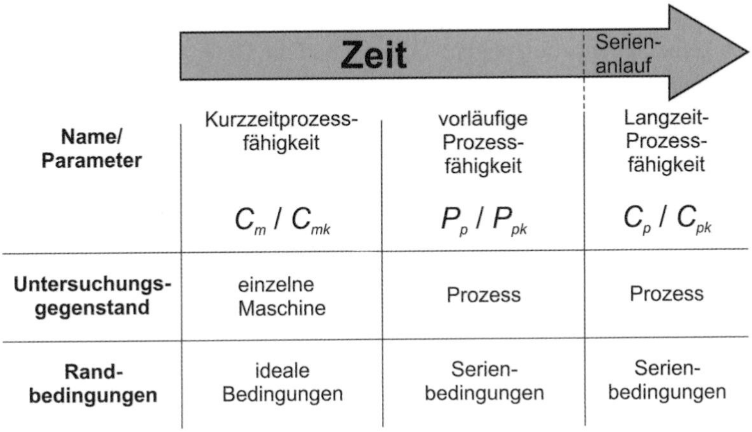

Name/ Parameter	Kurzzeitprozess- fähigkeit C_m / C_{mk}	vorläufige Prozess- fähigkeit P_p / P_{pk}	Langzeit- Prozess- fähigkeit C_p / C_{pk}
Untersuchungs- gegenstand	einzelne Maschine	Prozess	Prozess
Rand- bedingungen	ideale Bedingungen	Serien- bedingungen	Serien- bedingungen

Über der Tabelle: Pfeil **Zeit** → Serienanlauf

Abb. 11.2 Phasen der Prozessqualifikation

(short term process capability), vorläufige Prozessfähigkeit (preliminary process capability) und Langzeit-Prozessfähigkeit (long term process capability).

Ergebnisse der Prozess-Qualifikationsschritte sind unter anderen die sogenannten Fähigkeitsindizes C_m, C_{mk}, P_p, P_{pk}, C_p, C_{pk}, auch Qualitätskennzahlen genannt. Diese fassen den Zustand eines Prozesses und die Eignung bzw. Fähigkeit für die Herstellung eines bestimmten Produktes in einem Zahlenwert zusammen. Die Indizes müssen dabei zuvor festgelegte Grenzwerte überschreiten, damit der Prozess als qualifiziert gilt. Diese Qualifikation gilt aber nur für das Produkt, mit dem die Untersuchung durchgeführt wurde. Verallgemeinerungen sind nur in Ausnahmefällen möglich. Die Qualitätskennzahlen sind in den folgenden Abschnitten beschrieben.

▶ Grundlegende Voraussetzung, um eine Prozessbeurteilung vornehmen zu können, ist die Untersuchung der **Prüfprozessfähigkeit** und dem Nachweis, dass die Prüfprozesse fähig sind.

Der Grund liegt in der Überlagerung der Streuung der Prüfprozesse mit denjenigen des Fertigungsprozesses. Die Konsequenz ist, dass durch die Streuungen im Prüfprozess die Fähigkeiten des Fertigungsprozesses schlechter erscheinen als diese in Realität vorliegen. Es ergibt sich dadurch eine Verfälschung des Ergebnisses. Nur mit geeigneten Prüfprozessen kann deshalb eine Aussage über die Prozessfähigkeit getroffen werden.

Oft wird für die **Kurzzeit-Prozessfähigkeit** auch der Begriff „Maschinenfähigkeit" verwendet. Dieser Begriff stammt aus dem Spezialfall der Maschinenabnahme bei Lieferung und man sollte im Zusammenhang mit Prozessregelung besser den allgemeingültigen Begriff Kurzzeit-Fähigkeit verwenden. Die Untersuchung der Kurzzeit-Fähigkeit steht am Ende der Versuchsphase für einen neuen Prozess vor dem Serienanlauf. Dabei sollen noch keine Serienbedingungen vorliegen und die Untersuchung soll sich auf einen kurzen Zeitraum beschränken. Im Zentrum der Untersuchung steht dabei die einzelne Maschine, Fertigungseinrichtung, Anlage. Die Kurzzeit-Prozessfähigkeit ist deshalb unter Wiederholbedingungen (ideale Bedingungen) zu ermitteln.

Ebenfalls vor dem Serienanlauf steht die Untersuchung der **vorläufigen Prozessfähigkeit.** Der gewählte Zeitraum soll ebenfalls nur ein Bruchteil der späteren Serienproduktion umfassen. Dieser Schritt kann als eigentliche „Hauptprobe" für die Serienproduktion bezeichnet werden. Darum sollen schon möglichst seriennahe Bedingungen vorherrschen.

Der Beginn des Serienanlaufs wird durch eine **Langzeit-Prozessfähigkeitsuntersuchung** begleitet. Hierbei sind alle denkbaren Einflüsse auf den Prozess zulässig, ja sie sollen sogar während des Zeitraums der Untersuchung bewusst herbeigeführt werden, um die Grenzen des Prozesses kennenzulernen. Dieser Zeitraum ist deutlich länger als derjenige der vorläufigen Prozessfähigkeit zu wählen, damit diese natürlichen Einflüsse einwirken können.

Nach Abschluss dieser Qualifikation soll nun der Prozess weiterhin kontinuierlich beobachtet und geregelt werden. Ein zur Darstellung der dabei anfallenden Informationen geeignetes Mittel sind die Qualitätsregelkarten. Durch die geeignete Anpassung der darin verwendeten Warn- und Eingriffsgrenzen kann einer Prozessverbesserung Rechnung getragen werden. Der Aufbau, die Verwendung und die Interpretation von **Qualitätsregelkarten** wird in Abschn. 11.5 vorgestellt.

11.1.5 Grundsätzliches Vorgehen während jeder Phase der Qualifikation

Die einzelnen Schritte der Prozessqualifikation laufen unter den vorher beschriebenen Randbedingungen ab (Abb. 11.3). Erster wichtiger aber leider meist auch vernachlässigter Schritt sind die schriftlichen Vereinbarungen über die Organisation, das Vorgehen und die Randbedingungen des Qualifikationsschrittes. Typischerweise werden hier Grenzwerte für die Qualitätskennzahlen festgesetzt. Damit können bereits zu Beginn Missverständnisse und langwierige Diskussionen über die erzielten Ergebnisse vermieden werden.

Anschließend wird mit einem Warmlauf der Prozess in betriebswarmen Zustand versetzt und mit einem Vorlauf auf den Sollwert eingestellt, dann findet die Fertigung der für die Untersuchung benötigten Teile/Produkte statt. Die Entnahme der für die Auswertung benötigten Stichproben-Teile wird je nach vorliegender Phase der Qualifikation nach einem anderen Stichprobenplan vorgenommen. Bei der anschließenden Messung der für die Qualifikation relevanten Merkmale der Teile in der Stichprobe werden die tatsächlichen Größenwerte bei jedem Werkstück festgestellt. Dabei ist die Prüfprozesseignung zu beachten (Abschn. 14.2).

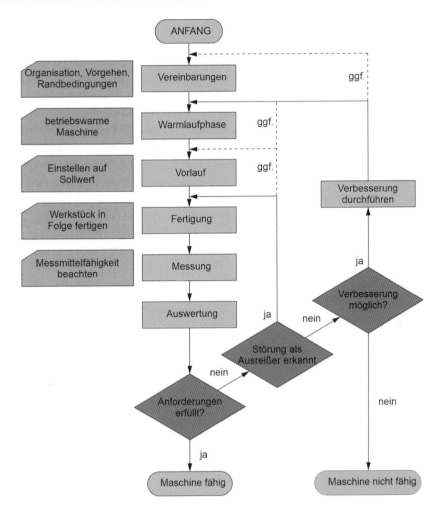

Abb. 11.3 Vorgehen bei der Durchführung einer Kurzzeit-Prozessfähigkeit

Durch die abschließende Auswertung der so gewonnenen Messwerte wird die Basis für die Entscheidung gelegt, ob die Anforderungen erfüllt sind. Berechnet werden dabei die Qualitätskennzahlen der einzelnen Phasen der Qualifikation. Liegen die Werte dieser Kennzahlen über den zu Beginn der Untersuchung festgelegten Grenzwerten, so gilt die Qualifikation als erfolgreich bestanden. Wurde während der Untersuchung ein begründbarer Ausreißer erkannt, so kann der Vorgang nochmals wiederholt werden. Falls nicht, muss nach Verbesserungsmöglichkeiten am Prozess gesucht werden oder der Prozess gilt mit den gestellten Anforderungen als nicht qualifizierbar.

11.2   Qualitätsfähigkeitskennzahlen

Wichtigstes und gleichzeitig aussagekräftigstes Resultat der Prozessqualifikation sind die Qualitätsfähigkeitskennzahlen. Je Phase wird ein Zahlenpaar berechnet. Eine Zahl stellt das **Prozesspotenzial** und eine die **Prozessfähigkeit** dar.

Die Ermittlung des **Prüfprozesspotentials** und des **Prüfprozessfähigkeit** drückt die potenzielle Fähigkeit eines Prüfprozesses aus, ein bestimmtes Merkmal in gleichbleibender Weise zu ermitteln. Dazu wird die Qualitätsleistung des Prüfprozesses anhand eines Vergleiches der Prüfprozessstreuung und der mit der Toleranzbreite beurteilt (Abschn. 3.1). Nur mit geeigneten Prüfprozessen ist es sinnvoll, eine Prozessbeurteilung durchzuführen.

Die an dieser Stelle vorgestellten Berechnungsgleichungen gelten nur für normal verteilte Prozesse. Für Prozesse, denen andere Verteilungsmodelle zugrunde liegen, sind in [2] entsprechende Vorgehensweisen zu finden.

11.2.1 Prozesspotenzial

Das **Prozesspotenzial** drückt die potenzielle Fähigkeit eines Prozesses aus, ein bestimmtes Merkmal in gleichbleibender Weise innerhalb der vorgegebenen Spezifikationsgrenzen zu erzeugen. Dazu wird die Qualitätsleistung eines Prozesses anhand eines Vergleiches der Prozessstreubreite ($\pm 3\sigma$-Bereich, 99,73 % Überdeckung) mit der Toleranzbreite beurteilt. Folgende Formelzeichen haben sich je nach Phase der Prozessqualifikation durchgesetzt. Branchen- und firmenspezifische Abweichungen sind allerdings möglich:

- C_m: Kurzzeitfähigkeit (machine capability)
- P_p: Vorläufige Prozessfähigkeit (preliminary process capability)
- C_p: Prozessfähigkeit (process capability).

Die allgemeingültige Formel zur Berechnung des Prozesspotenzials lautet:
$$C_p = \frac{\text{Toleranzbreite}}{\text{Prozessstreubreite}}.$$

11.2.2 Prozessstreubreite

Für die **Prozessstreubreite** wird häufig $6\,\sigma$ eingesetzt, die aus der Stichprobe zur Fähigkeitsuntersuchung berechnet wird. Die Anwendung dieser Berechnungsvorschriften setzt normalverteilte Prozesse voraus. Die Toleranzbreite ergibt sich aus der Differenz zwischen oberer und unterer Toleranzgrenze des untersuchten Merkmals.

In der Praxis sind jedoch auch viele andere Verteilungsformen anzutreffen. Es empfiehlt sich deshalb, die vorliegende Verteilungsform zu testen. Ferner ist darauf zu achten, dass es auch andere Ansätze zur Berechnung des Prozesspotentials und der Prozessfähigkeit gibt. Dies ist im Einzelfall zu berücksichtigen.

11.2.3 Prozessfähigkeit

Die **Prozessfähigkeit** bringt die tatsächliche Fähigkeit eines Prozesses zum Ausdruck, ein bestimmtes Merkmal in gleichbleibender Weise innerhalb der vorgegebenen Spezifikationsgrenzen herzustellen. Dazu dient der Vergleich der Prozessstreubreite (6σ) mit der Toleranzbreite (UGW bis OGW) unter gleichzeitiger Berücksichtigung der Prozesslage (Mittelwert μ). Folgende Formelzeichen haben sich je nach Phase der Qualifikation durchgesetzt:

- C_{mk}: kritische Kurzzeitfähigkeit (critical machine capability)
- P_{pk}: Vorläufige kritische Prozessfähigkeit (critical preliminary process capability)
- C_{pk}: Kritische Prozessfähigkeit (critical process capability).

Die Berechnung der Prozessfähigkeit geschieht in den folgenden Schritten:

$$C_{po} = \frac{OGW - \mu}{3 \cdot \sigma} \quad C_{pu} = \frac{\mu - UGW}{3 \cdot \sigma} \quad C_{pk} = \min\{C_{po}, \quad C_{pu}\} \qquad (11.1)$$

Der obere Grenzwert (OGW) und der untere Grenzwert (UGW) werden bei der Berechnung in Bezug zur Prozesslage (Mittelwert μ) gebracht und ins Verhältnis zur halben Prozessstreubreite (3σ) gesetzt (Gl. 11.1).

Offensichtlicher Zusammenhang zwischen den beiden Qualitätsfähigkeitskennzahlen C_p und C_{pk} ist derjenige, dass das Prozesspotenzial nie größer als die Prozessfähigkeit sein kann (Abb. 11.4). Dieser einfache Zusammenhang bietet aber in der Praxis eine erste Möglichkeit, die Plausibilität der berechneten Werte zu prüfen. Zur weiteren Interpretation der Werte ist es wichtig zu erkennen, dass ein größerer Wert

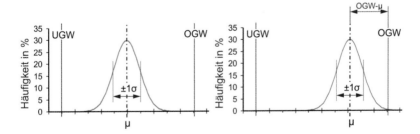

Abb. 11.4 Fähigkeitskennzahlen, Potenzial (links), Fähigkeit (rechts)

einer Qualitätsfähigkeitskennzahl auf einen Prozess hinweist, der besser geeignet ist, ein bestimmtes Merkmal in gleichbleibender Weise aufgrund vorgegebener Spezifikationsgrenzen zu liefern. Dabei bedeutet zum Beispiel ein Wert von $C_p = 1,00$ für die Prozessfähigkeit, dass 99,73 % aller mit diesem Prozess hergestellten Merkmale innerhalb der Toleranzgrenzen liegen. Typische Werte sind für $C_p = 1,67$ und für $C_{pk} = 1,33$. Was bleibt, ist die statistische Unsicherheit dieser Aussage.

11.3 Kurzzeitfähigkeit

Bei der Kurzzeitfähigkeit wird versucht, ausschließlich die Fertigungseinrichtung selbst (Maschine) zu beurteilen. Dazu sollen soweit möglich alle anderen Einflussfaktoren ausgeschlossen werden.

Die Untersuchung der Kurzzeitfähigkeit geschieht in einem kurzen Betrachtungszeitraum. Typische Stichprobengrößen liegen bei etwa 50 Werkstücken. Untersuchungen der Kurzzeitfähigkeit werden dazu ausgeführt, um neue Fertigungseinrichtungen und -teilprozesse zu beurteilen. Außerdem kann mithilfe dieser Untersuchungen nach Instandhaltung einer Fertigungseinrichtung festgestellt werden, ob sie wieder die geforderte Qualität liefert. Bei der Erstqualifikation von kritischen Merkmalen eines Produktes kann mithilfe der Kurzzeitfähigkeit eine erste Angabe über den Fertigungsprozess in Bezug auf dieses Merkmal gemacht werden. Die Dokumentation der Resultate kann dann als Teil des Sicherheitsnachweises dienen. Finden Veränderungen am Prozess statt, werden zum Beispiel neue Materialien, Betriebs- oder Hilfsmittel eingesetzt, stellt die Kurzzeitfähigkeit ein adäquates Mittel zum Nachweis der Qualitätserfüllung dar. Während der Entwicklung oder Optimierung von Herstellungsprozessen bietet die Kurzzeitfähigkeit eine Möglichkeit, Veränderungen am Prozessergebnis aufgrund von Veränderungen am Prozess einfach zu erfassen.

Ziel dieser ersten Untersuchung im Rahmen der Prozessqualifikation ist die Erfassung von kurzzeitigem Streuverhalten eines Prozesses, wobei der Begriff Kurzzeit immer in Bezug auf den Produktionstakt gesetzt werden muss. Dabei sollen die Randbedingungen des Versuchs möglichst unverändert gehalten werden. Es müssen also **Wiederholbedingungen** vorliegen. Der Sollwert des Fertigungsprozesses muss für alle relevanten Merkmale mit einem Vorlauf eingestellt sein (Warmlauf der Maschine). Während der Bearbeitungsdauer soll möglichst kein Werkzeugwechsel stattfinden. Ebenso dürfen keine Veränderungen der Bearbeitungsparameter, z. B. Temperatur, stattfinden. Damit der Einfluss des Materials möglichst ausgeschlossen werden kann, sollen die Rohteile aus der gleichen Charge stammen.

Für die Versuchsdurchführung wird eine fortlaufende Stichprobe von typischerweise 50 Teilen gefertigt und in zehn Gruppen zu fünf hintereinander hergestellten Teilen zusammengefasst. Anschließend erfolgt die Bestimmung der Größenwerte der Merkmale dieser Teile mit fähigen Messprozessen. Mit geeigneten statistischen Verfahren wird die Stichprobe zuerst auf Stabilität und Art der Verteilung geprüft. Alle folgenden Ausführungen beziehen sich nur noch auf Stichproben aus einer normal verteilten Grundgesamtheit. Nach der Berechnung des Mittelwertes und der Standardabweichung der gesamten Stichprobe können die Qualitätsfähigkeitskennzahlen C_m und C_{mk} bestimmt werden.

11.4 Vorläufige und Langzeit-Prozessfähigkeit

Nach erfolgreicher Bestimmung der Kurzzeitfähigkeit erfolgt die Untersuchung der vorläufigen Prozessfähigkeit. Ziel ist es dabei, das Streuverhalten eines Prozesses unter realen Bedingungen zu erfassen.

Reale Bedingungen bedeuten Serienbedingungen. Somit kann schon vor Serienbeginn eine erste Prognose gestellt werden, wie sich das langfristige Streuverhalten des Prozesses verhalten wird. Damit möglichst alle Vorkommnisse während einer Serienfertigung bei der Untersuchung eintreffen, wird ein Zeitraum von mehr als 8 h gewählt. Damit ist unter anderem gewährleistet, dass nicht nur eine Schicht von Bedienern den Prozess betreut. Ebenso soll möglichst die Rohmaterialcharge während der Untersuchung gewechselt werden. Der Wechsel von Tag zu Nacht oder Morgen zu Abend stellt zudem sicher, dass verschiedene Arten von äußeren Einflüssen auf den Prozess wirken können. Was nicht erfasst wird, sind in der Regel Einflüsse von längeren Unterbrechungen (Wochenende) oder jahreszeitlich bedingten, größeren klimatischen Einflüssen.

Für die Untersuchung der **vorläufigen Prozessfähigkeit** werden mindestens 20 Stichproben mit fünf aufeinanderfolgenden Teilen während des Untersuchungszeitraums entnommen. Die gemessenen Größenwerte der Merkmale werden in die Regelkarten eingetragen und nach Beendigung der Untersuchung aus allen Werten die vorläufige Prozessfähigkeit und das vorläufige Prozesspotenzial berechnet. Für spätere Interpretationen der Resultate und der notwendigen Korrekturmaßnahmen ist es wichtig, besondere Vorkommnisse und Störeinflüsse auf den Prozess in den Regelkarten zu notieren.

Nach Erfüllung der Forderungen für die vorläufige Prozessqualifikation steht dem Serienanlauf aus Sicht der Prozessqualifikation nichts mehr im Weg. Um die Resultate der vorläufigen Prozessfähigkeitsuntersuchung zu erhärten, wird nach erfolgtem Serienanlauf die Langzeit-Prozessfähigkeitsuntersuchung durchgeführt. Durch den wesentlich längeren Untersuchungszeitraum von üblicherweise 20 Tagen werden weitere Einflüsse auf den Prozess bei dieser Prozessbeurteilung berücksichtigt. Mit Ausnahme der Dauer der Untersuchung wird ein identisches Vorgehen wie bei der vorläufigen Prozessfähigkeit gewählt. Jetzt ist es besonders wichtig, alle erkennbaren Unregelmäßigkeiten, die auf den Prozess wirken, zu notieren, damit diese äußerst nützlichen Informationen später zur Verfügung stehen.

Nach erfolgreichem Abschluss der Prozessfähigkeitsuntersuchung besteht die Gewähr, dass bei unverändertem Prozess ein überwiegender Großteil des Prozessergebnisses den Vorgaben entspricht. Da aber Veränderungen am Prozess nicht auszuschließen sind oder die ständige Verbesserung des Prozesses anzustreben ist, wird der Stichprobenplan der Prozessfähigkeitsuntersuchung weitergeführt. Jede neue Stichprobe wird in die Qualitätsregelkarte eingetragen und der Prozessfähigkeitsindex gleitend nachgeführt.

11.5 Qualitätsregelkarten

Qualitätsregelkarten (Abb. 11.5) stellen ein Mittel zur einfachen grafischen Darstellung des zeitlichen Prozessverlaufs dar. Sie dienen dazu, die Lage und das Streuverhalten des Prozesses visuell zu beurteilen. Dazu werden Kennwerte der Stichproben (z. B. Urwerte, Mittelwerte, Mediane, Streuung und Spannweiten) über die Zeit grafisch dargestellt. Grenzlinien, sogenannte Warn- und Eingriffsgrenzen, dienen dazu, rechtzeitig auf Veränderungen am Prozess aufmerksam zu werden und die nötigen Korrekturmaßnahmen einzuleiten. QRK können ebenso dazu benutzt werden, die Stabilität des Prozesses zu beurteilen.

Bei der Darstellung mittels Qualitätsregelkarte wird auf der horizontalen Achse (Abszisse, x-Achse) alternativ die Nummer der Stichprobe, der Zeitpunkt der Probenentnahme oder die Chargennummer notiert. Auf der vertikalen Achse (Ordinate, y-Achse) wird der Kennwert der Stichprobe aufgetragen. Die Grenzlinien werden als horizontale Linien auf der Höhe des Grenzwertes eingezeichnet. Zur Veranschaulichung werden zum Teil auch die Toleranzgrenzen als Grenzlinien eingezeichnet. Die Möglichkeit, besondere Vorkommnisse auf der Regelkarte zu notieren, ist bei der späteren Interpretation von großem Nutzen. Grundsätzlich zu unterscheiden sind Qualitätsregelkarten für diskrete und für kontinuierliche Merkmale. Bei diskreten Merkmalen sind mögliche

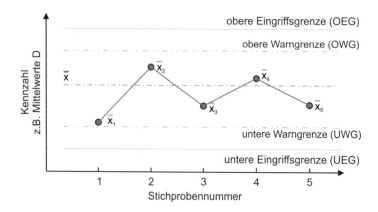

Abb. 11.5 Mittelwertkarte einer Prozessfähigkeitsuntersuchung

Kennwerte der Stichproben die Anzahl Fehler pro Einheit (x-Karte), der Anteil Fehler pro Einheit (c-Karte) oder die Anzahl Fehler pro untersuchter Einheit (u-Karte). Weitere Ausführungen zu QRK für diskrete Merkmale sind in [2] zu finden.

11.5.1 Arten von Qualitätsregelkarten

Vier weitverbreitete Arten von Qualitätsregelkarten sind für kontinuierliche Merkmale zu unterscheiden.

- Urwertkarte (x-Karte)
- Mittelwertkarte ($\bar{x}$-Karte)
- Streuungskarte (s-Karte)
- Spannweitenkarte (R-Karte).

Bei der **Urwertkarte** werden an der gleichen horizontalen Stelle die Größenwerte des Merkmals aller Teile einer Stichprobe aufgetragen. Dadurch können Ausreißer, aber auch große Streuungen, einfach sichtbar gemacht werden. Die Werte der Größenwerte des Merkmals der einzelnen Teile bleiben zudem für nachträgliche Auswertungen erhalten.

Der Mittelwert der Größenwerte eines Merkmals aller Teile einer Stichprobe wird bei der **Mittelwertkarte** (Abb. 11.5) als Kennwert in der Grafik aufgetragen. Durch die Durchschnittsbildung besitzt die $\bar{x}$-Karte eine glättende Wirkung. Mit ihr lassen sich aber sehr gut ständige (Trend), systematische (Offset) oder sprunghafte (Run) Veränderungen am Prozess erkennen. Die Mittelwertkarte besitzt die größte Aussagekraft und kommt daher sehr häufig zum Einsatz.

Gleichzeitig zur Mittelwertkarte wird ergänzend die **Streuungskarte** eingesetzt. Die aktuelle Streuung der Größenwerte eines Merkmals aller Teile einer Stichprobe wird bei der Streuungskarte (s-Karte) als Kennwert grafisch aufgezeichnet. Anders als die Mittelwertkarte zeigt sie eher momentane Phänomene eines Prozesses und ist gut geeignet, Instabilitäten zu visualisieren. Zu Zeiten, als der Rechnereinsatz in der Fertigung noch nicht sehr verbreitet war, wurde die **Spannweitenkarte** (R-Karte) der Streuungskarte vorgezogen; dies aufgrund der sehr viel einfacheren Berechnungsmethode der Spannweite (Differenz von größtem zu kleinstem Wert). Da auch heute noch manuelle Berechnungen durchaus an der Tagesordnung sind, hat die Spannweitenkarte ihre Berechtigung, obwohl sie sehr anfällig auf Ausreißer reagiert.

11.5.2 Grenzwerte für Qualitätsregelkarten

Die Grenzwerte für Regelkarten (Abb. 11.5) für diskrete Merkmale hängen von der Anzahl zulässiger Fehler, der Anzahl Stichproben und dem Stichprobenumfang ab. In manchen Fällen ist es durchaus sinnvoll, auch einen unteren Grenzwert einzusetzen.

Die Unterschreitung eines unteren Grenzwertes für die Anzahl fehlerhafter Einheiten deutet auf die Veränderung eines Prozesses hin, die es wert ist, untersucht zu werden. Berechnungsgleichungen und weitere Informationen über Grenzwerte für diskrete Merkmale sind in der weiterführenden Literatur zu finden.

Für die Bestimmung der Grenzwerte für Regelkarten für kontinuierliche Merkmale gibt es zwei grundlegend unterschiedliche Ansätze. Im Fall von **Shewhart-Karten** hängen die Grenzwerte von der Streuung und vom Stichprobenumfang einer Stichprobe ab. Dies führt dazu, dass Veränderungen am Prozess sofort zu anderen Warn- und Eingriffsgrenzen führen.

Bei richtigem Vorgehen eignet sich diese Art, die Grenzwerte festzulegen besonders dann, wenn kontinuierliche Qualitätsverbesserungen angestrebt werden. Dabei ist es aber unerlässlich, gleichzeitig die Qualitätsfähigkeitskennzahlen zu überwachen, da nur diese Hinweise auf die Einhaltung der Toleranz geben.

Ist das Augenmerk ausschließlich darauf gerichtet, die zur Verfügung stehende Toleranz weitestgehend auszunutzen, eignen sich **Annahme-Qualitätsregelkarten** für die Prozessüberwachung. Sie unterscheiden sich von den Shewhart-Karten nur in der Art, wie die Grenzwerte festgelegt werden. Bei den Annahme-Qualitätsregelkarten hängen die Grenzwerte auch von der Prozessstreuung und dem Stichprobenumfang ab, werden aber ausgehend von den Toleranzgrenzen berechnet. Dies führt zu einem für den vorliegenden Prozess größtmöglichen Bereich für einen Kennwert in der Qualitätsregelkarte. Dieses Vorgehen verhindert die stetige Verbesserung eines Prozesses, da großer Wert daraufgelegt wird, solange wie möglich nicht in den Prozess einzugreifen. Damit kann auch kein Wissen über die Grenzen eines Prozesses und das Verbesserungspotenzial aufgebaut werden. Dies wirkt sich insbesondere dann negativ aus, wenn die Toleranzen für das Merkmal zum Beispiel aufgrund von Kundenanforderungen enger gesetzt werden. Es besteht dann nämlich die Gefahr, dass der Prozess für diese erhöhten Anforderungen nicht mehr beherrscht abläuft und auch keine Erfahrung darin besteht, wie Prozessbeherrschung erzielt werden kann. Wären in diesem Fall Shewhart-Karten eingesetzt worden, hätte das unter Umständen dazu geführt, dass Verbesserungen des Prozesses durch engere Warn- und Eingriffsgrenzen bzw. deren erneute Verletzung erkannt worden wären.

Literatur

1. ISO 9000: Qualitätsmanagementsysteme – Grundlagen und Begriffe (2015)
2. Hernla, M.: Messunsicherheit bei Koordinatenmessungen, 4. Aufl. Renningen: Expert (2020)

Optische Sensoren

12

▶ **Trailer**

Die **berührungslos optische Messtechnik** ist heute aus der FMT nicht mehr wegzudenken. Innerhalb der Einführung wird auf die historische Entwicklung dieses Teils der FMT eingegangen. Es wird ein Überblick über die Leistungsfähigkeit verschiedener Messverfahren gegeben.

Hier geben wir einen Überblick über **optische Sensoren,** die für die industrielle Messtechnik zur Verfügung stehen. Dabei handelt es sich sowohl um Sensoren, die als Stand-Alone System oder auch integriert in Messsysteme wie z. B. in Koordinatenmessgeräten oder Rauheitsmessgeräten, eingesetzt werden können.

Zu beachten ist bei allen optischen Sensoren, dass die **Oberflächeneigenschaft** Einfluss auf die **Messunsicherheit** haben kann.

12.1   Einführung und Abgrenzung

Unter **optische Sensoren** sind solche Verfahren beschrieben, die in Bewegungsplattformen integrierbar sind und welche erst in Kombination mit messenden, mechanischen Linear- oder Rotationsachsen das gewünschte Messergebnis berechnen. Bewegungsplattformen sind z. B. die mechanischen Achsen von Koordinatenmessgeräten, Industrierobotern (IR) und Werkzeugmaschinen (WZM) wie sie in der Produktion eingesetzt werden. Eine große Bedeutung kommt dabei der **Kombination der Messprinzipien (Multi-Sensor-Koordinatenmesstechnik)** zu. Jedes Verfahren hat für bestimmte Anwendungen besondere Vorteile, ist jedoch für andere Anwendungen wieder weniger geeignet.

© Springer Fachmedien Wiesbaden GmbH, ein Teil von Springer Nature 2021
M. Marxer et al., *Fertigungsmesstechnik,* https://doi.org/10.1007/978-3-658-34168-8_12

Weitere berührungslose Messverfahren werden in folgenden Kapiteln vorgestellt. Die **Computertomografie (Abschn.** 4.9) stellt eine berührungslose Messtechnik zur Verfügung, da mit dieser Technologie auch in Werkstücke hineingeschaut werden kann, ohne diese zu zerstören. Dem Thema **Bildverarbeitung** in der Qualitätssicherung und der Messtechnik ist Kap. 10 gewidmet. Bei **optischen Messsystemen (Kap.** 13) handelt es sich vorzugsweise um solche Verfahren, die ohne zusätzliche Bewegungsachsen im Einsatz sind.

Der Übergang zu den optischen Sensoren ist fließend.

▶   Allen optischen Messverfahren ist gemeinsam, dass die **Oberflächeneigenschaft** Einfluss auf die **Messunsicherheit** haben kann. Insbesondere sind Abweichungen der Messergebnisse von taktilen Verfahren möglich.

Messbereich und Messunsicherheit sind besonders wichtige Kriterien für die Auswahl optischer Messverfahren. Die nachfolgenden Grafiken geben hierzu erste Anhaltspunkte.

Um die Auswahl von optischen Messverfahren zu erleichtern, zeigen die Bilder Abb. 12.1 und 12.2 Messunsicherheiten und Messbereiche dieser Verfahren. Diese Bilder zeigen nicht die physikalischen Grenzen der Messprinzipien auf, sondern Bereiche, in denen es kommerziell verfügbare Angebote gibt.

12.2 Lasertriangulation

Lasertriangulationssensoren (LTS) sind wohl die am weitesten verbreiteten optischen Abstandssensoren in industriellen Anwendungen.

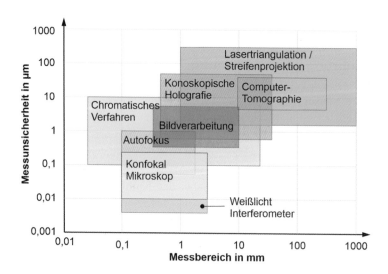

Abb. 12.1 Vergleich von optischen Sensoren hinsichtlich Messunsicherheit und Messbereich I

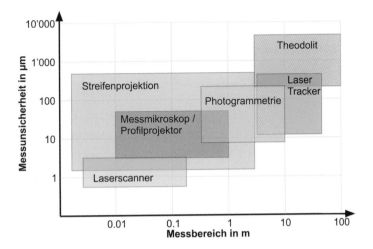

Abb. 12.2 Vergleich von optischen Sensoren hinsichtlich Messunsicherheit und Messbereich II

12.2.1 Messprinzip und Eigenschaften

Die **Lasertriangulation** stellt ein Messprinzip zur berührungslosen Abstandsmessung dar [1]. Eine **Strahlungsquelle** wird mittels einer Optik als **strukturiertes Licht** auf das Werkstück innerhalb des Messbereichs abgebildet (Abb. 12.3). Der Messbereich ist ausgehend von der Messbereichsmitte definiert, die sich auf die Bezugsebene des Sensorkopfs bezieht. Die Oberfläche des Werkstücks reflektiert das Licht. Das remittierte Licht wird unter dem Triangulationswinkel, der etwa 25 bis 30° zur optischen Achse des Senders liegt, durch die Empfängeroptik auf den Detektor des Empfängers abgebildet.

Abb. 12.3 Lasertriangulation, Aufbau und Messprinzip

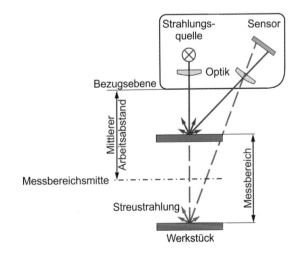

Der Detektor (1-D-Sensor) besteht aus einem positionsempfindlichen Fotoelement (PSD) oder CCD/CMOS-Zeile zur Bestimmung der Position des Schwerpunktes des abgebildeten Lichtflecks. Entsprechend der Distanz des Prüfgegenstands zum Sensorkopf verschiebt sich die Position dieses Schwerpunktes auf dem Detektor. Die aktuelle Position des Lichtflecks auf dem Detektor wird zu einer Abstandsinformation verarbeitet und ausgegeben.

Sensoren auf der Grundlage dieses Messprinzips sind für Messbereiche von ca. 1 bis 3000 mm erhältlich. Da der Abstand nicht mit einem Lichtpunkt, sondern mit einem Lichtfleck bestimmt wird, findet über den Bereich der ausgewerteten Fläche des Lichtflecks auf dem Werkstück eine Mittelung statt. Diese Auflösung reicht abhängig vom Sensortyp von ca. 10 bis 1000 µm. Diese Mittelung findet auch bei gekrümmten Oberflächen statt und wirkt sich in einer vergrößerten Messunsicherheit aus.

Da auf dem Detektor nur das unter dem Triangulationswinkel remittierte Licht ausgewertet wird, können nur Werkstücke mit zumindest teilweise diffus streuenden Oberflächen gemessen werden. Eine ganze Reihe weiterer (Oberflächen-)Eigenschaften des Werkstücks bestimmen die Qualität des Messergebnisses. Diese Qualität äußert sich unter anderem in der aufgabenspezifischen Messunsicherheit. So können zum Beispiel Speckle-Effekte, verursacht durch Oberflächenrauheiten, das Messergebnis wesentlich beeinflussen. Ebenso hängt das Ergebnis der Messungen von der Farbe des Werkstücks ab, da auch sie die Reflexionseigenschaften beeinflussen kann. Die unterschiedliche Eindringtiefe in verschiedene Materialien (z. B. Keramik oder Kunststoffe) verursacht eine sogenannte Volumenstreuung und kann eine systematische Abweichung des Messergebnisses zur Folge haben.

Erweiterungen des Messprinzips Um speziell in der Nähe von Stufen mit Hinterschneidung und Abschattung besser messen zu können, wurde ein Sensor mit einem rotationssymmetrischen Empfängerstrahlengang in Form eines Kegels entwickelt (Abb. 12.4). Dieser Sensor besitzt keine Vorzugsrichtung.

Erweiterung zum Lichtschnittverfahren Das Triangulationsprinzip wird auch zum sog. **Lichtschnittverfahren (auch 2-D-LTS)** erweitert (Abb. 12.5). Dazu wird der Laserstrahl zu einer Laserlichtebene erweitert. Der Zeilensensor wird durch einen Flächensensor (**PSD** oder **CCD** oder **CMOS** Kamera) ersetzt. Das Schnittelement der Lichtebene mit der Messfläche ergibt in der Beobachtung durch die Kamera eine Linie. Für jeden Punkt der Linie kann die Triangulation durchgeführt und der Abstand des Oberflächenpunktes berechnet werden.

12.2.2 Anwendung

Mit Lasertriangulationssensoren können Abstandsmessungen, wie mit einer Messuhr durchgeführt werden. Besonders häufig werden LTS bei In-Prozess-Messungen,

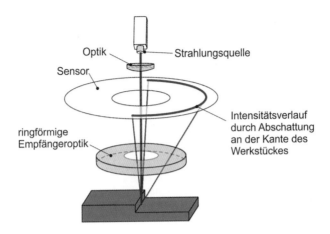

Abb. 12.4 Lasertriangulationssensor mit rotationssymmetrischer Bauweise

Abb. 12.5 Erweiterung zum
Lichtschnittverfahren

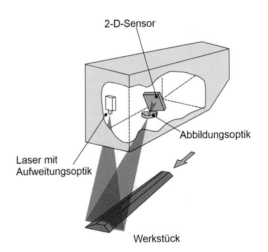

in Sondermessvorrichtungen oder in Koordinatenmessgeräten eingesetzt. Sie sind weit verbreitet und in unterschiedlichsten Ausführungen am Markt erhältlich. Die folgenden Ausführungen beschränken sich auf die Beschreibung von 1-D-LTS, die sich auch auf 2-D-LTS übertragen lassen. Die 2-D-LTS werden hauptsächlich in scannenden Systemen beispielsweise für die Überwachung von Stranggut eingesetzt.

In **Koordinatenmessgeräten** findet der LTS vor allem als Messkopfsystem in Geräten mit Multisensor-Konzept Verwendung (Abb. 12.6). Einen wesentlichen Vorteil beim Einsatz eines LTS stellt die im Vergleich zum berührenden Taster höhere Dynamik dar, die beim Scannen je nach Sensor bis ca. 10.000 Messungen/s möglich macht. Im Gegensatz zu berührenden Tastern tritt beim Messen mit einem LTS während der Messung keine Messkraft auf. Im Bereich der **In-Prozess-Messung** wird oft nicht nur

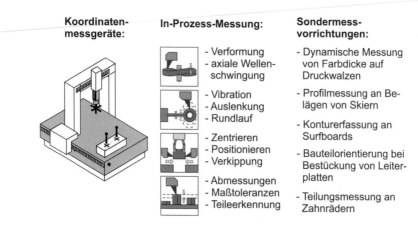

Abb. 12.6 Anwendungsbeispiele für Laser-Triangulations-Sensoren (LTS)

ein Sensor, sondern eine Kombination von zwei oder mehr Sensoren zur Messung eines bestimmten Merkmals eingesetzt.

Typische Merkmale sind zum Beispiel die Dicken von gewalzten Blechen, die Position von Einbauteilen bei der Montage, der Wellendurchmesser und die Exzentrizität. Dabei sind oftmals die geforderte Messgeschwindigkeit und die geforderte Lebensdauer der Messvorrichtung ausschlaggebend für die Wahl eines LTS. Auch der Zustand des Werkstücks (z. B. Temperatur) kann Anlass für den Einsatz eines berührungslosen Messsystems sein. Für die Anwendung bei In-Prozess-Messungen sind LTS besonders geeignet, da sich die Oberflächeneigenschaften des Werkstücks oft nur in engen Grenzen ändern und der Einfluss der Oberflächenrauheit auf das Messergebnis konstant ist.

12.3   Foucault-Sensor

In den Strahlengang eines Bildverarbeitungssensors kann ein Laserabstandssensor integriert und so die Optik zweifach genutzt werden.

12.3.1 Messprinzip

Der eingespiegelte Laserstrahl wird mit einer Foucault'schen Schneide auf einer Seite beschnitten, so dass außerhalb der Fokusebene ein asymmetrischer Strahl entsteht, und unter dem Öffnungswinkel des Objektivs auf die Oberfläche des Werkstücks abgebildet (Abb. 12.7). Durch die Asymmetrie des Laserstrahls ändert sich die Position des Laserspots auf der Werkstückoberfläche mit deren Abstand zur Fokusebene. Entsprechend variiert die Position des Lasersignals auf der Differenz-Fotodiode, sodass daraus der Abstand des Sensors zur Werkstückoberfläche ermittelt werden kann. Der

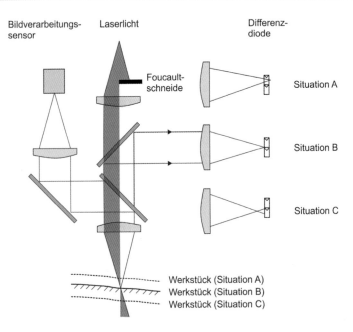

Abb. 12.7 Integration eines Laserabstandssensors in den Strahlengang des Bildverarbeitungs-sensors (Beleuchtung nicht dargestellt) [2]

Öffnungswinkel des Objektivs dient als Triangulationswinkel. Je größer dieser Winkel, umso höher ist die Auflösung und umso geringer der Beitrag zur Messunsicherheit.

12.3.2 Eigenschaften und Anwendungen

Durch Integration des Laserabstandssensors in den Strahlengang des Bildverarbeitungs-sensors ergibt sich ein uneingeschränkter gemeinsamer Messbereich ohne Versatz zwischen den beiden Sensoren. Der Sensorwechsel ohne mechanische Bewegung ermöglicht eine höhere Genauigkeit. Die Bedienung wird vereinfacht, da der Laserspot während des Antastvorgangs über den Bildverarbeitungssensor beobachtet werden kann.

Der Sensor wird meist geregelt betrieben, das heißt, die Z-Achse wird so nachgeführt, dass die Werkstückoberfläche sich etwa in der Mitte des Messbereichs des Sensors befindet. Dadurch wird der relativ kleine Messbereich ausgeglichen.

Die erreichbare Antastabweichung wird durch die Apertur des Objektivs bestimmt und reicht bis unter 1 µm. Der Sensor ist abhängig von den Eigenschaften der Werkstückober-fläche für Oberflächen mit Neigungswinkeln bis etwa 70° zur optischen Achse geeignet.

Der in den Strahlengang des Bildverarbeitungssensors integrierte Laserabstandssensor ist als Ergänzung zur Bildverarbeitung ein kostengünstiger Sensor mit verschiedenen Scanningbetriebsarten zur schnellen Messung von Stufen, Ebenheit, Verwindungen oder Verzug von Oberflächen, beispielsweise an Dichtsitzen. Auch eine Tiefenmessung in schwer zugänglichen Bereichen ist möglich. Aufgrund des kleinen Spots von wenigen Mikrometern kann der Sensor für die Messung von Mikromerkmalen verwendet werden. Zum Beispiel in der Werkzeugmessung wird der Laserabstandssensor zur Messung von Span- und Freiwinkeln eingesetzt.

12.4 Chromatische Weisslichtsensoren

Chromatische Sensoren sind in erster Linie für hochgenaue Abstandsmessungen bei kleinen Messabständen geeignet. Es gibt sie in sehr unterschiedlichen Bauformen, sodass sie auch für spezielle Messaufgaben eingesetzt werden können.

12.4.1 Messprinzip

Mit dem **chromatischen Sensor** können berührungslos Abstände zwischen Sensorkopf und Werkstückoberfläche bestimmt werden. Das Werkstück wird mit einer punktförmigen Weißlichtquelle beleuchtet. Durch eine besondere Optik mit axialem Chromatismus (Farbfehler) wird das weiße Licht in seine Spektralfarben aufgetrennt (Abb. 12.8). Für jede Spektralfarbe ergibt sich ein anderer Brennpunkt in axialer Richtung. Das von der Oberfläche des Werkstücks reflektierte Licht wird über einen Strahlteiler und eine Lochblende einem **Spektrometer** zugeführt. Der Spektrometer analysiert das reflektierte Licht und stellt fest, bei welcher Spektralfarbe die Intensität des reflektierten Lichts am größten ist. Diese Spektralfarbe ist proportional zum Abstand des Sensors von der Oberfläche des Werkstücks. Bei manchen Bauformen ist die

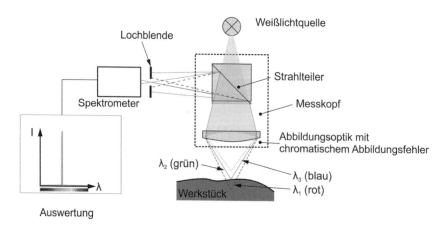

Abb. 12.8 Chromatischer Fokus-Punktsensor, Funktionsprinzip. (Aus den Intensitäten des Wellenlängen-Spektrums des reflektierten Lichts wird der Abstand des Werkstücks zum Messkopf ermittelt)

Typ/ Leistungsdaten	Sensormaße in mm	Messbereich in mm	Mittlerer Arbeitsabstand in mm	Messunsicherheit in µm (k = 2)
Typ 1	Ø 27 x 150	0.3	6	0.3
Typ 2	Ø 4 x 70	1.5	1.5	1
Typ 3	Ø 40 x 220	3	27	2

Abb. 12.9 Typische Leistungsdaten marktgängiger chromatischer Sensoren

Weißlichtquelle und/oder der Spektrometer aus dem eigentlichen Sensorkopf ausgelagert und befindet sich im Sensor-Controller. Dies hat Vorteile bezüglich Baugröße und möglicher Temperaturdriften des Sensorkopfes.

12.4.2 Eigenschaften und Anwendungen

Bei diesem Messprinzip sind gerätetechnisch die Abmessungen sowie die Leistungsdaten des Sensors (Abb. 12.9) wie Messunsicherheit, Arbeitsabstand usw. maßgeblich durch die Wahl der Optik mit axialem Chromatismus beeinflussbar. Auf dem Markt sind Sensoren mit Messbereichen von 0,02 mm bis 25 mm erhältlich. Die Messunsicherheiten der Sensoren entsprechen je nach Messbereich von 30 nm bis 10 µm. Sensoren mit kleinen Abmessungen sind besonders empfindlich bezüglich Neigung des Sensors und der zu messenden Oberfläche.

Durch die relativ große Oberflächenunabhängigkeit des Messprinzips finden sich chromatische Sensoren in Anwendungen mit unterschiedlichen Materialien, dabei ist es möglich, transparente und spiegelnde Oberflächen wie Glas zu messen. Sie werden z. B. zur Füllstandsmessung von Flüssigkeiten in der Medizintechnik eingesetzt. Die Sensoren gibt es nicht nur in axialer, sondern auch in radialer Bauform (Abb. 12.10). Dies ermöglicht es, in Bohrungen > 4,5 mm zu messen. Ebenso können Schichtdicken transparenter Schichten gemessen werden. Es entstehen durch beide Reflexionen Signale, deren Abstand angegeben werden kann (Abb. 12.10).

Chromatische Abstandssensoren werden häufig in Multisensor-Koordinatenmessgeräten oder ergänzend als berührungslose Taster in 3-D-Koordinatenmessgeräten eingesetzt (Abschn. 3.8).

12.5 Laser-Autofokussensor

Das **Laser-Autofokussensor** erlaubt die punktuelle absolute Abstandsmessung beliebiger Oberflächen mit hoher Messfrequenz und für kleine Messabstände. Damit eignet er sich besonders für Positionierungs- und Steuerungsaufgaben in der Fertigung.

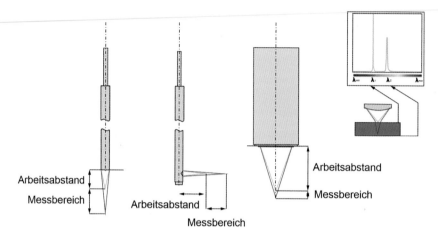

Abb. 12.10 Bauformen von chromatischen Sensoren und Messung von Schichtdicken

12.5.1 Messprinzip

Beim **Laser-Autofokussensor** oder auch **konfokalen Fokussierverfahren** oder **Mikrofokussierverfahren** wird ein gebündelter Laserstrahl auf die Oberfläche des Werkstücks projiziert (Abb. 12.11) und mithilfe einer motorisch angetriebenen Linse fokussiert. Die Position der Linse wird gemessen und ist ein Maß für den Abstand

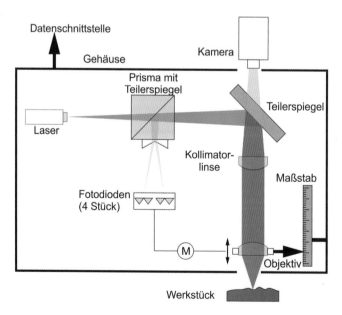

Abb. 12.11 Laser-Autofokusverfahren, Aufbau und Messprinzip

zwischen Sensor und Oberfläche. Bei manchen Ausführungen kann man mithilfe einer Kamera den eingespiegelten Messbereich beobachten (Abb. 12.11).

12.5.2 Eigenschaften und Anwendungen

Das Reflexionsvermögen der angetasteten Oberfläche hat keinen großen Einfluss, wohl aber die Lage. Neigungen bis $\pm 10°$ werden vom System toleriert. Die Messspanne ist < 1 mm, Auflösungen von 1 µm, 0,1 µm und 0,01 µm sind möglich.

Optisch angetastete Oberflächen müssen sauber sein und dürfen nicht von Kühlmittel oder Fett benetzt sein.

Dieses Messprinzip wird für Präzisionsmessungen in der Halbleiterindustrie und für die Oberflächen- und Konturmesstechnik eingesetzt (Kap. 6). Die Oberflächenrauheit beeinflusst das Messergebnis. Es gibt Oberflächenmessgeräte, die nach dem Tastschnittverfahren arbeiten und bei denen das Tastsystem mit Diamantnadel durch ein berührungsfrei arbeitendes Tastsystem ausgewechselt werden kann. Für die Oberflächenmessung sollte der Lichtpunkt in der Größenordnung von < 1 µm sein.

12.6 Weißlichtinterferometrie

12.6.1 Messprinzip

Interferometrische Messgeräte arbeiten mit den Welleneigenschaften des Lichts, um hochgenau Verschiebungen oder Positionen zu messen [3, 4]. Die Überlagerung von zwei kohärenten Laserwellen führt zu konstruktiver oder destruktiver Interferenz, je nachdem, mit welchem zeitlichen Versatz (Phasenlage) die beiden Wellen aufeinandertreffen.

Die beiden Wellen werden durch Aufspaltung des Laserlichts in einem Strahlteiler erzeugt (Abb. 12.12). Wenn der Messspiegel sich bewegt, ändert sich die Phasenlage zwischen den vom Messspiegel und den vom Referenzspiegel reflektierten Lichtwellen und es entsteht konstruktive und destruktive Interferenz. Durch Zählen der Hell-Dunkelübergänge kann die Spiegelbewegung bestimmt werden (Gl. 12.1):

$$\Delta d = m \frac{\lambda}{2n} \tag{12.1}$$

Hierin bedeutet m die Anzahl der gezählten Hell-Dunkelübergänge, λ die Wellenlänge des verwendeten Laserlichts und n die Brechzahl des Mediums, das vom Licht durchlaufen wird. Die Brechzahl ist in Luft näherungsweise 1. Allerdings muss für genaue Messungen die Brechzahländerung durch Luftdruck-, Temperatur- und Feuchte-Kompensation berücksichtigt werden.

Da die Lichtwellenlänge in der Größenordnung von ca. 400 ... 700 nm liegt, weist das Verfahren eine hohe Grundgenauigkeit auf. Sie wird in der Regel massiv gesteigert,

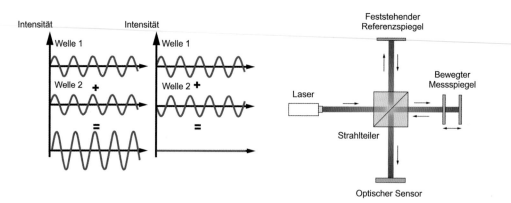

Abb. 12.12 Prinzip der Interferenz

indem nicht nur die Hell-Dunkelübergänge gezählt werden, sondern die Phase selbst bestimmt wird. Damit werden Auflösungen im Subnanometerbereich erreicht.

Wird nicht nur ein dünner Laserstrahl, sondern ein aufgeweitetes Laserlichtbündel und ein 2-D – Kamerasensor als Sensor verwendet, so können auch Flächen gemessen werden. Hierfür wurden verschiedene Aufbauformen realisiert.

▶   Interferometrische Messverfahren nutzen als Maßverkörperung die **Wellen-länge** des verwendeten Lichts (typischerweise 0,3–0,7 μm). Dadurch erreichen diese Verfahren grundsätzlich eine hohe vertikale Messgenauigkeit. Neben der Wellenlänge spielt die geometrische Anordnung der optischen Strahlen eine wichtige Rolle für die Messempfindlichkeit.

Twyman Green Interferometer Das **Twyman Green Interferometer** zeichnet sich durch höchste vertikale Messgenauigkeit auch bei großen Messflächen aus. Es wird vorwiegend in der optischen Industrie zur Prüfung optischer Oberflächen eingesetzt.

Beim Twyman Green Interferometer wird das Licht eines Lasers aufgeweitet und kollimiert (Abb. 12.13). In einem Strahlteiler wird 50 % des Lichts auf einen ebenen Referenzspiegel gelenkt, während die anderen 50 % die zu prüfende Fläche beleuchten. Die Größe der beleuchteten Messfläche kann durch Auswahl des Aufweitungsobjektivs eingestellt werden. Das vom Referenz- und von der Messfläche reflektierte Licht wird im Strahlteiler wieder rekombiniert und gemeinsam auf die Kamera geleitet, wo die Interferenzerscheinungen registriert werden. Die registrierten Linien entsprechen der Höhenänderung der Messfläche gegenüber dem Referenzspiegel. Die mit der Kamera erfassten Interferenzstreifen können im Computer automatisch ausgewertet und in Höhenangaben umgerechnet werden.

Durch Vorsatz einer fokussierenden Optik können auch **sphärische Flächen** geprüft werden: die Fokussieroptik erzeugt eine kugelförmige Welle. Stellt man die zu prüfende sphärische Fläche so in den Strahlengang, dass der Kugelmittelpunkt des Werkstücks mit

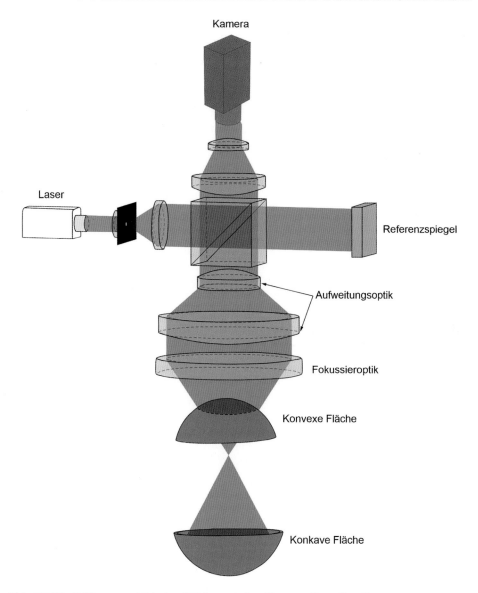

Abb. 12.13   Prüfen von sphärischen Flächen mit dem Twyman Green Interferometer

dem Fokuspunkt der Optik zusammenfällt, so treffen die Laserstrahlen senkrecht auf die Oberfläche des Werkstücks. Bei perfekter Kugelform werden die Strahlen von der Oberfläche in sich zurückreflektiert und ergeben nach dem erneuten Durchlaufen der Fokussieroptik eine ebene Wellenfront. Mit der Kamera wird die Überlagerung von Referenzwelle und reflektierter Objektwelle aufgenommen. Das Interferenzmuster zeigt daher die Abweichungen der Oberflächenform von der Kugelform.

Dasselbe Prinzip kann auch für konkave Flächen eingesetzt werden, in dem die Fläche rechts hinter den Fokuspunkt verschoben wird, bis wieder der Krümmungsmittelpunkt der konkaven Fläche mit dem Fokuspunkt der Optik zusammenfällt.

Anwendung Twyman Green Interferometer werden für die Prüfung polierter (spiegelnder) Oberflächen eingesetzt. Haupteinsatzgebiet ist die Prüfung optischer Komponenten, wie Linsen, Spiegel, Prismen, etc. Die Interferometer finden aber auch Einsatz in der Prüfung medizinischer Produkte (künstliche Gelenke), von Wafern, u. v. m. Vorteil ist die sehr schnelle Messung der gesamten Fläche mit höchster Genauigkeit (wenige Nanometer). Wichtig ist die Qualität der Objektive, die die Referenzwellenfront erzeugen und deren Preis bei großen Durchmessern viele Tausend Euro betragen kann. Abb. 12.14 zeigt Interferenzstreifenbilder und die Auswertung eines künstlichen Hüftgelenks.

Kratzer können dazu führen, dass die geprüfte Fläche nicht mehr als Ganzes erfasst wird, sondern nur die einzelnen Flächen beidseits des Kratzers separat gemessen werden. Eine Aussage über die absolute Position der beiden Teilflächen zueinander ist dann nicht mehr möglich.

Wie erwähnt, zeigt das Interferometer nur die Abweichung von der Kugelform an, aber nicht den **Kugelradius.** Diese Größe kann durch eine Erweiterung ermittelt werden. Zunächst positioniert man das Interferometer möglichst genau in die Position, dass der Kugelmittelpunkt und der Fokuspunkt der Optik zusammenfallen (minimale Streifen). Anschließend verschiebt man das Interferometer vom Kugelmittelpunkt weg nach oben in die sog. Katzenaugenposition (Abb. 12.15). In dieser Position wird der Bildfleck

Konkave Fläche   Konvexe Fläche

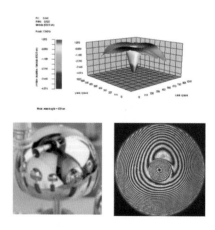

Abb. 12.14 Interferometer für die Prüfung sphärischer Flächen

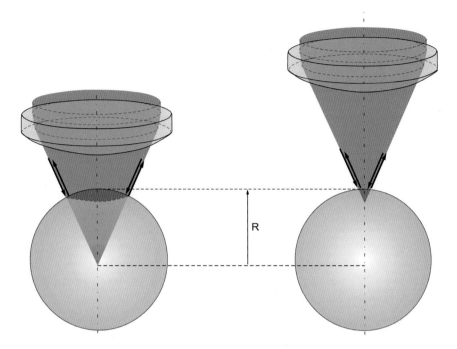

Abb. 12.15 Bestimmung des Radius einer Kugel mit dem Twyman Green Interferometer; links: Konfokal Position, rechts: Katzenaugenposition

minimal und die Strahlrichtung wird umgekehrt. Man erkennt den Effekt des „Katzenauges" sehr schön, wenn man den Strahlengang an einer Seite mittels eines Kärtchens beschneidet. Im Bild tritt die Beschneidung dann an beiden Seiten auf und es entsteht der Eindruck eines Katzenauges.

Mittels eines Glasmaßstabs am Verschiebeschlitten des Interferometers kann der Verstellweg ermittelt werden. Dieser entspricht gerade dem Radius der Prüfkugel. Die Genauigkeit ist nicht so hoch wie bei der Bestimmung der Abweichung von der Kugelform, sie kann aber immer noch besser als 0,01 mm sein.

▶   Das Twyman Green Interferometer benötigt für jede Prüffläche eine entsprechende Referenzfläche. Diese sind allgemein nur für ebene Flächen oder sphärische Flächen verfügbar. Andere Formen (z. B. **Asphären**) benötigen spezielle optische Elemente, die die gewünschte Referenzwellenfront erzeugen. Diese sind in der Regel aufwendig und teuer herzustellen.

Schräglicht-Interferometer

▶   Das **Schräglicht-Interferometer** eignet sich für die Prüfung ebener aber nicht spiegelnder Flächen.

Die Oberfläche des Werkstücks wird unter einem so flachen Winkel beleuchtet, dass auch technisch raue Oberflächen (Ra > 1 μm) noch ein gutes Interferenzsignal liefern [5]. Im Prinzip wird in diesem Aufbau (Abb. 12.16) die Prüfoberfläche mit der dazu parallel angeordneten Prismenfläche verglichen. Man erhält wiederum Interferenzstreifen, die eine Aussage über den relativen Abstand zwischen Prismenfläche und Oberfläche liefern (Gl. 12.2).

$$\Delta h = K \frac{\lambda}{2} \qquad (12.2)$$

Der Faktor K wird für jedes Gerät ermittelt.

Eigenschaften und Diskussion Das Schräglicht-Interferometer eignet sich für die **Ebenheitsprüfung.** Es vereint durch die flächenhafte Messung die Vorteile hoher Messgeschwindigkeit (wenige Sekunden pro Messung) mit denen der interferometrischen Genauigkeit. Es werden Systeme mit Messdurchmessern von 20 bis 100 mm und in Sonderfällen bis 500 mm angeboten. Als Messgenauigkeit werden je nach Einstellung 0,1–0,4 μm +2 % des Messwertes angegeben. Die Ebenheit kann mit 0,1 μm Genauigkeit bestimmt werden.

Anwendung Das Interferometer wird für die Prüfung größerer Flächen wie beispielsweise Zylinderkopfdichtungen, Flansche, Ventilflächen, etc. in der Produktion eingesetzt.

Weißlicht-Interferometer Das **Weißlicht-Interferometer** verbindet die hohe Genauigkeit der Interferometrie mit der Möglichkeit, Absolutabstände zu bestimmen – gleichzeitig auf einer ganzen Fläche.

Auch bei der Weißlicht Interferometrie wird die Interferenzfähigkeit von Licht für die Messung von Tiefeninformationen genutzt. Es wird eine Interferometer-Anordnung gemäß Abb. 12.17 verwendet. Anstelle des Lasers als Lichtquelle wird eine Weißlichtquelle verwendet. Diese hat eine gegenüber einem Laser sehr kurze **Kohärenzlänge** von nur wenigen Mikrometern. Das bedeutet, dass bei diesem Licht nur sichtbare Interferenzerscheinungen

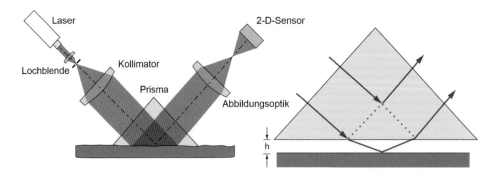

Abb. 12.16 Prinzip des Schräglicht-Interferometers

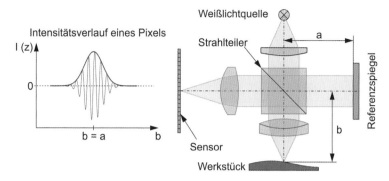

Abb. 12.17 Weißlicht-Interferometrie, Intensitätsverlauf und Strahlengang

auftreten können, wenn die optischen Wege der überlagerten Lichtwellen sehr genau übereinstimmen.

Das Licht der Weißlichtquelle wird kollimiert und durch einen Strahlteiler in einen Referenz- und einen Messarm aufgeteilt und nach Reflexion am Referenzspiegel bzw. der Werkstückoberfläche wieder kombiniert. Wenn die Wegunterschiede in beiden Messarmen identisch sind, wird es zu sogenannten Interferenz-Erscheinungen kommen, d. h. zu Hell-Dunkelwechseln, wenn sich der Wegunterschied jeweils um eine halbe Lichtwellenlänge ändert. Diese Erscheinung verschwindet, wenn der Wegunterschied größer ist als die **Kohärenzlänge** der Lichtquelle.

Dieses Prinzip wird nun in einer Anordnung gemäß Abb. 12.18 eingesetzt. Eine Kamera betrachtet über eine Mikroskopoptik die zu prüfende Oberfläche. Verschiebt man das Werkstück in vertikaler Richtung, so registrieren die einzelnen Pixel des Sensors bei unterschiedlichen z-Positionen des Werkstücks diese Interferenzerscheinungen. Bei einem vertikalen Scan werden alle Bilder aufgenommen und für jeden Pixel die Maxima der Interferenzerscheinung ermittelt. Dadurch erhält man eine Aussage über die z-Amplitude über der gesamten Werkstückoberfläche. Wie beim Konfokalmikroskop wird auch beim Weißlicht-Interferometer die Messung steiler Flanken durch die numerische Apertur (NA) des Objektivs begrenzt.

Abb. 12.18 Weißlicht-Interferometer: beim vertikalen Scannen treten die Interferenzerscheinungen an den verschiedenen Kamerapixeln zu unterschiedlichen Zeiten (entsprichend unterschiedlichen Werkstückpositionen) auf

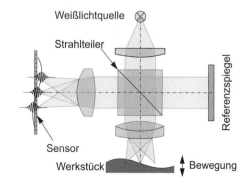

12.6.2 Eigenschaften und Anwendungen

Die Messgenauigkeit dieses Verfahrens ist sehr hoch. Sie beträgt typischerweise einige 10 nm und kann bei glatten Oberflächen bis auf wenige Nanometer gesteigert werden. Die Ortsauflösung hängt von den eingesetzten Objektiven ab. Häufig werden Mikroskopobjektive (1,25x, 2,5x, 5x, 10x) eingesetzt. Damit werden Messfeldgrößen bis etwa 2×2 mm^2 abgedeckt. Es werden allerdings auch Weißlicht-Interferometer mit Messfeldern von mehr als 10×10 mm^2 realisiert und angeboten.

Die Weißlicht-Interferometrie kommt bei der schnellen und hochgenauen 3-D-Inspektion zum Einsatz, beispielsweise in der Elektronik, im Life Science Bereich, der Medizintechnik oder der Forensik. Das Weißlicht-Interferometer eignet sich für die schnelle Ebenheitsprüfung, Ermittlung von Stufen und Höhen, Rauheit, Position, etc. Neue Sensortechnologien erlauben auch den Einsatz sehr schneller Sensoren, die die Phasenbestimmung direkt auf dem Sensor durchführen. Da für die Weißlicht-Interferometrie jeweils das gesamte interessierende Höhenvolumen gescannt werden muss, als Ergebnis aber maximal die Daten eines kompletten Sensorbildes entstehen, kann mit dieser Methode die Messgeschwindigkeit sehr stark erhöht werden.

12.7   Streulicht-Sensoren

Der **Streulicht-Sensor** wurde speziell für die automatische Produktionsüberwachung entwickelt und liefert in erster Linie Informationen über die Oberflächenrauheit, aber auch über die Oberflächenform.

12.7.1 Messprinzip

Wird eine Oberfläche mit kollimiertem Licht beleuchtet, so entsteht je nach Oberflächenbeschaffenheit und -neigung ein mehr oder weniger breiter Lichtstreukegel. Die Breite des gestreuten Lichtkegels hängt von der Rauheit des beleuchteten Oberflächenpunktes ab, seine Schwerpunktlage von der Lage der beleuchteten Oberfläche. Diese Eigenschaft wird im Streulicht-Sensor genutzt, um Informationen über die Oberfläche zu erhalten.

Der Sensor enthält eine Lichtquelle (LED), die einen Lichtfleck auf der Oberfläche mit einem Durchmesser von je nach Sensortyp 0,03 bis 1,8 mm erzeugt. Eine Optik sammelt die reflektierten Lichtstrahlen und projiziert sie auf einen Detektor. Die Position, an der ein Lichtstrahl auf dem Detektor auftritt, gibt Aufschluss über den Reflexionswinkel dieses Lichtstrahls. Die Intensität an dieser Stelle ist ein Maß für die Häufigkeit der Lichtstrahlen die unter diesem bestimmten Winkel reflektiert werden. Man erhält somit eine Häufigkeitsverteilung von Reflexionswinkeln, auch Streulichtverteilung genannt.

Die Sensorsignale werden verarbeitet und daraus beispielsweise Schwerpunktlage und Streubreite ermittelt (Abb. 12.19).

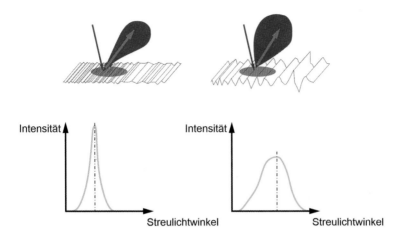

Abb. 12.19 Prinzip der Streulichtmessung

12.7.2 Eigenschaften und Anwendung

Bei der winkelaufgelösten Streulichtmethode wird die Streulichtverteilung gemessen und für die Berechnung der Kenngrößen statistisch ausgewertet. Die Position des Mittelwerts der Streulichtverteilung gibt Aufschluss über den Neigungswinkel der Oberfläche. Form und Breite der Verteilung enthalten Informationen über die Oberflächenstruktur.

Aus diesen Informationen können die herkömmlichen Kenngrößen zur Oberflächencharakterisierung wie z. B. Ra, Rz, etc. nicht direkt bestimmt werden. Daher werden neue verfahrensspezifische Kenngrößen eingeführt. Es wird z. B. die **Varianz** der Streulichtverteilung berechnet und als Kenngröße Aq angegeben. Diese Kenngrößen erlauben den quantitativen Vergleich von Oberflächenmerkmalen, die mit diesem Verfahren gemessen wurden.

Die Analyse von Oberflächen mit diesem Messverfahren kann z. B. zur Produktionsüberwachung von funktionsrelevanten Oberflächen ein Vorteil gegenüber herkömmlichen Verfahren darstellen, da in der Streulichtverteilung viel Information über die Oberflächenstruktur enthalten ist. Daher wird die Streulichtmesstechnik heute hauptsächlich zur Qualitätsüberwachung in der Automobil- und Maschinenindustrie eingesetzt, zur Rauheitsmessung an Kurbelwellen und Drehteilen, Rundheits- und Welligkeitsanalyse an Drehteilen, Prüfung von Glanz und Poliergrad bei medizintechnischen Produkten u. v. m. Sie kann direkt in der Fertigungslinie eingesetzt werden.

Falls das Werkstück relativ zum Streulichtsensor bewegt wird (Rotation oder Translation), kann die Oberfläche gescannt und über den Neigungswinkel ein Profil der Oberfläche erfasst werden. Kennt man die Bewegung (Δx zwischen den Messpunkten bzw. $\Delta\alpha$ zwischen den Drehpositionen), kann man durch Aufsummieren der Neigungswinkel entlang der Messstrecke ein Formprofil berechnen. Somit sind in Verbindung mit einer bekannten Bewegung auch Formmessungen möglich (Abb. 12.20).

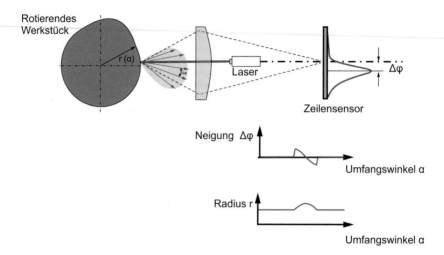

Abb. 12.20 Streulichtsensor und Formanalyse eines Drehteils

12.8   Konoskopische Holografie

12.8.1 Messprinzip

Die konoskopische Holografie stellt eine einfache Umsetzung einer speziellen Art
der Interferenz von polarisiertem Licht zur Abstandsmessung dar. Ein Laserstrahl
wird auf das Werkstück gerichtet. Das von diesem Laserpunkt zurückgestreute Licht
gelangt durch einen doppelbrechenden Kristall auf die Kamera. Die Doppelbrechung
bewirkt, dass der Messfleck virtuell in zwei Axialpositionen entsteht, deren relativer
Abstand Δz vom realen Abstand z des Messflecks vom Sensor abhängt. Die von
diesen beiden Punkten ausgehenden Lichtwellen interferieren und ergeben typische
Interferenzmuster (Kreisringe), die von einer Kamera aufgenommen werden. Die Auswertung der Muster ergibt die reale Distanz des beleuchteten Oberflächenpunktes vom
Sensor (Abb. 12.21).

12.8.2 Eigenschaften und Anwendung

Das Interferenzmuster entsteht aus sämtlichen vom Objektpunkt zurückgestreuten
Lichtanteilen. Dadurch wird das Verfahren robust gegenüber partiellen Abschattungen
und anderen werkstückabhängigen Einflüssen. Außerdem liegen Beleuchtungs- und
Beobachtungsstrahl auf derselben Achse, sodass auch an Kanten und in Bohrungen
gemessen werden kann. Zusätzlich kann ein Messabstand in der Größenordnung von
einigen 10 mm realisiert werden.

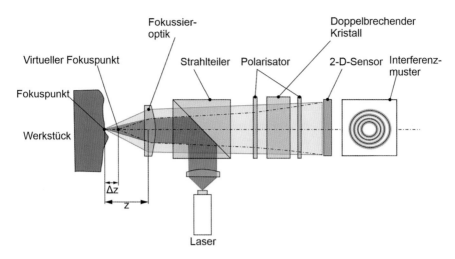

Abb. 12.21 Konoskopische Holografie, Aufbau und Messprinzip

Der wichtigste Vorteil ist allerdings seine relativ zu anderen Messprinzipien große Unabhängigkeit gegenüber dem Neigungswinkel der Oberfläche. Bei optisch kooperativen Oberflächen können Oberflächenneigungen bis 85° aufgenommen werden.

Diesen Vorteilen steht ein relativ großer Aufwand für die Datenerfassung mittels flächenhaftem CCD-Sensor gegenüber. Dies bedeutet eine geringere Messfrequenz gegenüber Sensoren, die nur Zeilensensoren oder einfache Fotodioden verwenden.

Der Sensor kann durch das Wechseln einer Vorsatzlinse relativ einfach auf kleinere oder größere Messbereiche umgestellt werden. Diese Art von Sensoren ist in 1-D- und 2-D-Ausführung sowie mit Messbereichen zwischen 0,5 bis 180 mm und Messunsicherheiten zwischen 2 bis 5 µm verfügbar. Dies kann bei großem Arbeitsabstand und mit hohen Messfrequenzen (mehrere kHz) realisiert werden.

Anwendungen ergeben sich in den Bereichen Qualitätsprüfung, Reverse Engineering und In-Prozess-Messung an allen Arten von Oberflächen.

12.9   Lichtfeldkamera

12.9.1 Messprinzip

Eine Lichtfeldkamera [6], auch Plenoptische Kamera genannt, misst neben der örtlichen Intensitätsverteilung auch die Richtung des Lichteinfalls. Sie ist damit vergleichbar mit sogenannten Multiapertursystemen, d. h. Systemen, die ein Objekt mit mehreren Kameras aus unterschiedlichen Perspektiven gleichzeitig beobachten. Allerdings kann eine Lichtfeldkamera viel kompakter gebaut werden, da statt eigener Kameras Mikrolinsenarrays verwendet werden.

Abb. 12.22 Messprinzip einer Lichtfeldkamera

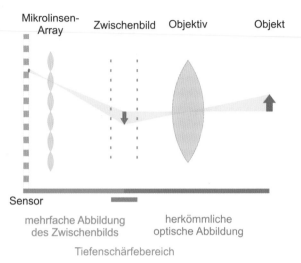

Das Objekt wird durch das Objektiv in ein Zwischenbild abgebildet. Dieses Zwischenbild wird nun mittels eines Mikrolinsenarrays, wobei jede Mikrolinse wiederum wie ein eigenes Objektiv wirkt, mehrfach auf den Sensor abgebildet. So entstehen viele niedrig aufgelöste Bilder des Objekts. Typischerweise ist die laterale Auflösung einer Lichtfeldkamera ca. $1/4$ mal kleiner als die Auflösung des verwendeten Sensors (Abb. 12.22).

12.9.2 Eigenschaften und Anwendung

Aus den Rohdaten des Sensors können nach der Bildaufnahme mit Algorithmen Bilder errechnet werden, die mit herkömmlichen Kamerasystemen nur nacheinander mit anderen Einstellungen aufgenommen werden können. Neben einem Intensitätsbild kann eine Tiefenkarte mit Abständen errechnet werden. Ebenso lassen sich Bilder mit unterschiedlicher Fokuseebenen bis hin zu Extended Depth of Field Bildern errechnen. Zudem lassen sich Bilder aus unterschiedlichen Blickrichtungen errechnen. All diese Algorithmen werden dem Computational Imaging zugeordnet.

Die Aufnahmetechnik erlaubt mit einer Aufnahme Intensitätsbilder und Tiefenkarten zu erstellen. Je nach Auslegung der Objektive lassen sich Anwendungen aus der Mikroskopie, über Anwendungen der optischen Inspektion bis hin zu Aufnahmen von größeren Objekten erstellen.

Literatur

1. Bauer, N.: Fraunhofer-Allianz Vision: Handbuch zur Industriellen Bildverarbeitung: Qualitätssicherung in der Praxis. Fraunhofer IRB Verlag, Stuttgart (2007)

2. Christoph, R., Neumann, H.J.: Röntgentomografie in der industriellen Messtechnik. Süddeutscher Verlag onpact, München (Die Bibliothek der Technik, Band 331) (2012)
3. Löffler-Mang, M. et al.: Handbuch Bauelemente der Optik, 7. Aufl. München, Hanser (2014)
4. Goodwin, E., Wyant, J.: Field Guide to Interferometric Optical Testing, SPIE (2006)
5. Packross, P.: Interferometrische Ebenheitsmessung von nicht spiegelnden Oberflächen. Photonik **6**, 60–63 (2007)
6. Bishop, T.E., Favaro, P.: The Light Field Camera: Extended Depth of Field, Aliasing, and Superresolution. IEEE Trans. Pattern Anal. Mach. Intell. **34**(5), 972–986 (May 2012)

Optische Messsysteme

▶ Bei **optischen Messsystemen** handelt es sich vorzugsweise um solche Verfahren, die ohne zusätzliche Bewegungsachsen im Einsatz sind. Hier haben wir in Verfahren zu unterscheiden, die 1-D- und 2-D – Messdaten und solche, die 3-D – Daten erzeugen. Dabei unterscheiden wir mobile Systeme und eher stationäre Systeme. Einige Messprinzipien werden sowohl in Bewegungsplattformen als auch eigenständig eingesetzt. Der Übergang ist fließend.

13.1 Einführung

Im Gegensatz zu integrierbaren optischen Sensoren (Kap. 12), können eigenständige optische Messsysteme direkt als Messgerät eingesetzt werden. Neben dem optischen System enthalten diese Geräte in der Regel eine Aufnahmevorrichtung für das Werkstück und ein Display bzw. Computer für die Auswertung und Ausgabe der Daten. Im Gegensatz zu optischen Koordinatenmessgeräten (Abschn. 4.7) liefern sie in der Regel keine kompletten 3-D Daten des Werkstücks, sondern nur Einzelkenngrößen (1-D) oder 2-D Messdaten. 2-D-Messgeräte basieren in der Regel auf dem Einsatz von Kameratechnologie und liefern Daten in einem regelmäßigem (pixelorientierten) Punkteraster.

▶ Die laterale Auflösung (x, y) optischer Messsysteme ist nicht nur durch die Kameraauflösung begrenzt. Einen wichtigen prinzipbedingten Einfluss übt das **Auflösungsvermögen** der Optik (Beugungsbegrenzung) aus. Es wird durch die **Numerische Apertur** (NA) der Optik, also den Öffnungswinkel der Optik definiert und beträgt in der Regel bestenfalls 0,4 μm. Die vertikale Auflösung (z) hängt dagegen vom Messverfahren ab und kann bis in den Sub-Nanometerbereich gehen.

M. Marxer et al., *Fertigungsmesstechnik*, https://doi.org/10.1007/978-3-658-34168-8_13

13.2   Laserinterferometer

Nach der Entdeckung des Lasereffektes im Jahr 1960 fand das Laserinterferometer als Maßverkörperung bzw. Messsystem Eingang in die FMT. Die Laserinterferometrie wird zur Messung von Längen, Abständen, Winkeln, Formtoleranzen und abgeleiteten Größen wie Geschwindigkeiten, Beschleunigungen und/oder Schwingungen verwendet. Hierbei wird die Interferenzerscheinung zweier Laserstrahlen ausgenutzt, um ein inkrementales Messsystem mit sehr gleichmäßiger Teilung und hoher Auflösung aufzubauen. Das Laserinterferometer dient als unselbstständige oder auch als selbstständige Maßverkörperung.

13.2.1   Messprinzip und Aufbau

Grundlage des Laserinterferometers liegt im Prinzip des Michelson-Interferometers (Abb. 13.1).

Dieses beruht auf zwei optischen Wellenzügen, die von der gleichen Lichtquelle ausgehen und durch einen Strahlteiler in zwei Strahlenbündel aufgeteilt werden. Beide Strahlenbündel werden an den Reflektoren 1 und 2 zurückgeworfen und am Strahlteiler zusammengeführt. Dort interferieren sie miteinander. Das interferierende Licht gelangt auf den Sensor/Empfänger. Je nach Unterschied der optischen Wege s_1 und s_2 (optischer Weg = Weg × Brechzahl) verstärkt sich das Licht am Empfänger oder es schwächt sich ab. Wenn die Reflektoren ihre Position nicht verändern, ändert sich die Lichtintensität am Empfänger nicht. Verschiebt sich aber einer der Reflektoren (Abb. 13.1), dann registriert der Empfänger Hell-Dunkel-Wechsel. Diese Wechsel können von einem Empfänger als Impulse gezählt werden. Die Wellenlänge des Lichtes bestimmt die Anzahl der Hell-Dunkel-Perioden je mm Messweg. Eine Hell-Dunkel-Periode entspricht einer halben Wellenlänge, was im sichtbaren Bereich des Lichts etwa 0,3 µm ist.

Das Laserinterferometer besteht aus folgenden Komponenten (Abb. 13.2):

Der **Laserkopf** beinhaltet die Strahlquelle, Komponenten zur Frequenzstabilisierung des Laserlichts und den Empfänger. Die meisten kommerziell erhältlichen Laserinterferometer arbeiten aus technischen Gründen mit He-Ne-Gaslasern nach dem

Abb. 13.1 Aufbau eines Michelson-Interferometers

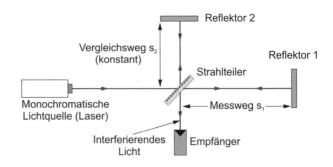

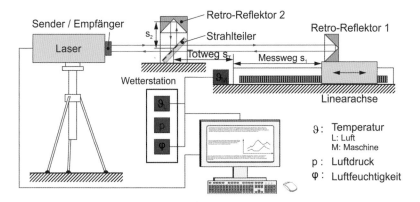

Abb. 13.2 Laserinterferometer, Aufbau am Beispiel der Prüfung einer Linearachse

Heterodynverfahren [1]. Hierbei wird mit zwei zueinander kohärenten Laserfrequenzen gearbeitet und über die Frequenzverschiebung des Laserlichtes durch den Dopplereffekt die Verschiebung des Reflektors 1 bestimmt. Das Heterodynverfahren ermöglicht einerseits eine gute Frequenzstabilisierung des Laserlichts und andererseits eine höhere Auflösung des Interferenzsignals.

Die wesentlichen **optischen und mechanischen Komponenten** sind ein Strahlteiler mit einem Reflektor 2. In dieser Baugruppe findet die Interferenz des Lichtes statt, welches zum Empfänger geht. Ein weiterer Reflektor 1 ist in Form eines Tripelspiegels (Retroreflektor) ausgebildet. An der dreiseitigen Pyramide des Tripelspiegels werden die einfallenden Strahlen stets in die gleiche Richtung zurückgeworfen aus der diese kommen. Damit wird das System unempfindlich gegenüber Kippungen in Verschieberichtung. Bei Verwendung eines Planspiegels anstelle des Tripelspiegels könnten durch Kippungen Unterbrechungen des Interferenzsignals eintreten, wenn Mess- und Referenzstrahl nicht zusammenfallen und somit nicht mehr miteinander interferieren können. Dies würde zum Abbruch der Messung führen, da es sich um ein inkrementales Messverfahren handelt, welches keine Unterbrechung des Laserstrahls bzw. des Interferenzsignals zulässt.

Neben Reflektoren für Positionsmessungen verfügen Laserinterferometer über spezielle Anordnungen (Abb. 13.3) für **Winkel-** und **Neigungs-** bzw. **Geradheitsmessungen**. Anstelle des Strahlteilers mit Retroreflektor teilt ein Winkelinterferometer die Laserstrahlung in zwei parallele Strahlenbündel auf, die von einem Winkelreflektor parallel zurückgeworfen werden. Aus der Neigung des Winkelreflektors ergibt sich ein Wegunterschied der beiden Strahlenbündel. Dieses Verfahren zur Winkelmessung dient zur Messung von Richtungsabweichungen (Nicken und Gieren, nicht aber Rollen) an Linearführungen von Messgeräten und Werkzeugmaschinen.

Auf der Basis von Neigungsänderungen beim Verschieben des Winkelreflektors können auch Geradheitsabweichungen von Linealen, Messplatten und Geradführungen ermittelt werden.

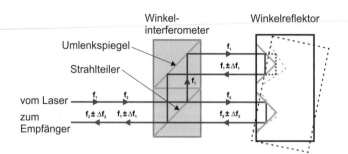

Abb. 13.3 Laserinterferometer, Strahlengang bei Winkel- und Geradheitsmessungen

Die Kenntnis über die aktuelle Wellenlänge des Lichts ist für die Messunsicherheit der Messung von entscheidender Bedeutung. Da die Wellenlänge von der Brechzahl der Luft abhängt und diese Brechzahl wiederum hauptsächlich von Lufttemperatur, Luftdruck und relativer Luftfeuchte beeinflusst wird, ist die Erfassung dieser Größen durch **Sensoren** einer „Wetterstation" und die daraus resultierende Korrektur der Messergebnisse vor allem bei „Messungen im Feld" erforderlich.

▶   Der Aufbau und die Umgebungsbedingungen der Messanordnung mit Laserinterferometer haben großen Einfluss auf die Messunsicherheit.

Die automatische Kompensation, d. h. die selbsttätige Korrektur des Messergebnisses, befriedigt nicht immer, weil die Sensoren der Wetterstation selbst Messunsicherheiten besitzen und ein Zeitverhalten aufweisen. Die Wellenlänge des Laserlichts verändert sich jedoch unmittelbar mit dem Brechungsindex der Luft, die Sensoren reagieren aber verzögert. Ferner bieten LI auch die Möglichkeit, mit weiteren Temperatursensoren die Werkstücktemperatur zu erfassen und somit auch die Längenausdehnung des Werkstücks bei Abweichungen von der Bezugstemperatur (20 °C) zu berücksichtigen.

13.2.2   Messunsicherheit

Bei Betrachtungen zur Messunsicherheit bei Messungen mit dem Laserinterferometer lassen sich folgende Komponenten der Messunsicherheit (U) zusammenfassen:

U-Komponenten, die dem inneren Aufbau des LI zuzuordnen sind. Diese sind messgerätespezifisch und werden hier in einem messwegabhängigen Wert U_{LI} zusammengefasst (Abb. 13.4). Es handelt sich dabei um Beiträge von der Elektronik (Interpolation), von optischen Komponenten und von der Stabilisierung der Laserfrequenz.

U-Komponenten, die von den Umgebungsbedingungen, in denen das Laserinterferometer betrieben wird, verursacht werden. Die Umgebungsbedingungen haben bei Messungen vor Ort großen Einfluss. Der **Brechungsindex der Luft** wird maßgeblich durch den Luftdruck, die Lufttemperatur und die relative Luftfeuchte bestimmt. Die

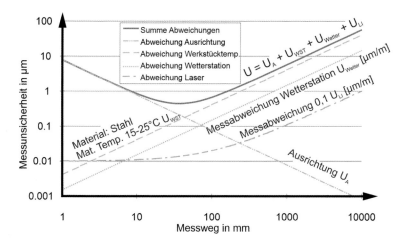

Abb. 13.4 Laserinterferometer, Messunsicherheitskomponenten bei Längenmessungen unter Produktionsbedingungen

Messwerte von kommerziellen Wetterstationen können z. B. nach der Formel von Edlén zum Korrekturfaktor für die aktuelle Wellenlänge verrechnet werden. Bei Verwendung von Wetterstationen ist mit Messabweichungen von $U_{Wetter} = 1 \ldots 2 \cdot 10^{-6}$ des Messweges ($k = 2$) zu rechnen (Abb. 13.4). Real existierende Einflüsse von Luftverunreinigungen auf den Brechungsindex der Luft sollen hier nicht betrachtet werden. Um diese auch berücksichtigen zu können und um die Laserwellenlänge noch genauer zu bestimmen, werden Refraktometer eingesetzt. Mit diesen lassen sich Werte von $U_{Wetter} = 0,1 \ldots 0,2 \cdot 10^{-6}$ des Messwegs ($k = 2$) erreichen.

Auch der Sensor für die Messung der Materialtemperatur, der Temperatur der Linearachse oder des zu kalibrierenden inkrementalen Maßstabes ist mit einer Messunsicherheit Abschn. 3.2.1 behaftet. Bei kommerziellen Temperatursensoren kann mit $U_T = 0,1$ bis $0,2\,°C$ ($k = 2$) gerechnet werden. Dies führt bei einem Werkstück aus Stahl zu weiteren Unsicherheiten von $U_{WST} = 0,1 \ldots 0,2 \cdot 10^{-6}$ des Messweges ($k = 2$) (Abb. 13.4). Dabei muss auch berücksichtigt werden, dass die Angaben über den Längenausdehnungskoeffizienten (Abschn. 3.2) ebenfalls mit einer Unsicherheit behaftet sind.

Wird das LI als nicht selbstständige Maßverkörperung in Präzisions-KMG oder WZM eingesetzt, wird meist auf eine kommerzielle Wetterstation und Sensoren zur Messung der Werkstücktemperatur verzichtet. Präzisionsgeräte dieser Art befinden sich in der Regel in sehr gut klimatisierten Räumen und die Wetter- und Materialdaten werden mit sehr genauen, auf die Anwendung zugeschnittenen Sensoren erfasst und zu Korrekturwerten des Messweges verrechnet. Hier gelten jene, in Abb. 13.4 dargestellten Unsicherheiten, welche von den Umgebungsbedingungen herrühren, nicht.

U-Komponenten, die von der Anordnung der Komponenten des LI in der Anwendung abhängen. Durch die nicht ganz ideale Ausrichtung der LI-Komponenten zu der Messstrecke tritt die Ausrichtabweichung auf. Sie wird einerseits durch die seitliche Versetzung des Laserstrahls und andererseits durch den nicht parallelen Laser-strahl zur Messstrecke verursacht. Die Abweichung, die durch den nicht parallelen Laserstrahl herrührt, heißt auch **Kosinusabweichung,** weil die Abweichung vom Kosinus des Winkels zwischen den beiden Achsen abhängig ist (Gl. 13.1).

$$U_A = (1 - \cos\varphi) \cdot \text{Messweg} \quad (k = 2) \tag{13.1}$$

Für das Ausrichten stellen die LI-Hersteller entsprechende Hilfen (Blenden, Reflektoren und Sensor zur Messung der Laserintensität) zur Verfügung. Je größer der Messweg ist, der beim Ausrichten zur Verfügung steht, desto genauer kann, bei gegebenen Justierhilfen, ausgerichtet werden (Abb. 13.4).

Die Totwegabweichung wird verursacht durch die Teilstrecke s_T, des Messweges s_1, die vom Reflektor 1 nicht abgefahren werden kann (Abb. 13.2). Es sollten Anordnungen gewählt werden, bei denen gewährleistet ist, dass die Messungen möglichst nahe am Strahlteiler beginnen. Das LI ist möglichst dort zu nullen, wo $s_1 = s_2$ ist. Ist die Differenz $d_0 = s_T - s_2$ groß, so führt eine Brechzahländerung der Luft und die damit verbundene Wellenlängenänderung des Laserlichts zu einer **scheinbaren Nullpunktverschiebung** bei der Messung und so zu einer weiteren Messabweichung. Diese Messabweichung ist proportional zum Totweg. Ohne Kompensation kann jede Differenz $d = s_1 - s_2$ bei Brechzahländerungen der Luft zu derartigen Messabweichungen führen.

▶   Bei der Anwendung eines LI als selbstständige Maßverkörperung „im Feld" sind Messunsicherheiten im 0,1 bis 1 µm-Bereich möglich. Bei Anwendungen als unselbstständige Maßverkörperung unter Messraumbedingungen lassen sich U im 0,01 µm-Bereich und darunter erreichen. Das Laserinterferometer hat einen sehr großen Messbereich bis zu einigen 10 m.

13.2.3   Kalibrierung und Rückführung

Der Ziffernschrittwert von nur 0,01 µm eines LI könnte zu der irrigen Annahme führen, ein Kalibrieren eines solchen Gerätes sei überflüssig. Der Ziffernschrittwert sollte jedoch nicht mit der Messunsicherheit verwechselt werden. Die Messunsicherheit für die Kalibrierung sollte in der Größenordnung von 10^{-7} der Messlänge liegen, d. h. bei etwa 0,1 µm für 1000 mm Messlänge. Eine umfassende Kalibrierung aller Komponenten eines LI kann nur in besonders qualifizierten Laboratorien durchgeführt werden (Abb. 13.5). Nachfolgend werden einige werkstatt- und praxisgerechte Möglichkeiten zur Kalibrierung bzw. Überwachung eines LI-Gesamtsystems betrachtet.

Eine Funktionsprüfung eines LI als Gesamtsystem schließt sämtliche Komponenten mit ein. Hierzu werden zwei LI-Gesamtsysteme miteinander verglichen. Dabei sollten die beiden Messstrahlen möglichst die gleiche Messstrecke durchlaufen (Abb. 13.6).

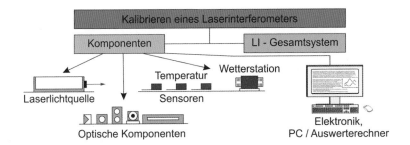

Abb. 13.5 Kalibrierung eines Laserinterferometers

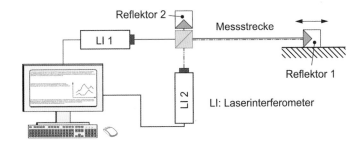

Abb. 13.6 Kalibrierung eines Laserinterferometers durch Vergleich von zwei Geräten

Zum Verschieben des Reflektors 1 ist eine mechanische Vorrichtung erforderlich, an die keine besonders hohen Anforderungen gestellt werden. Abb. 13.6 zeigt einen solchen Aufbau. Dieser ist nur für zwei LI mit verwandter Bauart geeignet.

13.2.4   Absolut messende Interferometrie

▶   Beim absolutmessenden Interferometer wird im Gegensatz zum klassischen Interferometer direkt die absolute Position eines Reflektors bestimmt. Dies kann erreicht werden, indem gleichzeitig mit mehreren Wellenlängen gemessen wird. Die dadurch entstehenden Schwebungen erzeugen synthetische Wellenlängen, die wesentlich größer sind als die ursprünglich verwendeten Lichtwellenlängen.

Beim absolut messenden Interferometer wird die Wellenlänge eines Lasers mit definierter Frequenz durchgestimmt [2], so dass sehr viele verschiedene Wellenlängen entstehen, die für die Erzeugung synthetischer Wellenlängen geeignet sind. Für die Kenntnis der jeweils verwendeten Laserwellenlänge dient als Maßverkörperung eine Gasabsorbtionszelle mit definierten und stabilen Absorbtionslinien.

Die durchstimmbaren (Dioden-)Laser mit Steuerung sowie die Referenzzelle können gemeinsam mit dem Auswertecomputer in einem separaten Gehäuse integriert werden, so dass lediglich der Messstrahl mittels einer einfachen Glasfaser in die gewünschte Position gebracht werden kann.

Eigenschaften und Diskussion Bei normalen Interferometern darf der Messstrahl während der Messung niemals unterbrochen werden, da dadurch die absolute Messposition verloren ginge. Anders beim absolut messenden Interferometer. Durch die Absolutmessung des Abstands kann bei diesem Interferometer der Messstrahl auch unterbrochen werden. Sobald der Messstrahl wieder frei ist, wird automatisch die aktuelle Position bestimmt. Dabei erlauben die synthetischen Wellenlängen die grobe Definition der Abstände, die Kombination mit den Einzelwellenlängen garantiert die sehr hohe Messgenauigkeit des Systems. Diese Interferometer können mit derzeit bis zu 100 Kanälen gleichzeitig aufgebaut werden, so dass die 3-D-Positionsbestimmung mehrerer Punkte gleichzeitig möglich ist.

Anwendung Diese Technologie erlaubt eine Bestimmung der absoluten Position mit einer Messunsicherheit von typisch 0,5 μm/m in einem Messvolumen bis zu $20 \times 20 \times 20$ m^3. Dadurch ergeben sich eine Vielzahl von Anwendungen, von der Kalibrierung großer Werkzeugmaschinen oder KMG (Abb. 13.7) zur messtechnischen Überwachung von Produktionsmaschinen oder Vorrichtungen im Betrieb, von der metrologischen Überwachung von Roboterbewegungen zur Messung von Verformungen und Schwingungen an Bauten und Systemen.

Zu beachten ist, dass für die Messung in jedem Fall Reflektoren an den Messpositionen angebracht werden müssen.

13.3   Lasersabschattungsmessgerät

13.3.1 Messprinzip

Mit einem **Lasersabschattungsmessgerät** wird ein „Lichtvorhang" erzeugt (Abb. 13.8), der zur Ermittlung von z. B. Durchmessern an wellenförmigen Messobjekten verwendet wird. Das Werkstück wird in diesen Lichtvorhang eingebracht und unterbricht diesen. Die Unterbrechung wird gemessen und repräsentiert z. B. den Durchmesser eines Werkstücks. Es gibt zwei Prinzipien, die Länge der Unterbrechung des Lichtvorhangs zu messen. Mit dem **Schattenbildverfahren** wird als Empfänger z. B. eine CCD-Zeile eingesetzt. Diese erkennt helle und dunkle Bereiche.

Das zweite Prinzip beruht auf einer **Zeitmessung** (Abb. 13.8). Der vom Laser kommende Lichtstrahl wird an einem drehenden Polygonspiegel reflektiert und über

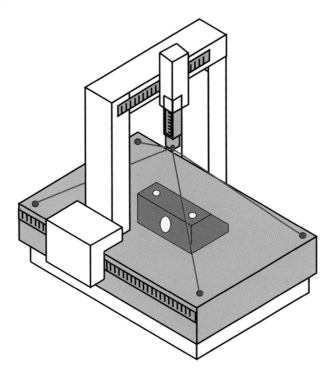

Abb. 13.7 Kalibrierung von KMG mit absolutmessendem Interferometer

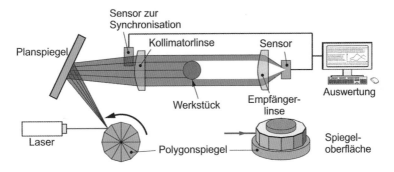

Abb. 13.8 Laserscanner, Aufbau und Messprinzip

einen Planspiegel und eine Kollimatorlinse aufgeweitet. Ein **Fotoelement** ist für die Synchronisation mit dem Empfänger zuständig. Die Empfängerlinse bündelt den Strahl und leitet ihn dem Empfänger zu. Der **Empfänger** wandelt das Laserlicht in ein elektrisches Signal. Die Zeitdauer, in der der Empfänger kein Licht empfängt, ist proportional dem Durchmesser der Welle. Mithilfe eines Mikroprozessors oder PC können solche Geräte kalibriert, auf spezielle Messaufgaben eingerichtet und die Ergebnisse dargestellt oder in digitaler Form weitergegeben werden.

13.3.2   Eigenschaften und Anwendung

Messgeräte, die dieses Messprinzip nutzen, sind meist **„Stand-alone-Geräte"**. Sie erreichen Messraten bis zu einigen 100 Scans/s. Je nach Auslegung sind Messbereiche von einigen mm bei Messunsicherheiten bis in den μm-Bereich möglich.

Laserscanner werden für die Prüfung rotationssymmetrischer Teile wie Achsen, Wellen, Naben, etc. genutzt. Ihr Vorteil für den Werkstatteinsatz ist die schnelle berührungslose Messung. Jedoch muss beachtet werden, dass Öl, Schneidmittelreste oder Schmutz auf der Oberfläche das Messergebnis verfälschen.

13.4   Messmikroskop

Die Mikroskopie wird schon seit über 100 Jahren zum Messen geometrischer Größen verwendet. In Erweiterung für größere Bauteile wird daraus ein Profilprojektor. Wird die Betrachtung des Werkstücks mit dem Auge durch Kameratechnologie ersetzt, so erlauben diese Verfahren die automatisierte Erfassung geometrischer Größen in einer Ebene (2-D).

13.4.1   Messprinzip

Der prinzipielle Aufbau eines Messmikroskops ist in Abb. 13.9 ersichtlich. Das Werkstück befindet sich auf einer Werkstückaufnahme (x-/y-Messtisch). Diese wird motorisch oder manuell angetrieben. Die Bildgröße des Mikroskops wird kalibriert und die Positionierung der Werkstücke ist mit Glasmaßstäben versehen, so dass mit diesen Größen laterale Positionen, d. h. Positionen in der 2-D-Ebene, bestimmt werden können.

13.4.2   Eigenschaften und Anwendung

Das Werkstück kann mit verschiedenen Auflicht- oder Durchlichtverfahren beleuchtet werden. Der Prüfer betrachtet das stark vergrößerte Werkstück durch das Okular. Beim Messmikroskop erfolgt die Abbildung mit (Mess-) Mikroskopobjektiven mit 2-facher bis zu 100-facher Vergrößerung. Zusammen mit der Okularvergrößerung (5 bis 10-fach) ergeben sich Gesamtvergrößerungen typisch bis zu 1000-fach.

Eine höhere Vergrößerung ist physikalisch nicht sinnvoll. Die numerische Apertur (NA) des Mikroskopobjektivs begrenzt die maximale laterale **Auflösung** für die

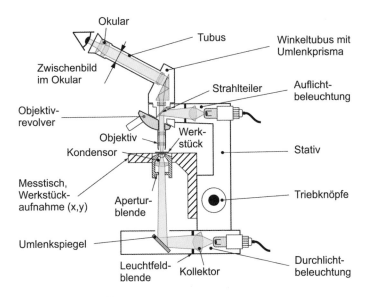

Abb. 13.9 Messmikroskop, Aufbau

Messung an Luft auf ca. 0,4 μm. Eine höhere Vergrößerung würde lediglich zu „Blindvergrößerung" ohne zusätzliche Informationen führen.

Hohe Vergrößerungen führen zu sehr kleinen Arbeitsabständen zwischen Werkstück und Objektiv und zu geringen Kontrasten. Auswechselbare Okulare mit verschiedenen Strichplatten und Revolverobjektive erlauben die Anpassung von Objektfeld, Vergrößerung, Auflösung an die Messaufgabe und Formvergleiche. Zur Kontrastverbesserung werden Blenden und Filter verwendet.

Bei Messmikroskopen mit stufenloser Verstellmöglichkeit der Vergrößerung kommt ein weiteres Messverfahren zum Einsatz, bei dem Messokulare mit definierten Strukturen (Kreise, Quadrate etc.) eingesetzt werden. Zur Messung eines Merkmals wird die Vergrößerung so lange verstellt, bis diese Struktur im Okular mit dem Merkmal in Überdeckung gebracht ist. Die dazu notwendige Vergrößerung ist jetzt direkt proportional zum Maß des Merkmals.

13.5 Profilprojektor

13.5.1 Messprinzip

Der prinzipielle Aufbau eines Profilprojektors geht aus Abb. 13.10 hervor. Das Werkstück liegt wiederum auf einem x-/y-Messtisch, der manuell oder motorisch angetrieben wird. Das Werkstück kann mit verschiedenen Auflicht- oder Durchlichtverfahren beleuchtet werden.

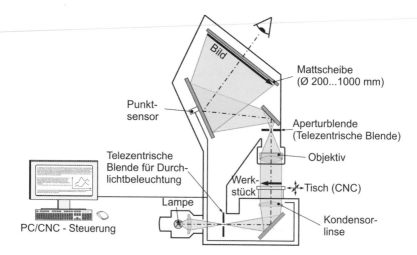

Abb. 13.10 Profilprojektor, Aufbau, Automatisierung mit Sensor zur Kantenantastung (Tastauge)

Eine Automatisierung dieser Messgeräte für Durchlichtmessungen ist mithilfe eines **Fotomultipliers (Tastauge)** und Glasfaserlichtleiter möglich (Abb. 13.10). Hierbei befindet sich ein lichtempfindlicher Sensor im Strahlengang. Diese Art von Profilprojektor benötigt eine CNC-Steuerung und bewegt das Werkstück bzw. die Werkstückkante über den Sensor. Der Sensor registriert den Hell-/Dunkel- oder Dunkel-/Hellübergang, daraus wird die Position des Messtisches ermittelt. Mit diesem Verfahren sind Messungen in der Ebene (2-D-Messungen) möglich.

13.5.2   Eigenschaften und Anwendung

Der Prüfer betrachtet das vergrößerte Werkstück auf der Mattscheibe. Beim Profilprojektor erfolgt die Abbildung mit **telezentrischen, verzeichnungsarmen Objektiven** mit typisch 10- bis 100-facher Vergrößerung. Die **Mattscheibe,** auf der das Objekt abgebildet wird, hat in der Regel einen Durchmesser von 200 bis 1000 mm.

Zur schnellen Prüfung oder zur Prüfung komplexer Formen auf dem Profilprojektor können Schablonen zum Einsatz kommen. Diese repräsentieren die Sollgeometrie des Werkstücks und können das Toleranzband des Werkstücks enthalten. Durch Auflegen dieser Schablone auf die Mattscheibe des Profilprojektors kann die Maßhaltigkeit geprüft werden.

13.6   Fokusvariation

Die aus der Kameratechnik bekannten Autofokusprinzipien haben auch in die Präzisionsmesstechnik Einzug gehalten und erlauben flächenhafte Topografiemessungen.

13.6.1 Messprinzip

Messgeräte nach dem **Fokusvariationsverfahren** benötigen eine Optik mit geringer **Schärfentiefe**. Mit dieser Optik wird eine Serie von Bildern in unterschiedlichem Abstand zum Messobjekt erfasst, daraus ergibt sich ein Bilderstapel. Dies kann durch Bewegen der Optik oder durch Bewegung des Werkstücks erfolgen. Aus dem erfassten Bilderstapel werden für jedes Bild die „Scharfbereiche" bestimmt. Die zugehörige Bildposition relativ zum Messobjekt ergibt die Lage der Scharfebene auf der Oberfläche. Auf diese Weise kann in einem vertikalen Scan eine komplette Oberflächentopografie der sichtbaren Bereiche aufgenommen werden (Abb. 13.11).

Die Messgeräte haben dazu eine vertikale Präzisionsführung mit Maßstab, der eine Positionsbestimmung zulässt.

Eine geringe Schärfentiefe wird durch die Verwendung von Objektiven mit großer numerischer Apertur und hoher Vergrößerung erreicht. Für die Definition der „Schärfe" werden Bildverarbeitungsalgorithmen verwendet, die z. B. meist auf der Analyse des Kontrasts in Nachbarschaften basieren.

Das System ist in der Regel auf Basis eines Mikroskops aufgebaut, Abb. 13.12. Das Werkstück oder die Optik oder Teile der Optik können vertikal verfahren werden. Die Position wird dabei mit einem Präzisionsmaßstab (z. B. Glasmaßstab) registriert. Es muss auf sehr gute Abbildungsleistungen der optischen Komponenten geachtet werden. Ebenso kommt der Beleuchtung besondere Bedeutung zu. Meist sind unterschiedliche

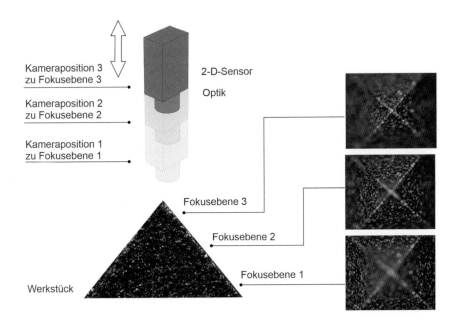

Abb. 13.11 Prinzip der Fokusvariation

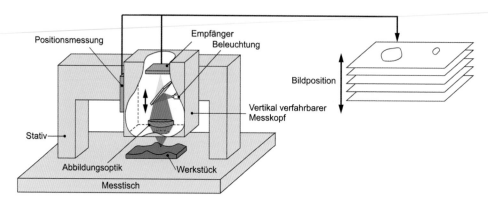

Abb. 13.12 Messgerät mit Fokusvariation

Beleuchtungseinrichtungen wählbar, wie koaxiale Beleuchtung, Ringlichtbeleuchtung, stroboskopische oder kontinuierliche Beleuchtung, u. v. m. Durch Modulation der Beleuchtung ist es z. B. möglich, störende Umgebungseinflüsse sowie unterschiedliche Reflexionsgrade der Oberfläche zu kompensieren.

13.6.2   Eigenschaften und Anwendung

Die Verwendung von Mikroskopobjektiven bewirkt relativ kleine Messflächen von wenigen mm Seitenlänge. Die laterale Auflösung wird durch das verwendete Prüfobjektiv definiert. Die maximale laterale Auflösung wird bei hoher Vergrößerung durch die Beugungsbegrenzung der verwendeten Mikroskopobjektive auf ca. 0,4 μm begrenzt. In vertikaler Richtung können mit diesem Verfahren Auflösungen ab ca. 0,01 μm erreicht werden. Das Messfeld wird ebenfalls durch das eingesetzte Objektiv definiert und reicht von typsicherweise 4,5 mm × 6 mm mit einem 2,5fach Objektiv bis zu 0,1 mm × 0,14 mm mit 100fach Objektiv. Es kann davon ausgegangen werden, dass die relative Messgenauigkeit für eine Höhenstufe etwa 5 % beträgt.

Beim Einsatz makroskopischer Objektive kann dieses Verfahren ebenfalls eingesetzt werden, jedoch sinkt die Messgenauigkeit entsprechend der lateralen Bildauflösung und der Schärfentiefe.

Bedingung für die Messung ist eine gewisse Struktur der Oberfläche. Hochpolierte Flächen oder Oberflächen mit geringer Struktur können mit diesem Verfahren nicht gemessen werden. Der Rauheitsmessbereich (Kap. 6) korreliert mit der lateralen Auflösung und reicht von 3,5–7 μm bei 2,5fach Objektiv bis zu 15–20 nm bei 100fach Objektiv.

Das Verfahren kann zur hochgenauen Messung kleiner Strukturen an Oberflächen oder für die Mikrokoordinatenmesstechnik (Abschn. 4.6) eingesetzt werden. Es können auch Rauheitsparameter – insbesondere auch 3-D-Rauheitskenngrößen – bestimmt werden. Einsatz findet diese Technik bei allen Arten von Werkstück- und Oberflächenprüfungen, z. B. für die Schneidkantenprüfung an Werkzeugen, Oberflächenprüfung nach der Bearbeitung, geometrischen Messung von Strukturen in Wavern, Elektronikplatinen, u. v. m.

13.7   Streifenprojektion

Durch die rasante Entwicklung der Kameratechnik und der Leistungen von PCs haben die Streifenprojektionsverfahren einen enormen Aufschwung genommen. Insbesondere an Freiformflächen liefern sie heute schnelle Informationen und komplette 3-D – Informationen.

13.7.1   Messprinzip

Bei der Streifenprojektion werden mithilfe gleichzeitig oder kurz nacheinander projizierter Streifen mehrere Lichtschnitte über das Werkstück gelegt, die mit einer Kamera aus einer anderen Richtung aufgenommen werden (Abb. 13.13). Die Streifen lassen sich mithilfe eines Projektors erzeugen. Je schmaler die Streifen sind, desto größer ist die Höhenauflösung. Die Gestalt des Werkstücks beeinflusst die Verzeichnung des Linienmusters. Aus dem von der Kamera aufgenommenen verzerrten Linienmuster kann die Geometrie des Werkstücks, d. h. eine **Punktwolke** mit sehr großer Punktdichte, berechnet werden. Die Zuordnung zwischen den Auslenkungen der Streifen und

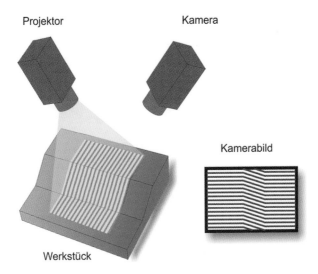

Abb. 13.13 Streifenprojektion, Aufbau und Messprinzip

den Höhen des Werkstücks lässt sich durch eine Kalibrierung des Systems mit einem bekannten Normal gewinnen.

Aus technischen und wirtschaftlichen Gründen werden heute auch Streifen-projektionssysteme mit zwei Kameras angeboten (Abb. 13.14). In dieser Anordnung dient der Projektor lediglich als Lichtquelle, welcher Markierungen auf der Werkstück-oberfläche erzeugt. Die eigentliche Triangulation wird durch die zwei Kameras durch-geführt, die seitlich dazu angeordnet sind.

Der Vorteil der Anordnung mit zwei Kameras liegt insbesondere in der Möglich-keit, die Abschattungsproblematik des Systems zu verbessern, da mit zwei Kameras der Blickwinkel verbessert wird. Dadurch können z. B. Bereiche, die mit der ersten Kamera nicht eingesehen werden können, mit der zweiten Kamera erfasst werden. Um aus-reichenden Streifenkontrast zu erzeugen, sind starke Lampen im Projektor erforderlich, welche erhebliche Abwärme erzeugen können. Die daraus resultierenden Verformungen der optischen Komponenten im Projektor können zu Genauigkeitseinbußen führen. Hinzu kommt, dass hochwertige Optiken für Projektoren teurer sind und in geringerer Auswahl zur Verfügung stehen als für Kameras. Bei dem Zwei-Kamera-Aufbau dient der Projektor im Wesentlichen als „Markiersystem", das zur Identifikation der Oberflächen-punkte in beiden Kameras dient. Ungenauigkeiten in der Projektion wirken sich hier nicht aus, da die eigentliche Messung durch die beiden Kameras erfolgt. Alternativ kann die Messung zwischen Kamera und Projektor erfolgen und durch Vergleich der Ergeb-nisse eine Plausibilisierung oder Genauigkeitssteigerung erreicht werden.

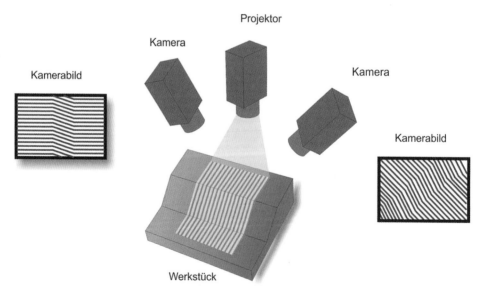

Abb. 13.14 Streifenprojektion, Aufbau mit zwei Kameras und Projektor

Eine besondere Schwierigkeit des Streifenprojektionsverfahrens ist die Bestimmung der absoluten Position. Da die projizierten Streifen nicht „nummeriert" sind, können sie alleine aus dem Kamerabild nicht eindeutig der Projektorposition zugeordnet werden. Das am weitesten verbreitete Verfahren, um die absolute Position zu bestimmen, ist das sog. „Graycode" Verfahren, bei dem nacheinander erst sehr breite und dann immer feinere Streifen projiziert werden (Abb. 13.15). Aus dieser Bildsequenz ist es möglich, die Zuordnung der Streifen eindeutig vorzunehmen. Auf der feinsten Streifenebene werden anschließend häufig Streifen projiziert, die einen sinusförmigen Helligkeitsverlauf aufweisen. Dadurch kann eine Genauigkeitssteigerung durch Subpixeling unterstützt werden. Zur Bestimmung der Phasenlage werden **Subpixel** verwendet, d. h. innerhalb eines Streifens kann durch Auswertung der Helligkeitswerte innerhals eines Streifens die Genauigkeit der Auswertung erhöht werden. Diese Verfahren erfordern die Aufnahme von Bildsequenzen mit typisch 8 bis über 16 Bildern.

13.7.2   Eigenschaften und Anwendung

Mit dem Streifenprojektionsverfahren mit Bildverarbeitung können automatisierte Messungen von ebenen oder gekrümmten Flächen mit diffus reflektierender Oberfläche

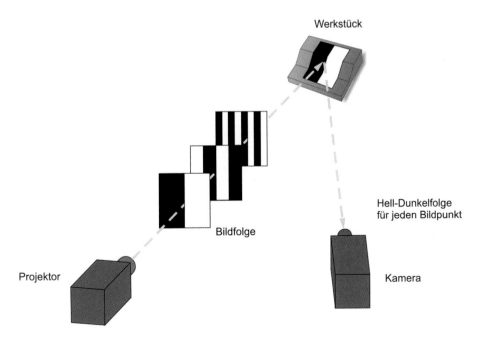

Abb. 13.15 Graycode Verfahren zur Bestimmung der absoluten Position

durchgeführt werden. Problematisch können Flächen mit sehr hohem Reflexionsgrad (Spiegel) oder sehr geringer Reflexion (matte schwarze Fläche) sein. In diesen Fällen kann die Oberfläche mit einem diffus und gut reflektierenden Material besprüht werden, um die Messergebnisse zu verbessern. Ein Beispiel dazu ist das häufig verwendete Entwicklerpulver, das auch für das Prüfverfahren „Farbeindringverfahren" verwendet wird. Dabei handelt es sich um ein Kalkpulver, das nach der Messung wieder einfach von der Oberfläche abgewischt werden kann. Bei der Gruppe der Streifenprojektionsverfahren gibt es eine ganze Reihe von Möglichkeiten, die Streifen zu erzeugen, aufzunehmen und auszuwerten. Sie unterscheiden sich in den erreichbaren Messbereichen, Genauigkeiten, in der Messgeschwindigkeit, der Fähigkeit, auch dynamische Messungen zu ermöglichen usw. Es können Messunsicherheiten bis in den 0,01-mm-Bereich erreicht werden.

Messbereich und Messunsicherheit stehen in einem linearen Verhältnis. Um den Messbereich zu vergrößern, gibt es mehrere Möglichkeiten:

- Der Streifenprojektor mit Kamera wird an einer **Bewegungsplattform** befestigt (Koordinatenmessgerät, Roboter usw.) und über das Werkstück bewegt. Ähnlich der Messungen im Bild und am Bild bei der optischen Koordinatenmesstechnik (Abschn. 4.7) werden die Messdaten beider Messsysteme miteinander verknüpft.
- Zur Verknüpfung mehrerer Bilder werden Marken in Verbindung mit fotogrammetrischen Verfahren verwendet (Abschn. 13.8).
- Streifenprojektor und Kamera werden als bewegtes System um das Bauteil herumgeführt. Zur Ermittlung der Messpositionen und Verknüpfung der Daten dient eine in fester Position zum Werkstück angebrachte Kamera. Es muss darauf geachtet werden, dass diese Kamera mindestens einen Teil der Messpunkte miterfasst, die vom bewegten System gemessen werden [3].
- Überlappen sich die Bilder in Teilbereichen, kann die Bildinformation selbst zur Verknüpfung der 3-D – Informationen verwendet werden. Es werden z. B. Korrelationsverfahren verwendet oder es werden Marken auf das Werkstück aufgebracht, die in mehreren Bildern sichtbar sind. Diese werden dann rechentechnisch erkannt und zur Deckung gebracht. Dieses Verfahren funktioniert allerdings nur bei stark strukturierten Bauteilen, die eine eindeutige Zuordnung der Messfelder erlaubt. Es ist im Vergleich zu den anderen Verknüpfungsverfahren einfacher einsetzbar, aber auch weniger genau, da sich Messabweichungen in den einzelnen Punktewolken addieren.

Die Streifenprojektion mit mehreren Bildern wird nicht nur zur Erweiterung des Messbereichs durchgeführt. Häufig werden Messungen aus unterschiedlichen Richtungen durchgeführt, um beispielsweise Bereiche mit Reflexionen oder durch Stufen und Absätze abgeschattete Bereiche mit zu erfassen.

In diesen Fällen bleibt entweder das Werkstück ortsfest (bei großen Werkstücken) und der mobile Streifenprojektor nimmt Teilbereiche aus verschiedenen Perspektiven auf oder der Streifenprojektor bleibt ortsfest und das Werkstück wird bewegt.

Komplexe **Freiformflächen** können die Eigenschaft haben, dass die Streifen in einem ungünstigen Winkel auf die Oberfläche auftreffen. Dies führt z. B. zu sogenannten „**Glanzlichtern**". Dies sind Stellen auf dem Werkstück, die sehr hell leuchten, da es zur Direktreflexion kommt. Wird bei der Messung die Qualität der einzelnen Messdaten mit erfasst, z. B. durch Auswertung des lokalen Kontrasts, können durch mehrfache Messung aus unterschiedlichen Richtungen die besten Daten ausgewählt werden und somit die Qualität der Messergebnisse verbessert werden. Streifenprojektionssysteme werden z. B. im Werkzeugbau, zur Digitalisierung von Freiformflächen, im Rahmen des Rapid Prototyping, zur Qualitätssicherung, Fehlererkennung, bei der Suche nach Rissen und Faltungen und bei der Optimierung von Tiefziehprozessen an Blechteilen eingesetzt.

▶ Streifenprojektionsverfahren liefern die **Messpunktewolken** in durch die Kamera- und Projektorpositionen vorgegebenen Rastern. Diese orientieren sich an den Kamerapixeln und nicht an der Werkstückstruktur. Im Vergleich zur taktilen Koordinatenmesstechnik, bei der ein Merkmal (z. B. eine Kante oder Ecke) direkt angetastet werden kann, wird man mit Streifenprojektion in der Regel nur eine Punktewolke „in der Umgebung" des Merkmals erhalten. Das gesuchte Merkmal wird durch numerische Nachbearbeitung der Punktewolke (z. B. Erzeugung von Schnittelementen in Ausgleichsflächen durch die Punktewolke) erhalten.

13.8 Fotogrammetrie

Die Fotogrammetrie ist durch die Entwicklung der digitalen Fotografie zu einem vielfältig einsetzbaren Messwerkzeug insbesondere für große Werkstücke geworden.

13.8.1 Messprinzip

Fotogrammetrie bedeutet traditionell „Messen aus Fotos". Erfunden wurde sie 1858 durch den Architekten Albert Meydenbauer. Statt auf Gerüsten unmittelbar zu messen, schlug er vor, Bauzeichnungen aus Fotos herzustellen. Seit dem Aufkommen der ersten Flugzeuge am Anfang des letzten Jahrhunderts werden sog. Luftbilder zur Herstellung von Karten verwendet. Ende des letzten Jahrhunderts ermöglichte die Digitalfotografie und industrielle Bildverarbeitung neben der Erstellung von Luftbildern neue Anwendungsmöglichkeiten der Fotogrammetrie in der industriellen Messtechnik.

Grundlage der Fotogrammetrie ist die Fähigkeit, aus zwei Bildern, die aus unterschiedlichen Richtungen aufgenommen wurden, dreidimensionale Koordinaten oder die Gestalt eines Werkstücks durch Stereomessung abzuleiten. In der Fertigungsmesstechnik wird in der Regel mit codierten Marken gearbeitet, die auf dem Messobjekt befestigt sind. Mit einer Digitalkamera werden mehrere Bilder des Messobjekts aus verschiedenen Richtungen aufgenommen (Abb. 13.16). Alternativ liegt das Werkstück in einem Messvolumen, in dem es praktisch gleichzeitig mit mehreren Kameras aufgenommen werden kann.

Es ist darauf zu achten, dass immer möglichst genügend Marken in mehreren Bildern sichtbar sind. Dies erhöht die Redundanz und verringert die Messunsicherheit. Die digitalisierten Bilder werden in einem Bildverarbeitungsprogramm nach den, diesem Programm bekannten, Marken durchsucht. Sind diese Marken gefunden, werden die 2-D – Koordinaten dieser Marken mit den bekannten Verfahren der Fotogrammetrie ausgewertet und die 3-D – Koordinaten der Marken berechnet. Fotogrammetrische Auswertungen können sehr rechenintensiv sein.

13.8.2 Eigenschaften und Anwendung

Die Fotogrammetrie liefert die 3-D – Koordinaten über im Raum definierte Punkte, die durch entsprechende Marker festgelegt sind (Abb. 13.17). Vor Beginn der Messung muss daher dafür gesorgt werden, dass an allen interessierenden Positionen entsprechende Markierungen angebracht wurden.

Moderne Fotogrammetriesysteme arbeiten mit hochauflösenden Digitalkameras. Es ist von Vorteil, verzeichnungsarme Objektive zu verwenden.

Damit werden größenabhängige Reproduzierbarkeiten erreicht, wie bzw. $3\,\mu m +$ $7\,\mu m/m$ (3 Sigma).

Fotogrammetriesysteme können auch sehr gut mit anderen Scannern kombiniert werden (siehe z. B. Streifenprojektion). Sie liefern dann das Referenzkoordinatensystem an den Markierungspunkten, in die die mit den Scannern gewonnenen Daten eingeklinkt werden.

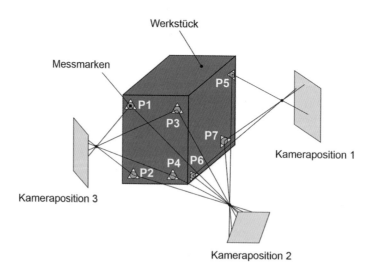

Abb. 13.16 Fotogrammetrie, Aufbau und Messprinzip

Abb. 13.17 Einsatz der Fotogrammetrie zur Bauteilprüfung

Durch die Fortschritte in der Kamera- und Rechentechnik gewinnt die Fotogrammetrie in der Fertigungsmesstechnik stark an Bedeutung. Werden mehrere stationäre Kameras und Blitzlichtbeleuchtung verwendet, lassen sich dynamische Vorgänge, wie z. B. die Verformung von Behältern unter Last beobachten. Auch das Biegerichten, das elastisch-plastische Verformen von Blechen und Rohren, lässt sich mithilfe der Fotogrammetrie optimieren. Die Fotogrammetrie dient auch beim Streifenprojektionsverfahren (Abschn. 13.7) einer ersten, meist groben Zuordnung mehrerer Bilder aus unterschiedlichen Richtungen. Verwendet man nur eine Kamera, ist das Verfahren sehr einfach zu handhaben. Sind die Marken einmal aufgebracht, bewegt man sich um das Werkstück herum und macht Aufnahmen mit der Digitalkamera. Einige Minuten nach dem Einlesen der digitalen Bilder lassen sich die 3-D-Koordinatenpunkte in einem 3-D-CAD-System mit Modellen der Sollgeometrie vergleichen. Das Aufbringen der Marken begrenzt die mögliche Punktdichte. Anstatt von Marken, wie diese in Abb. 13.17 auf dem Messobjekt ersichtlich sind, lassen sich auch kontrastreiche Geometrieelemente verwenden.

▶ Die Fotogrammetrie liefert Daten nur an ausgewählten Werkstückpunkten (Strukturen oder Markierungen). Das unterscheidet sie wesentlich von der Streifenprojektion, die kameragebundene Punktewolken liefert.

13.9 Lasertracker

Lasertracker finden heute in der industriellen Fertigung größerer Bauteile Anwendung. Sie erlauben die Positionsbestimmung in einigen Metern Distanz und werden häufig in Kombination mit lokal messenden taktilen oder optischen Sensoren eingesetzt.

13.9.1   Messprinzip

Beim **Lasertracker** wird ein Theodolit mit einem Laserinterferometer kombiniert, [4]. Der Lasertracker besteht aus einem Stativ, in dem das Laserinterferometer (Abschn. 13.2) untergebracht ist. Der Laserstrahl des Laserinterferometers lässt sich durch zwei motorisch angetriebene Drehachsen (Abb. 13.18) mit hochgenauen Winkelmesssystemen frei im Raum führen. Der Reflektor wird auf einem Werkstück positioniert und kann von Hand, weiteren Bewegungsachsen oder durch die Bewegung des Werkstücks selbst seine Position verändern. Diese Positionsveränderung wird durch einen Sensor im Stativ des Lasertrackers erkannt und die beiden Drehachsen werden nachgeführt. Über die Abstandsinformation des Laserinterferometers und die beiden Winkelinformationen wird die aktuelle Position des Reflektors im Raum berechnet.

13.9.2   Erweiterungen-berührungsloses Messkopfsystem

Bei diesem Messprinzip wird der Lasertracker mit einer Kamera ausgestattet (Abb. 13.19). Bei dem Messkopfsystem handelt es sich um einen berührungslos arbeitenden Messkopf nach dem Lasertriangulationsprinzip (Abschn. 12.2). Mithilfe einer Optik – in der Regel einer Zylinderlinse – oder mit einem rotierenden Polygonspiegel wird eine Laserlinie auf der Oberfläche des Werkstücks erzeugt. Über Triangulation wird der Abstand des Messkopfsystems anhand vieler Punkte entlang dieser Linie, z. B. 256 Punkte, ermittelt. Der Abstand des Messkopfsystems zum Lasertracker wird als Distanzmessung zum Reflektor ermittelt, die Orientierung des Messkopfsystems wird durch Bildauswertung der Leuchtdioden mit Hilfe einer Kamera im Lasertrackersystem durchgeführt.

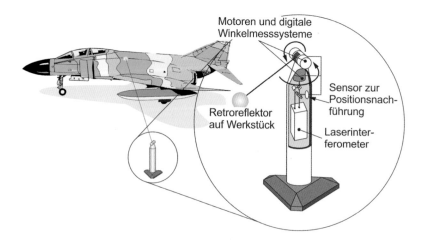

Abb. 13.18   Lasertracker, Aufbau und Messprinzip

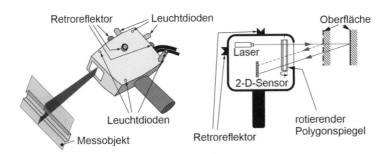

Abb. 13.19 Lasertracker mit mobilem, berührungslosen Messkopfsystem

Der Lasertracker mit berührungslosem Messkopfsystem eignet sich besonders zur Digitalisierung und Messung von Freiformflächen z. B. im Zusammenhang mit Reverse Engineering. Der Lasertracker berechnet die Position und Orientierung des Messkopfsystems innerhalb eines Messbereichs von typischerweise bis zu 30 m. Das Messkopfsystem arbeitet mit Laserlinienlängen von 50–100 mm, mittleren Arbeitsabständen und Messbereichen von 50 mm sowie Messunsicherheiten von $U = 0{,}05$ bis 0,1 mm.

13.9.3 Eigenschaften und Anwendung

Der **Messbereich** von Lasertrackern liegt im Bereich von bis zu ca. 50 m. Die **Messunsicherheit** beträgt typischerweise ca. 40 μm/m. Je nach Ausstattung können **Messfrequenzen** bis in den kHz-Bereich erreicht werden. Der Vorteil dieses Messverfahrens liegt in der Möglichkeit, Ortskoordinaten im Raum zu scannen und viele Messpunkte in kleinen Zeitabständen zu erfassen und auszuwerten.

Anwendung Lasertracker werden zusammen mit weiteren Mess- und Handhabungsvorrichtungen eingesetzt, um die **Montage** sehr großer Werkstücke (z. B. im Flugzeugbau, Schiffsbau, Eisenbahn- und Waggonbau) zu überwachen. Weitere Anwendungen sind das Scannen von großen Freiformflächen, **Bewegungs-** und **Schwingungsanalysen** z. B. von Tragflächen von Flugzeugen.

Lasertracker mit berührendem Messkopfsystem Bei diesem Messprinzip wird der Lasertracker zusätzlich mit einer Kamera ausgestattet (Abb. 13.20).
    Ferner verfügt das Messsystem über ein „intelligentes Messkopfsystem" (Abb. 13.20). Das kabellose Messkopfsystem besteht aus einem Tasterelement mit Tastkugel zur berührenden Antastung des Messobjekts sowie Reflektoren und Leuchtdioden. Mit den Reflektoren und Leuchtdioden erkennt der Lasertracker die Lage und Orientierung des handgeführten Messkopfsystems und kann durch den bekannten Offset des Tastelements zum Reflektor mit diesen Informationen die Antastkoordinate der Tastkugel im Raum berechnen.

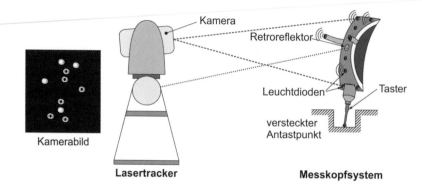

Abb. 13.20   Lasertracker mit mobilem, berührendem Messkopfsystem

Der Lasertracker mit berührendem Messkopfsystem eignet sich als mobiles KMG besonders für große Werkstücke und nicht direkt zugängliche Antastpunkte. Es können Messunsicherheiten im Bereich von U = 0,1 mm (k = 2) bei einem Messbereich von 15 m und Bewegungen des Messkopfsystems bis zu 1 m/s erreicht werden.

13.10 Lasertracer

Lasertracer sind die Abstandsmesssysteme für große Dimensionen. Sie werden z. B. zur Kalibrierung von Werkzeugmaschinen eingesetzt.

13.10.1   Messprinzip

Lasertracer basieren im Gegensatz zu Lasertrackern nur auf höchstgenauen Abstandsmessungen mittels Interferometrie. Wie beim Lasertracker dient ein Interferometer, das ein Target im Raum verfolgt als Messgeber (Abb. 13.21). Dazu wird das Interferometer ebenfalls in zwei Raumachsen automatisch nachgeführt. Um Ungenauigkeiten der Drehachsen und Führungen auszugleichen, dient als Referenz eine hochpräzise Kugel mit wenigen Nanometern Formabweichung im Drehzentrum des Interferometers. Durch die Verwendung von drei Tracern im Raum (Abb. 13.22) kann auf die Messung von Winkeln verzichtet werden und es kann eine wesentlich höhere Auflösung im Raum als mit einem Lasertracker erhalten werden.

13.10.2   Eigenschaften und Anwendung

Lasertracer erreichen eine sehr hohe Genauigkeit. Die Messunsicherheit beträgt z. B. 0,2 µm + 0,3 µm/m und die Auflösung erreicht 0,001 µm. Dies ist umso beachtlicher, als

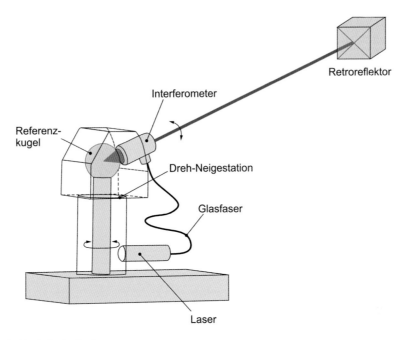

Abb. 13.21 Prinzip des Lasertracers

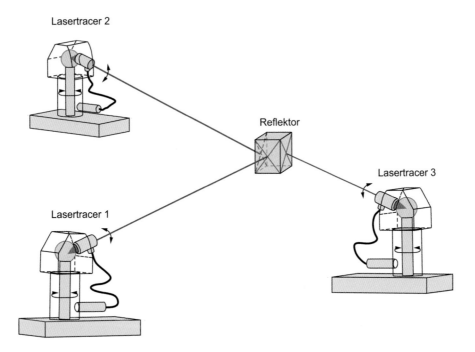

Abb. 13.22 3-D-Messung mittels 3 Lasertracern

diese Werte bei Messbereichen bis 15 m erreicht werden. Natürlich sollten Lasertracer in streng kontrollierten klimatischen Bedingungen eingesetzt werden, um ihre Leistungsfähigkeit ausspielen zu können. Die Messstrecken von den Tracerstationen zum **Target** müssen zu jeder Zeit frei sein, da durch das interferometrische Messprinzip nur Relativmessungen möglich sind und das Messsignal bei Unterbruch verloren geht.

Anwendung Lasertracer werden zur hochgenauen Kalibrierung von Werkzeugmaschinen oder Koordinatenmessgeräten oder auch als Referenzmesssystem zum Abgleich anderer Messeinrichtungen eingesetzt.

Literatur

1. Pfeifer, T., Schmitt, R.: Fertigungsmesstechnik, 3. Aufl. Oldenbourg, München (2010)
2. Packross, P.: Interferometrische Ebenheitsmessung von nicht spiegelnden Oberflächen, Photonik **6**, 60–63 (2007)
3. Kühmstedt, P., Notni, G.: Mehrbild-Messsysteme in 3-D. In: Schwarz, A. (Hrsg.) Berührungslose Messtechnik: Die besten Produkte und Anwendungen Würzburg. Vogel (2006)
4. Fischer, U., et al.: Tabellenbuch Metall, 45. Aufl. Verlag Europa Lehrmittel, Haan-Gruiten (2014)

Prüfplanung, beherrschte Prüfprozesse

14

► **Trailer**

Das Prüfmittelmanagement (Abschn. 14.1) ist ein Unternehmensprozess, der die Prüfplanung mit dem Lebenszyklus des Prüfmittels verbindet und von der Prüfmittelbeschaffung über den Prüfmitteleinsatz und die Prüfmittelüberwachung bis zum Ausscheiden des Prüfmittels reicht.

Beherrschte Produktionsprozesse sind nur mit fähigen und beherrschten Prüfprozessen möglich (Abschn. 14.2). Das Prüfmittelmanagement trägt zur Entwicklung und Aufrechterhaltung fähiger Prüfprozesse bei. Prüfmittelmanagement heißt, das richtige Prüfmittel zum richtigen Zeitpunkt, am richtigen Ort in einsatzbereitem Zustand zur Verfügung zu stellen und die Qualitätsmerkmale am Produkt mit den Prüfmitteln zu beurteilen, die auf nationale Normale zurückgeführt sind. Früher war es ausreichend, nur Aussagen über die Messunsicherheit eines Prüfmittels zu machen. Heute steht die Frage nach der **Prüfmittelfähigkeit** für eine bestimmte Messaufgabe im Vordergrund.

Die **Prüfplanung** plant den Einsatz der Prüfmittel (Abschn. 14.3). Das Prüfmittelmanagement stellt sicher, dass die Planung auch eingehalten und der geplante Prüfmitteleinsatz auch umgesetzt werden kann. Ein funktionierendes Prüfmittelmanagement ist eine unabdingbare Voraussetzung dafür, dass qualitativ hochwertige Produkte entwickelt und wirtschaftlich produziert werden können.

14.1 Übersicht, Bedeutung und Zusammenhänge

Das Prüfmittelmanagement umfasst drei Teilphasen (Abb. 14.1):

© Springer Fachmedien Wiesbaden GmbH, ein Teil von Springer Nature 2021
M. Marxer et al., *Fertigungsmesstechnik*, https://doi.org/10.1007/978-3-658-34168-8_14

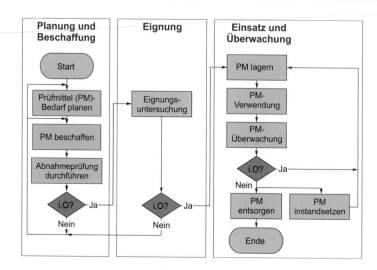

Abb. 14.1 Tätigkeiten und Abläufe im Prüfmittelmanagement

Die **Prüfplanungs- und Prüfmittelbeschaffungsphase.** Hier geht es um das Festlegen von Prüfmerkmalen und die Planung der Prüfung, Entwicklung und Beschaffung der Prüfmittel.

Die **Prüfprozesseignungsphase.** Hier geht es um die Analyse, ob ein Messmittel oder ein Prüfprozess unter den aktuellen Bedingungen fähig ist, seine Aufgabe zu erfüllen.

Die **Prüfmitteleinsatz- und Überwachungsphase.** Hier geht es um die Umsetzung der Planungen und Analysen, d. h. das Durchführen der Messungen, die Analyse der Messdaten und um die kontinuierliche Kalibrierung/Überwachung der beteiligten Messgeräte, um die erreichte Qualität der Prüfungen auch dauerhaft sicherstellen zu können.

Das Prüfmittelmanagement wird während des gesamten Produktlebenszyklus eingesetzt. An die **Qualitätsprüfung und Fertigungsmesstechnik** werden während des ganzen Produktlebenszyklus hohe Anforderungen gestellt. Der Produktlebenszyklus lässt sich als Demingkreis (Abb. 14.2) darstellen. Das Qualitätsmanagement und die Fertigungsmesstechnik hat in vielen Bereichen dieses Demingkreises eine entscheidende Rolle.

In der **Produktplanungsphase des Produktlebenszyklus** werden u. a. Produkteigenschaften geplant, Randbedingungen festgelegt, Simulationen durchgeführt, mit Statistischer Versuchsmethodik optimale Arbeitspunkte für die Produktionsprozesse gesucht, mit Fehler-Möglichkeits- und Einfluss-Analyse (FMEA) Optimierungen vorgenommen, mit Statistischer Tolerierung nach kostengünstigeren Herstell- und Messmethoden gefahndet. Der Qualitätsprüfung und Fertigungsmesstechnik kommt hier eine besonders wichtige Rolle zu. Nur durch das Messen und Prüfen können im Sinne von vorbeugenden Maßnahmen und kontinuierlichen Verbesserungsprozessen Regelkreise aufgebaut bzw. schnell und effizient geschlossen werden.

Anschließend folgen die **Beschaffung** von Einzelteilen und Baugruppen. Hier spielt die Qualitätsprüfung und Fertigungsmesstechnik im Rahmen der Wareneingangsprüfung

Abb. 14.2 Stellenwert
der Qualitätsprüfung und
Fertigungsmesstechnik
innerhalb des
Produktlebenszyklus.
(Demingkreis)

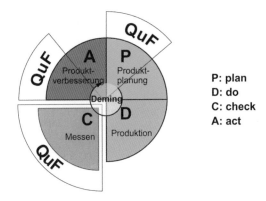

P: plan
D: do
C: check
A: act

bzw. der Arbeitsteilung zwischen Lieferant und Kunde bei der Sicherstellung der Qualität
der Produkte eine wichtige Rolle. Es folgt die **Produktion,** bei der die Qualitätsprüfung
und Fertigungsmesstechnik den Herstellungsprozess zu optimieren und zu steuern hilft,
mit dem Ziel, beherrschte Fertigungsprozesse zu ermöglichen. Zuletzt geht das Produkt
in den **Feldeinsatz.** Auch hier spielt die Qualitätsprüfung und Fertigungsmesstechnik bei
Marktanalysen, Serienerprobungen und Fehleranalysen mit Produktverbesserungen eine
wichtige Rolle als Informationslieferant für die Entwicklung bzw. Weiterentwicklung.

14.2 Beherrschte Prüfprozesse

Die Ermittlung der Fähigkeit von Prüfprozessen soll sicherstellen, dass ein Prüfmittel
mit ausreichend kleiner Unsicherheit für die Beurteilung einer Prüfgröße am Einsatzort verwendbar ist. Kriterium für die Beurteilung ist die Unsicherheit der Prüfergebnisse, bezogen auf die Toleranz der Prüfgröße. In diesem Zusammenhang soll der Begriff
„Prüfen" das Messen eines Merkmals einschließen, das bei Fähigkeitsuntersuchungen im
Vordergrund steht.

Die Fähigkeitsuntersuchung ist als ein Teil des Prüfmittelmanagements zu verstehen.
Ein neues Prüfmittel wird einer Eingangsprüfung unterzogen, bei der das Gerät in der
Regel mit einem Normal kalibriert wird. Weitere Phasen der Fähigkeitsuntersuchung
finden später am Einsatzort unter den dort herrschenden Messbedingungen statt. Sie wird
nach einer bestimmten Zeit wiederholt. Die im Folgenden beschriebenen Verfahren 1
bis 5 setzen normalverteilte Messwerte voraus und beschreiben die Vorgehensweisen für
zweiseitig tolerierte Merkmale. Für Berechnungsverfahren zur Berücksichtigung anderer
Gegebenheiten wird auf die weiterführende Literatur verwiesen [1, 2].

Für die Durchführung der Verfahren sind Normale oder Werkstücke aus der Fertigung
erforderlich, die wiederholt gemessen werden. Es ist das Ziel, die Fähigkeit von Prüfprozessen zu untersuchen und Messabweichungen und deren Ursachen zu ermitteln.
Dazu sind die im Folgenden beschriebenen Verfahren im Einsatz, deren zeitlicher Ablauf
in Abb. 14.3 dargestellt ist.

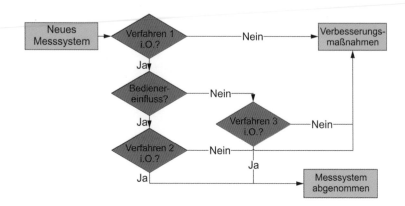

Abb. 14.3 Phasen im Ablauf der Prüfprozessbeurteilung

- Verfahren 1: Nachweis der Fähigkeit des Messmittels
- Verfahren 2: Nachweis der Fähigkeit eines Messprozesses mit Bedienereinfluss
- Verfahren 3: Nachweis der Fähigkeit eines Messprozesses ohne Bedienereinfluss
- Verfahren 4: Nachweis der Messbeständigkeit eines Messprozesses
- Verfahren 5: Nachweis der Fähigkeit für Prüfprozesse bei attributiven Merkmalen

14.2.1 Fähigkeit des Messmittels, Verfahren 1

Bei Verfahren 1 für zweiseitig begrenzte Merkmale wird die systematische Messabweichung und die Streuung des Messgerätes **ohne Bedienereinfluss** anhand eines
Normals beurteilt.

Eingangs soll geprüft werden, ob die Auflösung des Messgeräts (Skalenteilungswert,
Ziffernschrittwert) kleiner ist als 5 % der Toleranz. Sollte diese Bedingung nicht erfüllt
sein, dann ist ein Messgerät mit besserer Auflösung auszuwählen. Ist dies nicht möglich, kann die Fähigkeitsuntersuchung bereits abgebrochen oder nur mit Sonderfreigaben
weitergeführt werden.

Nun folgt der Vergleich der Messgeräteanzeige mit dem Wert eines kalibrierten
Normals. Der richtige Wert des Normals sollte bei diesem Verfahren möglichst in der
Toleranzmitte liegen. Das Normal soll der späteren Messaufgabe möglichst ähnlich sein
und dieselben Merkmale aufweisen. Ist kein Normal verfügbar, so kann alternativ ein
Werkstück aus der Produktion ausgewählt werden, welches nach dessen Kalibrierung als
Normal verwendet werden kann. Dies ist selbstverständlich nur dann möglich, wenn eine
ausreichende Langzeitstabilität des Werkstücks vorausgesetzt werden kann.

Nach Auswahl des geeigneten Normals sind mindestens $n = 25$ Messungen (besser
$n = 50$ Messungen) unter Wiederholbedingungen durchzuführen (Abb. 14.4). Ein
geeignetes Normal erfüllt die Bedingung, dass das Verhältnis Messunsicherheit der
Kalibrierung zu Toleranz der Messgröße kleiner oder gleich 10 % ist.

BOSCH	Messprozessfähigkeit	Protokoll Nr.:
Qualitätssicherung	Verfahren 1	99 110 15 Batt 1

Messmittel:	Merkmal:	Normal: ....
Standort: W025.............	Messobjekt: Welle..............	Bezeichnung: ....
Bezeichnung: Längenmeßgerät	Zeichng. Nr.: 1460320000............	Messmittel-Nr.:....WD3173
Messmittel-Nr.:JML9Q002........	Merkmalsbez.:Außendurchmesser	Kalibrierwert:......6,002 mm
Auflösung: 0,001 mm.........	Nennwert: (6,000 ± 0,03) mm	Messunsicherheit:..0,5 µm
	Toleranz T: 0,06mm	

Messverfahren: Manuelle Handhabung: Messstelle Mitte Zylinder; Raumtemperatur 20°C

Tabellenwerte in: mm   **Abweichungen von:** ....

1-5	6-10	11-15	16-20	21-25	26-30	31-35	36-40	41-45	46-50
6,001	6,001	6,001	6,002	6,002	6,001	6,000	6,001	6,000	6,002
6,002	6,001	6,000	6,002	6,000	6,001	6,001	6,000	6,001	6,001
6,001	6,000	6,001	6,002	5,999	6,000	6,001	6,000	6,002	6,002
6,001	5,999	6,002	6,002	6,002	5,999	6,002	6,999	6,001	6,001
6,002	6,001	6,002	6,000	6,002	5,999	6,001	5,999	6,002	6,001

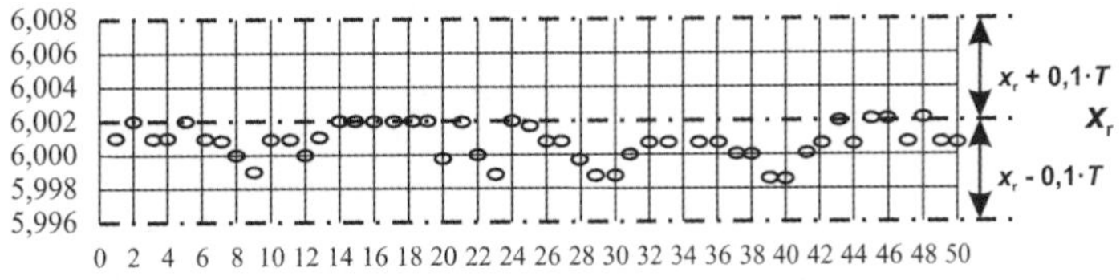

Richtiger Wert x_r = 6,0020 mm   Mittelwert $\bar{x}$ = 6,009 mm   Standardabwg. s_w = 0,0010 mm

Auflösung ≤ 5% von T [X] ja   [ ] nein

Auswertung:

$$C_g = \frac{0,2 \cdot T}{6 \cdot s_w} = \frac{0,2 \cdot 0,06 \text{ mm}}{6 \cdot 0,001 \text{ mm}} = 2,0$$

$$C_{gk} = \frac{0,1 \cdot T - |\bar{x} - x_r|}{3 \cdot s_w} = \frac{(0,1 \cdot 0,06 - |6,0009 - 6,002|) \text{ mm}}{3 \cdot 0,001 \text{ mm}} = 1,63$$

C_g und C_{gk} ≥ 1,33   [X] ja [ ] nein

Abb. 14.4 Formular zur Beurteilung der Fähigkeit eines Messmittels, Verfahren 1. (Quelle: Bosch)

Aus den n Messungen x_i (i = 1...n) dieser Messreihe werden Mittelwert ($\bar{x}$) und Standardabweichung (s_w) berechnet. Die Standardabweichung wird mit der Toleranz (T) verglichen, um den Fähigkeitsindex C_g zu berechnen.

$$C_g = \frac{0,2 \cdot T}{6 \cdot s_w} \geq 1,33 \tag{14.1}$$

Aus der Differenz des Mittelwertes zum richtigen Wert (x_r) aus dem Kalibrierschein ergibt sich die systematische Messabweichung. Die systematische Messabweichung wird benötigt, um den Fähigkeitsindex C_{gk} zu berechnen.

$$C_{gk} = \frac{0,1 \cdot T - |\bar{x} - x_r|}{3 \cdot s_w} \geq 1,33 \tag{14.2}$$

Ein Messgerät nach Verfahren 1 ist fähig, wenn beide Fähigkeitsindizes C_g und C_{gk} mindestens den Wert 1,33 erreichen. Neben den in den Gl. 14.1 und 14.2 genannten Berechnungsverfahren existieren hiervon abweichende Verfahren. Aus diesem Grund ist es wichtig, mit der Kenngröße jeweils das für deren Berechnung verwendete Verfahren anzugeben.

Bei der Messreihe nach Verfahren 1 gehen Einflüsse des Werkstücks und die Handhabung des Bedieners nicht mit ein. Um diese Einflussgrößen mit zu erfassen, ist das Verfahren 2 vorgesehen.

14.2.2 Fähigkeit eines Messprozesses mit Bedienereinfluss, Verfahren 2

Ist Verfahren 1 erfolgreich abgeschlossen, kann mit der Untersuchung des Messprozesses nach Verfahren 2 begonnen werden. Verfahren 2 schließt zusätzlich zum Messgerät auch den **Einfluss der Bediener** mit ein. Für die Durchführung des Verfahrens 2 werden zwei Ansätze unterschieden, die **Spannweitenmethode** und die **R&R-Methode** (Gage Repeatability & Reproducibility).

Bei Verfahren 2 werden viele Einflussfaktoren auf die qualitätsrelevanten Merkmale und deren Auswirkungen berücksichtigt. Im Standardfall werden $n = 10$ nummerierte Werkstücke benötigt, die von $k = 3$ Prüfern A, B und C gemessen werden. Dieser Ablauf wird mindestens $r = 2$-mal durchgeführt. Es gilt die Faustregel: Das Produkt aus der Anzahl n der Werkstücke, der Prüfer k und der Wiederholungsmessungen r sollte mindestens 60 sein.

Grafische Auswertung Eine anschauliche Art der Auswertung ist die grafische Darstellung der Werte nach Prüfern getrennt, wie in Abb. 14.5 dargestellt.

Die Breite der Häufigkeitsverteilung, charakterisiert durch den Parameter Standardabweichung, lässt den Schluss auf die Wiederholpräzision der einzelnen Prüfer zu. In der grafischen Darstellung lassen sich systematische Abweichungen als Differenzen der Mittelwerte unter den verschiedenen Prüfern anschaulich darstellen und erkennen.

Die Gesamtstreuung, eine Kombination aus Mittelwertverschiebung durch die einzelnen Prüfer sowie der Standardabweichungen aus den Messwerten der Prüfer A, B und C lässt den Schluss auf die Gesamtmessprozessstreuung zu.

Numerische Auswertung Zur numerischen Auswertung der Ergebnisse werden folgende Verfahren eingesetzt:

- Mittelwert-Spannweiten-Methode (ARM: Average and Range Method)
- Varianzanalyse (ANOVA Methode)
- Mittelwert-Standardabweichungs-Methode (Differenzmethode)

Die Berechnungsverfahren der drei Methoden unterscheiden sich. Es können daher nicht dieselben Ergebnisse erwartet werden. Aus diesem Grund ist es entscheidend, bei der Berechnung der Fähigkeitskenngröße immer die Berechnungsgrundlage mit anzugeben. Eine weit verbreitete Methode ist die **ARM-Methode,** die nachfolgend beschrieben wird. Bei der ARM-Methode werden basierend auf den zu berechnenden Größen **EV** (Equipment Variation, Gerätestreuung) und **AV** (Appraiser-Variation, Bedienereinfluss) die Fähigkeit des Messprozesses beschrieben.

R&R in Gl. 14.3 steht für Repeatability & Reproducibility (Wiederholbarkeit und Vergleichspräzision).

$$R\&R = \sqrt{EV^2 + AV^2} \tag{14.3}$$

Kenngröße EV Die Kenngröße EV berechnet sich nach Gl. 14.4. Hierzu werden die mittleren Spannweiten für jeden Prüfer ermittelt. Wurden an $n = 10$ Werkstücken $r = 2$ Messreihen durchgeführt, ergeben sich 10 Spannweiten pro Prüfer, aus denen der Mittelwert der Spannweiten pro Prüfer ermittelt wird.

Aus diesen gemittelten Spannweiten wird der Mittelwert gebildet, die Größe $\overline{R}$. Diese gemittelte Spannweite wird mit einem Faktor K_1 erweitert und ergibt so die gesuchte Kenngröße EV.

Der Faktor K_1 kann einer Tabelle [3] entnommen werden. K_1 hängt ab von der Anzahl Wiederholungen (n) sowie der Anzahl Teile mal der Anzahl der Prüfer (k). Für den Standardfall $r = 2$ Wiederholungen, $k = 3$ Prüfer, $n = 10$ Werkstücke beträgt $K_1 = 4{,}567$ [3].

$$EV = K_1 \cdot \overline{R} \tag{14.4}$$

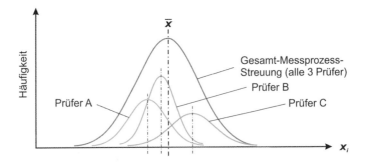

Abb. 14.5 Werteverlauf der Messprozessuntersuchung nach Verfahren 2, nach Prüfern getrennt

Kenngröße AV Die Kenngröße AV berechnet sich nach Gl. 14.5. Die Differenz R_x wird gebildet aus dem größten und dem kleinsten Gesamtmittelwert aller n gemessenen Werkstücke pro Prüfer.

Der Faktor K_2 kann ebenfalls einer Tabelle [3] entnommen werden. K_2 hängt von der Anzahl Prüfer (k) ab. Für den Standardfall k = 3 Prüfer beträgt $K_2 = 2{,}697$ [3].

$$AV = K_2 \cdot R_x \tag{14.5}$$

Kennwert R&R Aus den zwei dargestellten Größen EV und AV wird gemäß Gl. 14.3 der Kennwert R&R berechnet. Zur Beurteilung der Fähigkeit wird der Kennwert R&R in Relation zu einer Bezugsgröße gesetzt. Diese Bezugsgröße ist häufig die Toleranz T, wie in Gl. 14.6 dargestellt.

$$R\&R\% = \frac{6 \cdot R\&R}{T} \cdot 100\% \tag{14.6}$$

Eine weitere, häufig verwendete Bezugsgröße ist die Prozessstreuung, wie in Gl. 14.7 dargestellt. Die Erweiterung mit dem Faktor 6 entspricht einem Vertrauensniveau von 99,7 %.

$$R\&R\% = \frac{6 \cdot R\&R}{\text{Prozessstreuung}} \cdot 100\% \tag{14.7}$$

Die Toleranz als Bezugsgröße zu verwenden, bietet den Vorteil, dass sich diese, im Gegensatz zur Prozessstreuung von 6σ über die Zeit nicht verändert. Welche der beiden Möglichkeiten im einzelnen Einsatzfall verwendet werden soll, ist je nach Einsatzzweck und Vorstellung des Kunden festzulegen.

Die Fähigkeitskennwerte werden unabhängig von der Bezugsgröße mit Grenzwerten verglichen. Über Prozessfähigkeit wird gemäß Tab. 14.1 entschieden.

Wird ein Messprozess als fähig eingestuft, kann die Freigabe erfolgen. Immer engere Toleranzen in den heutigen Produktionsprozessen bringen es mit sich, dass dieses Kriterium nicht immer zu erreichen ist und ein Messprozess als bedingt fähig eingestuft werden muss. Für die bedingt fähigen Messprozesse ist im Einzelfall zu prüfen, ob sie unter Berücksichtigung technischer und wirtschaftlicher Randbedingungen freigegeben werden können.

Bei einem R&R% über 30 % ist der Messprozess definitiv nicht fähig. Für nicht fähige Messprozesse ist nach geeigneten Korrekturmaßnahmen zu suchen. Die in Tab. 14.1 aufgeführten Grenzwerte sind nicht allgemein gültig. In einzelnen Firmenrichtlinien (z. B. Ford Richtlinie EU1880) wird ein neues Messgerät mit einem R&R% Wert bis 20 % als

Tab. 14.1 Kriterien zur Fähigkeit eines Messprozesses anhand der Größe R&R%, Verfahren 2

R&R% ≤ 10 %	Messprozess fähig
10 % < R&R% ≤ 30 %	Messprozess bedingt fähig
30 % < R&R%	Messprozess nicht fähig

fähig eingestuft. Messprozesse mit älteren Messgeräten werden bis zu einem Grenzwert von 30 % als fähig angesehen.

Der Grund in der Unterscheidung der Grenzwerte für neue oder bereits vorhandene Messprozesse liegt darin, dass sich der R&R% für neue Messprozesse durch das Auftreten von zusätzlichen Einflussfaktoren mit der Zeit verschlechtert und deshalb zu Beginn höhere Anforderungen gestellt werden.

14.2.3 Fähigkeit eines Messprozesses ohne Bedienereinfluss, Verfahren 3

Verfahren 3 ist eine weitere Ergänzung zu Verfahren 1. In diesem Verfahren 3 wird das Streuverhalten der Messwerte über einen größeren Arbeitsbereich der Messeinrichtung und somit der Einfluss des Werkstücks untersucht. Es wird eingesetzt, wenn ein Einfluss des Prüfers ausgeschlossen oder vernachlässigt werden kann, z. B. bei der Beurteilung von Messautomaten mit automatischer Teilezuführung.

Eine Wiederholung der Messungen mit einem weiteren Prüfer entfällt. Es ist zulässig, die hier beschriebene Vorgehensweise alternativ zu Verfahren 2 anzuwenden, wenn aus Erfahrung bekannt und dokumentiert ist, dass der Bedienereinfluss vernachlässigbar klein ist. Das zeigt sich beim Verfahren 2, wenn die Wiederholpräzision EV wesentlich größer ist als die Vergleichspräzision AV. Vor diesem Hintergrund kann der Aufwand für den Nachweis der Fähigkeit eines Messprozesses im Einzelfall wesentlich verringert werden.

Die Untersuchung nach Verfahren 3 wird an $n = 25$ Werkstücken aus der Produktion durchgeführt, deren Größenwerte möglichst über die gesamte Werkstücktoleranz hinweg verteilt sind. Er beruht auf $r = 2$ Messreihen unter Wiederholbedingungen. Die Lage der Messpunkte am Werkstück wird nicht verändert. Die Auswertung von Verfahren 3 kann nach den in Verfahren 2 beschriebenen Verfahren erfolgen, wobei die Vergleichspräzision AV gleich Null ist.

Eine alternative Berechnungsart für Verfahren 3 ist im Folgenden beschrieben. Es werden die Differenzen aus den Messwerten beider Messreihen ermittelt. Aus diesen Differenzwerten wird die Standardabweichung $\bar{s}_\Delta$ ermittelt. Aus dieser Standardabweichung wird die Standardabweichung des Messprozesses s_M gemäß Gl. 14.8 und der Gesamtstreubereich $s_M\%$ ermittelt.

$$s_M = \frac{\bar{s}_\Delta}{\sqrt{2}} \qquad (14.8)$$

Der Gesamtstreubereich des Messprozesses wird berechnet nach Gl. 14.9.

$$S_M = 6 \cdot s_M \qquad (14.9)$$

Dies ergibt bezogen auf die Toleranz T den toleranzbezogenen Gesamtstreubereich, für den als Grenzwert 12 % als Maximum festgesetzt ist.

$$s_M\% = \frac{S_M}{T} \cdot 100\% \qquad\qquad (14.10)$$

Nach Verfahren 3 ist Verfahren 4 durchzuführen. Hier werden die Eigenschaften des Messprozesses über einen längeren Zeitraum beobachtet.

14.2.4 Messbeständigkeit eines Messprozesses, Verfahren 4

Verfahren 4 baut auf Verfahren 1 auf und prüft die Langzeitmessbeständigkeit eines Messprozesses.

Für den Test sollte möglichst auch das Normal von Verfahren 1 verwendet werden. Es werden über eine definierte Zeit 25 Messungen am Normal durchgeführt. Das Normal wird an einer definierten Stelle mehrmals gemessen (2 bis 5 Wiederholungsmessungen). Die Messwerte sind in eine Qualitätsregelkarte einzutragen. Die Anzahl der Wiederholmessungen ist dem Streuverhalten und der Änderung der systematischen Abweichung der Messwerte anzupassen. Ausgehend vom richtigen Wert x_r werden Eingriffsgrenzen bei $UEG = x_r - 0,075 \cdot T$ für die untere Eingriffsgrenze (UEG) und $OEG = x_r + 0,075 \cdot T$ für die obere Eingriffsgrenze (OEG) festgelegt.

Solange die Messwerte nur innerhalb der Eingriffsgrenzen streuen, gilt der Messprozess als dauerhaft stabil. Überschreitet ein Messwert eine der Eingriffsgrenzen, dann ist das Messgerät neu zu justieren oder zu überholen und erneut das Verfahren 1 anzuwenden.

Der zeitliche Verlauf der Messwerte in der Qualitätsregelkarte (Abb. 14.6) gibt einen Hinweis auf das Zeitintervall, in dem die Untersuchung wiederholt werden sollte. Die Stabilitätsprüfung sollte nach Möglichkeit mindestens über den Zeitraum hindurch durchgeführt werden, über den das Auftreten aller möglichen Einflüsse zu erwarten ist, z. B. über einen Tag.

14.2.5 Fähigkeit für Prüfprozesse bei attributiven Merkmalen, Verfahren 5

Verfahren 1 bis 4 können nicht für Prüfprozesse eingesetzt werden, bei denen Merkmale qualitativ zu beurteilen sind, wie dies bei der Lehrenprüfung oder teilweise bei der Sichtprüfung der Fall ist. Zur Beurteilung der Fähigkeit solcher Prozesse wird ein alternatives Verfahren eingesetzt, das Verfahren 5.

Bei der Lehrenprüfung wird von einem attributiven Prüfprozess gesprochen. Das Ergebnis eines attributiven Prüfprozesses ist „Gut" oder „Schlecht". Aus diesem Grund sind die Verfahren 1 bis 4, die auf der Basis von Zahlenwerten also quantitativen Größen arbeiten, für den Nachweis einer Prüfprozessfähigkeit für attributive Prüfprozesse nicht geeignet.

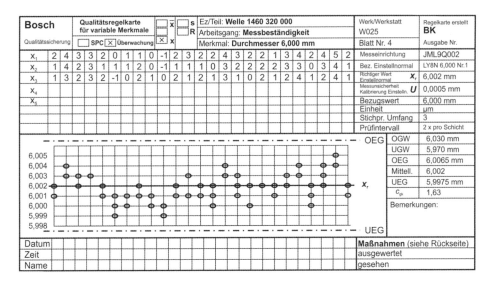

Abb. 14.6 Qualitätsregelkarte mit den Eingriffsgrenzen OEG und UEG als Grenzen zum Nachweis der Messbeständigkeit eines Messprozesses. (Quelle: Bosch)

▶ Das Prüfergebnis ist bei attributiven Prüfprozessen in hohem Maß vom Prüfer abhängig. Aus diesem Grund steht der Prüfer beim Nachweis der Prüfprozesseignung bei Verfahren 5 im Zentrum.

Zur Beurteilung von Prüfprozessen für attributive, qualitative Merkmale werden aus der Produktion 20 Werkstücke ausgewählt, deren Merkmale knapp oberhalb oder knapp unterhalb der Spezifikationsgrenzen (Toleranzgrenzen) liegen. Die Merkmale dieser Werkstücke sind vor der Prüfung mit einem quantitativen, also messenden Prüfverfahren zu bestimmen.

Diese 20 Teile werden von zwei Prüfern in jeweils 2-Durchgängen geprüft. Wenn dieser Test für jedes Werkstück bei jedem Durchgang bei beiden Prüfern gleich beurteilt wird, dann gilt der Prüfprozess als fähig. Eine einzige Unstimmigkeit zwischen den Prüfentscheidungen der Prüfer reicht aus, um den Prüfprozess als nicht fähig zu betrachten, wie dies in Abb. 14.7 auf Zeile 5 und 12-Der Fall ist. Die Prüfung ist zu wiederholen und gegebenenfalls unter Einsatz des Verfahrens 1 zu analysieren und zu verbessern.

Ist das Ergebnis einer wiederholten Prüfung ebenfalls negativ oder der Prozess der attributiven Prüfung nicht optimierbar, ist ein anzeigendes Messgerät einzusetzen. Erfahrungswerte zeigen, dass für Spezifikationen kleiner als Werte der ISO-Grundtoleranzreihe IT5 der Einsatz von Lehren nicht sinnvoll ist.

Für vertiefte Betrachtungen zum Thema Prüfprozesseignung wird auf die weiterführende Literatur verwiesen [1, 2].

14.3   Prüfplanung

Der Prüfplan beinhaltet die Arbeitsanweisungen, die für die Durchführung der Qualitätsprüfung im gesamten Produktionsablauf, von der Wareneingangsprüfung bis zur
Auslieferung erforderlich sind [4]. Für die Durchführung der Prüfplanung ist es entscheidend, alle relevanten Daten und Informationen der betroffenen Stellen zu berücksichtigen. Es wird empfohlen, bei der Durchführung der Prüfplanung nach einem
systematischen Ablauf vorzugehen. Die in Abb. 14.8 dargestellten Prozessschritte bei der
Prüfplanung haben sich dazu bewährt.

14.3.1 Prüfplanerstellung

Bei der Erstellung des Prüfplans und der Analyse der Eingangsinformationen kann die
Beantwortung der sieben „W"-Fragen helfen, welche im Folgenden näher erläutert sind:

- Was, welches Merkmal soll geprüft werden?
- Wann, zu welchem Zeitpunkt soll geprüft werden?
- Wie, mit welchem Prüfverfahren soll geprüft werden?
- Wie viel soll geprüft werden (Stichproben oder 100 %)?
- Wo, an welchem Ort soll geprüft werden?

	Prüfer 1		Prüfer 2		
Durchgang	1	2	1	2	**Übereinstimmung**
Werkstück Nr.					
1	+	+	+	+	+
2	-	-	-	-	+
3	+	+	+	+	+
4	+	+	+	+	+
5	-	-	+	-	-
6	+	+	+	+	+
7	+	+	+	+	+
8	-	-	-	-	+
9	-	-	-	-	+
10	-	-	-	-	+
11	+	+	+	+	+
12	+	-	+	+	-
13	+	+	+	+	+
14	-	-	-	-	+
15	-	-	-	-	+
16	+	+	+	+	+
17	+	+	+	+	+
18	-	-	-	-	+
19	-	-	-	-	+
20	-	-	-	-	+

Abb. 14.7 Beispiel zur Auswertung der Übereinstimmungsergebnisse einer attributiven Prüfung

- Wer soll die Prüfung ausführen?
- Womit, mit welchem Messgerät soll geprüft werden?

Prüfen der Unterlagen Bevor mit der Prüfplanung begonnen werden kann, müssen in einem ersten Arbeitsschritt alle erforderlichen Unterlagen bereitstehen. Dazu gehören beispielsweise Informationen wie die Konstruktionszeichnung, Angaben zu den zu berücksichtigenden Normen, zu kundenspezifischen Vereinbarungen und viele weiteren. Sind diese Unterlagen nicht verfügbar, müssen diese beschafft werden.

Erkennen der Merkmale Im zweiten Arbeitsschritt werden die Merkmale identifiziert, die das zu prüfende Werkstück beschreiben. Beispiele solcher Merkmale sind Längen- und Winkelmaße, Rauheitsparameter oder Merkmale, mit denen Formabweichungen oder Lagebeziehungen spezifiziert werden.

Auswahl der Prüfmerkmale Basierend auf der Vielzahl der Merkmale werden die für die Messung nötigen Merkmale identifiziert und eindeutig gekennzeichnet. Eine Methode zur Identifikation ist die Verwendung eines Prüfstempels in analoger oder auch digitaler Form – und anschließende Nummerierung der Merkmale (Abb. 14.9). Diese Auswahl führt zu den Prüfmerkmalen.

Die Beantwortung der ersten der 7 W-Fragen: **Was soll geprüft werden** ist Inhalt dieses Arbeitsschrittes. Schon bei der Entwicklung und Konstruktion muss sicher-gestellt werden, dass das Produkt die gewünschte Funktionalität erreicht. Darüber hinaus muss das Produkt aber auch herstellbar und die Qualität nachweisbar, also messbar

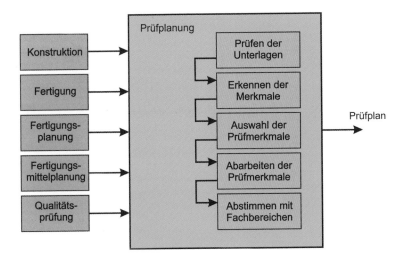

Abb. 14.8 An der Prüfplanung beteiligte Abteilungen

sein. Das heißt, schon der Entwickler/Konstrukteur muss sich z. B. bei der Bemaßung und Tolerierung Gedanken machen, welche Merkmale funktionsrelevant, also qualitätsrelevant sind, ob überhaupt eine Prüfnotwendigkeit besteht und ob das Merkmal auch mit vernünftigem Aufwand messbar ist.

Entwickler und Konstrukteur haben also eine hohe Kostenverantwortung auch für die effiziente Durchführung der nachgeschalteten Prozesse. Untersuchungen zeigen, dass bei Massenprodukten wie z. B. Automobilen über 70 % der Qualitätskosten von der Entwicklung und Konstruktion beeinflusst werden. In die Auswahl der Prüfmerkmale gehen auch Kundenwünsche und/oder Forderungen der Produktion ein.

Die Werkzeuge „**Q**uality **F**unction **D**eployment“ (**QFD**) und die „**F**ehler**m**öglichkeiten- und **E**influss**a**nalyse“ (**FMEA**) sind weitere Hilfsmittel zur Festlegung von prüfplanrelevanten Daten.

Abarbeiten der Prüfmerkmale Bei der Abarbeitung der Prüfmerkmale hilft die Berücksichtigung der 7 W-Fragen, deren Beantwortung Informationen über die detaillierte Handlungsanweisung zur Abarbeitung der Prüfmerkmale liefert. Mithilfe dieser Fragen wird die Prüfaufgabe unter Berücksichtigung verschiedener Aspekte analysiert und basierend auf dieser Analyse die Messstrategie festgelegt. Basierend auf diesen Festlegungen kann der Messablauf definiert werden. Es folgen Überlegungen zur Vorbereitung der Messung, welche u. a. die Arbeiten zur Vorbereitung des Messgeräts und des Werkstücks beinhalten.

Als nächstes folgt die **Prüfablaufplanung (WANN)**. Hier wird der Prüfzeitpunkt festgelegt, vor oder nach welchem Arbeitsschritt das Merkmal geprüft werden soll.

Artikel: | Artikel Nr.: | Auftrags-Nr.:
Kunde: | Ansprechpartner: | Verantwortlicher QT:

NR.	Q-Merkmal	EH	Ausprägung (Nennmass)	Ist-Mass	Tol (-)	Tol (+)	± MU k=2	Zulässiger Anzeigenbereich Min		Max	Gut/Schlecht zulässiger Anzeigebereich
44	Abstand	mm	2.00	1.910	0.10	0.10	0.004	1.904	-	2.096	UGW … OGW
45	Abstand	mm	3.30	3.302	0.00	0.10	0.004	3.304	-	3.396	UGW … OGW
46	Abstand	mm	4.60	4.504	0.10	0.10	0.004	4.504	-	4.696	UGW … OGW
48	Abstand	mm	6.03	6.030	0.10	0.10	0.004	5.934	-	6.126	UGW … OGW
49	Radius	mm	0.10	0.149	0.00	0.05	0.004	0.104	-	0.146	UGW … OGW
50	Abstand	mm	2.00	2.020	0.10	0.10	0.004	1.904	-	2.096	UGW … OGW

Bemerkungen:

Prüfer: | Datum:

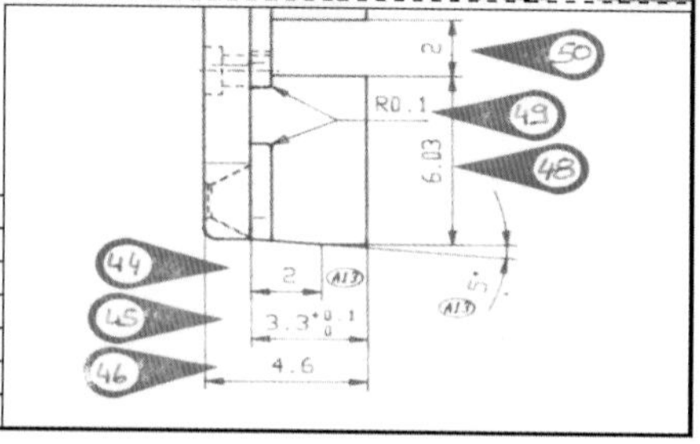

Abb. 14.9 Prüfplan (Ausschnitt) Messprotokoll

Kriterien für diese Entscheidung sind neben der Prozessfähigkeit einzelner Teilprozesse auch Überlegungen bezüglich der **Wertschöpfung**. Es ist die Frage zu beantworten, ob es sich lohnt, ein bereits defektes Teil einem weiteren teuren Fertigungs- oder Montageprozess zu unterziehen oder es ratsam ist, Prüfkosten aufzuwenden, um fehlerhafte Teile schon vorher zu erkennen und auszusortieren bzw. nachzuarbeiten.

Die **Prüfmittelplanung (WIE)** legt fest, mit welchem Prüfverfahren die Prüfung eines Merkmals durchzuführen ist.

Auswahlkriterien für die Prüfmittelauswahl sind:

- **Art der Prüfmethode,** man unterscheidet zwischen messenden Prüfungen (**Variablenprüfung**) und nicht messenden Prüfungen (**Attributprüfung**). Es sollten folgende Fragen geklärt werden:
  - Ist ein Prüfverfahren vorhanden?
  - Ist eine Prüfmethode bekannt und vorhanden?
  - Gibt es ein Prüfgerät zur Ermittlung des Prüfmerkmals?
  - Ist ein neues Prüfverfahren zu entwickeln?
  - Ist ein neues Messgerät aufzubauen?
- **Verfügbarkeit des Prüfmittels**
  - Ist das Prüfmittel bereits im Unternehmen vorhanden?
  - Wird es zum Zeitpunkt der Prüfung genügend freie Kapazitäten geben?
  - Muss das Prüfmittel beschafft werden?
  - Welche Lieferzeiten bestehen?
- **Messunsicherheit des Prüfmittels**
  - Ist die Prüfmittelfähigkeit oder Prüfprozessfähigkeit gegeben?
  - Ist das Prüfmerkmal mit diesem Prüfmittel zugänglich?
- **Messzeit**
  - Welche Rüstzeiten, Ausführungszeiten, Grundzeiten und Verteilzeiten sind für die Prüfung zu veranschlagen?
  - Sind diese Zeiten realistisch, wenn die Prüfung innerhalb eines vollautomatischen, getakteten Montageautomaten durchgeführt werden soll?
- **Prüfkosten**
  - Welche Entwicklungskosten entstehen für die Bereitstellung der Prüfeinrichtung?
  - Welche Betriebskosten entstehen für die Messung des Merkmals
  - Welche Kosten entstehen bei der Durchführung der Messung?

Prüfschärfeplanung Die **Prüfschärfeplanung (WIE VIEL)** entscheidet, ob das Merkmal zu 100 % geprüft werden soll oder nur stichprobenartig.

- Wie groß soll die Stichprobe sein?
- Welche Art von Datenverarbeitung sollen die Messdaten erfahren (SPC)? Stichprobenpläne werden nach einem **AQL** (Acceptable Quality Level = Annehmbare Qualitätsgrenzlage) ausgewählt [4–7].

Planung des Prüforts
Prüfort/Prüfpersonal (WO, WER, WOMIT).

- Wo soll die Prüfung stattfinden, in der Produktion/Fertigung?
- Ist dort Platz vorhanden?
- Sind das Fertigungsverfahren und die Umgebungsbedingungen für die Prüfung inner- halb oder außerhalb der Maschine geeignet?
- Soll die Prüfung in einem Messraum durchgeführt werden?
- Ist der Messtechniker oder Werker an der Maschine in der Lage, die Messung durch- zuführen?
- Ist das Personal qualifiziert genug?
- Steht für die Durchführung der Prüfung die erforderliche Zeit zur Verfügung?

Abstimmen mit Fachbereichen

▷   Um die 7-W-Fragen beantworten zu können, bedarf es der Berücksichtigung von Informationen aus verschiedenen Fachbereichen.

Die Abstimmung der Überlegungen zur Prüfplanung mit den beteiligten Fachbereichen unterstützt die Erzeugung und hilft der zielführenden Festlegung eines Prüfplans, der den betroffenen Stellen die gewünschten Daten in der erforderlichen Aufbereitung liefert, sodass basierend auf diesen Daten fundierte Entscheidungen abgeleitet werden können.

Eintragungen in den Prüfplan Gestützt auf die vorausgegangene Abstimmung mit den betroffenen Empfängern der Messresultate werden diese in der vereinbarten Form zur Verfügung gestellt (Abb. 14.9). Dabei kann es sich z. B. um die Weitergabe von Roh- daten, von bereits vorverarbeiteten Daten oder um besondere Darstellungsformen wie z. B. einer farbcodierten Abbildung handeln, auf der die Abweichungen des Werkstücks im Vergleich zu einem CAD-Datensatz ersichtlich sind.

14.3.2 Funktions- und prozessorientierte Prüfplanung

Eine Konstruktionszeichnung kann einen Prüfplan nicht ersetzen. Die Konstruktionszeichnung stellt meistens den gewünschten Endzustand (interner oder externer Kundenwunsch) des Werkstücks dar. Der Prüfplan, Auszug, Messprotokoll, (Abb. 14.9) konzentriert sich auf die Situation eines konkreten Produktionszeitpunktes.

In einem **Messprotokoll** als Teil des Prüfplans müssen die Prüfmerkmale immer eindeutig dem Werkstück zuzuordnen sein. Ferner sind das Maß, die Toleranz und die Messunsicherheit, mit der das Merkmal gemessen wird, einzutragen. Aus diesen Werten ergibt sich dann der zulässige Anzeigebereich des Messgerätes (Abschn. 8.3). Eine grafische Darstellung kann die Beurteilung des Ergebnisses in z. B. „Gut"/„Schlecht" erleichtern.

14.3.3 Prüfplanung und beherrschte Fertigung

Die Prüfplanung ist eine fachlich anspruchsvolle, und nur im interdisziplinären Team lösbare Tätigkeit. Bei der Prüfplanung sollte das know how der **Entwicklung und Konstruktion** (Überlegungen aus funktionaler Sicht), der **Produktion** (Überlegungen aus Sicht des Produktionsprozesses), der **Messtechnik** (Überlegungen zur Messbarkeit und Messunsicherheit) als auch des **Kunden** (Überlegungen zur Transparenz, Abnahme usw.) mit eingehen. Bei allen vier Bereichen oder Abteilungen kann es sich um **interne** oder **externe Ansprechpartner** handeln.

So ist es denkbar, dass der externe Kunde die Entwicklung übernommen hat, die Produktion/Montage im eigenen Hause durchgeführt wird, die Präzisionsmessungen zur Erstbemusterung und Stichprobenprüfung führt ein externer Messdienstleister durch und die Baugruppe wird an den externen Kunden weitergegeben.

Beispielhaft wird auf die Prüfplanung und die wirtschaftlichen Auswirkungen der Umstellung von einer 100 %-Prüfung während der Herstellungs-Prozessoptimierung auf eine Stichprobenprüfung nach der Sicherstellung eines beherrschten Prozesses eingegangen. Es handelt sich um eine Printplatte (Abb. 14.10).

Für die Erstbemusterung/SPC-Überwachung wurden die **Prüfmerkmale** mit den Endkunden abgestimmt. Die Messungen wurden bei einem zertifizierten Messdienstleister mit einem optischen KMG mit einer Längenmessunsicherheit $U = \pm 3\ \mu m$, $k = 2$-Durchgeführt. Der Kunde legt $C_{pk} > 1{,}33$ als Kriterium für die Prozessbeherrschung fest. Zu Beginn der Produktion mussten 100 %-Prüfungen durchgeführt werden, da der Prozess nicht beherrscht war (Abb. 14.11).

Technische Daten

Größe:	D = (93,8 ± 0,1) mm
Anzahl	
Strukturen:	ca. 1250 / Stk.
Struktur-Tol.:	±0,02 mm

Kommerzielle Daten

Losgröße:	1000 Stk. / Woche
Herstellkosten:	ca. 6 € / Stk.
Prüfkosten:	ca. 30 € / Stk.

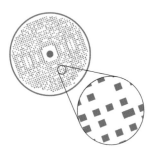

Abb. 14.10 Printplatte, technische und kommerzielle Daten

Nach der sechsten Produktionswoche konnte auf Stichprobenprüfung umgestellt werden. Dadurch ergaben sich eine Kostenreduktion der Herstellkosten, der Ausschuss- und der Nacharbeitskosten sowie Prüfkosten von über 80 % (Abb. 14.12).

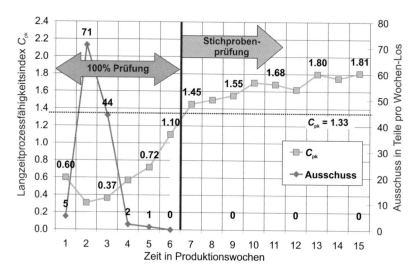

Abb. 14.11 Prozessfähigkeit bei der Printplattenherstellung

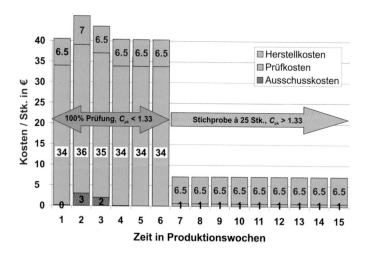

Abb. 14.12 Kostenreduktion bei der Produktion von (Printplatten durch Prozessbeherrschung) Prüfmittelüberwachung, Kalibrierwesen

Literatur

1. VDA Band 5, 2011: Prüfprozesseignung, Eignung von Messsystemen, Mess- und Prüf-prozessen, Erweiterte Messunsicherheit, Konformitätsbewertung. Verband der Automobil-industrie, Frankfurt (2010)
2. VDI/VDE 2600, 2013–10: Prüfprozessmanagement – Identifizierung, Klassifizierung und Eignungsnachweise von Prüfprozessen
3. Dietrich, E., Schulze, A.: Eignungsnachweis von Prüfprozessen, Prüfmittelfähigkeit und Mess-unsicherheit im aktuellen Normenumfeld, 5. Aufl. Hanser, München (2017)
4. VDI/VDE/DGQ 2619, 1985–06: Prüfplanung
5. ISO 3951–1, 2013–09: Verfahren für die Stichprobenprüfung anhand quantitativer Merkmale (Variablenprüfung) – Teil 1: Spezifikation für Einfach-Stichprobenanweisungen für losweise Prüfung, geordnet nach der annehmbaren Qualitätsgrenzlage (AQL) für ein einfaches Qualitäts-merkmal und einfache AQL
6. ISO 3951–2, 2013–09: Sampling procedures for inspection by variables – Part 2: General specification for single sampling plans indexed by acceptance quality limit (AQL) for lot-by-lot inspection of independent quality characteristicscharacteristics
7. ISO 3951–5, 2006–03: System sequenzieller Stichprobenanweisungen, geordnet nach der annehmbaren Qualitätsgrenzlage (AQL) für losweise Prüfung – Unabhängige Qualitätsmerk-male; Sequential sampling plans indexed by acceptance quality limit (AQL) for inspection by variables (known standard deviation)

Digitale Prozessketten

15

> In den letzten Jahren hat die Digitalisierung viele Bereiche grundlegend gewandelt. Auch in der Industrie werden immer mehr Prozesse digital abgewickelt. Die Fertigungsmesstechnik profitiert ebenfalls. Auslöser für die neuen Möglichkeiten sind, dass Messdaten kostengünstig digital erfasst und gespeichert werden können, aber dass auch moderne Verfahren der Datenanalyse vorliegen, mit denen schneller Rückschlüsse auf die gesamten betrieblichen Abläufe vom Entwurf über die Produktion und bis zur Qualitätssicherung gezogen werden können.

15.1 Einführung

Die **Digitalisierung** (oder auch Digitale Transformation) [1] hat viele Bereiche im privaten wie im industriellen Umfeld grundlegend gewandelt. Durch die steigende Vernetzung findet Kommunikation immer öfter digital statt, zwischen Menschen aber auch zwischen Maschinen. Dadurch werden flexiblere und dezentralere Kommunikationsstrukturen geschaffen.

In der Industrie werden immer mehr Prozesse digital abgewickelt. Standardisierte Schnittstellen zwischen Entwurf, Produktion und Qualitätssicherung vermeiden fehleranfällige Datenübermittlungen und ermöglichen so die effiziente und effektive Vernetzung innerhalb eines Unternehmens.

Auch die Fertigungsmesstechnik profitiert von diesem Trend. Fertigungs- und Messdaten werden in aller Regel digital erfasst, gespeichert und weiterverarbeitet. Diese erweiterte Datengrundlage ermöglicht mehr Daten auszuwerten, um Prozesse zu optimieren.

© Springer Fachmedien Wiesbaden GmbH, ein Teil von Springer Nature 2021
M. Marxer et al., *Fertigungsmesstechnik*, https://doi.org/10.1007/978-3-658-34168-8_15

Vorangetrieben wird diese Entwicklung durch immer kleinere, günstigere Sensoren, steigender Rechenleistung, sowie der zunehmend flächendeckenden Verfügbarkeit von weltweiten Netzwerken, welche ortsunabhängige, digitale Prozesse und Datenverwaltung ermöglichen. Die umfassende Digitalisierung in der industriellen Produktion wird auch als Industrie 4.0 bezeichnet.

Konkret werden z. B. Prozesse entlang einer Wertschöpfungskette digitalisiert und dadurch miteinander vernetzt. Dies ermöglicht u. a. eine höhere Produktivität durch automatischen Lastenausgleich, weniger Fehler durch automatisierte Datenübertragung zwischen Maschinen und Messgeräten, kürzere Durchlaufzeiten durch automatisierte Kommunikation und bessere Steuerbarkeit durch die Vernetzung. So finden z. B. schon heute Datenübertragungen von CAD-Systemen zu Werkzeugmaschinen und Koordinatenmessgeräten digital statt, und schalten damit fehleranfällige manuelle Abläufe aus.

Ein anderes Beispiel ist der **Digitale Zwilling** von Produkten, also ein virtuelles Pendant eines physisch existierenden (oder zu entwickelnden) Produktes. Dieses beinhaltet nicht nur, durch Sensoren erfasste Daten, sondern z. B. auch Modellwissen wie CA-Daten oder physikalische Gegebenheiten. Der digitale Zwilling kann bei der Prototypenentwicklung helfen, wobei nicht alle Funktionalität physikalisch umgesetzt werden muss, sondern vorab virtuell geprüft werden kann. Digitale Zwillinge können ein Produkt während des gesamten Lebenszyklus, vom Design bis zur Wiederverwertung (cradle to cradle), abbilden und erlauben dadurch z. B. Monitoring und vorhersagende Instandhaltung. Wird hierbei Cloud-Technologie eingesetzt, können die gewonnenen Informationen ortsunabhängig analysiert werden. Konkret kann z. B. eine Push-Nachricht auf ein Smartphone erfolgen, wenn die in Echtzeit erfassten Daten und das hinterlegte Modell auf eine Unregelmäßigkeit hinweisen.

Den digitalen Zwilling gibt es auch schon in der FMT. Messabläufe können beispielsweise am CAD-Modell durch Optimierung der Tolerierung verbessert, getestet und Kollisionen erkannt werden.

15.2   Datenerhebung und Informationsflüsse

Das Internet of Things (IoT) bzw. das **Industrial IoT (IIoT)**, also IoT für industrielle Anwendungen, gewinnt zunehmend an Bedeutung. Die Verbindung von Sensoren mit einem zentralen Netzwerk ermöglicht eine flexible Positionierung, vereinfachte Konnektivität und zentralisierte, hoch-performante Datenauswertung via **Cloud-Computing.** Im Folgenden wird ein Überblick gegeben, wie Informationen von der Datenerhebung über Netzwerke zentralisiert erfasst und ausgewertet werden können.

Die Datenerhebung durch verschiedenste Sensoren (z. B. optische Sensoren Kap. 12) geschieht lokal an den Werkzeugmaschinen und mit den Messmitteln im Herstellprozess. Dieser Ort wird in der Begriffswelt des IoT als **Edge** bezeichnet, da die Datenerfassung sich am äußeren Rande des Netzwerks befindet. Werden hier schon gewisse Vorverarbeitungsschritte getroffen, spricht man auch von Edge-Computing, im Gegensatz zum Cloud-Computing, d. h. dem Verrechnen der Daten auf einem Serversystem. Beispielsweise kann eine Werkzeugmaschine die Messdaten zur Regelung des Herstellvorgangs nutzen und gleichzeitig die Daten in die Cloud zur Analyse z. B. für vorbeugende Instandhaltung speichern.

Physikalische Gegebenheiten werden von Sensoren erfasst, in eine digitale Repräsentation umgewandelt, ggf. vorverarbeitet und via Netzwerkverbindung weitergegeben. Hierbei kann jegliche Sensorik angewandt werden, welche einen Mehrwert für den Entwicklungs-, Produktions- oder Recyclingprozess bieten kann. Sensoren werden im IoT sehr abstrakt gesehen und bezeichnen alle automatischen aber auch manuelle Systeme, die Daten bereitstellen können. In der FMT sind typische Sensoren Temperatursensoren, bildgebende Sensoren (Kameras) aber auch Koordinatenmessgeräte. Generell können alle Messgeräte, welche physikalische Gegebenheiten erfassen, genutzt werden.

Edge-Geräte werden über traditionelle Schnittstellen wie Ethernet, USB und den in die Jahre gekommenen „Seriellen Schnittstelle" RS-232 oder RS-485 kabelgebunden verbunden. Bei mobilen Geräten werden drahtlose Verbindungen wie schnelles Mobilfunknetz (5G), WLAN, Bluetooth oder NFC Technologie eingesetzt.

Auch heute zeigen kabelgebundene Varianten eine deutlich kürzere Latenzzeit, ermöglichen höhere Geschwindigkeiten und sind meist robuster gegenüber Umgebungseinflüssen als drahtlose Schnittstellen. Aus diesen Gründen wird für Steuerungssysteme, die kurzfristig z. B. in die Produktion oder Messtechnik eingreifen sollen, weiterhin meist auf kabelgebundene Schnittstellen gesetzt.

Für die Überwachung und die Visualisierung von Prozessen, z. B. auf mobilen Endgeräten, oder zur asynchronen Erfassung von Sensordaten für eine nachgelagerte vorbeugende Instandhaltung, werden immer öfter drahtlose Kommunikationsmethoden verwendet. Mobile Geräte arbeiten fast ausschließlich mit drahtlosen Verbindungen.

Die Verbindung von Sensorik zu Netzwerken und deren Interkonnektivität ermöglichst es, Daten zentral zu speichern, z. B. in Cloud Storage. Die **Public Cloud** kann als virtueller Computer im Internet betrachtet werden, dessen Ressourcen wie Speicher und Rechenleistung sich dynamisch allokieren lassen. Im Hintergrund steht eine Vielzahl von Rechen- und Speichereinheiten zur Verfügung, die sich nicht zwangsweise an einer einzelnen physikalischen Lokation befinden. Entscheidende Vorteile dieses Ansatzes sind die Ortsunabhängigkeit und die dynamisch abrufbare Leistung. Public-Cloud Produkte werden von Anbietern wie Amazon oder Microsoft zur Verfügung gestellt, die Infrastruktur gehört also einem Drittanbieter. Die Daten und auch die Auswertealgorithmen sind in der Public Cloud bei einem externen Dienstleister gespeichert, was gezielte rechtliche Absprachen bedingt. Ist eine Datenübertragung an einen Drittanbieter nicht möglich oder nicht erwünscht, kann eine sogenannte **Private Cloud** zum Einsatz kommen. Hierbei wird die Infrastruktur für eine zentralisierte Datenhaltung und -verarbeitung vom eigenen Unternehmen bereitgestellt. Sie wird also nicht mehr als Service bezogen,

sondern wird selbst verwaltet. In beiden Modellen können Dienste und Zugriffe frei-
geschaltet werden, was firmenübergreifende Kooperationen erleichtert.

Der Zusammenzug dieser Vielzahl von Daten an einem zentralen Ort und dynamisch
verfügbare Rechenleistung, ermöglicht den Einsatz von **Big-Data**-Methoden zur
Informations- und Wissensgewinnung. Big-Data-Methoden setzen da an, wo herkömmliche, z. B. nicht-parallelisierbare Methoden, wegen der sehr hohen Datenmenge
praktisch nicht einsatzfähig sind. Wegen der, für einen Menschen unüberblickbaren,
Datenmenge und des ständigen Datenflusses, also neu hinzukommenden Daten, werden
oft **Methoden des maschinellen Lernens** zur Informationsextraktion eingesetzt
(Abschn. 10.4). Die Bestimmung relevanter Daten in der Vielzahl der vorliegenden
Daten wird also nicht von einem Menschen bewerkstelligt, sondern von einer Maschine
erlernt. Dies ermöglicht insbesondere in der FMT, dass beispielsweise qualitätsrelevante
Parameter aus einer deutlich größeren Menge von Merkmalen gewonnen werden können.

Im Folgenden werden zwei typische Anwendungsfälle der industriellen Produktion
und FMT beschrieben, deren Digitalisierung signifikante Vorteile bringen kann.

15.3   Digitalisierung vom Design- zum Fertigungsprozess

Der Design- und Fertigungsprozess von Werkstücken hat sich in der Vergangenheit
mehrfach sprunghaft weiterentwickelt, z. B. durch den Austauschbau. Inwiefern die
Digitalisierung diesen Prozess beeinflussen und unterstützen kann, wird anhand Bild
Abb. 15.1 diskutiert.

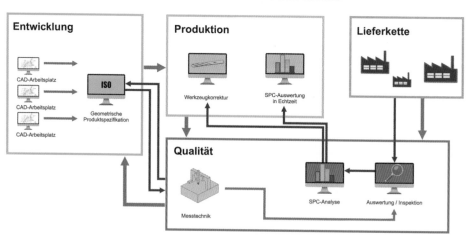

Abb. 15.1 Industrie 4.0

15.3.1 Design

Während des Design-Prozesses wird das Werkstück konzipiert und spezifiziert, beispielsweise werden geometrische Eigenschaften inkl. deren zulässigen Toleranzen festgelegt.

Die Informationen, die während diesem Prozess generiert werden, werden nachfolgend für die Qualitätssicherung eingesetzt, z. B. der Nominalwert eines Kreisdurchmessers inkl. einer zulässigen Toleranz.

15.3.2 Produktion

In der Produktion findet die eigentliche Herstellung des Werkstücks durch computergestützte Produktionssysteme statt. Bei der Produktion werden wenig direkte Informationen über das Werkstück an sich generiert, dazu bedingt es der Messung der hergestellten Werkstücke. Informationen aus der Produktion können Betriebsinformationen der Produktionsmaschinen sein, z. B. könnte die Maschine bei der Erzeugung eines bestimmten Merkmals, überproportional oft Fehler generieren. Diese Information kann in den iterativen Design-Prozess einfließen, um das Design des Produkts dahin gehend zu ändern, dass es zuverlässig fertigbar ist.

Die aus Maschinendaten gewonnen Informationen können innerhalb der Maschine für eine adaptive Steuerung oder für prädiktive Instandhaltung (Abschn. 15.4) genutzt werden.

15.3.3 Lieferkette

Durch Rückmeldungen von Kunden oder Verkäufern, können „realwelt"-Informationen gewonnen werden. Beispielsweise könnte die qualitative Rückmeldung heißen, „die Funktionalität mit der Bohrung ist fehlerhaft". Diese Information muss beurteilt werden und entsprechend in die Qualitätssicherung einfließen. Die Beurteilung, ob eine Rückmeldung relevant für den Prozess ist, oder doch ein Spezial- oder Einzelfall, kann durch Menschen aber auch durch intelligente Systeme geschehen.

Wird beispielsweise festgestellt, dass eine festgelegte Toleranz trotz interner Qualitätssicherung teilweise nicht eingehalten wurde, was zu Problemen in der Funktionalität des Produktes beim Kunden geführt hat, kann dies einen direkten Einfluss auf die Qualitätssicherung haben.

Informationen von Zulieferern beinhalten z. B. Daten zu den eingesetzten Komponenten. Werden diese Daten digital ausgetauscht, kann ein Industrie 4.0-System z. B. bei einer Änderung der Komponentenspezifikation dies eigenständig erkennen und diese Information dem Design-Prozess zukommen lassen, mit diesem Wissen wird z. B. die Spezifikation und Tolerierung anderer Merkmale des Werkstückes angepasst, sodass die Komponente mit geänderter Spezifikation trotzdem eingesetzt werden kann.

15.3.4 Qualitätssicherung

Die Qualitätssicherung kann in zwei Prozesse aufgeteilt werden, dem Erfassen von qualitätsrelevanten Daten und deren Auswertung. Im klassischen Vorgehen werden diese qualitätsrelevanten Daten von der Qualitätssicherung selbst erfasst, z. B. durch Messung mit einem KMG. In einem Industrie 4.0 Umfeld fallen qualitätsrelevante Daten an vielen Orten an, wie in den vorherigen Abschnitten beschrieben.

Hier fließen also Daten und Informationen aus Design, Produktion und Lieferkette zusammen. Die moderne Qualitätssicherung beinhaltet damit Aspekte aus Big Data und Data Science zur automatisierten Auswertung großer Datenmengen. Ähnlich wie statistische Methoden zum Auswerten von überschaubaren, relativ einfach strukturierten (Mess-)daten angewandt werden, können moderne Methoden zur Auswertung von komplexen und großen Datensätzen (z. B. Messdaten, Maschinendaten, Kundenrückmeldungen) für eine umfassendere Qualitätssicherung zum Einsatz kommen. Ergebnisse aus der Qualitätssicherung betreffen meist den Design- oder Herstellungsprozess. Diese tragen maßgeblich zur Erreichung der spezifizieren Qualitätskriterien bei.

15.4   Vorhersagende Instandhaltung

Als Instandhaltung versteht man nach DIN 31051 alle Massnahmen während des Lebenszyklus einer Betrachtungseinheit (z. B. Maschine, Komponente) zur Erhaltung des funktionsfähigen Zustandes oder der Rückführung in diesen.

Anders als bei der reaktiven Instandhaltung, die erst nach einem Fehlerfall durchgeführt wird, und der vorbeugenden Instandhaltung, bei der die Instandhaltung in regelmäßigen Abständen erfolgt, soll bei der prädiktiven bzw. vorhersagenden Instandhaltung der Zeitpunkt optimal gewählt werden. Die prädiktive Instandhaltung (engl. Predictive Maintenance) beschäftigt sich also mit der Bestimmung des Zustandes von Maschinen, um abzuschätzen, wann eine Instandhaltung durchgeführt werden soll. Ziel ist es, einen Zeitpunkt für eine möglichst kosteneffektive Instandhaltung zu finden, bevor die Leistung der Maschine unter einen kritischen Schwellwert fällt.

Die Prädiktive Instandhaltung kann in zwei Phasen unterteilt werden, die Bestimmung des aktuellen Zustandes einer Maschine und der daraus abzuleitenden Schätzung des optimalen Zeitpunktes für eine Instandhaltung. Bei der Bestimmung des Zustandes werden relevante Maschinendaten über geeignete Sensorik erfasst und digital gespeichert. Diese Erfassung geschieht meist nicht einmalig, sondern kontinuierlich, sodass Daten während der gesamten Laufzeit einer Maschine gesammelt werden. Anhand dieser Daten muss eine Vorhersage der Zukunft gemacht werden, im Speziellen über die verbleibende Laufzeit, bevor eine Wartung notwendig wird. Diese zwei Phasen, Datenerfassung und Vorhersage der verbleibenden Laufzeit, werden im Folgenden beschrieben.

15.4.1 Sensorik und Datenfluss

Die Erfassung von relevanten Daten an der Maschine wird von einem Netzwerk an Sensorik bewerkstelligt. Dieses kann aus Sensoren bestehen, die aus anderen Gründen für den Betrieb der Maschine nötig sind, aber auch Sensoren, deren einzige Aufgabe es ist, qualitätsrelevante Daten zu generieren. Im weitesten Sinne können Rückmeldung von Maschinenbedienern auch als Sensordaten gewertet werden.

Um aus all den anfallen Datenquellen qualitätsrelevante Informationen zu gewinnen, müssen die Daten korrekt erfasst, gespeichert und den Auswertesystemen zur Verfügung gestellt werden. Wichtig für die korrekte Erfassung ist u. a. die Kalibrierung von Sensoren, sowie ihre zeitliche Synchronisation, damit alle Daten zum richtigen Zeitpunkt aufgenommen werden.

Die Speicherung der Daten an einem zentralen Ort kann in komplexen Sensorsystemen eine Herausforderung darstellen. Oftmals werden dazu Industriesysteme an „herkömmliche" Netzwerke (z. B. WLAN oder Ethernet) angebunden. Die Speicherung erfolgt bei Möglichkeit in einer Datenbank, auf die Analysesysteme direkt zugreifen können.

15.4.2 Prädiktive Analyse

Nun soll, anhand der vielen Daten, eine Vorhersage über die verbleibende Laufzeit der Maschine bis zur nächsten Instandhaltung gemacht werden. Die anfallenden Daten sind hier in den wenigsten Fällen von einfacher Struktur, sondern enthalten unterschiedliche Modalitäten (z. B. Zahlen, Text, Bilder, Videos). Dieser Umstand stellt das Analysesystem vor die Aufgabe, die Daten zu kombinieren und ggf. in eine einheitliche Repräsentation zu übersetzen bevor eine Vorhersage gemacht werden kann. Solche Systeme werden auch **multimodal** genannt.

Da es sich bei der Vorhersage der Laufzeit um eine Schätzung einer Zeitspanne handelt, kommen bei der Prädiktiven Analyse oft Methoden aus der Zeitreihenanalyse zum Einsatz, z. B. gleitender Mittelwert oder Datenmodelle des maschinellen Lernens wie Long Short-Term-Modelle. Hierbei wird eine Vorhersage eines zu bestimmenden Kennwertes gemacht. Wird z. B. vorausgesagt, dass der Kennwert in einem Monat über einen bestimmten Schwellwert steigt, kann dies als Datum für eine notwendige Instandhaltung gewertet werden, wenn die Überschreitung des Schwellwertes die Funktion der Produktionsmaschine beeinträchtigen kann.

Die Bestimmung des Kennwertes und Schwellwertes kann in einfacheren Fällen von einem Menschen durchgeführt werden, in komplexen Fällen können hierzu Methoden des maschinellen Lernens eingesetzt werden (Abschn. 10.4). Die hierzu nötigen Trainingsdaten können hohe Kosten verursachen, da sie aus Fehlerfällen bestehen, praktisch also erst bei zu später Instandhaltung generiert werden.

Alternativ können Methoden der **Anomalieerkennung** zum Einsatz kommen, die ohne „schlecht"-Fälle trainiert werden können. Das Erfassen der Trainingsdaten wird dabei stark vereinfacht, da nur Daten aus dem normalen Produktionsprozess erhoben werden müssen.

Ansätze der Anomalieerkennung können signifikante Abweichungen von dem normalen Produktionsprozess erkennen, also einen Kennwert genieren ohne jemals mit „schlecht"-Fällen konfrontriert worden zu sein. Aus diesem Kennwert (signifikante Abweichungen pro Zeiteinheit) kann eine Aussage über den nächsten Zeitpunkt für eine Instandhaltung gemacht werden. Diese Schwellwertbestimmung kann wiederum durch einen Menschen oder eine Maschine geschehen.

Ja nach Anwendung werden Vorhersagen mehr oder weniger oft durchführt, z. B. kann es nötig sein, die Schätzung nach jedem gefertigten Werkstück zu wiederholen, um auf kurzfristige Ereignisse zu reagieren.

15.5 Ausblick

Die Digitalisierung ist ein fundamentaler Wandel und birgt ein enormes Potenzial für eine effizientere und ressourcenschonendere industrielle Produktion durch smarte Systeme und Software. Der Stellenwert von Daten, Informationen und dem daraus (teilautomatisiert) gewonnenen Wissen ist durch die immer engere und stärkere Anbindung von digitalen Systemen stark gestiegen.

Durch die Digitalisierung gewinnt auch die Informationssicherheit zunehmend an Bedeutung. Immer umfassender und wichtiger werdende Daten müssen ausfallsicher und zugriffsbeschränkt gespeichert werden können. Auch der Austausch der Daten mit z. B. anderen Firmen muß rechtlich geregelt sein.

Die Datenerhebung im industriellen Prozess vom Entwurf über die Herstellung bis zur Messtechnik ist bereits vorangeschritten. Anwendungsfälle gibt es zurzeit in der Optimierung und der Instandhaltung. Weitere werden in den nächsten Jahren folgen.

Beispielsweise werden in global agierenden Unternehmen mit mehreren weltweit verteilten Produktionsstandorten und mehreren KMG an einem Standort schon heute vergleichbare Werkstücke hergestellt. Man achtet schon beim Aufbau der Werke darauf, z. B. verschiedene KMG mit der gleichen Auswertesoftware zu bestücken. Zur Inbetriebnahme der Produktion werden auch Musterwerkstücke, wie bei Ringvergleichstests von Maßverkörperungen (Abschn. 2.2) weltweit verschickt und die Messergebnisse gegenübergestellt. Nun kann es aber vorkommen, dass trotz all dieser Vorkehrungen die Messergebnisse nicht vergleichbar sind oder während der laufenden Produktion „plötzlich" oder „immer wieder einmal" den Verdacht aufkommen lassen, dass etwas nicht stimmt. Es ist aber unklar, ob dies am Messgerät, an der Umgebung, am Produktionsprozess oder am Werkstück liegt. Es gibt unendlich viele Gründe für diese unterschiedlichen Messergebnisse, was zu schwierigen, personalintensiven und zeitaufwändigen Untersuchungen führt. Gerade hier könnten Big-Data Ansätze helfen. Würden alle nur erdenklichen Daten im Zusammenhang mit diesem Messprozess, wie z. B. Daten der Werkzeugmaschine, Umgebungsdaten wie z. B. Temperatur, Feuchtigkeit etc., Daten des KMG, auch solche die über die reinen Messergebnisse hinausgehen (Kollisionsmeldungen, Service-Einsätze usw.), gespeichert, könnte ein entsprechendes Analyseprogramm automatisch und schnell die konkrete Fehlerursache ermitteln und z. B. feststellen, dass die Umgebungsluft des Messraums plötzlichen, starken Schwankungen unterworfen ist und dies bei jedem Vorkommen zeitverzögert zu Messabweichungen führt.

Während die Bereitstellung der industriellen IoT-Infrastrukturen weitestgehend von klassischen Informatik-Abteilungen oder -Dienstleistern übernommen werden kann, sind alle Anwender insbesondere auch aus der Fertigungsmesstechnik gefordert, neue Kompetenzen im Bereich der Analyse von Daten (Data Engineering und Data Analytics) aufzubauen, um zukünftige Herausforderungen annehmen und Chancen wahrnehmen zu können.

Literatur

1. Peschke, F., Eckardt, C.: Flexible Produktion durch Digitalisierung. ISBN: 978–3–446–45746–1

▶ In Wissenschaft, Industrie und Lehre hat man erkannt, dass der richtige Gebrauch von Begriffen Missverständnisse bei Gesprächen unter Fachleuten vermeiden hilft. Dieser Ansicht sind auch wir. Deshalb werden die wichtigsten Grundbegriffe der Messtechnik nachfolgend in alphabetischer Reihenfolge zusammengestellt und die Bedeutung erläutert. Die Definitionen sind weitgehend bereits an existierenden Definitionen [1] angelehnt, wurden teilweise aber vereinfacht. Weitere Begriffe der Messtechnik sind im Internationalen Wörterbuch der Metrologie festgelegt [2].

Abweichung/Messabweichung: Messwert minus einem Referenzwert. Achtung: Nicht jede Abweichung ist ein Fehler. Abweichungen werden erst zum Fehler, wenn sie größer sind als die zulässige Toleranz. Man unterscheidet systematische Abweichungen und zufällige Abweichungen.

- **Abweichung, systematische:** ist eine, bei wiederholten Messungen, regelmäßig auftretende Abweichung. Sofern sie in Vergleichen mit anderen Verfahren erfassbar ist, muss sie rechnerisch korrigiert werden. Es gibt bekannte systematische und unbekannte systematische Abweichungen.
  - **Abweichung, systematische bekannte:** ist hinsichtlich Größe und Vorzeichen konstant und bestimmbar. Sie sollte korrigiert werden. Der Korrekturwert heißt Korrektion K. Beispiele für bekannte systematische Abweichungen sind Teilungsabweichungen eines Maßstabs oder Abweichungen einer Messuhr.
  - **Abweichung, systematische unbekannte**: ist eine Abweichung, von der weder ihre absolute Größe, noch ihr Vorzeichen bekannt sind. Unbekannte systematische Abweichungen haben immer denselben Betrag, denn sie sind systematisch.

Abweichungen dieser Art können normalerweise nicht verkleinert werden. Ein Beispiel für eine unbekannte, systematische Abweichung:

Die Gewindespindel einer Messschraube hat eine spezifizierte Linearität von 0,2 µm. Der tatsächliche Betrag sowie die Richtung der Abweichung sind jedoch nicht bekannt und werden gewöhnlich auch nicht ermittelt.

- Nach der Korrektion der bekannten systematischen Abweichung werden die nicht bekannten systematischen Abweichungen als Anteile der zufälligen Messabweichungen betrachtet.
- **Abweichung, zufällige:** ist eine unregelmäßige, in ihrer Größe und in ihrem Vorzeichen nicht vorhersehbare Schwankung der Messwerte bei wiederholten Messungen. Sie wird verursacht durch nicht erkennbare (oder nicht erkannte) und nicht beeinflussbare sowie nicht vermeidbare Änderungen des Messprozesses.

Anzeigewert: eines Messgerätes ist der Wert, den das Messgerät in digitaler oder analoger Form anzeigt bzw. einer Schnittstelle zur Verfügung stellt. Er enthält Messabweichungen (Abb. 16.1).

Akkomodation: ist eine dynamische Anpassung der Brechkraft des Auges. Sie führt dazu, dass die Oberfläche eines Werkstücks, die sich in einer beliebigen Entfernung zwischen dem individuell unterschiedlichen optischen Nah- und Fernpunkt befindet, scharf auf der Netzhautebene abgebildet wird und somit eine wesentliche Voraussetzung für deutliches Sehen erfüllt wird. In der Technik z. B. bei Kameras spricht man für diesen Vorgang auch von Fokussieren.

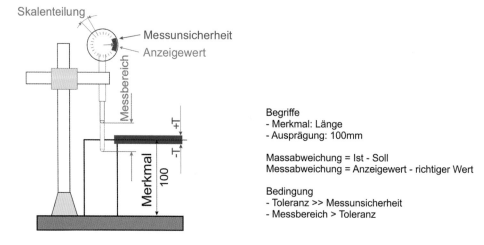

Abb. 16.1 Begriffe bei der praxisgerechten Messung

Auflösung: kleinste Änderung einer Messgröße, die in der Anzeige eine Änderung verursacht.

Austauschbau: Beliebig viele, an verschiedenen Orten und zu verschiedenen Zeiten hergestellte Werkstücke vom Typ „A" müssen mit ebenso hergestellen Werkstücken vom Typ „B" gepaart werden können ohne Nacharbeit oder Klassierung, siehe auch Auswahlpaarung.

Auswahlpaarung: Zu paarende Werkstücke werden in großen Mengen hergestellt. Nicht jedes Werkstück Typ „A" lässt sich mit jedem Werkstück Typ „B" paaren. Das Paaren wird ermöglicht durch Nacharbeit oder Klassenbildung, siehe auch Austauschbau.

Beherrschte Fertigung: Die beherrschte Fertigung hat das Ziel, den Produktionsprozess derart zu beherrschen, dass er nur noch Gutteile ausstößt. In diesem Fall kann sich die Qualitätssicherung darauf beschränken, nur noch stichprobenartig zu prüfen und zu überwachen, ob sich der Fertigungsprozess verändert. Ist die Fertigung nicht beherrscht, müssen 100 %-Prüfungen durchgeführt werden.

Bewegungsplattform: Eine Bewegungsplattform besteht aus mehreren Achsen, einem Messsystem und einer Steuerung. In der Messtechnik dient es der Aufnahme von Messkopfsystemen und zu deren Positionierung relativ zum Werkstück.

Demingkreis: Nach William Edwards Deming (1900–1993). Beschreibt jeden Prozess als vierstufigen Regelkreis mit den Schritten „Plan", „Do"; „Check" und „Act", auch PDCA-Zyklus genannt. Unter „Check" ist das Messen und Prüfen zu verstehen.

Digitalisierung: auch Digitale Transformation, beschäftigt sich mit der Optimierung von unternehmerischen Geschäftsprozessen auf allen Ebenen unter Nutzung von digitalen Technologien basierend auf kostengünstiger Infrastruktur wie Sensorik, Vernetzung (Internet) und dezentralen Rechnern (Cloud-Computing). Ein wichtiger Aspekt ist die Gewinnung von Daten in jedem Prozessschritt und ihre Verdichtung zu Wissen, das zur Produktivitätssteigerung und Qualitätsverbesserung genutzt werden kann.

EFQM: hat ein Qualitätsmanagement System entwickelt, welches die Qualität des Produktes, die Zufriedenheit von Kunden, Lieferanten und Mitarbeitern ins Zentrum der Überlegungen stellt und Aspekte des Umweltschutzes und der Sicherheit berücksichtigt.

Eichen: Prüfen eines Normals oder eines Messgeräts nach Eichvorschrift durch ein Eichamt (z. B. Waagen, Zapfsäule), siehe auch „Kalibrieren". Das Eichen gehört zum gesetzlichen Messwesen und ist eine hoheitliche Aufgabe, im Gegensatz zum industriellen Messwesen.

Einmessen: Bestimmung von systematischen Messabweichungen, z. B. von KMG oder Sensoren, zur späteren automatischen Korrektur.

Ergonomie: Ergonomie ist die Wissenschaft von der Gesetzmäßigkeit menschlicher Arbeit. Die Ergonomie befasst sich u. A. mit Möglichkeiten Arbeitsplätze so zu gestalten, dass sie „menschengerecht" sind und dadurch besonders gute Arbeitsergebnisse erbracht werden können.

Erweiterungsfaktor (k): ist ein Faktor, mit dem die kombinierte Standardmessunsicherheit multipliziert wird. Das Ergebnis dieser Multiplikation ist die erweiterte Messunsicherheit. Der Faktor k wird gewählt in Abhängigkeit der Überdeckungswahrscheinlichkeit, die angegeben werden soll (z. B. $k = 2$ für Vertrauensniveau von ca. 95 %) und ist branchen- bzw. aufgabenabhängig.

Fehler: Unter einem Fehler wird eine Maßabweichung verstanden, deren Größenwert die Spezifikationsgrenzen verletzt.

Fertigungsmesstechnik: Alle im Zusammenhang mit dem Messen und Prüfen verbundene Tätigkeiten industriell hergestellter Produkte.

Gieren: Drehbewegung um den Schwerpunkt des Körpers (z. B. beweglicher Teil einer Linearachse) um eine vertikale Achse.

ISO 9000: Normenreihe für das Qualitätsmanagement.

Justierung: Verstellung einer Messeinrichtung, um eine bekannte systematische Abweichung zu korrigieren (z. B. Nullpunkt, Empfindlichkeit).

Kalibrieren: Überprüfung des von einem Messgerät/Messmittel angezeigten/ausgegebenen Wertes mit einem Normal. Es ist die Angabe einer Unsicherheit erforderlich. Es wird die Rückführung der Messung auf staatliche Normale gewährleistet (z. B. METAS, PTB).

Kalibrierkette: Dokumentierte Folge von Kalibrierungen, über die ein Messgerät/Messmittel an das Primärnormal angeschlossen wird.

Kalibrierschein: Dokument mit den Ergebnissen einer Kalibrierung.

Kamera: Ein System bestehend aus (optional) abbildender Optik (Objektiv), und immer einem Sensor zur Datengewinnung, analoger und digitaler Elektronik zur Bilderstellung und Schnittstellen zur Weitergabe der Bilder an übergeordnete Auswertesysteme. Intelligente Kameras beinhalten auch Teile des Auswertesystems.

Klassierung: Zuordnung von Messwerten/Messobjekten aufgrund von festgelegten Grenzen zu Klassen (z. B. Häufigkeitsverteilung, Histogramm).

Kollimierte Strahlungsquelle: Lichtquelle mit Optik, die paralleles Licht erzeugt.

LASER: Abkürzung von **L**ight **A**mplification by **S**timulated **E**mission of **R**adiation, d. h. Lichtverstärkung durch stimulierte Emission von Strahlung.

Lehren: Vergleich zwischen einer geometrischen Größe (Länge, Winkel, Form, Lage) mit einer festen Lehre als Normal.

Lookup-Tabelle: bzw. Umsetzungstabellen werden in der Informatik verwendet, um Informationen statisch zu definieren und diese zur Laufzeit des Programms – zur Vermeidung aufwändiger Berechnungen oder hohen Speicherverbrauchs – zu benutzen. In der Bildverarbeitung kann so z. B. jedem Grauwert welches ein Kamerabild liefert, ein anderer Grauwert zugeordnet werden. Dies kann die Bildauswertung enorm beschleunigen.

Maschinelles Lernen Zusammenfassender Begriff für alle daten-getriebenen Methoden, die automatisch Wissen aus Erfahrung generieren. Darunter fallen sowohl statistische Verfahren als auch Verfahren auf Basis von Neuronalen Netzen. Unterschieden wird insbesondere überwachtes und unüberwachtes Lernen. Beim überwachten Lernen liegt zu jedem Beispiel das korrekte Resultat vor. Beim unüberwachten Lernen teilen die Algorithmen die Beispiele selbstständig in ähnliche Gruppen auf.

Maßabweichung: Istmaß – Sollmaß (Abb. 16.1).

Maßverkörperung: Verkörperung einer Maßeinheit oder Teile davon, auch Normal genannt, Bezugsgröße einer Messung (z. B. Glasmaßstab oder Lichtwellenlänge).

Maßverkörperung, selbstständige: ist eine Maßverkörperung, z. B. ein Parallelendmaß, welches nicht in einer Maschine/Messgerät fest eingebaut ist, sondern eigenständig, z. B. zum Kalibrieren einer Messvorrichtung verwendet wird. Selbstständige Maßverkörperungen sollen nach Möglichkeit gleiche oder ähnliche Form wie das Werkstück haben (Abb. 3.4).

Maßverkörperung, Un- oder nicht selbstständige: ist eine Maßverkörperung, z. B. ein digitales Messsystem, welches fester Bestandteil einer Maschine/eines Messgerätes ist.

Messabweichung: Messergebnis minus wahrer Wert der Messgröße (Abb. 16.1).

Messbereich: Wertebereich, für den die Messabweichungen eines Messgeräts innerhalb vorgegebener Grenzen liegen sollen (Abb. 16.1).

Messen: Vergleich eines quantitativen Merkmals mit einer Bezugsgröße gleicher Art.

Messen im Bild: Messen eines Maßes durch Auswertung eines mit dem Bildverarbeitungssensor aufgenommenen Bildes.

Messen am Bild: Beim Messen am Bild wird zusätzlich zur Auswertung des Bildinhalts an mindestens zwei Positionen des Sensors die Sensorposition herangezogen.

Messgröße: Gegenstand der Messung.

Messergebnis: Aus Messungen ermittelter Schätzwert für den wahren Wert einer Messgröße.

Messgerät: Messgerät, das allein oder in Verbindung mit Normal/Hilfsmittel eingesetzt werden kann.

Messmethode: Vorgehensweise bei der Messung, z. B. Ausschlagmessmethode, Nullabgleichmethode, Unterschiedsmessmethode, analoge/digitale Messmethode

- **Messmethode, direkt**: Merkmal wird vom Messgerät mit einem Bezugsnormal der gleichen physikalischen Größe verglichen (Vergleich der Länge eines Werkstücks unter Verwendung von Messständer und Messuhr mit einem Parallelendmaß).

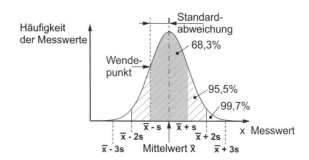

Abb. 16.2 Mittelwert und Standardabweichung am Beispiel einer Normalverteilung [3]

- **Messmethode, indirekt**: Merkmal wird mit dem Messgerät über eine Hilfsgröße bestimmt, die mit der Messgröße in einem mathematisch beschreibbaren Zusammenhang steht (pneumatischer Düsendorn liefert als Hilfsgröße eines Bohrungsdurchmessers ein pneumatisches Signal, das als Luftdurchsatz oder Luftdruck gemessen wird).

Messmittel: Messgerät, Normal, Hilfsmittel.

Messprinzip: Physikalische Grundlage für die Messung (z. B. zu messender Durchmesser einer Bohrung beeinflusst über den Spalt zwischen Austrittsdüsen eines Düsendorns und Bohrungswand den Luftdurchsatz durch einen pneumatischen Strömungskanal).

Messung: Gesamtheit der Tätigkeiten zur experimentellen Bestimmung eines Variablenmerkmals.

Messunsicherheit: Unsicherheit des Messergebnisses aufgrund vieler Einflüsse (Abb. 16.1).

Messunsicherheit, erweitert (U): ist die mit dem Erweiterungsfaktor multiplizierte kombinierte Standardmessunsicherheit.

Messverfahren: Gesamtheit der Prozesse bei der Anwendung eines Messprinzips und einer Messmethode.

- **Messverfahren, analog:** Messverfahren, bei dem die Messgröße kontinuierlich aufgenommen wird und innerhalb eines Wertebereichs beliebige Werte annehmen kann.
- **Messverfahren, digital:** Messverfahren, bei dem die Messgröße nur zu bestimmten Zeiten in definierten Schritten (Digitalschritten) erfasst wird, inkrementales Messverfahren
- **Messverfahren, inkremental:** Messverfahren, das auf einem Zählvorgang beruht.

Messverfahren, Absolutes-: Messverfahren, die nicht inkrementelle, sondern absolute Messdaten zur Verfügung stellen.

Mittelwert, arithmetischer: ist der Wert, welcher sich dem Erwartungswert (dies ist der theoretisch exakte Wert für den Mittelwert für eine Stichprobe aus unendlich vielen Werten) einer Stichprobe bei unendlich vielen Wiederholungsmessungen annähert.
In Gl. 16.1 wird ein Einzelwert mit x_i und der aus mehreren Werten berechnete Mittelwert als $\bar{x}$ bezeichnet (Abb. 16.2).

$$\bar{x} = \frac{1}{n} \sum_{i=1}^{n} x_i \qquad (16.1)$$

Multi-Sensor-Koordinatenmesstechnik: Von Multi-Sensor-Koordinatenmesstechnik spricht man, wenn auf einem KMG mehr als ein Sensorprinzip zur Verfügung steht/eingesetzt wird. Das können z. B. ein taktiles Messkopfsystem und ein optisches Messkopfsystem sein. Die Messkopfsysteme können fest mit der Pinole des KMG verbunden sein oder mit Hilfe von Tasterwechseleinrichtungen automatisch während eines Messablaufes ausgetauscht werden.

Nicken: Drehbewegung um den Schwerpunkt eines Körpers (z. B. beweglicher Teil einer Linearachse) um horizontale, senkrecht zur Bewegungsrichtung angeordnete Achse.

Normal: Bezugsgröße für die Messung

- **Normal, Bezugs-:** Normal zur Kalibrierung anderer Normale
- **Normal, Gebrauchs-:** das routinemäßig benutzt wird, um Messgeräte oder Messsysteme zu kalibrieren oder zu verifizieren.
- **Normal, Primär-:** Normal, das auf einem Primärmessverfahren beruht oder auf Grundlage einer Vereinbarung als Artefakt geschaffen ist
- **Normal, Sekundär-:** Normal, das durch Kalibrierung gegen ein Primärnormal für eine Größe der gleichen Art geschaffen ist.

Normalverteilung: Die Normal- oder Gauß-Verteilung (nach Carl Friedrich Gauß) ist ein wichtiger Typ stetiger Wahrscheinlichkeitsverteilungen. Die Abweichungen der (Mess)Werte vieler natur-, wirtschafts- und ingenieurswissenschaftlicher Vorgänge vom Mittelwert lassen sich durch die Normalverteilung entweder exakt oder wenigstens in sehr guter Näherung beschreiben.

Numerische Apertur: beschreibt das Vermögen eines optischen Elements, Licht zu fokussieren.

OCR (Optical Character Recognition): Optische Zeichenerkennung.

Pixel: Kleinster adressierbarer Bildbereich/Bildpunkt/physikalischer Punkt in einem digitalen Bild (z. B. von einem 2-D Sensor).

- **Subpixel:** Messwert, der durch Interpolation zwischen Pixeln ermittelt wird, um die Ortsauflösung von Bildsensoren für die Messtechnik zu erhöhen.

Prüfen: Feststellen, ob der Prüfgegenstand festgelegte Forderungen erfüllt.

Prüfmittel: Prüfgerät, das allein oder in Verbindung mit Normal/Hilfsmittel eingesetzt werden kann.

QR-Code: Quick-Response-Code.

QS 9000: Qualitätsstandard, der von der amerikanischen Automobilindustrie entwickelt wurde.

Richtiger Wert: Wert, der für einen vorgegebenen Verwendungszweck in der Praxis akzeptierbar nahe am wahren Wert liegt.

Rollen: Drehbewegung um den Schwerpunkt eines Körpers (z. B. beweglicher Teil einer Linearachse) um die Achse der Bewegungsrichtung.
Rückverfolgbarkeit, Rückführbarkeit: Dokumentierte Folge von Kalibrierungen (Kalibrierkette), über die ein Messgerät/Normal an das Primärnormal angeschlossen wird.

Selbstprüfung: Moderne Form der Qualitätssicherung in der Produktion. Von Selbstprüfung wird gesprochen, wenn der Werker/Operator an der Produktionsmaschine das Werkstück nicht nur herstellt, sondern seine Qualität auch selbst prüft.

Sensor: Ein Sensor ist ein Signalaufnehmer für bestimmte physikalische Größen. In der Messtechnik werden insbesondere folgende Gruppen unterschieden:

- **1-D-Sensor:** das Messergebnis wird für eine Raumrichtung geliefert (z. B. ein Abstandssensor)
- **2-D-Sensor:** das Messergebnis wird für zwei Raumrichtungen geliefert (z. B. ein Linientriangulationssensor)
- **3-D-Sensor:** das Messergebnis wird für drei Raumrichtungen geliefert (z. B. ein Taster)

Es gibt unabhängig davon Punkt- (z. B. Taster, Laserabstandssensor), Linien- (z. B. Linienlaser, CCD-Zeilen), Flächen- (z. B. CCD-Matrix) und Volumensensoren (Computertomographie).

Für Kamerasensoren (siehe auch Kamera) in der Bildverarbeitung gilt diese Einteilung auch. 1-D-Linien-Sensoren werden dort Zeilensensoren genannt, da sie nur eine einzige Linie aufnehmen können. Diese werden meist bei Inspektion von Endlosmaterial verwendet. 2-D-Sensoren werden als Flächensensoren bezeichnet, weil sie eine 2-D-Projektion einer Szene aufnehmen.

Sichtprüfung: Sichtprüfungen sind Tätigkeiten, bei denen der Mensch mithilfe seiner sensorischen Fähigkeiten (sehen, hören, fühlen, riechen, schmecken) ein Prüfmerkmal subjektiv beurteilt.

Sondermaschinenbau: Entwicklung, Konstruktion und Herstellung einer Maschine/ einer Messvorrichtung in sehr kleiner Stückzahl.

Standardabweichung: ist ein statistischer Wert, der als Maß für die Streuung von Messwerten einer Messreihe verwendet werden kann. Sie berechnet sich aus dem Umfang n der Stichprobe und aus allen Einzelwerten (Gl. 16.2).

$$s = \sqrt{\frac{1}{n-1} \sum_{i=1}^{n} (x_i - \overline{x})^2} \tag{16.2}$$

Wird eine Messung wiederholt, so streuen die Messwerte. Werden die Messwerte in Abhängigkeit ihrer Häufigkeit aufgetragen, so ergibt sich die Darstellung einer Häufigkeitsverteilung, wie sie in Abb. 16.2 am Beispiel einer Normalverteilung, auch Gaußverteilung genannt, dargestellt ist. Die Form der Häufigkeitsverteilung ist je nach untersuchtem Prozess unterschiedlich. Die Form der Verteilungsfunktion kann wie am Beispiel in Abb. 16.2 glockenförmig sein. Daneben gibt es eine Vielzahl weiterer Verteilungsformen wie z. B. Dreiecks- und Rechteckverteilungen.

Stichprobe: wird die Menge von Werten bezeichnet, die aus der möglichen Menge von Werten zufällig gezogen wurden. Theoretisch sind an einem Merkmal unendlich viele Messungen möglich, praktisch wird ein Merkmal nur n-Mal gemessen, um daraus einen Mittelwert zu bilden. Die n Messwerte stellen die Stichprobe dar.

Stichprobenprüfung: Es werden aus der laufenden Produktion nicht alle Werkstücke geprüft (100 % Prüfung), sondern nur eine sehr kleine Stichprobe. Die Stichprobenprüfung darf nur beim Nachweis, dass der Herstellprozess beherrscht ist, verwendet werden.
Taylorismus: Frederick Winslow Taylor, 1856–1915. Taylor proklamierte eine strikte Arbeitsteilung für Maschinen und Menschen. Dies stand im Gegensatz zur damals üblichen handwerklichen Fertigung, bei der eine oder wenige Personen verschiedenste Arbeitsschritte ausführen, um ein Produkt herzustellen. Der Taylorismus ist nicht zu verwechseln mit dem taylorschen Tolerierungsgrundsatz.

Textur: der Begriff Textur wird in unterschiedlichsten Zusammenhängen wie z. B. in der Musik, bei der Charakterisierung von Wein und in der Technik verwendet. In der Textilindustrie werden damit verschiedene Muster von Stoffen klassifiziert. Die Computergrafik/Bildverarbeitung spricht von Texturen, um verschiedene Bereiche eines Bildes zu unterscheiden, die unterschiedliche Muster aufweisen. Muster sind alle regelmäßigen Strukturen wie z. B. Gitterstrukturen, Kreisstrukturen, Farbstrukturen usw.

Toleranz: Mit Toleranz wird der Bereich um einen Sollwert beschrieben, der zulässig ist, um die Spezifikation noch zu erfüllen bzw. die Funktion sicherzustellen. Er sagt nichts über die Messunsicherheit aus (Abb. 16.1).

Überdeckungswahrscheinlichkeit: In der Statistik gibt die Überdeckungswahrscheinlichkeit eines Vertrauensbereichs die Wahrscheinlichkeit an, dass der Vertrauensbereich den wahren Wert enthält.

Umkehrspanne: Allgemein formuliert handelt es sich um ein Systemverhalten, bei dem die Ausgangsgröße nicht allein von der unabhängig veränderlichen Eingangsgröße, sondern auch von dem vorherigen Zustand der Ausgangsgröße abhängt. Das System kann also, abhängig von der Vorgeschichte, bei gleicher Eingangsgröße einen von mehreren möglichen Zuständen einnehmen. Hysterese beispielsweise tritt bei vielen natürlichen und technischen Vorgängen und Regelungsprozessen auf. Die Umkehrspanne tritt z. B. in der Messtechnik beim Anfahren von Positionen oder Krafteinwirkung auf das Messgerät auf und führt so zu Messunsicherheitskomponenten.

Varianz: Maß für die Breite einer Verteilung ist die Standardabweichung im Quadrat. In vielen Fällen sind die Werte wiederholter Beobachtungen nach der wohlbekannten glockenförmigen Gaußschen Kurve in einer **Normalverteilung** symmetrisch zum arithmetischen Mittelwert angeordnet. Das bedeutet, dass es weitaus wahrscheinlicher ist, dass Messwerte erfasst werden, welche näher beim Mittelwert als am äußeren Rand liegen. Für wiederholte Beobachtungen erfolgt die Berechnung des Messwertes und der ihm beizuordnenden Messunsicherheit nach einfachen Gleichungen der Statistik: Der Messwert ist der arithmetische Mittelwert der beobachteten Werte, der Kennwert der Unsicherheit ist ihre Standardabweichung/Varianz.

Vergleichsbedingungen: Messbedingungen, für die bei Wiederholung der Messungen mindestens eine der folgenden Bedingungen erfüllt ist: Messungen wurden durchgeführt von verschiedenen Mitarbeitern, mit unterschiedlichen Geräten, zu unterschiedlichen Zeitpunkten an unterschiedlichen Orten. Siehe auch Wiederholbedingungen.

Vertrauensbereich: Der Wertebereich um den Messwert, in dem der wahre Wert mit einer gewissen Wahrscheinlichkeit liegt.

Voxel: Kleinster adressierbarer Volumenbereich/Volumenpunkt/physikalischer Punkt in einem digitalen Volumen (z. B. in der Computertomographie).

- **Subvoxel**: Wert, der durch Interpolation von Voxeln ermittelt wird, um die Voxel-Auflösung zu erhöhen.

Wahrer Wert: Tatsächlicher Wert einer Größe. Kann aufgrund von Messunsicherheit niemals exakt bestimmt werden.

Werkstück: Unter Werkstück wird im Allgemeinen ein Teil oder eine Baugruppe verstanden, welches bearbeitet wird. In diesem Buch wird einheitlich das Wort Werkstück für alle Teile, Objekte, Messobjekte usw. verwendet, die Gegenstand des Messprozesses sind.

- **Werkstück, prismatisch**: das Wort prismatisch kommt ursprünglich von Prisma und beschreibt Werkstücke mit parallelen Seitenkanten (Vielecke). Prismatische Werkstücke sind also alle Werkstücke, die weder rotationssymetrisch sind noch Freiformflächen enthalten.
- **Werkstück, rotationssymmetrisch**: rotationssymmetrische Werkstücke sind Werkstücke, die eine oder mehrere Rotationsachsen enthalten. Dreht man um diese Rotationsachse, bildet sich jeder Punkt auf sich selbst ab.

Wertschöpfung: Aus Unternehmenssicht ist die Wertschöpfung der Produktionswert abzüglich aller Vorleistungen. In einem Produktionsprozess ist die Wertschöpfung der Mehrwert des Werkstücks nach Durchlaufen eines einzelnen Produktionsschrittes. Zum Beispiel ist die Wertschöpfung beim Schleifen sehr hoch, da es sich um einen langsamen und teuren Produktionsschritt handelt.

Wiederholbarkeit/Wiederholpräzision: ist ein Maß der Streuung von Messwerten, aufgenommen unter Wiederholbedingungen.

Wiederholbedingungen: Messbedingungen, für die bei Wiederholung der Messungen alle folgende Bedingungen erfüllt sind: Messungen wurden durchgeführt in kurzen Zeitabständen, vom selben Beobachter, mit derselben Geräteausrüstung und am selben Prüfort.

Zählen: Ermittlung einer Zählgröße (für Werkstücke, Messwerte, Ereignisse) mit einer bestimmten Eigenschaft.

Literatur

1. DIN EN ISO 14253–2, 2013–12: Geometrische Produktspezifikationen (GPS) – Prüfung von Werkstücken und Messgeräten durch Messen – Teil 2: Anleitung zur Schätzung der Unsicherheit bei GPS-Messungen, bei der Kalibrierung von Messgeräten und bei der Produktprüfung

2. Internationales Wörterbuch der Metrologie – Grundlegende und allgemeine Begriffe und zugeordnete Benennungen: 2012–08
3. Papula, L.: Mathematik für Ingenieure und Naturwissenschaftler, Bd 3, Vektoranalysis, Wahrscheinlichkeitsrechnung, Mathematische Statistik, Fehler und Ausgleichsrechnung, 7. Aufl. Vieweg + Teubner, Wiesbaden (2016)

Links zu wichtigen Metrologischen Institutionen

Ländercode	Kurzzeichen	Name	Internet
Metrologieorganisationen			
	BIPM	Bureau International des Poids et Mesures	www.bipm.org
	EURAMET	European Association of National Metrology Institutes	www.euramet.org
	WELMEC	European Cooperation in Legal Metrology	www.welmec.org
Normenorganisationen			
	CEN	Europäisches Komitee für Normung	www.cen.eu
	ISO	International Organization for Standardization	www.iso.org
	SNV	Schweizerische Normen-Vereinigung	www.snv.ch
	DIN	Deutsches Institut für Normung e. V.	www.din.de
	ANSI	American National Standards Institute	www.ansi.org
Akkreditierungsorganisationen			
	EA	European co-operation for Accreditation	www.european-accreditation.org
	IFA	International Accreditation Forum	www.iaf.nu
	ILAC	International Laboratory Accreditation Cooperation	www.ilac.org
Nationale Metrologieinstitute			
AT	BEV	Bundesamt für Eich- und Vermessungswesen	www.bev.gv.at

© Springer Fachmedien Wiesbaden GmbH, ein Teil von Springer Nature 2021
M. Marxer et al., *Fertigungsmesstechnik*, https://doi.org/10.1007/978-3-658-34168-8

Ländercode	Kurzzeichen	Name	Internet
BE	SMD	FPS Economy, DG Quality and Safety, Metrology Division	economie.fgov.be/en/
BG	BIM	Bulgarian Institute of Metrology	www.bim.government.bg
CH	METAS	Eidgenössisches Institut für Metrologie	www.metas.ch
CZ	CMI	Czech Metrology Institute	www.cmi.cz
DE	PTB	Physikalisch-Technische Bundesanstalt	www.ptb.de
DK	DANIAmet-DFM	Danish Fundamental Metrology	www.dfm.dtu.dk
EE	Metrosert	AS Metrosert	www.metrosert.ee
ES	CEM	Centro Español de Metrología	www.cem.es
FI	MIKES	Centre for Metrology and Accreditation	www.mikes.fi
FR	LNE	Laboratoire national de métrologie et d'essais	www.lne.fr
GB	NPL	National Physical Laboratory	www.npl.co.uk
GR	EIM	Hellenic Institute of Metrology	www.eim.gr
HU	MKEH	Hungarian Trade Licensing Office	www.mkeh.gov.hu
IE	NSAI NML	NSAI National Metrology Laboratory	www.nsai.ie
IS	NEST	Neytendastofa	www.neytendastofa.is
IT	INRIM	Istituto Nazionale Di Ricerca Metrologica	www.inrim.it
LU	CRP Henri Tudor	Centre de Recherche Public Henri Tudor	www.tudor.lu/en
LV	LATMB	SAMC Metrology Bureau	www.latmb.lv
MT	MCCAA	Malta Competition And Consumer Affairs Authority – Standards and Metrology Institute	http://www.mccaa.org.mt/en/smi
NL	VSL	The National Metrology Institute of the Netherlands	www.vsl.nl
NO	JV	Norwegian Metrology Service	www.justervesenet.no
PL	GUM	Glówny Urzad Miar	www.gum.gov.pl
PT	IPQ	Instituto Português da Qualidade	www.ipq.pt
RO	INM	National Institute of Metrology	www.inm.ro

Ländercode	Kurzzeichen	Name	Internet
SE	SP	SP Technical Research Institute of Sweden	www.sp.se
SI	MIRS	Metrology Institute of the Republic of Slovenia	www.mirs.si
SK	SMU	Slovak Institute of Metrology	www.smu.gov.sk
TR	UME	Ulusal Metroloji Enstitüsü	www.ume.tubitak.gov.tr
US	NIST	National Institute of Standards and Technology	www.nist.gov

Literatur

1. VSM: Normen-Auszug für die technische Ausbildung und Praxis, 15. Aufl. Schweizerische Normen-Vereinigung, Winterthur (2014)
2. DIN-Taschenbuch 11/1 – Längenprüftechnik 1 – Grundnormen. Beuth, Berlin (2016)
3. DIN-Taschenbuch 11/2 – Längenprüftechnik 2 – Lehren. Beuth, Berlin (2016)
4. DIN-Taschenbuch 11/3 – Längenprüftechnik 3 – Messgeräte, Messverfahren. Beuth, Berlin (2008)
5. Keferstein, C.P., Marxer, M.: Qualität sichern – Lernmethoden in der Koordinatenmesstechnik – Blended Learning. M&Q Manage. Qualität **3**, 38–40 (2007)
6. DIN 2269: 1998, Prüfen geometrischer Größen, Prüfstifte (1998)
7. ISO 230-2, 2014-05, Prüfregeln für Werkzeugmaschinen – Teil 2: Bestimmung der Positioniergenauigkeit und der Wiederholpräzision der Positionierung von numerisch gesteuerten Achsen (2014)
8. VDI/DGQ 3441: 1977-03, Statistische Prüfung der Arbeits- und Positionsgenauigkeit von Werkzeugmaschinen – Grundlagen (1977)
9. VDI/VDE 2648-1, 2009-10, Sensoren und Messsysteme für die Drehwinkelmessung – Anweisungen für die rückführbare Kalibrierung – Direkt messende Drehwinkelmesssysteme (2009)
10. ISO 10303-42: 2003-04, Industrielle Automatisierungssysteme und Integration – Produktdatendarstellung und -austausch – Teil 42: Allgemeine integrierte Ressourcen: Geometrische und topologische Darstellung (2003)
11. VDI/VDE 2617 Blatt 9: 2009-06, Genauigkeit von Koordinatenmessgeräten – Kenngrößen und deren Prüfung – Annahme- und Bestätigungsprüfung von Gelenkarm-Koordinatenmessgeräten (2009)
12. DIN EN ISO 2692, 2015-12, Geometrische Produktspezifikation und -prüfung (GPS) – Geometrische Tolerierung – Maximum-Material Bedingung (MMR), Minimum-Material Bedingung (LMR) und Wechselwirkungsbedingung (RPR) (2015)
13. DIN ISO 2768-2, 1991-04, Allgemeintoleranzen; Toleranzen für Form und Lage ohne einzelne Toleranzeintragung (1991)
14. DIN EN ISO 13565-2: 1998-04, Geometrische Produktspezifikationen (GPS) – Oberflächenbeschaffenheit: Tastschnittverfahren – Oberflächen mit plateauartigen funktionsrelevanten Eigenschaften – Teil 2: Beschreibung der Höhe mittels linearer Darstellung der Materialanteilkurve (1998)
15. DIN EN ISO 25178-603: 2014-02, Geometrische Produktspezifikation (GPS) – Oberflächenbeschaffenheit: Flächenhaft – Teil 603: Merkmale von berührungslos messenden Geräten (phasenschiebende interferometrische Mikroskopie) (2014)

© Springer Fachmedien Wiesbaden GmbH, ein Teil von Springer Nature 2021
M. Marxer et al., *Fertigungsmesstechnik*, https://doi.org/10.1007/978-3-658-34168-8

16. DIN EN ISO 5436-1: 2000-11, Geometrische Produktspezifikation (GPS) – Oberflächen-beschaffenheit: Tastschnittverfahren; Normale – Teil 1: Maßverkörperungen (2000)

17. DIN EN ISO 5436-2: 2013-04, Geometrische Produktspezifikation (GPS) – Oberflächen-beschaffenheit: Tastschnittverfahren; Normale – Teil 2: Software-Normale (2013)

18. Marposs: Überwachungslösungen für Bearbeitungsmaschinen. Marposs – D6C09200D0 - 01/2016

19. DIN 2270: 1985-04, Fühlhebelmessgeräte (1985)

20. Weckenmann, A. et. al.: Multisensor data fusion in dimensional metrology. CIRP Ann. Manufact. Technol. **58**(2), 701–721 (2009)

21. Savio E., de Chiffre, L., Schmitt, R.: Metrology of freeform shaped parts. CIRP Ann. Manufact. Technol. **56**(2), 810–835 (2007)

22. Schöch, A. et. al.: Enhancing multisensor data fusion on light sectioning coordinate measuring systems for the in-process inspection of freeform shaped parts. Precis. Eng. **45**, 209–215 (2016)

23. Colosimo, B.M., Moroni, G., Petrò, S.: A tolerance interval based criterion for optimizing discrete point sampling strategies. Precis. Eng. **34**(4), 745–754 (2010)

24. Kraus, K.: Photogrammetrie, 8. Aufl. de Gruyter, Berlin (2014)

25. Yoshizawa, T. (Hrsg.): Handbook of optical metrology: Principles and applications. CRC Press, Taylor and Francis Group (2009)

26. Christoph, R., Neumann, H.J.: Röntgentomografie in der industriellen Messtechnik. Süd-deutscher Verlag onpact 2012, München (Die Bibliothek der Technik, Band 331)

27. Mautz, R.: Indoor Positioning Technologies, ISBN 978-3-8381-3537-3, no. 3754, (2012)

28. Kalender, W.A.: Computertomographie – Grundlagen, Gerätetechnologie, Bildqualität, Anwendungen. Publicis Corporate Publishing, Erlangen (2000)

29. VDI/VDE 2623: 2012-02, Format für den Austausch von Daten im Prüfmittelmanagement – Definition des Calibration Data Exchange-Format (CDE-Format) (2012)

Dictionary English–German

Abbe	Abbe
Abbe prinicple	Abbesches Prinzip
– Abbe's law	– Abbescher Grundsatz
– length measuring machine	– Längenmesser
Abramson Interferometer	Schräglicht-Interferometer
absolute measuring technique	Absolutmessverfahren
acceptance control chart	Annahme-Qualitätsregelkarten
accessories	Hilfsmittel
accomodation	Akkomodation
actual dimensions	Istmaß
adaptation of the eye	Adaption des Auges
added value	Wertschöpfung
adjust	justieren
air bearing	Luftlagerung
air humidity	Luftfeuchte
air velocity	Luftgeschwindigkeit
alignment telescope	Fluchtfernrohr
angle	Winkel
– corner reflector	– Winkelreflektor
– interferometer	– Interferometerwinkel
– measurement	– Winkelmessung
angular measurement device	Winkelmesssystem
articulated measuring arm	Messarm
articulating probing system	Dreh-Schwenk-Messkopfsystem
aspheres	Asphären
audit	Audit, Zertifizierungsaudit

© Springer Fachmedien Wiesbaden GmbH, ein Teil von Springer Nature 2021

M. Marxer et al., *Fertigungsmesstechnik*, https://doi.org/10.1007/978-3-658-34168-8

auto focus method	Autofokusverfahren
autocollimator	Autokollimationsfernrohr
– measurement uncertainty	– Messunsicherheit
automatic testing equipment	Messautomat
autonomous standard	selbstständige Maßverkörperung
basic unit	Basiseinheit
bessel points	Besselsche Punkte bore gauging
Bohrungsmessung	
– detection of reversing points	– Umkehrpunktsuche
– pneumatical measuring pin	– pneumatischer Düsenmessdort
boundary sample	Grenzmuster
bright field illumination	Hellfeldbeleuchtung
built-in measuring standard	unselbstständige Maßverkörperung
calibration	Kalibrieren
calibration by legal authorities	Eichen
calibration certificate	Kalibrierschein
calibration interval	Kalibrierintervall
calibration service	Kalibrierdienst
calibration standard	Normal
camera	Kamera
camera calibration	Kamerakalibrierung
– area scan	– Matrixkamera
– line scan	– Zeilenkamera
capability index for process	Prozessfähigkeitsindex
capability investigation	Fähigkeitsuntersuchung
capability of fit	Paarungsfähigkeit
capacitive measuring system	kapazitives Messsystem
capacitive scale	kapazitiver Maßstab
cartesian coordinate system	Kartesisches Koordinatensystem
CCD-camera	CCD-Kamera
chromatic measuring principle	Chromatische Messverfahren
chromatic sensor	chromatischer Sensor
circularity measurement	Kreisformmessung
classification	Klassierung, Klassifizierung
climate comfort	Klima-Behaglichkeit
closed-circuit control of dimensions and shape	Längenregelung
CMOS-camera	CMOS-Kamera

coaxiality	Koaxilität
coded line standard	codierter Strichmaßstab
coefficient of linear expansion	Längenausdehnungskoeffizient
coherence length	Kohärenzlänge
collimated light source	kollimierte Strahlungsquelle
combination of gauge blocks	Anschieben
combined standard uncertainty	kombinierte Standardunsicherheit
comparator	Komparator
comparator principle	Komparatorprinzip
computation of association	Ausgleichsrechnung
– envelope requirement	– Hüllbedingung
– least square method	– nach Gauß
– minimum inscribed criterion	– Pferchbedingung
– minimum zone criterion	– nach Tschebyscheff
computed tomography	Computertomograf
concentricity	Konzentrizität
confidence level	Vertrauensniveau
confidence range	Übereinstimmungsbereich
confocal focus method	konfokales Fokussierverfahren
confocal microscope	Konfokal-Mikroskop
conoscopic holography	konoskopische Holografie
contact stylus instruments	Bezugsflächentastsystem
contacting pin	Kontaktdorn
contour measurement	Konturmessung
contour tester	Konturtester
control chart	Qualitätsregelkarte
control loop	Regelkreis
controlled process	beherrschte Fertigung
conventional true value	Richtiger Wert
coordinate measuring machine (CMM)	Koordinatenmessgerät (KMG)
– bridge CMM	– Portalbauart
– column CMM	– Ständerbauart
– computer numerical control	– CNC-Steuerung
– construction	– Bauart
– controller	– Steuerung
– coordinate transformation	– Koordinatentransformation
– Gantry CMM	– Brückenbauart

– hand-guided	– handgeführt
– measurement uncertainty	– Messunsicherheit
– measuring point evaluation	– Messpunktaufbereitung
– measuring sequence	– Ablauf der Messung
– multisensor CMM	– Multisensor-KMG
– probing system	– Messkopfsystem
– probing system measuring	– Messkopfsystem messend
– probing system touch trigger	– Messkopfsystem schaltend
– radius compensation	– Tastenradiuskorrektur
– scanning	– Scanning
– software	– Software
coordinate measuring technology	Koordinatenmesstechnik
– fundamentals	– Grundlagen
– number of probing points	– Zahl der Antastpunkte
coordinate system	Koordinatensystem
core	Düsendorn
correction	Korrektion
counting	Zählen
coverage probability	Überdeckungswahrscheinlichkeit
cross correlation	Kreuzkorrelation
cut-off	cut-off
cut-off ratio	Übertragungsverhältnis
cut-off wavelength	Grenzwellenlänge
cylinder gauge	Zylindernormal
cylinder standard	Zylindernormal
cylindricity	Zylindrizität
definition of the meter	Meterdefinition
– line standard (old)	– Strichmaß (alt)
deflection	Durchbiegung
degree of freedom	Freiheitsgrad
Deming-circle	Demingkreis
depth of focus	Schärfentiefe
depth standard	Tiefeneinstellnormal
detecting element	Aufnehmer
detector	Empfänger
Deutscher Kalibrierdienst (DKD)	Deutscher Kalibrierdienst (DKD)
deviation	Abweichung

deviation of measurement	Messabweichung
– accidental	– zufällig
– random	– zufällig
– systematic	– systematisch
dial comparator	Feinzeiger
– electric	– elektrisch
dial gauge	Messuhr
dial test indicator	Fühlhebelmessgerät
difference method	Differenzmethode
differential measuring	Unterschiedsmessung
differential pressure measurement procedure	Differenzdruckmessverfahren
diffuser	Diffusor
digit	Ziffer
digital measuring stylus	digitaler Messtaster
Digital Micromirror Device (DMD)	Digital Micromirror Device (DMD)
dimensional deviation	Abmaß
dimensional inspection	Formprüfung
– contour	– Kontur
– fringe projection	– Streifenprojektion
– three-point measurement	– 3-Punkt-Messung
– two-point measurement	– 2-Punkt-Messung
diode laser	Halbleiterlaser
– interferometer	– Interferometer
– properties	– Eigenschaften
distance between lines	Streifenabstand
EFQM (European Foundation for Quality Management)	EFQM (European Foundation for Quality Management)
envelope requirement	Hüllbedingung
enveloping body	Hüllkörper
enveloping circle	Hüllkreis
environment	Umgebung
environmental influence	Umgebungseinfluss
ergonomics	Ergonomie
ergonomy	Ergonomie
error in circularity	Kreisformabweichung
evaluation strategy	Auswertestrategie
expanded uncertainty	erweiterte Messunsicherheit

expansion coefficient	Ausdehnungskoeffizient
expectation value	Erwartungswert
external cylindrical grinding	Außenrundschleifen
Failure Modes and Effects Analysis (FMEA)	Failure Modes and Effects Analysis (FMEA)
field of view (FOV)	Blickfeld
filter	Filter
filtering	Filterung
– bandpass filter	– Bandpassfilter
– Gaussian filter	– Gauß-Filter
– highpass filter	– Hochpassfilter
– lowpass filter	– Tiefpassfilter
– surface measurement	– Oberflächenmessung
fit by selection	Auswahlpaarung
five M	Fünf M
flat spring parallel guide	Blattfederparallelogrammführung
flatness	Ebenheit
flattening	Abplattung
flick standard	Flick-Standard
flow rate measurement	Durchflussmessverfahren
focus variation	Fokusvariation
form deviation	Gestaltabweichung
form feature	Formelement
form tester	Formmessgerät
Fourier analysis	Fourier-Analyse
frame grabber	Frame-Grabber
free form surface	Freiformfläche
frequency distribution	Häufigkeitsverteilung
fringe projection	Streifenprojektion
function	Funktion
– warranty	– Gewährleistung
fundamental calibration	Fundamentalmessung
Gage Repeatability & Reproducibility	GR&R Wiederholbarkeit und Reproduzierbarkeit von Lehren
gauge	Lehre
gauge block	Endmaß
– combination of	– Anschieben
– geometry limits	– Formtoleranz

– measurement uncertainty	– Messunsicherheit
– measuring standard under investigation	– Prüfendmaß
– set	– Endmaßsatz
– standard	– Normal-Endmaß
– testing unit	– Endmaßmessgerät
gauge capability	Prüffähigkeit
gauging	Lehrenprüfung
gauging benches	Mehrstellenmessgerät
Gauss	Gauß
– computation of adjustment	– Ausgleichsrechnung
– distribution	– Verteilung
Gaussian filter	G-Filter, Gaußfilter
general tolerance	Allgemeintoleranz
geometrical feature	Geometrieelement
geometrical product specifications	Geometrische Produktspezifikation (GPS)
geometrical tolerance	Formtoleranz
Global Positioning System (GPS)	Global Positioning System (GPS)
go gauge	Gutlehre
grid scale	Gittermaßstab
groove standard	Rillennormal
Guide to the expression of uncertainty in Measurement (GUM)	Leitfaden zur Angabe der Unsicherheit beim Messen
handling	Handling
hard rock	
Hartgestein	
height measuring instrument	Höhenmessgerät
Hertz	Hertz
holography	Holografie
illumination	Beleuchtung
– bright field	– Hellfeld
– dark field	– Dunkelfeld
– flash light	– Blitzlicht
– structured	– strukturiert
– transillumination	– Durchlicht
image preprocessing	Bildvorbearbeitung
image processing	Bildverarbeitung

– image processing system	– Bildverarbeitungssystem
– market	– Markt
– neural network	– Neuronales Netz
– pattern	– Muster
– real time	– Echtzeit
– recognition capability	– Erkennungssicherheit
– resolution	– Auflösung incident illumination
Auflicht	
– diffuse	– diffus
– illumination	– Beleuchtung
– incident illumination directed	– gerichtet
inclination	Neigung, Kippung
– measurement	– Messung
– measuring instrument	– Neigungsmessgerät
indicating range	Anzeigebereich
indication	Anzeigewert
inductive length measuring unit	Induktivtaster
inductive sensor	induktiver Messwertaufnehmer
influencing variable	Einflussgröße
in-process-measurement	In-Prozess-Messung
inspect	prüfen
inspection	Inspektion
inspection by attributes	Attributprüfung
inspection by variables	Variablenprüfung
inspection costs	Prüfkosten
inspection device management	Prüfmittelmanagement (PMM)
inspection device monitoring	Prozessüberwachung, Prüfmittelüberwachung inspection device planning
Prüfmittelplanung	
inspection of flatness	Ebenheitsprüfung
inspection plan	Prüfplan
inspection plan suitability	Prüfprozesseignung
inspection room	Messraum
– air purity	– Reinheit der Luft
– air velocity	– Luftgeschwindigkeit
– layout of measuring room	– Planung
– location	– Standort

– vibration	– Schwingung
inspection schedule	Prüfablaufplanung
integrity testing	Vollständigkeitsprüfung
interchangeable manufacture	Austauschbau
interface	Schnittstelle
interference comparator	Interferenzkomparator
interferometer	Interferometer
– Abramson	– Schräglicht
– absolute measuring principle	– absolut messend
– Twyman Green	– Twyman Green
– white light	– Weißlicht
interferometry	Interferometrie
– measuring device	– Messverfahren
International System of Units (SI)	Internationales Einheitensystem (SI)
Ishikawa diagram	Ishikawa-Diagramm
known systematic deviations	bekannte systematische Abweichungen
laser	Laser
laser scanner	Laserscanner
laser tracker	Lasertracker
laser triangulation	Lasertriangulation
– application	– Anwendung
– autofocus method	– Autofokus-Verfahren
– calibration	– Kalibrierung
– definition	– Definition
– Doppler effect	– Doppler-Effekt
– interferometer	– Interferometer
– laser tracer	– Lasertracer
– measurement uncertainty	– Messunsicherheit
– scanner	– Laserscanner
– testing of a machine tool	– Prüfen einer Werkzeugmaschine
– tracker	– Tracker
– triangulation	– Lasertriangulation
law of error propagation	Fehlerfortpflanzungsgesetz nach Gauß
Least Square Circle (LSC)	Ausgleichskreis nach Gauß
length	Länge
length measuring device	Längenaufnehmer
– capacitive	– kapazitiv

– electric	– elektrisch
– grid scale	– mit Gittermaßstab
– inductive	– induktiv
length unit	Längeneinheit
– history	– Geschichte
– running time definition	– Laufzeitdefinition
– standard meter	– Urmeter
Light Emitting Diode (LED)	LED
light gap	Lichtspalt
light sheet method	Lichtschnittverfahren
light-slit method	Lichtschnittverfahren
limit gauge	Grenzlehre
limit of resolution	Auflösungsvermögen
lobed constant-diameter shape	Gleichdick
localization	Lageerkennung
look-up table	Lookup-Tabelle
lower limiting value	Mindestmaß
machine capability	Maschinenfähigkeit
machine coordinate system	Maschinenkoordinatensystem
magnetic measuring system	Magnetisches Messsystem
material standard	Maßverkörperung maximum dimension
Höchstmaß	
maximum inscribed circle (MIC)	größter Innenkreis
maximum material principle	Maximum-Material-Prinzip
maximum permissible error (MPE)	(MPE) höchstzulässige Anzeigeabweichung
mean time between failure (MTBF)	(MTBF) durchschnittliche Zeit zwischen zwei ungeplanten Stillständen
mean value	Mittelwert
measurand	Messgröße
measure	messende Prüfung
measurement	Messung, Maß
measurement at the image	Messen am Bild
measurement conditions	Messbedingungen
measurement error	Messabweichung
measurement method	Messmethode
– direct	– direkt
– indirect	– indirekt

measurement principle	Messprinzip
measurement procedure	Messverfahren
– analogue	– Analogmessverfahren
– application oriented	– funktionsorientiert
– digital	– Digitalmessverfahren
– incremental	– inkremental
– production oriented	– produktionsorientiert
measurement process	Messprozess
measurement process capability	Prüfprozesseignung
measurement standard	Normal
– primary	– Primärnormal
– reference	– Bezugsnormal
– secondary	– Sekundärnormal
– working	– Gebrauchsnormal
measurement systems analysis (MSA)	Measurement Systems Analysis (MSA)
measurement uncertainty	Messunsicherheit
– budget	– Messunsicherheitsbudget
– cause	– Ursache
– confidence level	– Vertrauensniveau
– environmental influences	– durch Umgebungseinflüsse bedingt
– expansion factor	– Erweiterungsfaktor
– simulation	– Simulation
– thermal effect	– Temperatureinfluss
measuring	Messen
measuring chain	Messkette
measuring device	Messvorrichtung, Prüfmittel
measuring equipment	Messmittel
measuring force	Messkraft
measuring instrument	Messgerät
measuring instrument capability	Messgerätefähigkeit
measuring instrument technique	Messgerätetechnik
measuring microscope	Messmikroskop
measuring range	Messbereich
measuring result	Messergebnis
measuring robot	Messroboter
measuring span	Messspanne
measuring strategy	Messstrategie

measuring system	Messsystem
measuring time	Messzeit
measuring tip	Messeinsatz
megatrends	Megatrends
micro-focus principle	Mikrofokussierverfahren
micrometer	Messschraube
Minimum Circumscribed Circle	kleinster Umkreis
minimum material principle	Minimum-Material-Prinzip
Minimum Zone Circle	kleinste Formabweichung nach Tschebyscheff
motion analysis	
Bewegungsanalyse	
motion platform	Bewegungsplattform
multisensor coordinate metrology	Multisensor-Koordinaten-Messtechnik
Nipkow disc	Nipkow-Scheibe
no-go gage	
Ausschusslehre	
nominal dimension	Nennmaß
nominal size	Mittenmaß
nonconformity	Fehler
normal distribution	Normalverteilung
number of measuring points	Messpunktanzahl
numerical aperture	Numerische Apertur
object recognition	Objekterkennung
optical axis	optische Achse
Optical Character Recognition (OCR)	optische Zeichenerkennung
optical flat	Planglas, Planglasplatte
optical measuring head	optisches Antastsystem
optics	Optik
outlier	Ausreißer
output	Ausgabe
parallelism	Parallelität
photo element	Fotoelement
photogrammetry	Fotogrammetrie
photomultiplier	Photomultiplier
picture element	Bildpunkt
picture noise	Bildrauschen
pin hole	Lochblende
pitch	Nicken

pitch diameter	Flankendurchmesser
pixel	Pixel
pneumatic length measurement	pneumatische Längenmessung
point cloud	Punktwolke
polarized light	polarisiertes Licht
polygon mirror	Polygonspiegel
position	Position
position tolerance	Lagetoleranz
position uncertainty	Positionsunsicherheit
potential measurement process capability	Prüfprozesspotential
p-parameter	P-Kenngröße
precaution	vorbeugende Maßnahme
pressure measurement	Druckmessverfahren
primary profile	Primärprofil
prism	Prisma
probe	Tastelement
probe deflection	Tasterbiegung
probe-tip	Tastspitze process
Prozess	
process capability	Prozessfähigkeit
– capable	– fähig
– controlled	– beherrscht
production in control	beherrschte Fertigung
production measuring technology	Fertigungsmesstechnik
production metrology	Fertigungsmesstechnik
production range	Fertigungsstreubreite
profile comparator	Profilprojektor
programmable logic controller	Speicherprogrammierbare Steuerung (SPS)
projected tolerance zone	projektierte Toleranzzone
qualification	Einmessen
quality	Qualität
quality assurance	Qualitätssicherung
quality check and production metrology	Qualitätsprüfung und Fertigungsmesstechnik
quality management (QM)	Qualitätsmanagement
quasi-pilger-process	Quasi-Pilgerschritt-Verfahren
radius of sphere	Kugelradius
random check	Stichprobe

range method	Spannweitenmethode
range of deviation	Abweichungsspanne
reading	Anzeige
receiving inspection	Eingangsprüfung
receiving inspection of testing device	Eingangsprüfung des Prüfmittels
reciprocity condition	Reziprozitätsbedingung
recognition capability	Erkennungsleistung
rectangle distribution	Rechteckverteilung
reference element	Bezugselement
– datum feature	– Bezugselement bei Lageprüfung
reference sphere	Referenzkugel
reference standard	Bezugsnormal, Maßverkörperung
reference temperature	Bezugstemperatur
rejections	Ausschuss
repeatability	Wiederholpräzision
Repeatability & Reproducibility	Wiederholbarkeit und Vergleichspräzision repeatability condition
Wiederholbedingung	
repeatability conditions of measurement	Wiederholbedingungen repeatability limit
Wiederholgrenze	
repeated measurement	Wiederholungsmessung
replica block	Oberflächenabdruck
reproducibility	Reproduzierbarkeit
reproducibility condition of measurement	Vergleichsbedingung
resolution	Auflösung
reversal error	Umkehrspanne
Reverse Engineering	Reverse Engineering
rework	Nacharbeit
ring conciliation	Ringvergleich
ring gauge	Einstellring
roll	rollen
roughness	Rauheit
roughness standard	Raunormal roundness
Rundheit	
roundness measuring instrument	Rundheitsmessgerät
r-parameters	R-Kenngrößen
run-out	Lauf

sample	Stichprobe
sampling inspection	Stichprobenprüfung
sampling test	Stichprobenprüfung
scale	Maßstab, Skala
angle	Maßstab, Winkelmaßstab
scanning	Scanning
scanning grating	Abtastgitter
screen	überprüfen
segmentation	Segmentierung
selective mating	Auswahlpaarung
self-inspection	Selbstprüfung
sensitivity	Empfindlichkeit
sensor	Sensor
set-up	Aufspannung
shadow image	Schattenbild
shape	Form, Gestalt
shape testing unit	Formprüfgerät
– calibration	– Kalibrierung
– deviation	– -abweichung
– geometrical tolerancing	– Form- und Lagetoleranzen
– guide value	– Richtwerte für
– lobed constant-diameter shape	– Gleichdick
– symbols	– Symbole für
shewart chart	Shewart-Karte
short term capability	Kurzzeit-Fähigkeit
SI system	Internationales Einheitensystem
simulation	Simulation
single point probing	Einzelpunktantastung
six M	Sechs M
skidded gage	Kufentastsystem
soiling	Verschmutzung
special engineering	Sondermaschinenbau
specification	Spezifikation
spectrometer	Spektrometer
specular highlight	Glanzlicht
sphere gauge	Kugelnormal

spherical surfaces	sphärische Flächen
squareness	Rechtwinkligkeit
stability test	Stabilitätsprüfung
standard deviation	Standardabweichung
standard distribution	Normalverteilung
standard meter	Urmeter
standard uncertainty	Standardunsicherheit
– combined	– kombinierte
– national	– Nationales Normal
– setting	– Einstellnormal
Statistical Process Control (SPC)	Statistische Prozessregelung (SPC)
stepper motor	Schrittmotor
straight edge	Haarlineal
straightness	Geradheit
– measurement	– Messung
stray light sensor	Streulicht-Sensor
stylus	Tastelement
stylus changer	Tasterwechselsystem
sub	Sub-
subjective evaluation	Subjektive Prüfung
subpixel	Subpixel
subvoxel	Subvoxel
summing and differential measurement	Summen- und Differenzmessung
surface	Oberfläche
surface characteristic	Oberflächenkenngröße
– cut-off	– Cut-off
surface defect	Oberflächenfehler
surface measurement	Oberflächenmessung
surface measuring instrument	Oberflächenmessgerät
surface reconstruction	Flächenrückführung
– amplitude parameter	– Senkrechtkenngröße
– aperiodic	– aperiodisch
– filtering procedure	– Filterung
– measuring length	– Messstrecke
– periodic	– periodisch
– roughness specification	– Angabe der Rauheit
– sampling length	– Einzelmessstrecke

– spacing parameter	– Waagerechtkenngröße
swiss calibration service (SCS)	Schweizer Kalibrierdienst (SCS)
symmetry	Symmetrie system of units
Einheitensystem	
taper angle	Kegelwinkel
taper gauge	Kegellehre
target	Target
tastauge sensor, probing eye	Tastauge
Taylor theorem	Taylorscher Grundsatz
taylorism	Taylorismus
Tchebycheff	Tschebyscheff
teach-in method	Teach-in-Verfahren
telecentric	telezentrisch
temperature	Temperatur
– expansion coefficient	– Ausdehnungskoeffizient
– reference temperature	– Referenztemperatur
template matching	Template-matching-Verfahren
testing sharpness	Prüfschärfe
texture	Textur
theodolite	Theodolit
three-point measurement	Dreipunktmessung
three-wire method	Dreidrahtverfahren
threshold	Schwellwert
tolerance	Toleranz
tolerance limit	Toleranzzone
traceability	Rückführbarkeit, Rückverfolgbarkeit
traceability chain	Kalibrierkette
tracing stylus instrument	Tastschnittgerät
– datum surface system	– Bezugsflächentastsystem
transillumination	Durchlichtbeleuchtung
triangular distribution	Dreiecksverteilung
triangulation	Triangulation
true value	Wahrer Wert
two-point measurement	Zwei-Punkt-Messung
unknown systematic deviations	unbekannte systematische Abweichungen
value creation	Wertschöpfung
variance	Varianz

variance analysis	Varianzanalyse
vibration	Schwingung
virtual CMM	Virtuelles KMG
visual field	Gesichtsfeld
visual inspection	Sichtprüfung
voxel	Voxel
wavelength	Wellenlänge
waviness	Welligkeit wear
Verschleiß	
wear allowance	Abnutzungszugabe
wedge interference	Interferenzen am Keil
workpiece	Werkstück
workpiece coordinate system	Werkstückkoordinatensystem
workpiece orientation	Werkstücklage
– prismatic	– prismatisch
– rotionally symmetric	– rotationssymmetrisch
wringing	Ansprengen
yaw	Gieren

Stichwortverzeichnis

© Springer Fachmedien Wiesbaden GmbH, ein Teil von Springer Nature 2021
M. Marxer et al., *Fertigungsmesstechnik*, https://doi.org/10.1007/978-3-658-34168-8

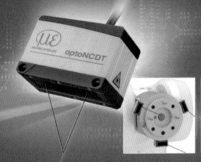

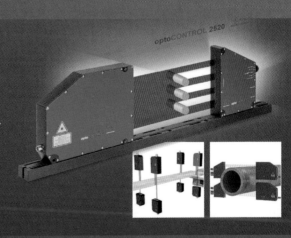